影响地球的100种生物

跨越40亿年的生命阶梯

the STORY of the WORLD in 100 SPECIES

[英] 克里斯托弗·劳埃德——著

雷倩萍 刘青——译

Christopher Lloyd

中国友谊出版公司

人类出现之前

从 40 亿年前到 12 000 年前
野外演化物种的影响

人类出现之后

从 12 000 年前到现在……
繁盛于现代人类社会中的物种的影响

生命的阶梯

附 录

引 言

生命是什么？我们掌握着什么力量？生物为何会演化成现在的样子？人性应归于何处？

本书试图用通俗易懂的方式来解释在地球上我们称之为“生命”的现象，通过影响世界的 100 种生物来追溯从生命演化之初到现在的历史。与 150 多年前达尔文发表的理论不同，本书主要不是关注“物种起源”，而是关注生物对演化方向、彼此之间以及共同生存的环境——地球——产生的影响。

第一部分回顾了人类出现之前的演化机制，从最早的自我复制分子到恐龙灭绝之后哺乳动物的迅速崛起，简要描述了现代人首次出现之前通过“自然选择”方式出现的 50 个最成功的生命形式（从这里开始通俗地称之为“生物”）。

第二部分评估了从 12 000 年前开始，人类是如何通过繁育有利于人类社会的动植物以引入新的演化力量。许多生物的成功取决于它们吸引和适应人类需求的能力，这通常会取代它们在野外传统的生存斗争。这些演化力量对于非人类社会以及演化本身的方向究竟产生了什么影响？第二部分描述了截至现在，经过“人工选择”发展起来的最成功的 50 种生物。

最后，第三部分将基于一套简单但多角度的标准，从生命演化之初到现在的生物中选出 100 种生物，根据其产生的影响进行排序，以激发思想，引起讨论，并从另一个视角看待生命的历史。

本书的主要目的是培养对所有历史更丰富的理解，不仅是从年代学的角度，更是从自然界本身的角度来看。希望读者在阅读过程中，不仅能获得知识，更能激发关于人类在自然界的地位以及非人类生命与地球的重要关系的讨论。

人类出现之前

从 40 亿年前到 12 000 年前
野外演化物种的影响

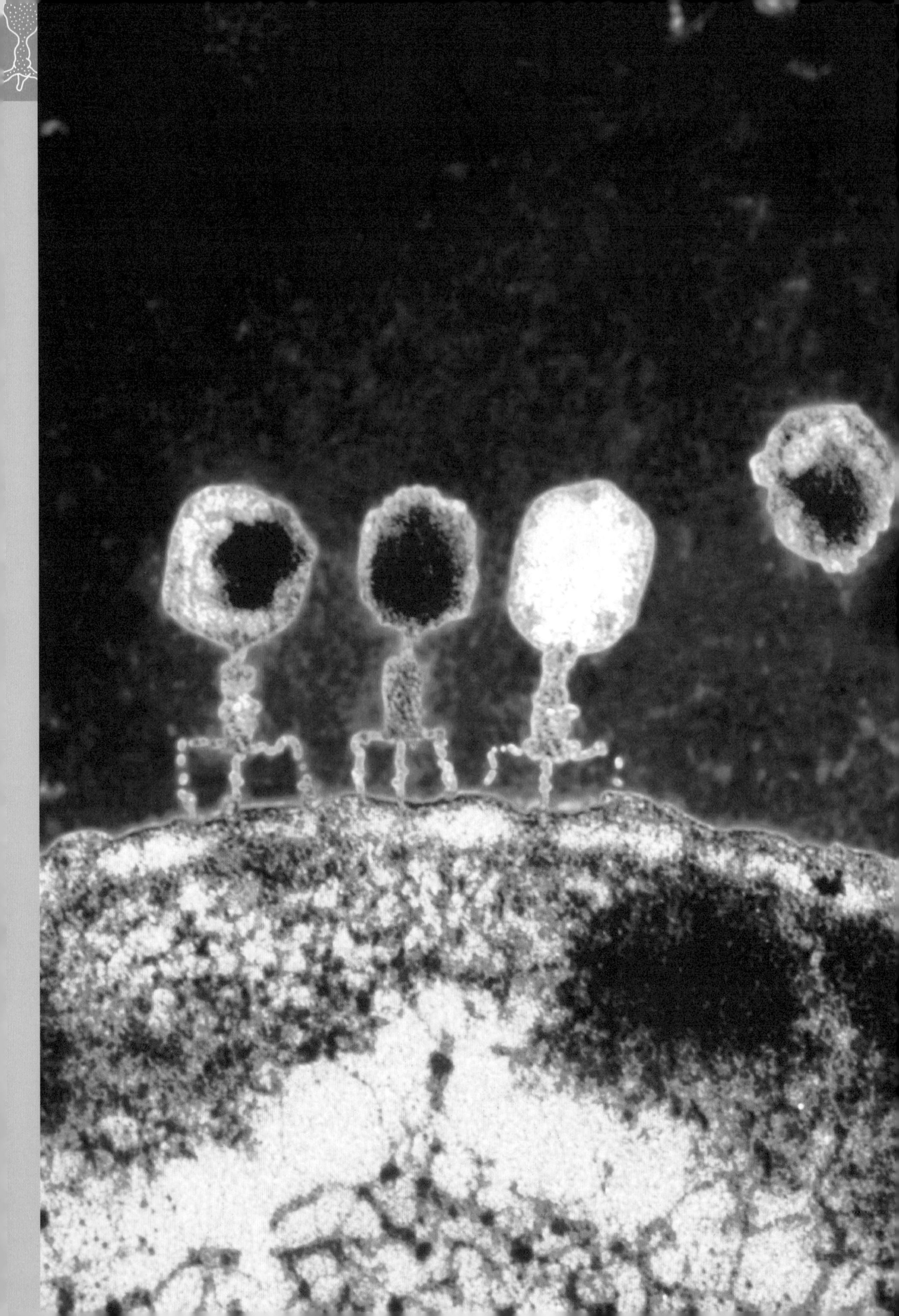

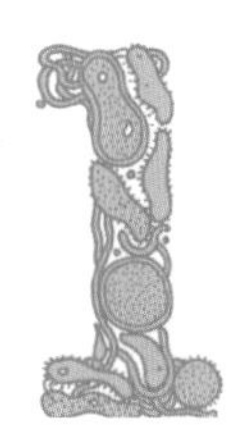

病 毒

早期地球上的遗传信息多么分散，
却存在于过去、现在以及未来的所有生命体中。

生命是何时、何地以及如何在地球上开始的？要回答何时并不太难，据最新估计，生命的诞生可追溯至大约40亿年前的早期地球，此时地球才形成了仅仅5亿年。

生命究竟是在何地诞生的则显得更容易回答些。几乎可以肯定，在数十亿年前，能形成生命的化学分子只存在于海洋中。陆地上一片荒芜，空气中充斥着刺激性的火山气体。

关于生命是如何诞生的理论，其数量恐怕与专家的数量差不多。这些理论各种各样，从外太空陨石撞击带来生命，到海底惰性化学物质的自发融合而产生生命都有。因此，为了开始我们的故事，我不得不选择其中一种理论。这碰巧是最新的一种，而且还没有完全成型。但这是根据最新证据得出的，也似乎是最有道理的一个。

生命是从病毒开始的。

宇宙学教授和生物学老师恐怕会异口同声地对这个观点表示抗议：地球上的生命怎么会是从病毒开始的？每个人都知道病毒本身并非生命！

这也是一开始我没有询问这一最突出且最棘手问题的原因。

生命是什么？

生命的传统定义必然是：具有内部的稳定性，存在能量的消耗，能够生长，适应环境，对外界能做出反应并能进行繁殖。总之，所有的生命必然至少是由一个或多个被称为细胞的胶状团块组成的。

然而病毒却不符合以上任何一个要求。它无法独立运动，不能产生能量，也不能进行繁殖。只有当它碰巧接触到适合的“宿主”细胞时，这一切才会发生改变。病毒突然迸发生机，通过挟持细胞来为自己复

当遭受攻击时：病毒会将自己的遗传物质（蓝色）注入细菌细胞中，以“劫持”该细胞使其复制机制制造新病毒。

制后代。病毒就是科学家们所称的“基因组寄生虫”，一种只有感染另一种生物才会萌发的复制型分子（称之为基因）。病毒就像一颗种子，具有生命的潜力，但只有当条件完全成熟时才能迸发活力。

因此，演化生物学家一般不会把病毒纳入考虑范围，他们反而会专注于探索第一批活细胞是何时出现的，认为这是繁衍出所有其他生命的一种原始细菌形式，称其为“最后的共同祖先”（Last Universal Common Ancestor，简称 LUCA）。

更简单的定义

多亏了计算机模拟技术，现在已经确定，遗传进化实际上只是由两个简单的条件引发的，而不是以往认为的七个。一是存在可以通过结合和分离的方式进行自我复制的化学“复制基因”；二是在一定时间内，某一进程必定会引起至少一部分基因拷贝以无数种方式区别于别的拷贝，这一区别可能是复制出错、突变或其他某些进程导致的。

假设这两个条件都得到了满足，那么查尔斯·达尔文（Charles Darwin）所称的“自然选择”便会发生，如水往低处流那样不可避免。适应性最强的基因拷贝繁殖得最快，并将在日益增长的群落中占据主导地位。然而当环境条件发生改变时，比如群落变得更加拥挤，对食物的竞争日趋激烈，又或是环境温度发生变化，成功生存的条件将不可避免地发生改变。

过不了多久，该生命系统就会展开一场“军备比赛”。最适宜当前生态系统环境的拷贝更有可能存活下来，于是它们被“选中”了，进而成为此时生态系统的“冠军”。但当环境发生变化时，在纷繁复杂的拷贝类型中，会有其他拷贝替代之前“冠军”的位置。同理，空气或水温的细微变化会自然地积聚能量，有时可能变为无敌的飓风或旋涡。要回答生命是什么，一个更令人满意（尽管听起来可能很无力）的答案可能是：一个由各种自然出现的化学复制基因组成的日益复杂的演化体系。

既然病毒的繁衍需要其他活细胞存在，那它们又是如何开启生命进程的呢？无论如何，病毒（如天花和流感病毒以及现在的人体免疫缺陷病毒）不是那些肆虐于人类历史、夺取无数人类性命的元凶吗？史上最伟大的事件——生命的诞生又是如何起源于如此残忍的连环杀手的呢？

近期发现表明，我们自身的基因中可能包含着可以证明病毒是几十亿年前地球生命起源的线索……

DNA 的秘密生活

1953 年，生物化学家詹姆斯·沃森（James Watson）和他的同事弗朗西斯·克里克（Francis Crick）宣布他们发现了脱氧核糖核酸（DNA）的结构：一个存在于活细胞中心并负责储存、构建和运行有机生命体的所有信息的复杂化学链。

生命，小到单细胞的变形虫，大到大象或者人类这样复杂的生物，都是由包含这种神秘物质的微小单个细胞组成的。DNA 由一串称为“碱基”的化学物质组成，它们的排列类似于螺旋楼梯，呈现双螺旋的结构。这些碱基排成的长列被称为基因，每一个生命个体都拥有其独特的排列方式。这些序列的不同使所有生命得以彼此区分，每一个个体都具有独特的身份、标识和代码。

DNA 的框架及其复杂的遗传结构叫作

基因组。物种就是一群基因组极为接近的生物群落，其内部可以交配并产生可育后代。一个群体的所有基因组是基因库。

20世纪50年代中期，DNA的发现第一次真正给予了科学家们窥探生命演化机制的机会。

但是科学家们又花了50年，直到1990年，才开展了一个名为“人类基因组计划”的项目，来破译人类完整的遗传代码。人们十分期待“人类基因组计划”可能揭示的秘密，破解代码被认为是人类可以直接掌控生命过程的重要一步，也为科学家们提供了控制那些影响人类进程和行为的基因的可能。

“人类基因组计划”也许可以实现对严重遗传病的免疫，甚至避免衰老，迎来生物消费者的新纪元。有了足够先进的基因技术，或许就可以提前设置人工培育婴儿的特定属性，例如眼睛和头发的颜色、身高、性取向、胸围等，这同时也吸引了制药投资商的注意。这样的前景进而引发了20世纪90年代中期生物技术股票市场的繁荣。

这个计划的影响远不止于此。通过解码人类DNA，生物学家希望可以更清楚地了解从生命初始到现代人类诞生的演化过程。例如，150年前查尔斯·达尔文提出人类是从类人猿演化而来的。但问题是，这样的亲缘关系究竟有多近？人类和我们的近亲——黑猩猩——之间显著的远祖分异究竟是在何时发生的？

当然更重要的是，人类与黑猩猩之间的遗传差异究竟是什么？破译了人类基因组后，能否知道究竟是哪些基因决定了智商、语言和所有这些与人类“更高级”的生活形式相关的属性？最后，通过解码人类基因，希望可以解决一个最令人费解的哲学问题：究竟是什么造就了人类？

解码者

沃森是“人类基因组计划”在国际上筹集资金的发起人之一，深知这一挑战的难度多么巨大。人类基因组（我们完整的基因序列）是一串高度复杂的密码，包含了大约30亿个独立部分，且所有这些部分都排布在一个复杂的遗传序列之中，而这个序列由四个被科学家们称为腺嘌呤（A）、鸟嘌呤（G）、胞嘧啶（C）和胸腺嘧啶（T）的碱基构成。

研究人员在“人类基因组计划”提出的13年后完成了遗传密码的测序工作，投入了大约30亿美元的资金，然而主要的发现结果却令人极为失望。人类基因组的实际基因数量远远少于之前的预期，只有大约25 000个，与计划开始时所估计的200万个相差甚远。这意味着，人类遗传密码的数量只不过与芥子植物细胞里的一样多。更小更原始的生物，比如肺鱼，甚至是一些单细胞的变形虫，都比人类的基因要多。

更加令人震惊的是，绝大部分的人类基因已经没有明显的功能了，现在被称为“无用DNA”，都是些重复的无意义碱基串。一个叫作ALU的序列，几乎重复了100万次，占了整个人类基因组的10%！

还有更糟糕的：事实证明，即使只有相对较少的基因控制人类的生物过程，也几乎不可能搞清楚每一个基因的实际作用，单个基因与影响身体生长或行为的蛋白质之间并不存在简单的关联。

某些基因用于制造某个有用的化学物质，而其他的则具有多种功能。基因是一组

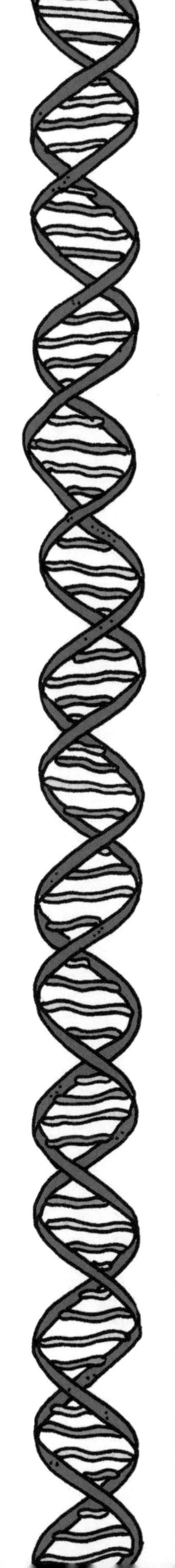

简单的控制开关，这一过于简单化的想法目前已经被证明是完全错误的，弄清楚每一个基因的实际功能比最初解码的挑战更大。

投资者失去耐心，生物技术投机商遭受损失，许多科学家也已经不再继续了。然而并非每一个人都对结果失望至极。

病毒和人类

路易斯·维拉里尔博士（Dr Luis Villarreal）是墨西哥裔美国教授，非常喜爱无用之物（junk）。这并不是指垃圾食品（junk food），尽管他就像在加州大学参加他的病毒学课程的学生一样，偶尔会沉迷于芝士汉堡和薯条。

维拉里尔是世界上病毒学领域的权威之一。他一生的工作都在证明一件事：尽管查尔斯·达尔文对物种之间亲缘关系随着时间演化的观点是正确的，但是这个过程远不是现在许多达尔文主义者所认为的那样——仅仅由生命遗传密码上随机产生的复制错误造成。

维拉里尔反而拿出令人信服的证据证明：病毒不仅是最古老的生命形式，实际上也是最原始的生命形式，而且所有出现在人类基因组中的大量无用DNA都是源于生命演化中存活了数亿年的病毒基因。

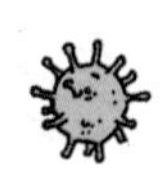

人类历史充斥着对抗死亡的种种尝试。坚不可摧的金字塔是为了存放埃及法老的尸体而建造的，这样他们就可以在来世返回自己在世间的身体；卑微的犹太木匠的儿子基督耶稣，为了让其追随者的精神不朽，牺牲自己，被钉在了十字架上。

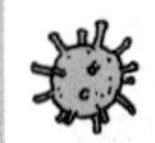

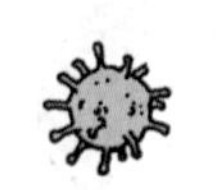

病毒作为自然界中目前已知最简单的遗传密码形式，也渴望得到永生。然而与人类不同，病毒并非有意识或刻意去寻求永生，因此使用“渴望”这样的词语其实是比喻，病毒只是表现得好似它们渴望永生一样。

将自身独特的遗传序列复制进其他生物体内的病毒无疑是成功的，而那些没有这么做的病毒便灭亡了。纯粹主义者对病毒是否可以在严格意义上被定义为“活着”表示质疑，即便如此，也没有人可以反驳：一旦病毒进入活的宿主体内，它们可以完全遵循演化发生所需的规则进行高效的复制。

维拉里尔获得的最大线索——让他知道病毒对其他生命体演化所产生的巨大影响，便是20世纪70年代发现的逆转录酶。这是某些特定病毒才能产生的一种复杂蛋白质，也是可以实现埃及法老和其他人追求的最大目标——永生——的密钥。

这些病毒（称为逆转录病毒，如人类免疫缺陷病毒）先是将其自身叫作核糖核酸（RNA）的遗传密码转变为DNA，然后剪切进入宿主的基因组。通过这一方式，它们将自己在数百万甚至数十亿年间复制了无数代，这也表明，人类基因组中绝大部分的无用DNA是由这种古老病毒产生的。

即便我们接受人类在基因上十分接近病毒这个匪夷所思的事实，那么我们的祖先又是如何在面对这么多致命感染的情况下生存下来的呢?

维拉里尔说，答案不同于我们以往的想法，许多病毒是无害的。实际上，一些病毒对它们所感染的宿主生物是有益的。我们说这些病毒“持久存在”，是因为它们将自己复制进入某一物种的基因组，然后让宿主自己的繁殖过程来接管。

持久稳定的病毒在体形较小、分布广泛的种群宿主体内能发挥最好的效果。理论上，一个稳定的病毒在感染了一个可育个体之后，就能最终扩散至整个种群。当被感染的个体交配时，病毒就传给了宿主的后代。这个过程会一直持续下去，使得病毒本身达到永生，无限积累，在宿主体内则形成无用DNA。

对持久稳定的病毒来说，史前人类是最佳宿主，因为他们的种群数量不大，而且彼此通常不会居住得很近。最新理论将人类和其他哺乳动物之间的演化差别归因于一些古老的逆转录病毒的感染，在维拉里尔看来，这样的感染通常会导致新物种的演化出现。

然而，并非所有的病毒都通过将自身的基因插入它们宿主细胞的基因组来发挥功能。一些病毒通过引发宿主咳嗽和打喷嚏成功传播了它们的遗传密码（见流感病毒），还有些通过伤口唾液（比如狂犬病，见蝙蝠）或脓疱疮（见天花病毒）感染。这些病毒都是在相对较近的时间内（过去1万年左右）影响人类的，因为这些"急性"病毒的传播"策略"（需要宿主间的密切接触）与人类日渐密集的社群相契合。

病毒有时会搜寻转运蛋白（花朵也是用同样的方式来吸引蜜蜂这样的传粉者来传播花粉的）。蚜虫（见马铃薯Y病毒），以及蚊子、跳蚤、舌蝇和扁虱这类吸血昆虫全都是传染病毒性疾病给其他物种（包括人类）的传染者。

是什么触发了生命?

近来有一些专家根据病毒RNA的属性推测，现代病毒的祖先是在第一个活细胞出现之前或差不多的时间演化出现的。

越来越多的事实证实了这个推断，最近的研究显示，RNA病毒是有机世界中最为多样且多变的。由于所有RNA病毒基因组中多达80%的基因都是独一无二的，这意味着它们不太可能像大多数生命形式那样，通过遗传代代演化，而是通过在感染过程中随机的基因转移而演化。

剪切、复制基因并通过新的遗传密码组合来尝试无穷可能性的过程，正是RNA病毒的一些特征，地球的生命纪元可能就由此开启。随着时间流逝，最为成功的组合存活了下来，不断自我复制并占据统治地位，直到环境条件发生改变，给予其他种类新的机会。

流感病毒的钉状表面使它可以附着到宿主细胞上。

当更复杂的生命体演化出来后，病毒不仅可以通过互相感染，还可以通过感染其他生命体，比如宿主细胞，来复制自己。现代病毒只能通过感染细胞生命才能存活，究其原因，或许是已经存在了有细胞的生命体，就没有感染另一个病毒的必要了。因此，病毒间的相互感染模式在亿万年前就消失了，正如鲸鱼的四肢一样。

病毒是现今数量最多的演化体。它们存在于几乎每一种有机生物体基因组的无数重复序列中。海洋如同一个容量无限的病毒熔炉，目前认为多达10^{31}（这意味着1之后还有31个0）个病毒颗粒栖居于海洋之中，这是令人难以想象的庞大数字。这些遗传分子是如此之多，以至于如果将它们首尾相连排列开来可以横跨整个已知的宇宙。

在人类世界里，病毒一直因其恶劣的影响而臭名昭著，它们在人类历史中曾有数次肆虐的记录，给当时的社会带来了毁灭性打击。尽管很讽刺，但如果不是病毒在数十亿年前的生命之初成功地追求了永生，人类的历史可能永远都不会出现。

流行性感冒病毒

科：正黏液病毒科（Orthomyxoviridae）
种：甲型流行性感冒病毒（*Influenza A virus*）
排名：9

人类历史上最凶残的杀手之一，至今仍是人类最大的威胁。

1798 年，英国经济学家托马斯·马尔萨斯（Thomas Malthus）曾预言人类种群即将遭到“多病时期、传染病和瘟疫”的大屠杀，“以可怕的速度夺走成千上万条生命……”

这一惊人预言建立在人口快速增长的基础之上。在马尔萨斯撰写其著名的论文后不久，地球上的人口就超过了 10 亿。仅仅 200 年后，人口就达到近 70 亿，每天都有大约 211 000 个新生命诞生。

对病毒来说，没有什么比将自己的遗传信息尽可能多地复制进入其他生物（宿主）体内更好的事情了。所有生物，从细菌、植物和真菌，到动物、鱼和人类，都无法避免病毒的感染。

流行性感冒病毒（以下简称流感病毒）的感染受体范围很广，包括人类、猪、鸟、海豹、蚊子、鲑鱼和海虱。在过去几千年里，这一病毒家族的某个变体突破了种间屏障并产生了突变，从而可以在人类之间进行传播。1 万年前动物驯化和畜牧业的兴起，使人类与动物有了更多亲密接触，为病毒的感染创造了得天独厚的条件。

流感病毒通过引发宿主严重的咳嗽和打喷嚏来进行传播。在人口密集的场所（如军事战壕、城市、火车或学校），流感病毒很容易通过空气传播的飞沫感染人群。

人体免疫系统通常能够在 2—3 周内战胜这些病毒。年老和年幼者极易感染严重疾病，平均每 1 000 个被感染者中有一个人因病而死。

但是，特定毒株产生了更大影响。在马尔萨斯撰写其论文之后，世界范围内约有超过 1 亿人因各种流感病毒而死亡。迄今为止，最为严重的流感暴发于 1918—1920 年间，大约有 5 000 万到 1 亿受害者[1]，是第一次世界大战期间（1914—1918）死亡士兵人数的两倍多，这次大战也是因为流感大暴发而结束的。

此次流感最初暴发于美国，并造成了全球性的影响。它传遍了欧洲和亚洲，最北甚至波及北极圈的因纽特人，最西到达了遥远的太平洋岛屿。而它之所以叫作“西班牙流感”，主要是因为当时的西班牙几乎没有对报纸进行审查（那里不参与战争，也就不存在宣传部门），导致人们错误地认为这一疾病起源于西班牙。

1　史称 1918 年流感大流行（1918 flu pandemic）。——若无特别说明，本书注释皆为编者注。

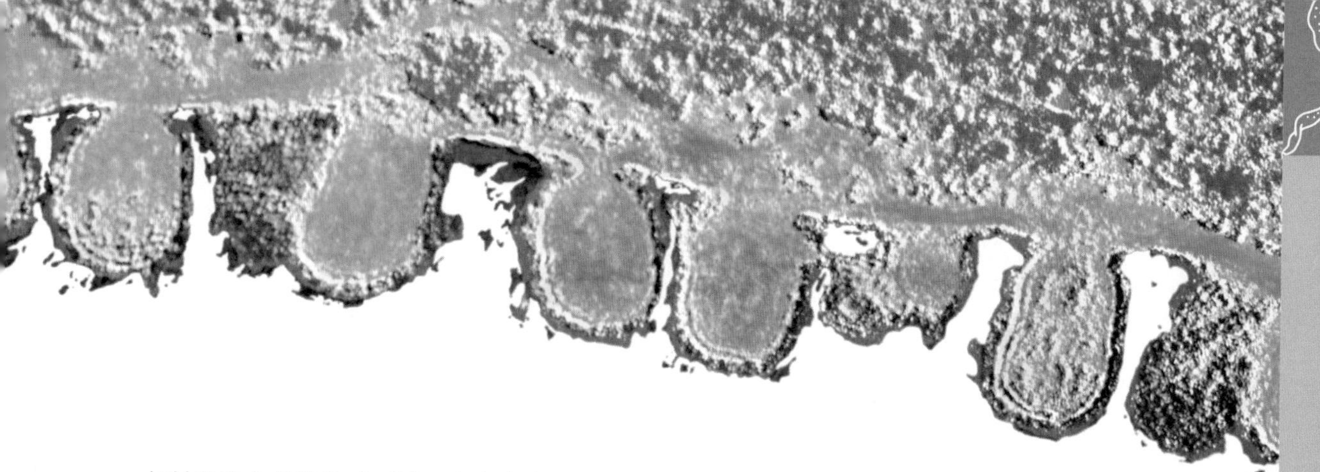

一个受感染细胞表面出芽的流感病毒。

与暴发的大多数流感不同，此次流感最严重的感染者是青年人。专家相信这是因为这一特定毒株（H1N1）引发了免疫系统的过度反应，导致其产生太多严重破坏身体组织的免疫细胞和化学物质，这一现象叫作“细胞因子风暴”。因此那些拥有最坚强免疫系统的人，即处于壮年期的人，面临的风险最大。H1N1 导致的死亡令人毛骨悚然：大量出血导致受害者的肺部被血液充满，同时有耳部出血和内出血现象。

如今，科学家和政客都迫不及待地想要避免重蹈这一毁灭性流行病的覆辙。西班牙流感病毒的测序基于 80 年前死于该疾病的士兵的肺部组织切片完成。2007 年 1 月公布的结果显示，这一流行病是由一种突变后可以轻易在人与人之间传播的禽流感病毒导致的。

一种新型的禽流感毒株（H5N1）于 1999—2002 年间在亚洲暴发，然而，它只造成了有限的影响，因为这一毒株只能通过鸟类传给人类，而无法在人与人之间传播，所以此次禽流感的感染人群多局限于接近鸟类生活或工作的人。不过，另一种源自猪的流感变体（H1N1）后来遍布了世界各地。其易于在人与人之间传播的特性使世界卫生组织在 2009 年夏天正式宣布此次流感为全球性流行病，而这也宣告国际上控制这一“猪流感”传播的努力明显失败了。

这是十分令人担忧的。病毒具有非凡的遗传多样性和变化能力，流感病毒的复制过程（基于 RNA 的化学复制基因）比动植物细胞中更复杂的 DNA 遗传复制过程更容易产生错误。更多的错误意味着更多的突变，这将导致易于在人与人之间传播的高度传染性致死毒株的潜在演化，使每个新的受害者都成为这一疾病的致命载体。大规模免疫可能有效，也可能无效，因为在知道病毒究竟如何突变之前，无法实施有效的控制措施，只有在新的病毒株出现后才能收集到这种信息。大规模生产合适的疫苗需要至少 3 个月的时间，此时流感病毒的突变毒株可以感染数千万甚至上亿人。

马尔萨斯或许搞错了时间，但在我们这个过度拥挤且充斥着诸如流感病毒这样高感染性疾病的现代社会，他的预言在今天可能依然是切实相关的。

人类免疫缺陷病毒

科：逆转录病毒科（Retroviridae）
种：人类免疫缺陷病毒（HIV）
排名：77

它是今天最令人困惑也是传播速度最快的病毒之一，
且至今没有彻底治愈的迹象。

南非是地球上最美丽的国家之一，其壮丽的海岸线沿着东、南、西三面环海的好望角绵延了近3 000千米。近10万年来，不同人种的人们在这片土地上共享着丰富的生态系统，其中有丰富的野生动物和奇花异草。然而，随着荷兰探险家在1652年踏上这片大陆的最南角，这里成了从西方欧洲开往盛产香料的东方亚洲市场的商船的补给站。靠近海洋的战略地位很快将这一片杂草丛生的荒野（现在的开普敦）变成了世界上最富有、最受欢迎的城市之一。

但现在，在开普敦及其附近的许多人们却过着绝望的生活。这一切都要从30年前一种毁灭性的病毒突破种间屏障由猴子感染人类开始，这样的悲剧同样在居住于非洲南部城市的数百万人身上重复上演着。[1]没有人知道人类免疫缺陷病毒（HIV）究竟是在何时又是如何感染其第一个人类受害者的，但这一不可治愈的疾病——艾滋病（获得性免疫缺陷综合征，AIDS）——在过去25年间已经夺去了2 500多万人的生命，且至少还有6 000万感染者。[2]

HIV是如今最广为人知但人类又对其知之甚少的一种病毒。作为逆转录病毒科的一员，HIV将自己的遗传密码复制到人类宿主基因中，其巧妙战术是数十亿年演化的产物（参见逆转录酶）。因此，尽管对许多最具破坏性的疾病，人类在研发疫苗方面已经取得了巨大进展，但仍然无法治愈艾滋病，短时间内也不可能找到解决办法。

像HIV这样的病毒不仅复制得相当快，而且在这一过程中会产生相当多的复制错误，以至于它们常常能机智地战胜疫苗。在通过血液、精液或乳汁等体液感染宿主后，HIV会突变为让人类免疫系统防不胜防的许多不同形式。对许多人来说，免疫系统只能控制HIV一年左右。尽管这一时间通过现代抗病毒药物的帮助可以大大延长，然而病毒最终会产生人类免疫系统无法应对的新变种，接着它便开始疯狂复制，无情地摧毁人类宿主剩下的免疫系统。之后，如普通感冒这类常见的良性感染也将导致死亡，因为此时宿主

1　根据2011年发表的关于AIDS起源的论文，HIV约于19世纪末到20世纪初起源于西非地区。

2　联合国2018年的统计数据表明，全世界有3 200万人死于AIDS，且有3 790万感染者。

的身体已经虚弱到无法抵抗任何感染了。

正如所有逆转录病毒一样，HIV 将其自身的 RNA 逆转录为 DNA，并编入其宿主的基因之中，接着它以惊人的速度进行繁殖，还可能感染给宿主的性伴侣和后代。HIV 对许多演化生物学家来说是一个难题，因为像 HIV 这样的逆转录病毒显然违背了建立在适者生存基础之上的自然法则。其无数略有不同的病毒个体并不是通过同时攻击宿主来相互竞争，而更像是作为一个团队来进行合作（这一现象叫作准种）。这个场景就好像一群狼狈为奸的小偷不约而同地想要闯进同一家银行的保险库一样，每一个病毒变体都是一种全新的尝试，每一个“小偷”都尝试一种新办法来打开安全锁，直到其中之一破译了密码。一旦进入，获得成功的病毒便开始大量进行复制，最终摧毁身体的整个免疫系统。

试想如果没有现代社会、教育或技术的干预，非洲人民会发生什么：最终整个大陆都会感染艾滋病毒，除了少数具有天生免疫力的人，其他所有人都会死亡。这些免疫幸存者将留下重建大陆，但是新的种群在基因上区别于原先的种群，他们的基因中带有 HIV 免疫的特征，这种特征早已被有效加入这些人的“无用 DNA”中。由于其他大陆的人无法在自己不被感染的前提下与幸存的非洲人繁衍后代，至少会出现两个相对孤立的人类群体——非洲的 HIV 感染者和世界其他地区的未感染者。这些种群之间无法杂交，也就意味着他们最终会“演化”为不同的人类。

迄今为止，仅有约 1% 的非洲成年人接受过 HIV 检测，真正的感染率仍未可知，因此难以预测艾滋病对未来可能产生的影响。在缺乏疫苗或其他治疗方法的情况下，这一疾病持续恶化，破坏了数百万人的社会和经济生活，大多数人生活在非洲和印度最贫穷地区。据估计，2007 年有 210 万人死于艾滋病，其中有 33 万是 15 岁以下的儿童。由于病毒可以通过母乳从母亲传染给婴儿，南非有超过 100 万感染了 HIV 的孤儿。

与此同时，在邻国博茨瓦纳，人们的平均寿命从 1988 年的 65 岁骤跌到 2007 年的 35 岁。尽管现代医疗取得了很大进步，但如今 HIV 对撒哈拉沙漠以南非洲地区造成的影响使其可以与历史上极具毁灭性的其他病毒流行病——禽流感和天花相提并论。

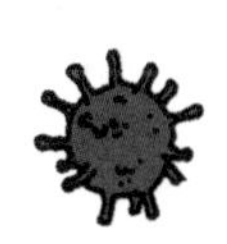

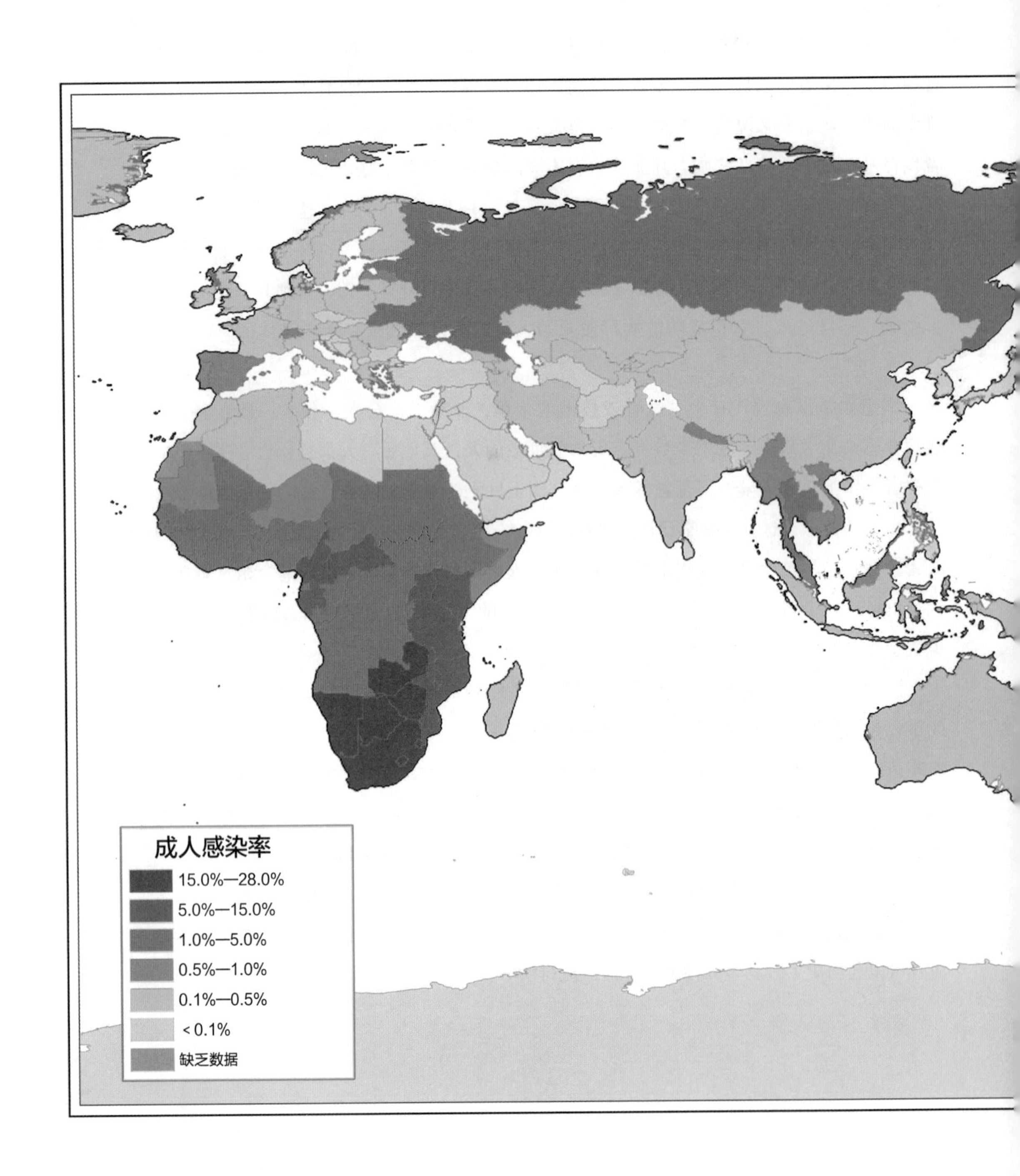

艾滋病的传播

改变了人类基因库的一种病毒是如何在人类中肆虐的。

来源：2008 年美国全球艾滋病报告

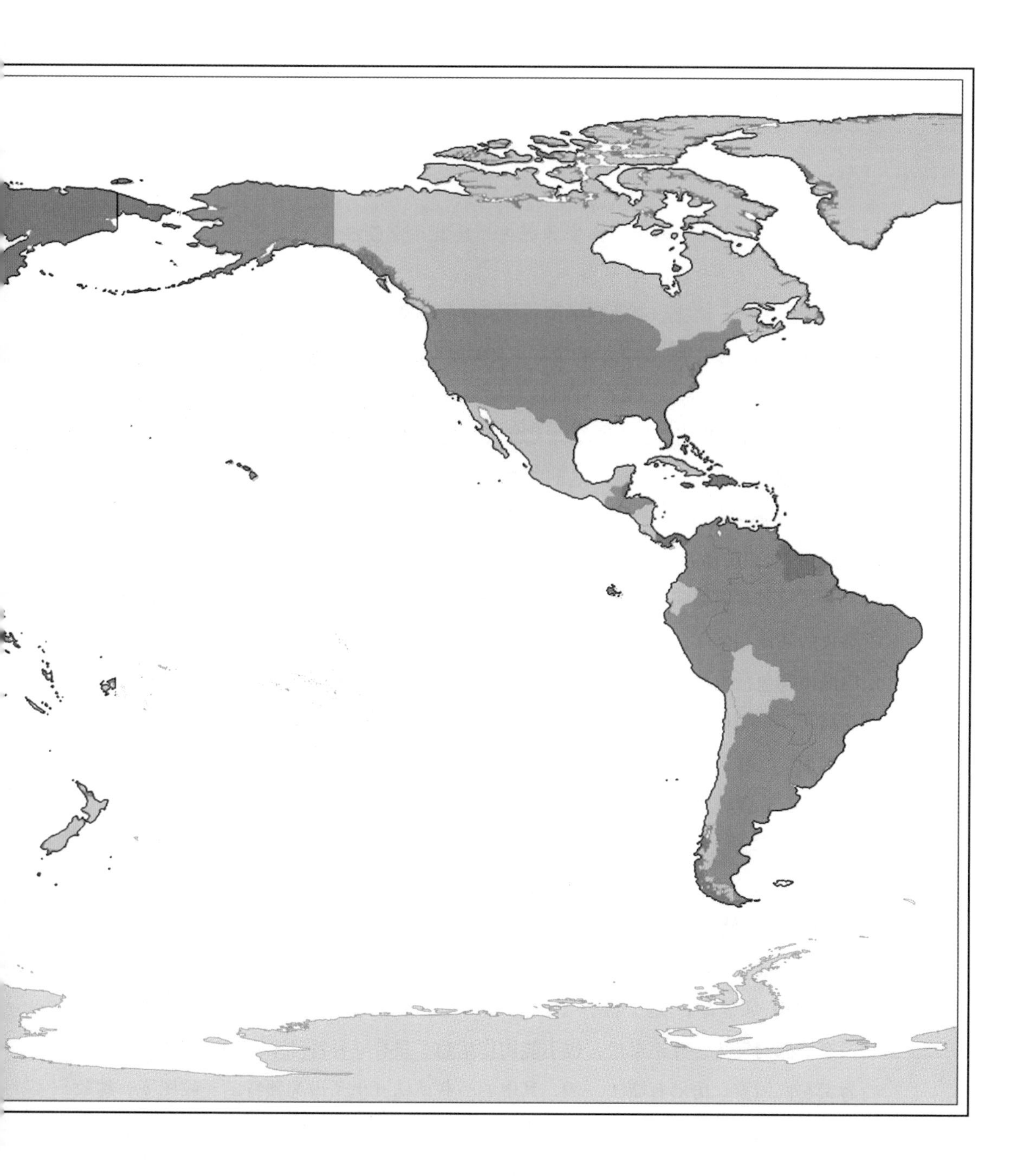

马铃薯 Y 病毒

科：马铃薯 Y 病毒科（Potyviridae）
种：马铃薯 Y 病毒未定种（*Potyvirus* sp.）
排名：100

一种植物病毒是如何导致第一次股市崩盘的。

植物与人类、动物、真菌和细菌一样易被病毒感染。但鲜为人知的是，有一种病毒对近代早期欧洲植物学、园艺学和资本主义的诞生产生了重大影响。

马铃薯 Y 病毒科是已知的 34 种植物病毒科中最大的一科，它由大约 180 种病毒组成，占所有已知植物病毒的 30%。这些病毒不是偷偷将自己的遗传密码复制到宿主 DNA 中的“专家”，也并非通过植物之间的直接接触传染。其实，这些病毒的繁殖方式就像许多植物授粉一样，搭飞过的“路人”的便车：马铃薯 Y 病毒通过一种叫作桃蚜（*Myzus persicae*）的昆虫传播。

通过桃蚜在植物间的穿梭，马铃薯 Y 病毒被传播到了全世界。它们乘着风，越过数百英里的陆地和海洋，现在世界上没有一个地区未受到该病毒感染的影响。最容易受到威胁的植物包括土豆、萝卜和李子，在大多数情况下，一旦被感染，它们的果实就会严重受损。

然而，马铃薯 Y 病毒科对人类历史的最大影响来自其中一种变体，它巧妙地证明了病毒感染有时会对其宿主物种的生存前景大有裨益。

郁金香起源于中亚地区，它们在土耳其、伊朗和阿富汗的山区自然生长，并长期受到苏丹伊斯兰教徒的崇拜。16 世纪末，名为卡罗吕斯·克卢修斯（Carolus Clusius，1526—1609）的佛拉芒[1]医生把郁金香带到了欧洲，他也是负责在维也纳经营皇家药用花园的人。1593 年，他搬到荷兰南部的莱顿市时，携带了一些极其迷人的郁金香球茎。

“Tulip（郁金香）”这个名字与土耳其语中穆斯林的包头巾是同一语源。这种异域植物没有香甜的气味，并不可口，也不能用作草药，只有一种特性来吸引欧洲的商人和旅行者带它们回家。仿佛有魔法一般，其中的一些植株开出了极为独特的花纹图案，绽放的花瓣如同大理石纹纸。没有人知道为何大多数郁金香都只有单调的色彩，而少数珍贵的品种会呈现奇异的条纹。这些外来品种在荷兰商人之中的强大吸引力，意味着在一段时期内，郁金香成了最受欢迎也最为昂贵的商品。

1　佛拉芒人（Flamands, Fleming, Flemish），西欧民族，主要住在比利时北部，人口 530 万（1975）。另有 40 万人住在其他国家。讲佛拉芒语，属印欧语系日耳曼语族，信奉天主教。

荷兰人对郁金香的兴趣变得十分狂热，于是在1635年的秋天，由于郁金香的丰收，订花合同的金额甚至高于一幢房子。其中最著名的品种就是“永远的奥古斯都”，由当时著名的荷兰艺术家描绘。郁金香收藏家阿德里安·波夫（Adriaen Pauw）博士拥有的十几个样本几乎占据了整个世界的供应源，这惊人的美丽着实罕见。尽管在整个17世纪20年代有众多的询价者，但波夫还是拒绝以任何价格卖掉他的收藏品。一株“永远的奥古斯都”的球茎最终被拍卖时，价格高达6 000弗罗林（大约相当于今天的100万英镑）。

价格由稀有性决定。尽管郁金香每年能产生多达200颗种子，它们却很少会将其出众的外表遗传给后代（相关解释参见苹果）。唯一可以确保产生相似外表植株的方法就是从原始植株上剪下一部分（一种克隆的形式）。令荷兰种植者烦恼的是，郁金香越是美丽，其球茎就越柔弱且数量稀少，这也部分解释了为何其价格会如此暴涨。

直到20世纪20年代电子显微镜的发明，才让人们了解原来是病毒感染引发郁金香的突变，产生了绝妙的条纹和螺旋花纹。科学家们发现病毒会阻止某些花瓣色素的产生，从而使其颜色发生“破裂”。至此，才终于揭示了郁金香美貌的秘密，于是病毒、蚜虫和郁金香之间的联系最终被拼凑到了一起。

这种病毒使其宿主吸引了全世界的目光，这恐怕是现在的营销人员无法企及的。它们通过鲜艳的色彩、错综复杂的异国情调对人类产生了固有吸引力（见美丽生灵），这种寄生性感染无意中使其宿主郁金香成为最有可能被人类栽培和交易的植物。在饥饿营销的绝妙高招下，其宿主产生的球茎数量越少，该球茎的价值越高，由于无法满足购买需求，其价格远远超过了合理范围。郁金香投机者的泡沫最终在1637年春天破灭[1]。承诺为当年收获的郁金香支付数千弗罗林的投机者，最后没有支付一分钱，而那些前一年已经购买了大量郁金香的人也目睹其财富一夜之间蒸发殆尽。一些历史学家认为荷兰经济经过多年才从“郁金香狂热”中恢复过来，也有人认为其影响被过分夸大了。20世纪20年代开始，荷兰农民急于提高郁金香作物的产量，于是系统性地消灭了这种病毒。通过与其他种类进行杂交，可以用较低的成本、更少的时间和精力培育出具有与最初由病毒产生的相似的视觉效果的品种。

植物病毒创造了历史上第一次投机性金融危机是一个有趣且重要的史实。“郁金香狂热”是“南海泡沫”的先驱，最近发生的则是“互联网泡沫”和“次级抵押贷款”危机。虽然更重要的是，这一病毒诱发的插曲奠定了荷兰作为世界植物学和园艺中心的地位，并且无意中显示了病毒有时是如何有助于其宿主物种的生存前景。如今，每年有超过30亿株郁金香球茎从荷兰出口，而多亏了病毒聪明且自然的营销策略，郁金香才能成为世界上繁殖和出口数量最多的花卉之一。

“永远的奥古斯都”，有大理石状花纹的郁金香，正如17世纪荷兰艺术家彼得·荷尔斯泰因二世（Pieter Holsteyn Ⅱ）描绘的那样。（图为荷尔斯泰因绘）。

1 史称“郁金香泡沫”或“郁金香效应”。

天花病毒

科：痘病毒科（Poxviridae）
种：天花病毒（*Variola Vera*）
排名：63

一个彻底改变了人类及其演化历史进程的烈性传染性病毒。

珍妮特·帕克（Janet Parker）是一个极为不幸的女人，她于1978年9月11日去世，而她的离去标志着人类疾病历史上一个漫长且不幸时代的结束。仅仅六周之前，她感染了一种变异的天花病毒——重型天花（*Variola major*），病毒是从一个缺乏监管的研究实验室的通风口泄漏的，这个实验室位于英格兰伯明翰一所大学校园里她的摄影工作室下方。帕克当时40岁，是天花病毒的最后一个受害者。在她死后仅两年，世界卫生组织就正式宣布人类成功消灭了天花，这是人类第一次也是唯一一次完全战胜的疾病。

尽管近年消灭了天花，但它曾是全人类最为致命的病毒杀手之一，对世界上每一块大陆的人类历史进程都产生了极其严重的影响。天花可以通过空气，轻易地在相距约2米的人之间传播。通常，大约30%的感染者会因病而死，但是在天花暴发的情况下，死亡率甚至会接近100%。这种疾病累计造成了数亿人（甚至数十亿人）的死亡。

天花源于痘病毒科的另一个成员——牛痘（*Vaccinia virus*）的突变毒株，只会感染人类。牛痘和猴痘都不能对人或其他动物造成致命感染。在大约1万年前，人类开始圈养农场动物后的某个时刻，某个病毒变体突破了种间屏障，从牛转移到人身上，并演化成为一种致命的新型毒株。

痘病毒科并非通过劫持宿主细胞的细胞核进行自我复制，相反，它们使用自己的双链DNA作为复制机器，只利用宿主细胞的细胞质作为蛋白质来源。基于这一独特的复制机制，有病毒学家假设，在地球上生命演化的早期阶段，痘病毒侵入简单的细菌细胞（原

有天花脓疱疹的手，由英国艺术家威廉·托马斯·斯特拉特（William Thomas Strutt，1777—1850）雕刻。

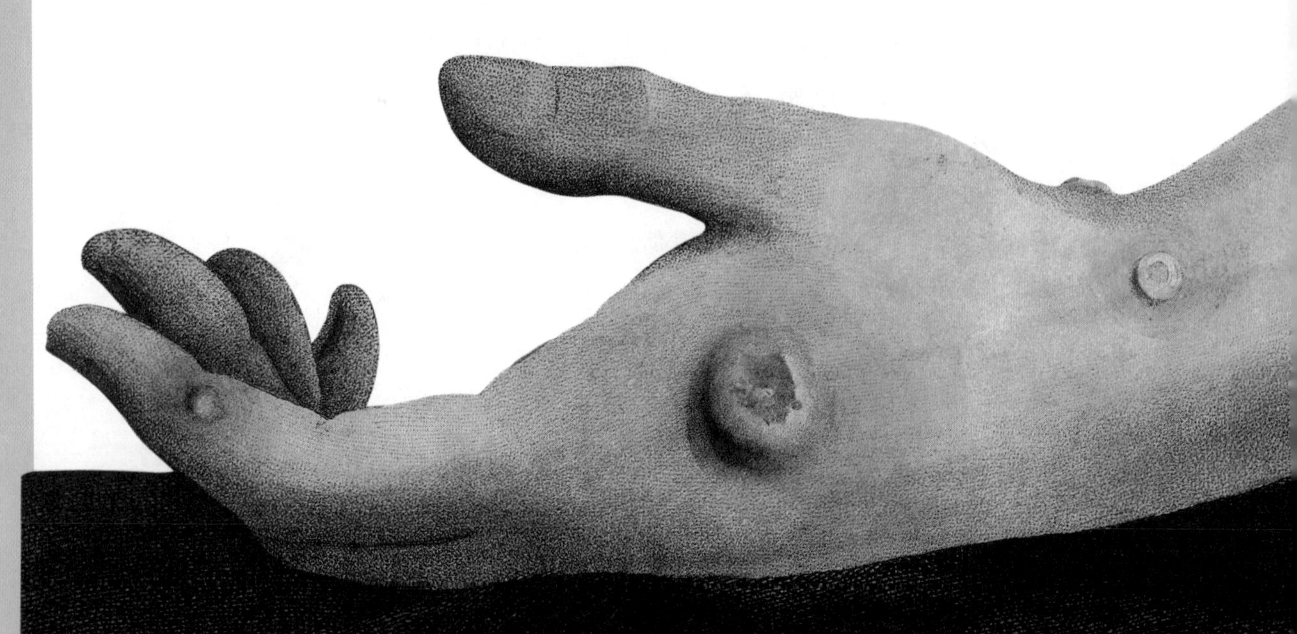

核生物）。如果是这样，天花病毒的古老祖先对地球上生命产生的影响是巨大的。它们可能提供了关键的DNA遗传复制机制，使高等生命的形成成为可能。

天花引发的死亡是极为痛苦的。大约在感染后的第12天，病状开始出现，大量被病毒感染的分子通过血管扩散到受害者身体的各个部位。高烧、肌肉疼痛、头疼和呕吐在最后都被一种恶性皮疹取代，皮疹通常发生于口腔内、舌头上、喉咙下以及整个面部。大量病毒会随着水疱的破裂而进入唾液中。两天后，皮疹遍布全身，通常暴发出大颗流脓的脓疱，最后结痂。如果疾病本身并没有杀死宿主，其他如支气管炎或肺炎等疾病通常会成为最后的凶手。最为幸运的生还者，比如英国女王伊丽莎白一世，通常也会留下终身的疤痕（她是通过涂抹厚厚的白色粉底来遮盖的），而不太幸运的幸存者则有可能永远失明。

只有在保留有良好历史记录的地方，才可能了解这一疾病对人类社会所造成的巨大影响。其中最古老的一则记录来自古希腊历史学家修昔底德[1]，他所描述的“雅典瘟疫”在公元前430年夺去了这个城市大批居民的生命。后世研究者大多认为这场瘟疫就是天花，如果为真，那么从修昔底德的描述可以看出，天花的流行对斯巴达人在著名的伯罗奔尼撒战争（公元前431—前404年）中的胜利起了重要作用。

有证据显示，到公元前250年时，天花病毒在中国出现，可能是通过中亚匈奴人传播过来的。天花在接下来的几个世纪中频繁暴发，并在6世纪时通过佛教僧侣从朝鲜半岛传到了日本。公元710年开始的日本城市化（奈良时期的王朝首都建设）助长了该疾病的传播，在此过程中它重创了执政的藤原氏一族。从公元735年开始，天花成为一种地方性流行病（在日本社会中长期存在）。其中一个影响是，伴随着令王朝脱离这一可怕瘟疫的急切渴望，民众对佛教信仰的狂热不断增长。在非洲，该疾病一直困扰着古代法老王朝的人们，甚至在公元前1157年夺走了拉美西斯五世的生命，在最近对他的木乃伊进行的检查中发现了脓疱疹。天花再从土耳其的赫梯帝国传到中东[2]。公元550年，来自埃塞俄比亚的大多是基督教徒的军队入侵了也门，并在公元570年抵达了麦加，这一年也是穆斯林先知穆罕默德（Mohammed）诞生的那年。后来天花来袭，在一场使用战象的战争中，人数众多但未被天花感染的阿拉伯人轻易战胜了在战争中患病的基督徒。当穆罕默德的战士畅通无阻地向北面、东面和西面扩张时，疾病进一步蔓延。如果基督徒们没有在战争中感染天花，伊斯兰教会变成什么样呢？天花病毒随穆斯林战士征服西班牙时，穿越了中东，甚至穿越炎热、尘土飞扬的撒哈拉沙漠，进入西非平原。

天花在数百年后的16世纪，由西班牙征服者带到美洲，产生了最大的影响。西非奴隶很快也随之而来，他们被运往大西洋彼岸的新世界种植园工作。两次移民带去美洲的天花病毒，几乎消灭了美洲的原住民，因为传统上，他们不会生活在非常靠近农场动物

1 约公元前460—前400年，古希腊历史学家，出生于色雷斯的名门富户，其主要史学著作有《伯罗奔尼撒战争史》，该书记述了公元前5世纪斯巴达和雅典之间的战争。

2 古埃及与赫梯帝国交战使得天花进入赫梯帝国。

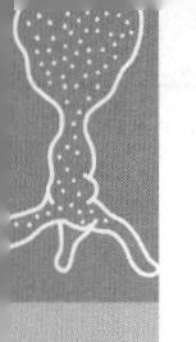

的地方，所以对天花没有免疫力。

有人认为，西班牙征服者埃尔南·科尔特斯（Hernán Cortés）随行的一个非洲奴隶在1521年将这一疾病带到了墨西哥。在一年之内，阿兹特克帝国[1]及其繁荣的首都特诺奇提特兰就被一支不超过500人的西班牙军队征服了，几乎完全是因为天花夺去了许多当地人的生命。一位观察者描述道：印第安人的“死人就像臭虫一样堆在一起”。在西班牙人抵达之前，当地人口估计有大约3 000万，仅100年后，天花就导致墨西哥人口减少至最低点——约160万。

再往南一些，印加“太阳帝国”也同样因为天花崩溃了。天花接连导致他们的帝王（瓦伊纳·卡帕克［Huayna Cápac］和他的指定继承人尼南·库尤希［Ninan Cuyochi］）的死亡，使帝国陷入长达5年的内战。当地人因战争和疾病而变得虚弱，于是狡猾的西班牙投机分子弗朗西斯科·皮萨罗（Francisco Pizarro）[2]仅仅依靠100多人、几匹马和几台原始大炮就成功地征服了他们。西班牙人从非洲引入更多的奴隶加剧天花的传播以巩固在美洲的统治，这些奴隶总是会带来新一波感染。耶稣会传教士将原住民围困在营地中，无意中促进了病毒在原住民中的传播，用一个历史学家的话来说就“如生活在屠宰场里一样”。

在中美洲和南美洲原始帝国灭亡的一百年之后，这一疾病又开始侵袭北美洲，这次是由来自新斯科舍的法国殖民者传播过去的。一场自1617年开始的流行病在短短几年中就消灭了东海岸的大部分美洲原住民，在1621年[3]，首批清教徒移民[4]从英格兰乘着五月花号（Mayflower）抵达这里时，东海岸90%的土著已经死亡了。欧洲殖民者也并非都对天花完全免疫，五月花号上有20人也死于该病。

由于家畜的驯化，天花病毒对不同的人群有着明显的偏好。然而，与其他疾病不同，天花从来不会区分富人与穷人。诸如奥地利的哈布斯堡家族[5]和英国的斯图亚特王室[6]这样的欧洲帝国王朝和王室家族，都因其继承人死于天花而丧失了对王室的主权。

人类的第一次反击发生在1717年，这在很大程度上要归功于一位开明的英国女权主义者。英国驻伊斯坦布尔大使的妻子玛丽·蒙塔古夫人（Lady Mary Montagu）在土耳其生活期间，写了一系列描写在奥斯曼帝国宫廷内外生活的信件。在其中的一封信中，她

1　阿兹特克帝国，又称阿兹特克三邦同盟（古典纳瓦特尔语：Excān Tlahtōlōyān），是1428年由特诺奇提特兰、特斯科科和特拉科潘三个城邦组成的一个前哥伦布时期的印第安人国家，位于墨西哥谷一带。

2　西班牙早期殖民者，开启了西班牙征服南美洲（特别是秘鲁）的时代，也是现代秘鲁首都利马的建立者。在西班牙历史上，皮萨罗以征服活动与墨西哥的征服者埃尔南·科尔特斯齐名。

3　此处存疑，五月花号到达普利茅斯殖民地的时间通常认为是1620年。

4　普利茅斯殖民地（今美国马萨诸塞州普利茅斯）的早期欧洲定居者。

5　哈布斯堡王朝的西班牙分支于1700年绝嗣，而奥地利分支则于1740年绝后。

6　在英国本土，最后三位斯图亚特君主均无子嗣成活至成年。

描述了一种对抗天花的方法——“预防接种”。这一方法被认为是由古印度首创的，得到了印度教神秘主义者的支持，这些人拥有自己的天花女神——湿陀罗（Shitala Mata）。该过程需要从已被毒性较弱的小型天花（*Variola minor*）感染并康复的人身上提取粉痂，将其插入未被感染者皮肤上切的小口，从而引发轻度病症。尽管并非完全安全，但这一过程通常可以提供终身免疫。偶尔这样的接种会导致疾病全面暴发，而且由于它涉及活天花病毒的传播，因此这些治疗手段对实施人尤其危险。但蒙塔古夫人决定带头示范，并在 1721 年给她的两个孩子接种了天花，这是英格兰有史以来的第一次此类接种。

接种天花病毒尽管并非万全之策，但却对人类历史产生了重大影响。在 18 世纪晚期，乔治·华盛顿（George Washington）在美国独立战争期间（1775—1783）命令他所有的士兵都接种了疫苗，这一决定对实现美国独立的梦想至关重要。华盛顿在 1777 年给弗吉尼亚州州长的信中写道：“我知道这（天花）对于军队来说，比剑更具有毁灭性。”美国试图从英国手中夺走加拿大的野心也被天花摧毁了，正如后来的美国总统——约翰·亚当斯（John Adams）回忆说：“天花比英国人、加拿大人和印第安人加起来还要恐怖十倍，这也是我们突然从魁北克[1]撤退的原因。”

尽管接种疫苗可以预防这种疾病，但直到1796年，人们才发现真正安全的接种过程，可以在不给医生和患者带来风险的情况下接种疫苗。来自英格兰格洛斯特郡的医生爱德华·詹纳（Edward Jenner）发现了一种新的免疫方法——将牛痘脓疱的脓液诸如健康人体内，称之为种痘（vaccination，来自拉丁词 *vacca*，牛）。牛痘只会引起人类轻微且暂时的皮肤感染，我们的免疫系统可以轻松控制它。如果某人已经得过牛痘，再被天花病毒感染，其身体便可以成功攻击疾病，因为这两种病毒极为相似，所以免疫系统会误以为天花感染是牛痘的复发，这样的免疫几乎总是可以保证安全。从詹纳的发现到珍妮特·帕克的去世，大约经历了 175 年。在那一短暂时间内，数亿人死于该疾病，直到 1980 年天花最终被消灭。现在，世界上只有两个实验室被正式允许保留病毒活体样本用于研究，以防止未来天花的暴发。

玛丽·蒙塔古夫人是欧洲最早提出接种天花疫苗的。

尽管天花已经灭亡，但如果它还存在，今天大多数人仍会很容易感染天花。自 20 世纪 70 年代初以来，接种天花疫苗过于昂贵，但是拜人类群体免疫所赐，天花的感染率大幅降低。大部分 35 岁以下的人从未接种过疫苗，而其他接种过的人也只能维持大约 10 年的有效期。现在认为，新型天花病毒将会是最为致命且最有可能被生物恐怖分子使用的生物武器。尽管这种病毒已经被消灭，但对于人类而言，它过去和未来产生的潜在影响仍一如既往地令人生畏。

1 加拿大东部重要港口。

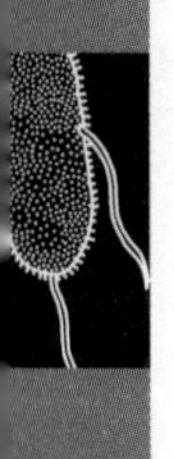

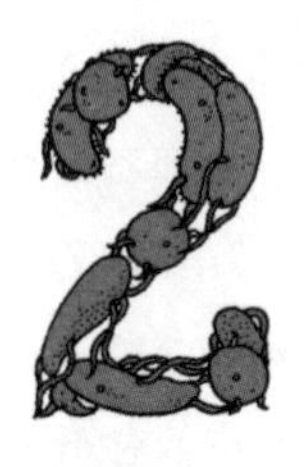

单细胞生物

单细胞生物多么万能，建立了演化行为的新模式，
填补了每一个生态空位。

有些人梦想着能看到一个新世界。多萝西（Dorothy）被一阵旋风卷入奥兹仙境的故事让孩子和成年人迷恋了100多年。现在，柯克船长（Captain Kirk）和他无畏的船员乘坐星舰企业号前往处女地探险的故事已有超过700集的电视剧和13部电影[1]，电视迷们可以尽享探险的乐趣。撇开童话和科幻小说不论，那个发现了新世界并创造了最引人注目历史的人，实际上生活在约400年前的荷兰。

安东尼·范·列文虎克（Antoni van Leeuwenhoek，1632—1723）是一名荷兰服装商，他开创了一种让人们看到未曾知晓的世界的方式。他倾尽一生，用玻璃镜片制作可以放大肉眼不可见事物的工具。列文虎克在其一生中制作了数百个显微镜，其中一些被认为能够放大500倍。

显微镜下，从唾液到精子，观察到的所有的一切，彻底改变了我们对地球生命的理解。远远超出肉眼可见的范围，从细菌到血细胞，列文虎克发现了微观生命形式的全新世界。这些微小的奇观是如此奇特又小巧，如同正在游泳的鱼，他称其为微生物（animalcules）。

列文虎克激动不已，他向英国皇家学会寄出了无数封信，该学会于1673年开始发表这些发现。其中一封信（1683年9月17日）描述了他对从自己（以及他的两位女性朋友）牙齿之间提取的被称为牙菌斑的黏性物质的观察结果，他是在自己的一

1 《星际迷航》（*Star Trek*），美国派拉蒙影视制作的科幻影视系列，目前有6部电视剧、1部动画和13部电影。

个显微镜下进行分析的：

> 我惊奇地发现，这个物质里有许多活动着的非常微小的生物。最大的一种拥有非常强大和迅速的运动能力，在水中（或唾液中）看起来就像一条梭子鱼一样……第二种会像一只陀螺一样……而且数量更多……此外，其他微生物也非常多，所有这片水看起来就像活的一样。

这是人类历史上第一次正式看到这些前所未见的生物，而正如我们今天知道的那样，是这些微小生物组成的活细胞构成了生命的基石，也是在此基础之上，生命才能演化。

生命的第一个要塞

生命以其常见的生物体形式出现，它们具有自己的活细胞，不仅对其他生物的演化，也对整个地球生物圈的组成（陆地、海洋和天空）产生了重大影响。

活细胞就像迷你城堡，基因复制可以在这些私密和“安保措施”完善的微型发电站中制造能量并自我复制。虽然活细胞无法对其他外来遗传分子（比如病毒）的攻击产生免疫，但细胞“城堡”已然成为生命的基本构件。最古老也最简单的细胞仍然繁衍至今，并代表着最早的生命王国，它们叫作原核生物（Prokaryote）。

关于所有生命是否都起源于约 35 亿年前海洋中出现的一个特定原始细胞尚未有定论。科学家们称之为露卡（LUCA），有人坚持认为这一最初的原始单细胞生物就像一颗古老的种子，而现在所有的生命都在某种程度上与其有着密切联系。

事实上，完全没有理由不出现几个露卡在不同的地方产生不同的细胞模型，以优胜劣汰的方式确定制造能量、移动性和防御性的方法。事实上，当人们发现细菌并非原核生物域唯一成员的 30 年后，越来越多的人提出细胞生命其实是在不同时期独自演化而来的。最近，DNA 测序的结果显示，还有其他类型的单细胞生物，并将该类生物归为一个单独的域——古核生物。此外，最近科学家对另一种名为拟菌病毒的单细胞体进行了测序，其独特的遗传结构表明它可能是第三类单细胞域的现生后裔，科学家们目前对此所知甚少。

虽然现在仍然无法证明今天所有的生命是否都源于同一个古老的细胞，但从原始的类病毒复制因子转变为独立移动且防御良好的活细胞的演化过程已逐渐明朗。

如今，在列文虎克发明的早期显微装置的基础上出现了先进的电子显微镜，使科学家们可以深入观察原子级别的微观世界。正因为有了电子显微镜，加利福尼亚

安东尼·范·列文虎克是显微镜的先驱，也是发现前所未见生命的人（左图），还有他极具想象力的人类精子手绘图（下图）。

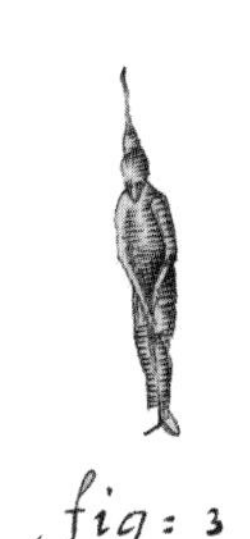

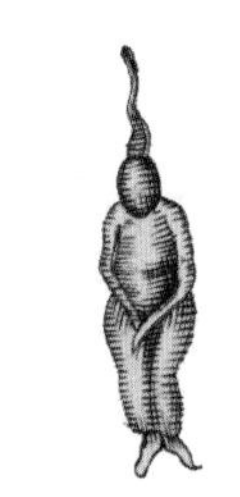

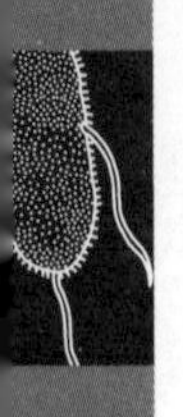

大学的海伦·汉斯马（Helen Hansma）教授和她的团队于最近提出了迄今为止最有说服力的关于第一个细胞是如何演化的理论。汉斯马认为，细胞生命起源于地球与原始遗传分子之间的一种相互包容，就发生在看起来最自然的地方——两块片状物质之间。

云母是一种极薄、细腻且闪闪发光的硅质矿物，主要分布于印度、中国、美国东部和加拿大。其复杂的结构是通过自然结晶实现的，在一片只有一毫米厚的云母里，却有多达100万层独立的硅酸盐片层层叠在一起，每两层之间都被一个微小的空间隔开。

汉斯马在其职业生涯中的大部分时间都把云母片作为载物平面，在其表面沉积物质，以便在原子力显微镜（AFM）下进行分析。2007年的一个早晨，当她将一块新云母片放在显微镜下时，她突发奇想。

汉斯马透过目镜看到云母片略沾了些有机物质，而DNA分子深深嵌入表面的微小脊状突起：

> 当我看着有机杂质时，我突然想到这就是生命起源的最佳场所，这些薄层间会随着温度升高或降低而上下移动，而且能被海水潮汐渗透，这是提供建立和打破化学键所需机械能的最佳环境。

就像演化培养箱，云母片可能已经提供了细胞生命得以演化的正确结构。它们恰好又富含诸如氧气、钾、镁和铁这些能够提高生命质量的化学物质，海水中还有额外的钠可以完善细胞生命组成中所需的各种成分。

汉斯马在脑海中清晰地看到这样的图像：

> 我看到所有的生命分子在云母片中演化并重组，然后随着细胞膜萌芽并蔓延扩散到整个世界。

在最早的单细胞生物中，有一种生物学会了在海底营养丰富的火山口附近觅食。它们叫作产甲烷菌，代表了已知最早的古核生物形式。

现在这些细胞能够在其细胞壁内转换能量，其中一些细胞发展出了自身独特的运动方式。一系列构造精巧的微型“尾巴”“轮子”“齿轮”“螺丝”和“螺旋桨”出现了，推动着许多细菌和古核生物的运动。在不断寻找食物的过程中，这些称为鞭毛的运动结构能够以高达每分钟1 000转的速度旋转。它们也是自然界唯一发现的独特轮子。

天然的极端机器

植物、动物和人类似乎掌控着演化蓝图，那么这些肉眼不可见的生物又会对演化进程产生哪些重大影响呢？

首先，这些生物具有非凡的生存技能，

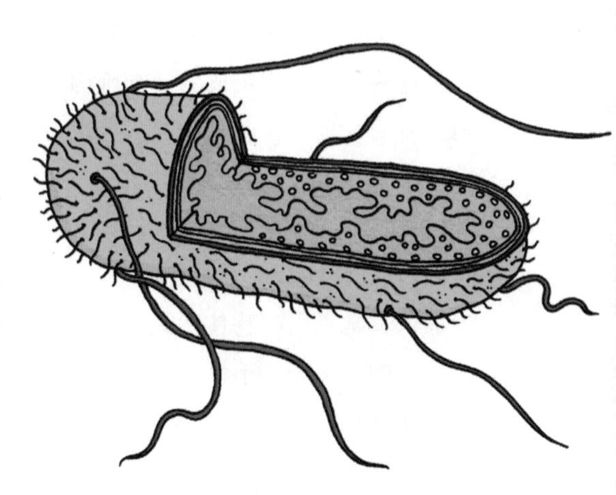

原核生物的横截面，可见细胞壁（黄绿色）。其中包含了松散的DNA基因链（粉红色），周围是细胞质（蓝绿色）。线状的鞭毛（红色）附着在细胞壁上。

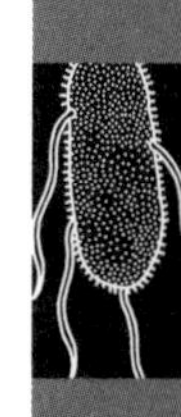

无论自然因素如何，又或者生存条件有多么困难。

植物和动物仅限于两种基本的产能方式（呼吸和光合作用），而原核细菌拥有至少 20 种方式，它们可以以硫、二氧化碳、氮气、水、氢气、氧气、铁、氨气、甲烷和糖类为食。多样的食物口味使这些生物成为自然界中迄今为止最为强大的生命，因此它们可以在其他生物不敢涉足的地方繁衍。现代科学家被它们强大的适应力所震撼。

专家检查了从南非金矿深处的积水池中取出的样本，他们没想到会在此处发现生命的迹象。在这个位于地表以下 3 千米的地方，数百万年来一直缺乏自然光和氧气这些维持生命的必需成分。但是，这里石内（岩石内部）的单细胞细菌群落却一直不断地繁衍着。金矿菌（*Desulforudis audaxviator*）已经适应了其栖息地的极端条件，并可以依靠氢气生存，氢气是放射性衰变过程中自然产生的废气。

同样令人惊讶的是，在南极洲极端寒冷的条件下，生物仍然可以茁壮成长。南极洲埃斯湖位于澳大利亚南极戴维斯站（由澳大利亚政府于 1957 年建造）附近的西福尔丘陵，这里的海水池从 12 000 多年前末次大冰期时的古冰川逐渐消退后就一直保持原状。当好奇的科学家从冰冻湖床表面 20 米以下取出第一批水样时，他们惊讶地发现了产甲烷的古核生物群落。相关研究持续聚焦于这些物种（嗜冷性产甲烷菌［*Methanogenium frigidum*］和伯顿拟甲烷球菌［*Methanococcoides burtonii*］）是如何在如此极端寒冷的温度下生存的，这样的环境完全不具备大多数生命所需的三个条件：热量、氧气和光照。

这样的适应力有助于解释为何生命在地质历史的两个高度危险时期还能继续存在，当时地球陷入了极度严酷的冰期（每一次都持续了数百万年），就像一个巨大的雪球。这些冰冻期被认为是由地球构造板块的重组造成的。如果在将来的某一个时刻，地球再次陷入这样一个深度冰冻期，无论在这样的环境压力和时期里其他生命会发生什么，这些来自南极洲冰湖的细菌将肯定会继续其演化进程。

而在另一个极端，一些原核生物正生活于沸腾的水壶中。任何高于 100℃的环境都正好适合于一种叫作焦酚火球菌（*Pyrococcus furiosus*）的生物，这是一种以地热间歇泉和海底热液沉积物中的天然硫为食的超嗜热古菌。难怪这些超耐受微生物的统称是“极端微生物”了，它们是极端条件的爱好者。

在智利的阿塔卡马沙漠发现了各种各样的原核生物，这里是地球上最干旱的地方之一，每 20—50 年才下一次雨。

或许没有比人类的胃更加极端的环境了，这里的极端强酸环境直到最近才被认为有生物可以长时间生存。然而单细胞原核生物又一次大大出乎了我们的意料。直到 1981 年，科学家们才开始认识到，胃溃疡并非都是像我们通常认为的由压力或辛辣食物导致的，而是由一种称为幽门螺杆菌（Helicobacter pylori）的传染性致病菌引起的，它通过六条鞭毛钻到人类的胃中而生存，因为在这里，它可以以半消化的食物为食。

自然的“终结者”

认为原核生物在任何条件下都能生存的想法是大错特错的，缺乏任何合适的食

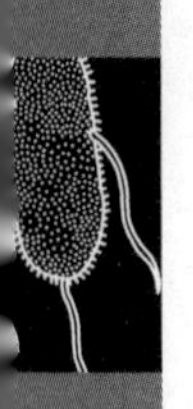

物来源，完全干燥或过度的紫外线辐射最终必将影响所有的生命形式。尽管如此，一些原核生物仍然找到了一种巧妙的方式来确保它们即便是在很艰难的条件下，也永远不必为生存担忧。厚壁菌门是一类可以构建使自己免受伤害的应急细胞核避难所的细菌。

孢子形成的过程，从开始到完成只需要约 8 个小时。细菌（如炭疽杆菌）在被人类吸入时往往是致命的，它们会复制其所有重要的遗传密码，并产生一层坚韧的新细胞壁包裹这些密码。最终，与濒临死亡的母体分离后，新个体的内生孢子会被风吹走，直到降落在一个地方开启新的生命历程。煮沸、烹饪、烘焙、冰冻、饥饿和 X 射线都无法伤害这些孢子。即便是完全浸没在高腐蚀性的化学试剂中，或是在绝对寒冷的环境，又或是在外太空的真空层中，通常也不会对它们造成什么影响。除非是在大火中充分燃烧，否则所有这些看似可以消灭生命的方法对于这种顽强的生存机器来说都是无效的。当环境条件最终变得有利时，这些休眠的生命就可以轻松地复原，变为完整的细菌细胞，从而能够再次繁殖。

对原核生物耐性的认识最近又使人类重新燃起对搜寻外星生命的兴趣。作为科学的一个分支，天体生物学并非要在卫星上寻找人类或绿色的小火星人，而是要在其他行星或卫星上寻找富含甲烷或是二氧化碳的大气，因为这样的环境适宜微生物生存。生活在地球上的微生物非常顽强，因此其中一些被认为可以在火星、金星甚至是木星的卫星上生存（或者可能是曾经生活过），而这些地方对更高级的生命形式来说，明显过于严酷且致命了。试图寻找更多信息的太空任务已经在进行中了。

细菌的影响

名为蓝细菌的原核生物是在约 25 亿年前出现的，并开创了全新的生命形式。它们学会了利用大气中的二氧化碳、水和来自太阳的光能来制造食物。在光合作用的过程中，它们会产生高能量的废气——氧气，而氧气的产生彻底改变了世界。没有氧气的存在，依赖氧气生存的所有动植物的演化就永远不会发生。

其他微型原核生物对陆地生命的影响同样深远。人类赖以生存的植物，例如豌豆和黄豆等豆科植物，与称为根瘤菌的细菌共同演化。这些微生物生活在植物根部的根瘤内，在将大气中的氮转换或“固定”到如铵盐这样对植物生长至关重要的化学物质的过程中起到了关键作用。土壤中的细菌全程参与了其他生物出生、生存、死亡和再生的有机循环过程。据估计，每 1 克土壤中有超过 4 000 万个细菌细胞。苏云金杆菌（*Bacillus thuringiensis*）是致命炭疽的近亲，可以作为天然杀虫剂的土壤细菌，其内生孢子可以杀死飞蛾、蝴蝶、苍蝇、蚊子和甲虫。

借助微生物的力量解决当今地球上的环境问题，是原核生物未来潜在的重要功用。假单胞菌是一种土壤细菌，能将工业污染转化为可生物降解塑料。另外，产甲烷古菌在世界上日渐重要的可再生能源结构中也发挥了重要作用。这些生物是厌氧分解池中的关键成分，可以将有机废物转化为甲烷气体，该燃料可以用于为汽车提供能量、烹饪食物以及供暖等。

但这些都是间接影响，微生物通过产生氧气、硝酸盐或甲烷，搅动地球上的有机物混合物，从而改变了其他生命的特征；同样重要的影响是，微生物也直接改变了演化本身的进程。

生命的第一个群落

原核生物建立了世界上的第一个群落。其生物膜很薄，可见的细菌层徘徊在静水表面，或被人工培养，在污水处理过程中分解人类产生的废弃物。这种细菌层由数以万亿计的原核生物组成，为了实现互利共赢，它们紧密地结合在一起。

研究表明，许多细菌联合起来时，会产生独特的生存优势。几种由人类细菌引起的感染，比如囊性纤维化肺炎，就是由对传统抗生素治疗和免疫系统具有抵抗力的生物膜引起的。

如果一组有机体的各个成员之间是合作关系，那么它们将比其各个部分的总和更具竞争力，但此时需要某种形式的信息交流。世界上第一个分散式决策过程，可以追溯到原核生物界这些原始的生命群落中。紧密聚集在一起的细菌使用一种叫作信息素的化学物质来构建并评估其群落的规模，达到临界值后，新的信息会在个体间传递，促使每个细胞开始制造有助于整个群落的化学物质。这一现象叫作“群体感应”。

费氏弧菌（*Vibrio fischeri*）是一种具有高度群落意识的细菌，其群体行为也以一种极为特别的方式帮助着其宿主生物——夏威夷短尾乌贼。个别细菌传递的化学信息使群体分泌一种可以在黑暗中发光的特殊物质，照亮周围环境后，乌贼就可以更轻松地在漆黑的深海中找到食物。数亿年后才演化出现的社会性物种，比如蚂蚁、蜜蜂和白蚁，也采用了类似的群体沟通和决策的基本体系（参见黏菌）。

这些细菌为何要浪费能量来为深海乌贼制造发光的化学物质呢？这种协作互助意味着短尾乌贼找到食物后，细菌也会在其宿主的肠道中享用一顿大餐。科学家们将这种双向关系称为共生。

近年来，演化生物学家耗费了大量的精力，试图证明在野外这样一个自由竞争、适者生存的环境中，所有物种的行为只会顺应自身基因的私利。鲜为人知的是，对一个物种来说，让自己与另一个物种的利益保持一致是相当正常的。更为令人惊讶的是，这种协作的“共生”行为深刻地改变了演化的进程（参见共生生物）。

建立不同物种之间亲密关系的能力是单细胞原核生物首创的谋生技能。有些关系对双方都有益（共生）；有些则是对一方有利而对另一方有害（寄生）；还有一些对一方比对另一方更为有利，但却不会产生严重损害（共栖）。从这些基本开端开始，所有生命之间的关系开始在一定范围发生演化，从偶尔的有益到这样紧密结合的协作，任何一方在没有另一方的帮助下都无法生存（一种被称为专性的关系）。有时候，曾经演化分开的物种会在基因水平上因相互需要而重新融合，并产生新的物种。

自从细胞生命诞生以来，由原核生物首创的共生方式变成了演化的重要动力，用一位著名专家的话来说：“在新物种的起源上扮演了主要的创造性角色”。

蓝细菌

科：聚球藻科（Synechococcaceae）
种：海洋原绿球藻（*Prochlorococcus marinus*）
排名：3

提供生命呼吸必需氧气的光合细菌。

想象一个没有植物和动物的世界。陆地将只有贫瘠的岩石和淤泥，海洋中没有鱼类，空气中除了风声以外一片寂静。这个世界缺乏几乎所有“高级”生命（鱼类、鸟类、昆虫等动物）赖以生存的成分——氧气。

直到大约50年前，没有人会想到我们的地球曾经没有氧气，因为在有记录的人类历史中（大约1万年），空气当中的氧气含量一直稳定地保持在21%的水平。现在我们有了不同的认识。地球的早期大气中可能只有微量的氧气，而这些氧气会迅速与自然界中的其他元素反应而消失，比如与铁反应形成氧化铁矿石。在过去的数千年中，人类广泛开采了这些岩石，从中提取铁来制造工具、武器和建造房屋。

动植物得以生存，都是因为大气和海洋中氧气的存在，而氧气最初是由某种原核细菌产生的。实际上，这些单细胞生命释放了太多氧气，以至于过剩的氧气在空气中聚集，其“罪魁祸首”就是蓝细菌——因其蓝绿色的外表而得名，它所演化出来的进食过程现在叫作光合作用。蓝细菌将二氧化碳分解形成碳和氧，利用阳光使碳和氢在水中发生反应以产生糖类，而氧气便作为这个过程中产生的废气排放出去。原绿球藻是一种存活至今的蓝细菌，被认为占全球所有供氧量的20%，还有专家认为它是地球上数量最多的生物，在海洋中的活体数量可达10^{29}个。

叠层石是一种石化的有机沉积结构，往往沿海岸线呈头状或球状突出发育，现代的叠层石可见于澳大利亚西部鲨鱼湾。它们摸起来黏糊糊的，这是因为石头表面覆盖了可以吸收阳光并释放氧气的黏糊状蓝细菌菌落。尽管它们现在极为稀少，但世界上曾经布满了这些菌落，最早约在28亿年前，为向地球大气注入大量氧气做出了巨大贡献。

在古代海洋中繁衍生息的大多数微型生物都会避免所有与氧气的接触，因为对它们来说氧气是高毒性的。因此，在无氧世界中演化的原核生物要么适应一个充满氧气的环境，要么必须找到氧含量足够低的地方以确保其继续生存。一些生物逐渐适应了，学会了依靠氧气生存（比如立克次氏体［*Rickettsia*］）；另一些则连接在一起，将氧气作为将细胞黏结在一起的蛋白质组分，从而产生更复杂的多细胞生物，使其更适合在含氧环境中生存；还有的躲藏起来，要么是在海底富含硫化物的热液喷口附近（例如产甲烷菌），要么随着其他生命的演化，躲藏在氧气浓度很低的生物肠道中。

今天的原始厌氧原核生物生活于人类和牛等动物内脏的无氧环境中，它们以消化过的食物为食，通常也会相应地提供基本服务作为回报。比如牛胃中的细菌菌落会分解牛无法自己消化的植物性成分——纤维素；而人类的肠道中有 500 多种厌氧菌，其中一些可以合成如维生素 K 这样珍贵的化学物质，这对血液凝结至关重要，其他的厌氧菌则会产生甲烷这种会导致全球变暖的气体作为其消化过程的副产物，这也是人类和牛这样的生物会经常放屁的原因。

富含能量的氧气的出现，为新型生物的演化提供了很好的机会，触发了全新的真核生物域的产生。所有高级的生命形式，从植物和真菌到鱼类、鸟类、哺乳动物，都是真核生物，其生存离不开充足的氧气供应。因此，如果没有蓝细菌及其最初建立的光合作用过程，我们很难看到这个可见的多细胞生物世界是如何产生的。

叠层石，藻类分泌物形成的岩石状结构，拥有可进行光合作用的蓝细菌群落。位于澳大利亚西部的鲨鱼湾。

炭疽杆菌

科：芽孢杆菌科（Bacillaceae）
种：炭疽杆菌（*Bacillus anthracis*）
排名：70

一种几乎坚不可摧的生命形式。

博卡拉顿是佛罗里达州东南部一个富裕的城市。被精心修剪过、自动灌溉的高尔夫球场蜿蜒穿过豪华的庄园，独栋别墅和宾馆就像西班牙别墅一样，墙壁被刷成了粉色，屋顶则砌有陶瓦。这一特点是对第一批来自欧洲的统治者——西班牙征服者的文化仿古。他们于1513年4月2日抵达墨尔本海滩——博卡拉顿向北约160英里[1]，当天正值西班牙复活节，即花的复活节（Pascua Florida），今天的阳光之州因此得名。

2001年9月美国遭受了“9·11”恐怖袭击，在纽约和华盛顿有2 974人遇难，另有24人失踪，很可能已经死亡。这是现代媒体历史上前所未有的事件，63岁的鲍勃·史蒂文斯（Bob Stevens）是博卡拉顿《太阳报》（*The Sun*）的一位资深的摄影编辑，对此他再清楚不过。而史蒂文斯可能不知道的是，就在恐怖分子将两架满载燃料的飞机撞上世界贸易中心、第三架撞击五角大楼之后的一个星期，一封看似无关的信件被送到他所在报社的邮件收发室，这对他而言将会同样致命。

他只是打开了信封，里面是褐色和白色的内生孢子混合物，看起来像是盐和胡椒粉，它们被撒在了他的键盘上，在空中飘散。或许他正处于这段广播新闻历史上最繁忙的时期，所以从未注意到这细小的粉末。10天后，这名记者的状态令人震惊：他出现剧烈的呕吐和高烧，伴随着严重的定向障碍和完全失语。10月2日星期二，史蒂文斯被送进医院，于星期五病逝。

炭疽是一种常见的致命疾病，多是由于吸入土壤中的炭疽杆菌内生孢子而引起的。多亏了现代抗生素和对被土壤中孢子感染了的动物的谨慎处理，如今炭疽已经鲜少致人死亡了。2009年，一名乐鼓制造商在吸入进口兽皮上的孢子后死亡。但是，只有在如2001年9月这桩悬而未决的生物恐怖主义袭击中，才可能发生大规模的灾害事件：共有8封含有孢子的信件被送往美国参议员和媒体人士那里，总计有7名遇难者，17人受到严重感染。与天花不同，炭疽是一种不易在人类间相互传染的疾病。

炭疽杆菌之所以重要，是因为它引导人们最终发现微生物是许多致命感染的根源。1875年，德国医生罗伯特·科赫（Robert Koch，1843—1910）发表了一项关于为何动物

1　1英里约为1.61千米。

和人类有时会突然死亡的新理论。经过一系列实验后，他终于揭示了炭疽杆菌的生活方式：因为暴露于现在高氧浓度的大气中而十分“痛苦”，所以触发了孢子形成过程，在这个过程中，它将自己包裹在一个几乎坚不可摧的微型外壳中，这一结实的外壁可以在地上或空气中存活数千年之久。

科赫的实验表明，这些孢子被人类或食草动物（如牛、马和羊）摄取或吸入后，会在宿主体内更为有利、含氧量更低的环境条件下被唤醒。一旦进入肺中，内生孢子会被吞噬细胞攻击并吞噬，这种细胞是身体免疫系统的重要组成部分。但这些孢子具有很强的复原力，一旦进入吞噬细胞就开始苏醒，成为在吞噬细胞内以其细胞质为食的活细菌。最终免疫细胞死亡，大量新形成的细菌会涌入宿主体内，感染组织并引起严重出血，之后迅速导致死亡。由于宿主尸体的伤口暴露于空气中的氧气下，会再次触发孢子的形成，使得炭疽杆菌的种群数量大大增加并进入休眠期，等待下一次“幸运”的突破。

证明了他的细菌致病理论之后，科赫和他的学生继续识别引发许多致命疾病（包括肺结核、霍乱、白喉、伤寒、肺炎、淋病、脑膜炎、麻风病、鼠疫、破伤风和梅毒）的各种菌株。他们的研究直接促使了疫苗和抗生素的开发，展开了人类对抗微生物的战争，从而大大地延长了人类的寿命。这场战争的胜利是人口急剧增加的主要因素，全世界的人口从20世纪初期的20亿急剧增加到今天的近70亿。

由于炭疽杆菌的孢子可以在极端条件下存活，因此不论天灾还是人祸，它都是最有可能在未来存活下来的生物之一。这些微型孢子很难被破坏，以至于在2001年的袭击事件发生之后，美国政府花费了5年多的时间、共计10亿美元来对这几栋建筑进行净化处理。在第二次世界大战期间，苏格兰格林亚德岛[1]被英国军队用于测试基于炭疽的生物武器，而该岛的清理工作花费了48年。

一位英国科学家在有毒的苏格兰格林亚德岛上。“二战”期间，英国政府有意用炭疽杆菌污染了该岛。

1 位于苏格兰西北部的椭圆形小岛，因在第二次世界大战期间进行了炭疽病毒炸弹爆炸实验而被称为“炭疽之岛”，爆炸实验之后被隔离了75年。

假单胞菌

门：变形菌门（Proteobacteria）
种：假单胞菌（*Pseudomonas putida*）
排名：94

一种有希望解决塑料垃圾问题的细菌。

卡米罗海滩应该是地球上最美丽的地方之一。这条海岸线延伸到夏威夷最大的海岛的南端，是日光浴爱好者的天然圣地。但如今，几乎没有一个观光客会愿意去那里，因为在过去的50年里，那里已经成为美国污染最严重的海滩，即便还不是全世界最脏的。究其原因，简单来说就是塑料。

在1997年夏天，成功的洛杉矶石油家族继承人查尔斯·穆尔船长（Captain Charles Moore），在参加了一次久负盛名的太平洋帆船比赛后抄近路回家。他没有顺着信风沿正常的航线航行，而是驾驶着15米的双体船直接穿过了北太平洋环流，这是一个缓慢旋转的海洋循环系统，以顺时针方向从北部的阿拉斯加向南到美国西海岸，并绕了一大圈，最终穿过亚洲。

令穆尔没有想到的是，他用了整整一个星期航行在数千英里的塑料垃圾中，这些垃圾在这个漩涡中已经积累了50多年。

> 这片海洋就像一个巨大的、从来不会冲水的抽水马桶……废弃物足足将卡米罗海滩向下冲刷了1英尺[1]。那里一度有许多牙刷、钢笔、打火机、塑料瓶和瓶盖，但如今已经被风雨碾碎成塑料沙砾了。

这些微小的塑料颗粒是以微型碎片的形式被冲刷进海里的，给海洋食物链和其他如人类这样以鱼为食的捕食者带来了长期健康隐患。

从游艇比赛回来后，目睹了现代人对海洋环境造成的巨大影响后，穆尔决定将自己的一生和全部财富都投入到提高人们对塑料污染问题的认识中。由穆尔建立的加利特研究基金会（Algalita Research Foundation）的研究人员现在正在探索“大太平洋垃圾带（The Great Pacific Garbage Patch）”（夏威夷附近充斥着塑料垃圾的漩涡）的完整范围。他们最新的发现表明，这片垃圾带的面积是得克萨斯州面积的2倍，而且包含了超过1亿吨不可降解的塑料。它们大部分被自然侵蚀作用从垃圾填埋场冲入了海洋，现在则进入了一

1　1英尺约为30.48厘米。

个永无止境的循环之中。问题变得越发严重：全世界范围的塑料量增加得如此之快，加利特的研究人员表示，垃圾带正以失控的速度扩大，每 3 年就会扩大 10 倍。

塑料是一种由原油制成的人工聚合物，不易被生物降解。人造物体通常都是根据人类的需求而非自然的需求而设计的，因此塑料虽很耐用，但却无法降解。我们应该知道，人类制造的所有塑料垃圾仍然存在于地球的某处。太平洋上一些漂浮的垃圾甚至可以追溯到第二次世界大战期间塑料生产的第一个主要阶段。2006 年，在一只信天翁胃中发现了一块塑料，其序列号显示它来自 1944 年“二战”期间被击落的水上飞机。根据联合国环境规划署在 2004 年发布的报告，每年有超过 100 万只海鸟死于塑料碎片，平均每 2.6 平方千米的海洋中有 46 000 片漂浮的塑料垃圾。

这该如何应对呢？凯文 · 奥康纳（Kevin O’Connor）是都柏林大学的一名微生物学家，他或许可以回答大部分问题。在过去 4 年中，他的科研团队一直在研究一群名为变形菌的原核生物，尤其是一种叫作恶臭假单胞菌（*Pseudomonas putida*）的变体。

细菌以其多样的“食谱”而著称。奥康纳认为，在适当的干预和条件下，该菌种就能通过产生一种被称为聚羟基烷酸酯（简称 PHA）的可生物降解塑料来解决塑料污染问题，该塑料可用于制造所有的塑料制品，包括保鲜膜、盘子、刀、叉和杯子。此外，这些微生物以苯乙烯为食并将其转化为生物塑料，而苯乙烯是生产合成橡胶过程中产生的高毒性副产物。

奥康纳的最终目标是培育这种细菌，并在必要时进行基因改造，使得生物塑料的制造变得有效且经济，将每年倾倒在美国垃圾填埋场的 5 700 万千克的苯乙烯转变为 3 400 万千克的可生物降解塑料，这基本等同于美国人每年购买塑料制品的总量。奥康纳相信，他的愿景很快就能实现并产生经济效益。在未来，公司可以售卖苯乙烯而不是花钱请人去处理它们，可以将生物塑料生产的成本降至大约每千克 1 美元，而不是现在每千克人造塑料的 2 美元。希望利用细菌以减少人类对自然环境的破坏性影响并不奇怪。数亿年来，原核生物一直支撑着所有“高级”生命形式（植物和动物）。但自然演化的适应过程一般发生在地质学时间而非人类时间的尺度上。正如穆尔和加利特的研究人员所强调的那样，在过去的 50 年里，如此大量的人为废弃物急剧增加，对大多数自然适应的细菌来说发生得太过迅速了。

不过，如奥康纳及其团队所证明的，恋臭假单胞菌这样的菌种似乎确实能够扮演与中世纪炼金术功能相当的生物角色。尽管不能确定它们在将来会产生的全部影响，但其潜在益处却是惊人的：将生物世界从不可降解、有毒的人造塑料垃圾海洋中拯救出来。

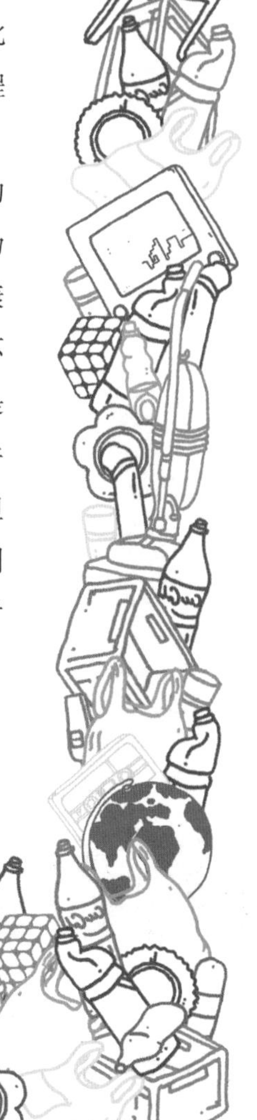

根瘤菌

科：根瘤菌科（Rhizobiaceae）
种：豌豆根瘤菌（*Rhizobium leguminosarum*）
排名：4

在很大程度上说明了人类文明是如何成功建立的细菌。

巴克达诺铁路枢纽坐落在智利北部阿塔卡马沙漠灌木丛中的一个废弃煤矿附近。从机车库中探出来、环绕着一个巨大的废弃旋车盘的是几个完好无损的巨型蒸汽火车残骸。被遗弃在那里100多年后，它们在炽热的阳光下硬化了。

地球上再也没有像这样的地方。这里的降水很少，湿度几乎接近于零。少数可怜的当地人设法渡过难关，他们蜗居在那些由19世纪末英国工程师建造的锌制屋顶的房屋中，当时这座小镇因为蕴藏着一些世界上最珍贵的自然资源而处于激烈的国际斗争中心。其中最令人垂涎的是硝石，一种制造炸药和化肥的天然成分，在第一次世界大战（1914—1918）爆发前对德国和英国等欧洲国家来说至关重要。硝石是原核生物的副产物。数百万年来，来自根瘤菌的共生细菌与某些植物协作，将空气中的氮转化为铵盐和硝酸盐。这些化学物质可以被植物吸收，从而制造出构成细胞生命基本成分的蛋白质。作为回报，这些植物为细菌提供高能量的碳水化合物大餐，而这些对其固氮过程和双方的生存都是至关重要的。

铁路沿线的车站：位于智利巴克达诺铁路枢纽的火车公墓，硝石时代的遗迹。

植物早已从阿塔卡马沙漠消失了。这里的土地太过干燥，因而现在寸草不生。而这些早就消失的植物曾经依赖的细菌却存留了下来。研究人员最近发现它们生存在含有数百万吨硝石的干旱土壤中，而这些硝石是以前植被遍布时细菌生活的副产品。正如古老的蒸汽火车一样，这些在大多数地方早就消散的珍贵化学物质能够在这漫长的岁月中被完全保留下来，还要归功于这个地区极度干旱的环境。

豌豆根瘤菌（*Rhizobium leguminosarum*）是能将大气中的氮“固定”在可溶性硝酸盐中的少数物种之一，硝酸盐可使土壤肥沃，从而使植物得以繁衍。它与豆科植物共同演化了数亿年，其中许多豆科植物已经成为动物和人类饮食中必不可少的一部分，例如菠菜、豌豆、小扁豆、大豆和三叶草。由这些植物根须分泌的类黄酮化合物诱导根瘤菌渗入，一旦建立起这一联系，细菌就会存在于植物根部延伸出的根之中，并勤劳地将大气中的氮转化为供植物吸收的硝酸盐。古罗马的农民最先注意到豆科植物能够使土壤肥沃的特性，但他们并不知道共生细菌才是促使其农业繁荣的根本原因。幸运的是，豆科植物并不是只为自己固氮。收获后，它们根瘤上的细菌会在土壤中留下大量的铵盐和硝酸盐，这些会成为天然肥料，为后续农作物的生长提供养分。几百年后，阿拉伯农民将农作物从中国和印度穿过阿拉伯帝国运往西班牙，实行了农作物轮作，这项技术是将菠菜和茄子这类豆科植物与其他农作物交替种植，以确保土壤中富含硝酸盐。

中世纪欧洲的农民利用豆科三叶草提供必要的肥料，发展了他们自己的农作物轮作体系。在中美洲文明中，一种被称为“三姐妹”的种植体系保证其他豆科植物（例如豆类）与葫芦和玉米一起种植，这再次确保了土壤中富含氮素养分。但是在 20 世纪初，细菌、植物和人类之间的自然契约开始分崩瓦解。两位德国科学家，弗里茨·哈伯（Fritz Haber）和卡尔·博施（Carl Bosch）开创了一项无须植物、细菌或硝石的人为“固氮”工业生产方法。他们发现，在高压下加热氮气和氢气，可以合成大量的氨，进而得到铵盐，因此从 1915 年起，人工肥料的新纪元开启了。

现在，任何一个国家都可以自己制造火药和肥料，因为仅燃烧化石燃料就能提供这一过程所需的热量。帝国对来自世界上最干旱沙漠（印度和智利是主要来源地）的硝石的依赖性，随着曾经从内陆矿场向沿海港口运输大量物品的巴克达诺蒸汽火车的没落一同消失了。

豌豆根瘤菌及其他几个与其密切相关的原核生物对历史的影响是毋庸置疑的。如果没有它们，人类农业起源的新石器时代革命（参见农业章节）极有可能因为土壤的肥力枯竭而停滞不前，而基于长期定居的人类文明也将无法发展。

其另一个重大的影响始于 9 世纪中叶，当时中国的道士发现了如何用天然的硝酸盐（硝石）制造火药。随着蒙古帝国（始于成吉思汗）的崛起（1206—1368），火药的制造方法开始向西方传播，最终到达了动荡的欧洲，大炮首次被用于英法两国间的百年战争（the Hundred Years War，1337—1453）。

但是如今，恢复世界土壤有机养分的未来前景更加光明。科学家们和政府都意识到了现代食品生产体系对地球气候环境的副作用，以及会最终耗尽化石燃料能源。单单是合成氨的哈伯法就使用了全球天然气总产量的 5%，天然细菌系统却完全不需要任何化石能源，且会更加安全、高效且经济。人工肥料还会酸化土壤，并释放氨气和二氧化氮这样的温室气体。

依靠固氮菌及其豆类宿主的传统有机方法是唯一已知的长期土壤肥料来源。所有有机农业都取决于它们。因此，即使豌豆根瘤菌固氮法在全世界为化石燃料而疯狂的这些年已经过时，但它很可能在将来起到和过去同样重要的作用。

3 共生生物

基因和细胞是如何发生聚合从而建立起
一套新的演化规则并形成多细胞生命的。

格鲁吉亚的山峦被茂盛的树木覆盖。在 2001 年 12 月的寒冬，密林深处的两个樵夫发现了一些生锈的金属桶被丢弃在一块空地上。真正引发他们好奇的，是这些金属容器摸起来很烫。这似乎是来自上帝的完美礼物，这个稳定的热量来源似乎从来不需要添加燃料。

这些罐子里装有苏联核电站遗弃的放射性核废物。当樵夫将这些桶拖回他们的临时营地时，灾难便发生了。其中的一个桶爆炸了，导致了这两人严重烧伤并很快引发了败血症。几天后，他们在第比利斯[1]的一家医院中生命垂危，而医生们也都对此感到绝望。再多的常规抗生素似乎都无法治疗他们身上的疮疡，他们似乎正无可避免地走向痛苦的死亡。

然而这两名樵夫却活了下来。一种早已被世界大多数地方遗忘的、古老的苏联疗法奇迹般地拯救了他们。樵夫们的伤口覆盖着可生物降解的贴片，上面浸有专门培养的噬菌体，可以自然消灭细菌。几天后他们就康复了，伤口也愈合了。

演化的锁和钥匙

大约 27 亿年前，在我们熟悉的植物、动物和真菌这样的生物演化出现之前，海洋中的生命从未停止过变化，这一演化过程被生命的两种基本形式主导，而这两者也仍然活跃于现在的海洋中。一种是泛滥成灾的病毒，另一种是细菌这样的原核生物，它们具有细胞壁和完全独立的能量来源，可以自己运动并繁殖。

1　第比利斯建都于公元前 4 世纪，是格鲁吉亚多个朝代的首都。

病毒会使用“专业设备”突破原核细菌坚硬的细胞壁，固定在细胞上后它们将一个注射器状的棒子插入被捕获的细胞深处，然后注入自己的遗传密码。几分钟内，原核细胞就会成为掠夺者的牺牲品，并开始尽职尽责地制造其病毒主人的新一代后代。这种感染是自然界最古老的生物接触形式。

作为防御，细菌已经演化出各种不同的防护壁，它们具有钉状、瘤状和块状等古怪形状，试图阻止病毒的附着。但病毒也变异为不同的形状，比如精致的钥匙状，有时可以突破这些类似锁的防线。然而，细菌的结构相当复杂，因此通常只有一种类型的病毒“钥匙”会适合某种特定的细菌“锁”。这意味着每种菌株都有其特定的病毒敌人（叫作噬菌体），且每一种噬菌体都有其特有的原核生物靶标。

格鲁吉亚樵夫能够活下去，都要归功于这个古老的演化协议。他们的治疗贴片包含了一种演化出特定“密钥”的病毒，这能让它们能够攻击并摧毁那些已经渗透进伤口的细菌。这一病毒也没有产生副作用，因为其噬菌体对所有其他生命形式来说都是毫无作用的，因此也比传统抗生素治疗更为安全。细菌锁和病毒钥匙是由科学家们称之为“水平基因转移”的基因变化过程演变而来的。当细菌和病毒在海洋中相互接触时，它们会不断进行基因交换，以进行攻击和防御。演化通过这一方式处于不断变化的状态，这也是在细胞生命首次出现之后，至少10亿年的时间里地球上生命的状态。

真是宛如一个爱丽丝梦游仙境的世界！演化并不是遗传的，而变异总是存在。生命的“原始汤”中没有固定不变的物种，因为没有生物可以长时间稳定存在到其完全站稳脚跟之时；也不存在普遍的祖先，因为生物大多是基因混合搭配比赛游戏的随机结果。

这个原因之所以听起来会与传统演化观点如此不同，是因为大约27亿年前，出现了一种截然不同的生物，教科书通常关注于从此时往后的生命故事，将演化的起源归为历史的脚注。即便是查尔斯·达尔文，也没有关注原始微型生命的阴谋，因为当他150年前首次发表其著作《物种起源》（*On the Origin of Species*）时，对此知之甚少。

今天，所有这些都发生了变化，我们对在生命第一次病毒突变后的10亿年里发生在海洋中的演化方向的理解也发生了深刻的转变。

自私与协作

林恩·马古利斯（Lynn Margulis）是一位美国生物学家，她真正明白被拒稿的感受。1966年，她撰写了一篇科学论文，并提出了细菌演化之后一种新的生命起源理论：“这篇论文被科学期刊拒稿了大约15次，”她回想道，“他们说这个理论有缺陷，而且太新颖了，没有人能去评价它！”

马古利斯认为，复杂的“真核”细胞（动物、植物和真菌这些高级生命形式的组成部分）的起源是原核细菌间的新型协作关系，这些细菌学会了在同一细胞空间内共同生活。她把这种将早先分离的个体聚集到一起的现象称为“胞内共生”。她说，演化与生物间通过合作获取的基因组有很大关系，不亚于达尔文式生存竞争的影响。

马古利斯之所以受到这么大的阻力，是因为大约在她的论文准备发表之际，生物学家的主流意向是试图将达尔文的自然选择理论与基因在演化中作用的最新发现相结合。如在1976年出版了著作《自私的基因》（*The Selfish Gene*）的理查德·道金斯（Richard Dawkins）等专家，从复制者（单个基因）和生存机器（如动物和植物等多细胞生物）的角度描述了动物、植物和真菌的演化。

他声称，所有复杂生命的行为最终都是由想要永生的自私基因所决定的。植物和动物只是基因的"生存机器"，其生物学功能就是顺应其基因想要获得永生这个贪得无厌的欲望。根据这种观点，最好将动植物的本能行为理解为提高其基因在子孙后代长期存在的概率的策略。

道金斯和其他"新达尔文主义者"认为演化是一个复杂的随机突变过程，基因只有在充分满足其生存机会的情况下才会进行合作。除非能满足基因自私的图谋，否则利他主义、牺牲、慈善抑或是不必要的冒险都绝不会在自然中出现。这种行为的基础是本能和复杂的"成本效益分析"，总是试图增加个体基因复制下去的机会。在二十世纪七八十年代的政治氛围下，这种理论与撒切尔－里根式的自由市场资本主义的复兴一同流行起来。

不幸的是，马古利斯的观点代表了一种直接而尴尬的选择。她认为基因不可能只是预先决定所有高级生命本能行为的自私代理者，因为所有复杂生命的基础本身都是建立在协作的本质上，而非竞争的框架之上。

马古利斯声称，在原核生命出现后的某时，个别生物放弃了其个体独立性，而选择一个更好的新合作方式。极为复杂的真核细胞环境是通过将许多单独的原核细菌融合进更大的新细胞之中产生的。

从城堡到城市

如果说原核细菌具有城堡般的壁垒，那么真核细胞就类似于巨型的中世纪城市。在它们的边界之内，有产生能量的核电站（线粒体），有储存食物、废弃物或蛋白质的仓库（囊泡），还有用于归档建筑蓝图的中央图书馆（细胞核），这些蓝图用于从头建造和复制一个完整的新城市。它们还包括管状脚手架（微管）和柔韧的横梁（细丝），使细胞形成自己的形状，可以自如活动而不造成结构性损伤。真核细胞可以由此吞噬、储存和消化食物（例如细菌）。叶绿体，即一些真核细胞进行光合作用的细胞器，源于蓝细菌和另一种原核细胞的结合；线粒体，细胞的呼吸装置，曾是以大气中的氧气为食的一种紫色细菌；真核细胞的鞭毛，是一种能够驱动一些细胞运动的鞭状结构，最初是以扭曲的方式移动的棒状原核螺旋体（*Prokaryotic spirochaete*）。

现在，马古利斯的理论已经被广泛接受了。始于20世纪80年代的基因测序证明，深埋在所有真菌、植物和动物体内的是曾经与细菌无关的基因，而这些细菌在数十亿年前创造了更为复杂的不同活细胞类型。

一次感染的意外

然而，人们依旧对真核细胞核有着极大的好奇，这是一个包含其所有重要遗传信息的部分。完全不同于任何已知原核细菌的内部工作方式，原核细菌没有细胞核，只有松散的DNA链，细胞核的起源仍然是难以捉摸的演化谜团。如果没有记录表明原核生物最

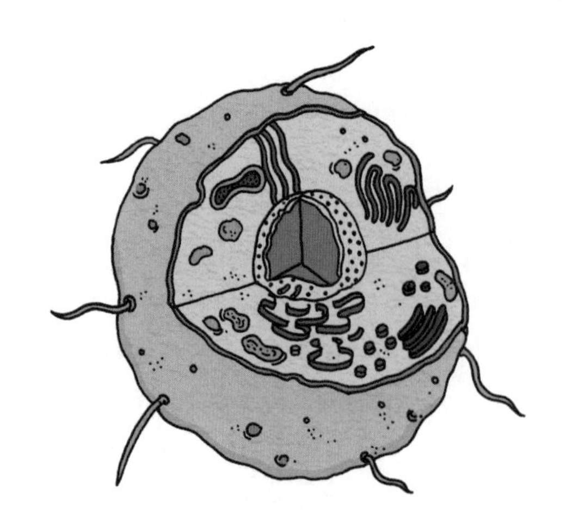

具有一个中心细胞核（橙色）的真核细胞的横截面，细胞核中包含DNA，周围包裹着薄膜（黄色）。微管（红色）保持了细胞结构的完整性。

先产生了细胞核的话，那么是什么细菌可能促成这种新的基因储存和复制装置呢？

最近，有人提出真核细胞核起源于另一种共生形式——介于病毒和细菌之间。某些DNA病毒（比如痘病毒）所使用的复制机制采用了与真核细胞中发现的类似技术，因此一些专家得出结论：产生第一个真核细胞最关键的创新很可能来自远古的病毒感染。

这些证据进一步证明了马古利斯早先的观点，即复杂生命的基础是由共生协作而非敌对竞争奠定的。

人多势众

出于各种原因，大约在27亿年前的地球上，微型遗传复制基因之间的协作似乎十分具有吸引力。通过叠层石蓝细菌的光合作用所释放的高活性大气氧浓度不断升高，使一些细菌寻求其他细胞壁的庇护，因为这将为它们提供额外的保护，以防止过度暴露于“有毒”气体中。

逃离攻击性病毒（噬菌体）的攻击是另一个可能的诱因。现在居住在真核植物细胞中的叶绿体可能曾经是蓝细菌，其通过与另一种细胞有机体融合来躲避噬蓝藻体（攻击蓝细菌的病毒）。

其他生物可能从病毒的感染中获益。如果过度暴露于紫外光下，细菌很容易发生基因分解。DNA病毒感染可能会为此类细菌带来显著的生存优势，从而帮助它们更迅速地修复受损的基因片段。这种共生方式可能引发了首个真核细胞核的诞生。

逃离大气中的“毒素”后，病毒攻击和新式基因修复工具的加入，为促进生物个体相互协作提供了充分的动力。然而，一旦组装完成，这些基因上迥然不同的个体就需要找到一种保持集体和谐的共同生活方式。如果要防止任何一个成员建立一种保障其个体利益的方法，那么它们该如何重组以达到双赢呢？如果没有新的参与规则，凝结成团的细胞很可能由于贪婪或食欲最强的组分而遭受失败。因此，成功的真核细胞是能够建立全新管理机构的类型。它们的成功导致了所有高级生命形式的演化，包括动物、植物和真菌，也带来了自然集体智慧的最初迹象。

生命的新规则

当投资人将资金投入一笔生意时，作为投资的回报，他们会得到股票并成为新的合伙人。理所当然的是，一套明确且公平的规则决定了如何共享业务收益。每家公司都有一套自己的规则，即“公司章程”，以确保没有任何个人投资者获得不公平的优势。投资者也需要有足够的保障，即他们的钱在集团里是安全的，并且集团的业务足够稳定而得以生存。

现代商业公司恰恰反映了首个成功的复杂细胞的组织形态。真核生物之所以能够成功（或许在大量反复试验之后），是因为它最终找到了一种全新的演化模式。三条协作规则的出现，深刻影响了后来所有高级生命形式的演化。

1. 公平竞争

首先是公平。任何演化系统中单一的遗传复制基因主要目的是将其遗传密码永久地进行复制。因此，任何此类系统的稳定性都必然依赖于一个公平的遗传复制机制。

真核生物所演化出来的解决办法叫作“有丝分裂”，是支撑所有动植物和人类的细胞复制系统。在团结协作的真核细胞中，每个基因都被组合在一起，形成一种叫作染色体的结构。在细胞复制过程中，有丝分裂的过程可以确保每一个基因都具有相同的拷贝，当细胞分裂为两个时，每一部分都有一套完整的基因。

因此，当真核细胞一分为二时（称为胞质分裂的过程），每个基因在母细胞和子细胞中都处于特定位置。正如在未来的商业交易中坚持公平对待的股东一样，有丝分裂意味着基因通过严格公平的细胞分裂和繁殖体系来保障其未来。有丝分裂成为所有真核生物的基本复制规则，这意味着在每个细胞中都存在着有机体的一套完整遗传密码。因此，人类的脑细胞不仅包含与思考和（或）记忆相关的指令，也包含着人体内从肝脏到肺部每种细胞的遗传密码（人体内大约有 250 种不同类型的细胞），尽管脑细胞从没有使用过它们。在节约能源方面，自然通常是超级高效的。但是在这种情况下，对遗传公平的绝对需求已经超越了对节约能量的需求。人体内的每个细胞都必须携带从头构建和运行整个生物体所需的全部基因，这一超重的累赘是在真核生物“企业”中不可避免的“经营成本”。如果没有这一确保不同基因之间公平竞争的“有丝分裂契约”，那么复杂生命的基础（以及从嫁接植物到基因克隆等对人类有益的种种）都不可能产生，而其影响的确是巨大的（参见苹果或葡萄）。

2. 稳定性

除了有丝分裂，还产生了第二条规则，该规则大大增加了这些更复杂的新细胞的生存机会。在它第一次出现后超过 10 亿年的时间里，现在的人类仍然非常沉迷于这一机制，我们称之为有性生殖。

有性生殖增加了物种的稳定性。没有它，许多现存的生物，尤其是那些维持了数百万年不变的生物早就灭绝了（例如天鹅绒虫）。

有性生殖是由真核生物开创的自然加密体系，是免受疾病或环境条件急剧变化影响的生命保障。它通过将两种（或者更多）生物的遗传密码混合，产生拥有其基因序列的后代。如果每个个体都略有不同，那么至少会有几个个体不容易受到致命感染或不利气候条件的影响（例如水霉）。如果真核生物的每个成员都拥有相同的基因，那么它们将会同样脆弱。这将使该物种面临巨大的风险，某种感染、新的捕食者或者环境灾难都有可能将其成员带向绝望的深渊。

因此，性是基因在真核生物框架内合作的强大诱因，因为其全物种基因库的安全性增加了每个基因延续到后代的机会。“减数分裂”是随机等分真核生物个体基因的过程，“受精”是将它们再次融合在一起从而创造新生命（或胚胎）的过程，这一新生命的基因序列与其双亲都不相同。

有性生殖引入了遗传和共同遗传的演化概念，其中遗传特征代代相传。由于有性生殖的稳定性，许多生物的基本构造才得以保存下来，并且几乎不加改变地延续了数亿年（例如鲨鱼）。

在人类历史上甚至可以找到性作为物种保护系统的证据。如果不是有性生殖，当天花在10 000年前首次跨越种间屏障，从动物传染到人类身上之时，人类很可能无法免于受难。多亏了有遗传性加密，至少某些个体产生了天然的免疫力，从而避免了我们这个物种的灭顶之灾。

全物种基因库确保了公平的基因复制和更好的生存机会，因此真核生物的生活方式如此受欢迎也就不足为奇了。多亏了这两种新规则取得了成功，演化终于有动力来加速前进了。演化出的新物种仍然违背如今的分类体系，水霉菌这样的生物祖先代表了真核生物最为原始的形式。它们既不是动物，也不是植物或真菌，而是被现在的生物学家归入原生生物界。同时，团结协作的天性达到了新的高度。一些物种联合起来创造了第一个多细胞生物，有时会根据自身的需求在结合和分裂之间切换。这样的行为说明了真核生物集体智慧的最初迹象（参见黏菌）。其他复杂的细胞联合在一起，成为最原始的动物群落，其后代(参见海绵）一直在海洋中存续至今。

世界上最古老的多细胞动物化石是距今至少12亿年前的一种植物。它们是现在藻类的祖先，即可以进行光合作用的真核生物——地球上的第一批海藻。

细胞凋亡：相机捕捉到一只正在发育中的老鼠胚胎细胞的凋亡过程(见亮绿色区域)，使其在其中一只脚上形成了分开的脚趾。

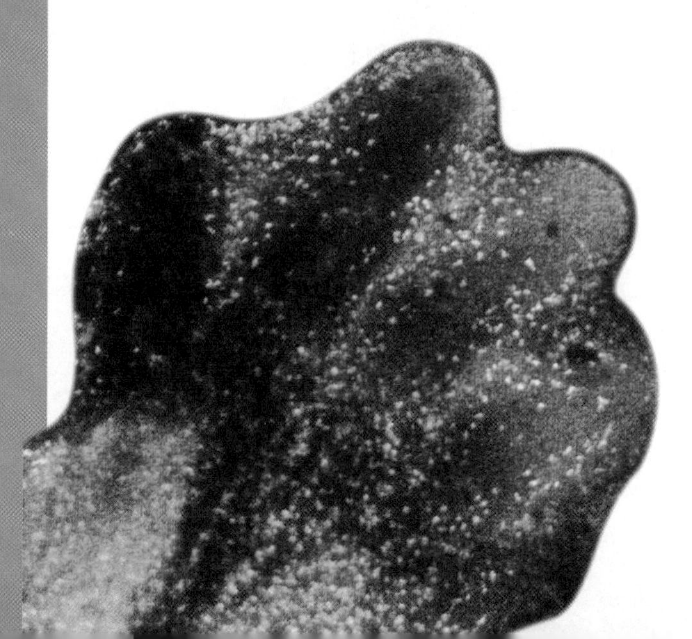

3. 自我牺牲

然而，为使真核细胞在多细胞集合体中获得成功，协作行为的第三条规则对于生存变得越来越重要。“细胞凋亡”是细胞计划性死亡的过程，即对多细胞物种的生存至关重要的一种细胞自杀行为。

当人类胚胎还在其母亲子宫内成形时，单个细胞的程序性死亡使手指和脚趾得以生长和分离。每个人平均每天有多达700亿个细胞死亡，以保持身体健康。如果细胞的分裂速度快于其死亡速度，就会产生恶性肿瘤。因此，细胞凋亡对许多细胞的有效运作、维护和健康是至关重要的。树木中的细胞凋亡意味着健康的细胞会刻意死亡，以形成一个坚固树干所需的硬化结构。

这或许是为何每个演化个体间的协作会使自然界变得如此强大的最佳例证。当然，生物之间的竞争仍在持续，但每个多细胞生物的生存机会都起源于27亿年前，由真核生物变革所引发的不同遗传个体间的合作精神。

公平竞争、基因库稳定性和自我牺牲的新规则，意味着生命在27亿年前处于最重要的十字路口。协作、公平和物种稳定性为多细胞生物和新的生物适应性奠定了基础。真核生物的协作以及其演化行为展开了生命的新篇章，精彩绝伦的可见生命开始弥漫在整个海洋。

黏菌

门：黏菌虫门（Mycetozoa）

排名：74

智慧和自我组织系统的意外起源。

这必定是科学研究历史上最离奇的声明之一了。在 2000 年秋天，日本科学家中垣俊之向世人展示了黏菌是如何以最短路径成功穿过一个迷宫的。他断言，这是地球智慧最原始的形式。

中垣与名古屋仿生控制研究中心的科研团队合作，在琼脂板上 3 厘米见方的迷宫中点了几块黏菌。在数小时的过程中，斑点状的结构形成了管状伪足，使整个迷宫充满了长而黏稠的黏菌柱。

这个迷宫有四条可以走出的路线，食物就放在两个出口处。在 8 小时后，黏菌柱收缩，使其“身体”仅填满迷宫中从食物一端到另一端最短距离的部分。引人注目的是，它已经找到如何将自己组织成最为有效的觅食形状，并找出最快最直接走出迷宫的方法。

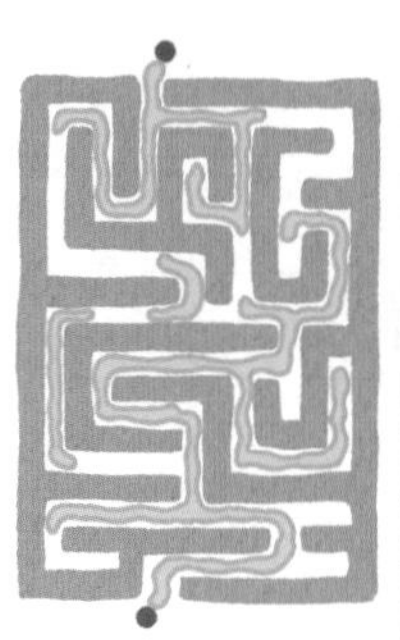

看黏菌斑点是如何形成蛞蝓状的生物，以寻找一条到食物（粉色标注）的最短路径的。

黏菌是某些最早出现的真核生物的现生后裔。自从 1935 年在北卡罗来纳州森林发现黏菌以来，全世界的科学家都被它们不寻常的行为深深吸引了。黏菌令人十分困惑，以至于它们曾被归入植物、动物和真菌等多个类群。如今的共识是，尽管这种生物拥有上面 3 种生物的某些特征，但它们理应属于一个独立的门类——变形虫。最近，对黏菌类盘基网柄菌（*Dictyostelium discoideum*）的最新基因测序证实了它们的演化意义。它们很早就从真核生物树上分离出来，就在植物和动物最初分离之后，真菌出现之前。

黏菌独特的生命周期很好地说明了多种多样的生命在变成共生细胞（真核生物）后是怎样演化出协作生存的新规则的。正如黏菌迷宫实验所展示的，人类理解的基本智慧恰恰起源于此。

当孢子在潮湿的地面上萌发并长成在土壤或腐烂的原木中以细菌为食的单细胞真核生物时，黏菌的生命周期便开始了。它们柔软的细胞结构使其能够包围猎物，将其吞噬并作为食物进行消化，该过程叫作吞噬作用。这引发了现代科学的极大关注，因为它代表了自然界最早的生存战术，后来被脊椎动物（包括人类免疫系统）用于抵御疾病（参见鲨鱼）。我们体内白细胞的行为就像单个黏菌细胞，通过吞噬并消化细菌入侵者，以抵御对身体造成的任何威胁。盘基网柄菌的最新基因测序表明，与免疫相关的基因在本质上与古老黏菌的基因一致。

黏菌真正的怪癖在食物短缺时变得更为明显。单个细胞分泌一种化学物质（腺苷酸环化酶），其作用类似于警报，可以通知附近其他黏菌细胞：由于食物匮乏，所以基因的存活依赖于协作。它们没有因为资源短缺而陷入一场相互厮杀的战争之中，相反，它们有序地聚集在一起，形成了全新的多细胞生物——一种像蛞蝓一样的生物。多年来，科学家们认为必然有一些主导细胞在调控整个过程，要是他们能近距离观察这一奇怪行为就好了。但现在可以明确的是，黏菌细胞代表了天然的自我组织系统，许多个体遵循一套简单协作规则的集体行动导致了智慧的群体行为。

当一个细胞发出化学警报时，其相邻细胞要么在向化学物质移动，要么是通过发出更多的警报来扩大自身的影响。通过这一方式，在 6 分钟之内，多达 10 万个细胞可以迅速聚集，形成由多细胞黏菌组成的单一个体。聚集的生物体大大增加了成功寻找到食物的机会，正如迷宫中黏菌所显示的那样，因为作为一个整体，其大小、延伸范围、移动和探测能力都比任何一个单独的个体要强大得多。

当条件成熟，黏菌就开始再次变态发育，在大约 10 个小时之内可以发育成熟。于是，一些细胞自我牺牲（参见细胞凋亡）形成由纤维素组成的茎干以抬起前端的其他细胞，这些细胞变成可以随时被风吹走的坚硬孢子球。像炭疽杆菌一样，这些被保护得很好的细胞可以存活数年，等待最佳时机才开始发芽，从而开启黏菌的又一次生命周期。

如今，黏菌的重要性在于这种非凡的生命形式对演化机制和自我应激系统产生的深远影响力。自从 20 世纪 60 年代以来，对盘基网柄菌及其基因组测序（在 2005 年完成）的深入研究，使人们对复杂智力系统是如何在没有中心指导的情况下运作有了全新的认识。从黏菌的形成到子宫中的胚胎和人类免疫系统的构建，这样的例子无处不在，而在每一种情况下，都适用公平性（有丝分裂）、稳定性（减数分裂）和自我牺牲性（细胞凋亡）这三个真核生物协作的基本原则。

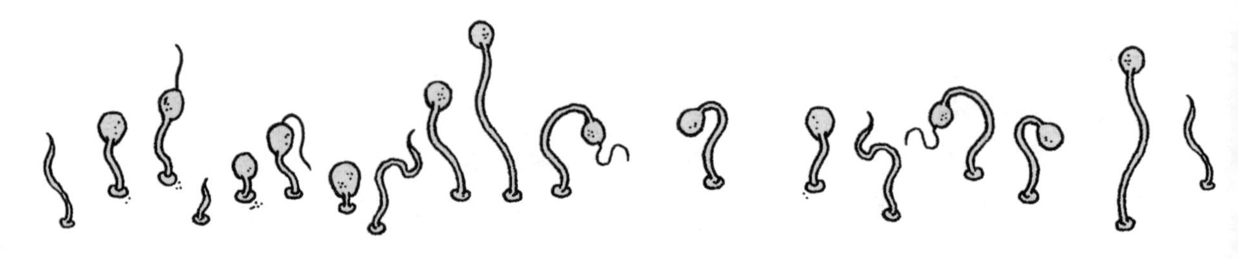

水 霉

纲：卵菌纲（Oomycetes）
种：致病疫霉（*Phytophthora infestans*）
排名：30

人类是如何在不经意间帮助一种微小的单细胞原生生物
来重塑现代人类历史进程的。

原生生物界包括变形虫、藻类和黏菌等极为多样的类群，是真核生命中最古老且最鲜为人知的类群之一。然而，在近代人类历史上（尤其是对于爱尔兰血统的人），某些物种的影响尤其深远。特别值得注意的是一种叫作卵菌的微观单细胞生物，通常被称为水霉。

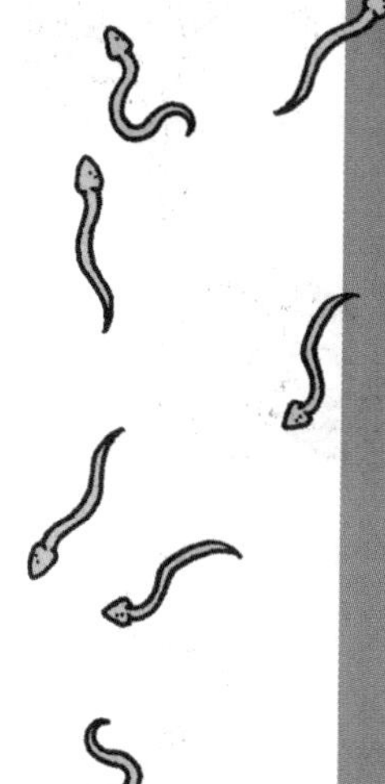

天才的德国植物学家海因里希·安东·德巴里（Heinrich Anton de Bary）在1861年首次描述了致病疫霉这种寄生生物。他把从土豆植株叶片上提取的微小孢子混入水滴中，并将其放在显微镜之下。他很惊讶地看到这些孢子发芽并增殖，每个孢子都长出尾巴并不断游动，仿佛刚从卵中孵化的微型蝌蚪一样。

越是仔细观察，德巴里越意识到，这些并不是正常的植物真菌。当他观察到这些微型动物在土豆叶片表面的行为时，他感到万分惊讶：管子似乎从这些生物中长出，刺穿叶子表面。然后，某个生物会从这个开口挤入，在其后留下空的死皮层。一旦进入叶片内部，它将在细胞之间发生膨胀并延伸、分支，帮助自身吸收植物的养分，直到叶片被完全消耗。最终水霉会将根部插入受损叶片的气孔中，从而结出果实，以便其孢子可以被风吹向附近的另一株植物。

德巴里很快意识到他所观察到的东西的重要性，这也是为何在1861年他会将这些微型生物命名为疫霉菌，它在希腊语中的意思是“植食者”。在此之前16年，近代最严重的饥荒袭击了西方世界。德巴里最终找到了事情的起因。

在19世纪中叶的欧洲，土豆还没有被大多数国家的餐桌接受，因为它们的起源与中南美洲“野蛮”的土著人联系在一起（参见土豆）。但是在爱尔兰，情况并非如此。执政的英国议会通过法律明令限制当地人可以拥有的土地，因此高产的土豆就变成了穷人饮食中的重要部分。这些植物的块茎给那些只有一小块土地的人们提供了他们期望获得的一切。它们易于生长和储存，并且富含蛋白质以及维生素B和C，事实证明，土豆泥和牛奶的饮食搭配足以满足一个大家庭及其所有牲畜的全年所需。在土豆被引入的100年内，爱尔兰人口就从300万人猛增到800万人，这在很大程度上要归功于土豆。

同时，在秘鲁山区6 000多英里外，这一小小的原生生物致病疫霉正享受着自己的增

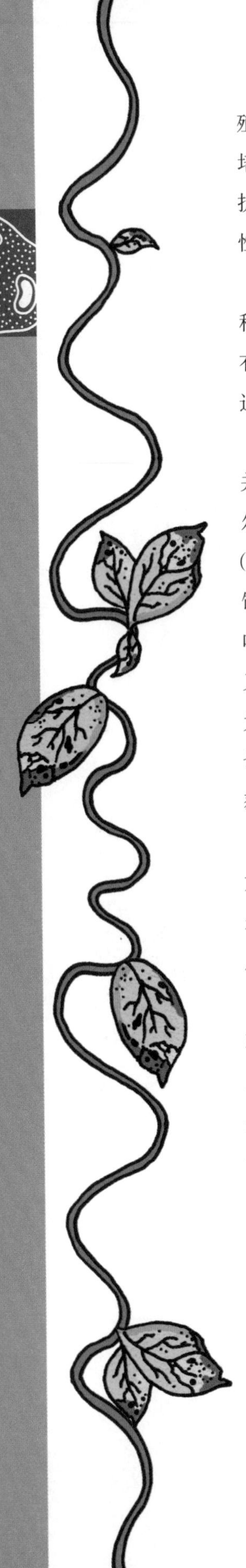

殖大爆发，这次它们以南美本土农学家培育的土豆为食。这些勤劳农民的祖先明智地培育了数百种不同的土豆品种。这意味着，如果任何一个品种死于疾病，其他更多的抗病品种仍然可以在原地成功繁殖。与有性生殖的自然益处相呼应，他们对生物多样性的追求为防止严重感染提供了保障措施。

在 17 世纪早期，当西班牙征服者征服南美印加人时，出于好奇，他们只将少数几种受欢迎的蔬菜带到欧洲大陆。这些机会主义者完全没有意识到，这些看起来怪异的有节块茎最终将变得多么有价值，他们也没有预料到仅带去了“利马”、“秘鲁”和“科迪勒拉”少数几个品种的后果。

直到 19 世纪 40 年代早期，患病的块茎才通过航船穿过大西洋从北美来到欧洲，并从 1845 年开始，在比利时、德国和荷兰暴发了晚疫病[1]。但是，没有一个国家遭受爱尔兰那样的苦难，爱尔兰人是如此依赖土豆和牛奶的简单饮食，以至于在三次歉收后（1845、1847 和 1848），这个国家被摧毁了。据称，爱尔兰有超过 100 万人直接死于由饥饿和营养不良导致的疾病。土豆腐烂的恶臭弥漫在整个空气之中，黑色、带斑点的叶片在一夜之间便出现了，把曾经健康的农作物变成一堆恶臭的糊状物。政治和偏见又加剧了痛苦，因为英国统治者为了保证自己的收入而继续从爱尔兰进口谷物和牲畜。为了逃离这次自 1348 年黑死病以来欧洲最严重的饥荒，数以百万计的爱尔兰人不顾一切地离开家园，因为根据法律规定，任何拥有超过四分之一英亩[2]土地的人都没有资格获得政府援助。

大多数人都去了美国，还有一些定居于加拿大和澳大利亚。这对西方世界影响巨大。美国现在有 3 600 万爱尔兰裔美国人，占其总人口的 12%。并不是说晚疫病是使爱尔兰人移居美洲的唯一或最初的诱因，爱尔兰人移居美洲在拿破仑战争（1804—1815）后不久就开始了，然而 1845 年该病菌的出现确实大大促进了这一进程。

自此以后，人们就感受到了晚疫病及与其相关的人类移民的影响，从天主教在全球的传播（三分之二的爱尔兰移民都是天主教徒）到许多英国人和爱尔兰人因英国政府未能援助本国人民而产生的持久怨恨，这种罪行后来被一些人称为种族灭绝。晚疫病激发了爱尔兰人对独立的渴求，继而引发了爱尔兰独立战争（1919—1921），导致这个国家分为南部和北部，并根据 1921 年《英爱条约》批准建立了独立的爱尔兰国家，一直延续至今。

得益于德巴里的一位名叫皮埃尔·米亚尔代（Pierre Millardet）的法国学生，这种农作物病看起来不像它带来的政治后果那么持久。在 19 世纪 60 年代，就在致病疫霉菌摧毁欧洲土豆作物仅仅数年后，其卵菌纲的近亲葡萄根瘤蚜（*Phylloxera*）也被送上

1　晚疫病是土豆主产区最严重的一种真菌病害，极具毁灭性。凡种植土豆的地区都有发生，其损失程度由气候条件而定。

2　1 英亩约为 4046.86 平方米。

了从美洲开往欧洲的船只。

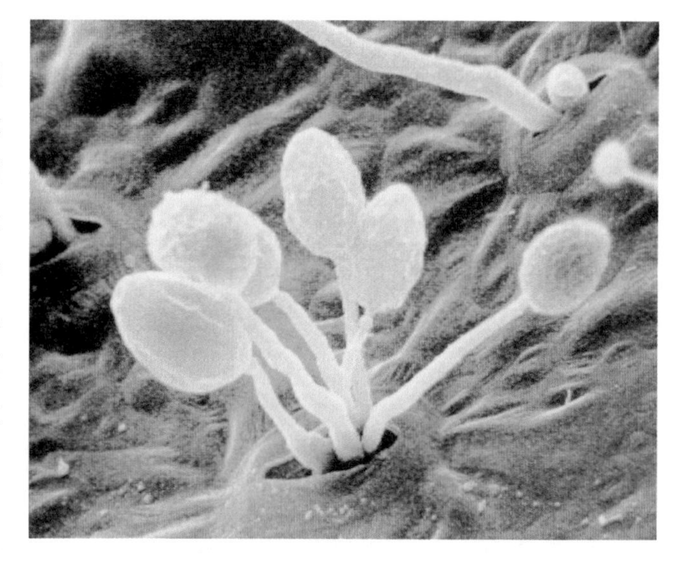

致病疫霉的孢子分支向上穿透被感染的土豆植株的气孔。

这种寄生单细胞原生生物侵袭了法国的葡萄藤树叶，就像其近亲摧毁土豆那般势不可挡。只有将美国葡萄嫁接到法国葡萄根上，才能将法国的世界级葡萄酒酿造业从几乎将要灭亡的险境中解救出来（参见葡萄）。但是到1885年，米亚尔代发现了一个更为简单的解决方式——将硫酸铜晶体、水和生石灰混合起来。这种叫作波尔多液的液体可以被喷洒在葡萄藤上（以及土豆植株上），杀死水霉。在此过程中，米亚尔代帮助发起了人类第一次系统对抗植物病害的斗争，引领了农药科学的时代，同时也奠定了现代农业的基础。

1905年新西兰的晚疫病是最后一次水霉流行，这都是波尔多液的功劳，尽管中国的土豆植株在20世纪50年代末之前仍然未受到保护。随着第二次世界大战的结束，真正意义上的杀虫剂诞生，似乎意味着土豆疫病（致病疫霉）的故事真正画上了句号。然而事实并非如此，永远不要低估真核生物有性生殖的力量，它确保了一个物种的生存。在20世纪80年代，致病疫霉的新变种再次猖獗，给美国乃至欧洲的农业区带来了沉重的打击。正是由于有性生殖的存在，新的水霉菌株（它们既可以进行有性生殖又可以无性生殖）才出现了足够多的遗传多样性，可以使某些菌株对最强效的农药具有天然的免疫力。1984年，一个起源于哥伦比亚的有性变体（称为A2）在瑞士被发现，而后肆虐欧洲。对土豆农业区来说，最令人沮丧的莫过于A2在1989年抵达爱尔兰。在其传播过程中，致病疫霉与其他菌株交配，产生了在遗传学上独特且种类繁多的个体，其中一些可以对晚疫病的传统治疗方法产生抗性。

晚疫病又回来了。致病疫霉再次被描述为“世界上最糟糕的农业疫病”，每年给农民造成的损失达数十亿美元。由遗传学家实施的一次新反击正在进行中，他们从野生南美土豆植株（*Solanum bulbocastanum*）中提取基因并进行拼接，这种植物通过不知多少代的繁衍，产生了对顽强的原生生物具有天然免疫力的个体。如果能将全世界储存的土豆种子都进行基因修改，那么抗原生生物的土豆最终可能会变为现实。但是，在真核生物传统中，另一个有性变体还需多久才能出现以使其物种免受人类破坏？

藻 类

科：网球藻纲（Dictyosphaeriacea）
种：布朗葡萄藻（*Botryococcus braunii*）
排名：2

藻类养殖（繁盛于浑水中的藻类层养殖）
是如何成为航空产业中最适合的长期生物燃料的。

大卫·达格特（David Daggett）身负重任——使世界航空业免于崩溃。燃料价格波动以及全球对碳排放和污染影响的关注，迫使人们和政府机关在乘坐飞机前都会再三考虑。即便是对那些不愿意打破他们环球旅行习惯的人来说，航空业也面临着一场艰苦的斗争。业内专家被迫准备迎接那个对石油的需求不断超过供给的新时代，他们目睹了全球悲剧的开端，这是多年前一些人预测的被称为“石油峰值论”的现象。作为波音航空航天飞机能源与排放产品开发小组的技术负责人，达格特的任务就是寻找一种新型航空燃料的稳定来源，这种燃料既要来源丰富，又要廉价且不污染环境。正是由于他热衷于在家种植微型藻类，达格特相信他可能已经找到了解决方案。

与黏菌和水霉一样，藻类是地球上最古老且最多样的生物之一，它们都是真核生物，现在属于原生生物界。19世纪初，科学家们根据藻类不同的颜色将它们划分为不同的类群。绿藻是所有陆地植物和树木的祖先；红藻的种类繁多，包括从大型的海藻到附着于珊瑚鱼骨骼上并将珊瑚变为粉红色的微型品种；褐藻作为第三大类群，形成了一种被称为巨型海藻的大型海藻森林，它们一天内就可以迅速长出半米长。与珊瑚礁一样，这些交缠的水下灌木丛，每一棵都可以延伸到80米长，是海洋生态系统中充满活力的一部分，为许多水生物种提供了安全产卵以及躲避饥饿捕食者的绝佳栖息地。

藻类是氧气的重要生产者，它们具有与古老蓝细菌一样的光合作用能力。如果没有如今的海生藻类，全球氧气供给将会迅速减少。总的来说，它们所产生的氧气总量远多于所有陆地植物产生氧气量的总和。

如果没有无数的微型藻类品种，大型海洋生物就永远不会演化出现，更不用说存活至今。磷虾、蛤蜊、贻贝和牡蛎这些小型滤食性海生动物，乃至火烈鸟、姥鲨甚至是巨大的须鲸这样的大型生物，都依赖漂浮在水中数以万计不同种类的微型藻类。浮游生物是部分藻类的统称，位于整个水生食物链的底端。如果没有海洋藻类，陆地生物也会变得毫无生气。肺鱼的祖先——那些机智地逃离大海的生物，将会发现其新的陆地栖息地中没有任何陆生植物可供食用，因为所有的陆生植物都是由海洋中的绿藻演化而来的。

正如许多最早的真核生物一样，藻类是一种高度协作的生物。地衣、珊瑚和海绵能够存活数亿年，主要是由于藻类的光合作用为它们提供了充足的氧气和糖分。

藻类在人类的历史中也扮演了重要的角色。多种藻类为人类古文明提供了营养丰富的食物来源。远东地区的人们食用海带（*Laminaria japonica*）已经有数千年的历史了，如今它仍然是日本等国家的重要食物来源，人们用它来增加汤的风味和营养价值。其他巨型海藻种类最近被用来制作钾肥，这是肥皂和玻璃制造中的必要成分。在 19 世纪，由于大量砍伐森林，英国发现其失去了作为工业燃料来源的大量木材。英国制造商继而使用由苏格兰渔民收获的巨型海藻来制造碳酸钾。通过烘干和燃烧，巨型海藻可以产生足够多的碳酸钾，这样他们可以继续生产玻璃、纺织品、肥皂和纸张这类生活必需品。在其他地方，藻类成了重要的肥料。藻团粒是在康沃尔海岸之外的海底发现的一种红藻，现在被用作有机土壤肥料，代替人造硝酸盐。

一种叫作颗石藻的微型红藻和有孔虫类通过将从大气中吸收的二氧化碳转换为碳酸钙来形成坚硬的外壳。作为此过程的一部分，它们直接影响地球上所有重要的水循环，这使得陆地生物和人类的进化成为可能。这些藻类产生的一种被称为二甲硫的废气有助于云的形成，因为它提供了一个尺寸合适的表面，水蒸气可以在其周围凝结成液态水滴。除了提供全世界的淡水供应，云团也帮助地球降温，使其更适合生物的生存。太阳的大

巨型海带（*Macrocystis pyrifera*）是一种在太平洋发现的海生藻类，每天可以生长超过 45 厘米，并用于从化妆品到玻璃制造等各种领域。

部分红外辐射被云层反射，从而帮助调节全球温度。

实际上，这个多样化的生物类群对人类历史的影响更为深远。这些微小的生物死亡后沉入海底，数百万年后被压入一种叫作石灰岩的沉积岩中，这是自从 5 000 多年前埃及金字塔建成后，人类所使用的最普遍的建筑材料之一。

石灰岩易于雕刻、凿刻和切割成块，尤其在欧洲和美洲，至今仍是使用最多的传统建筑材料。在整个 19 世纪和 20 世纪早期，伦敦这样的城市中的银行、火车站和纪念碑大多都由石灰岩（比如波兰石灰岩）修造而成，这是死亡的红藻混合了大量的地质历史时期构造运动过程中压碎的各种黏土、淤泥和沙子的产物。

某些特定类型的藻类注定在未来要大放光彩，达格特这样的专家都觉得值得对它们保持密切关注。包括葡萄藻属（*Botryococcus*）在内的一些藻类具有开发潜力，使我们逐渐摆脱对煤炭、石油和天然气等化石燃料的依赖，帮助世界免于全球变暖的灾难。在此过程中，这些植物会吸收那些使大气升温并对环境造成破坏的多余二氧化碳。

波音公司的达格特于 2008 年 4 月向美国国家航空航天局（NASA）提交了一份名为《未来航空器中使用的替代燃料》的报告，其中对特定海藻可以在未来作为航空的替代燃料、制造生物柴油的潜力深信不疑，该报告提出，其最大的益处就是比其他生物燃料的产量更高："藻类的产油量是大豆作物的 150 到 300 倍……在相当于美国马里兰州（850 万英亩）大小、不到美国种植玉米土地面积的七分之一的土地上可以生产 850 亿加仑[1]的生物喷气燃料"。此外，如果生物喷气燃料与传统飞机完全兼容，该报告则得出结论："这将足以满足目前乃至可预见的未来对航空燃料的需求"。

企业和政府会对从藻类获取燃料的可能性寄予厚望的部分原因就在于，最近发现某些绿藻，比如布朗葡萄藻能够产生总量达到其干重 40% 的油量。在稳定供应二氧化碳的情况下，可以在水箱中养殖这类微型藻类，然后脱水分离、干燥并碾碎来提取油分。

养殖藻类获取油分的"藻类养殖"具有悠久的自然起源。油页岩是一种深埋于地下的有机物混合物，它由已分解的海洋藻类、蓝细菌和其他原生生物组成。当它在地壳中被加热到合适的温度时，就会释放出原油或天然气。试想一下，将这个通常要经历数百万年才能实现的过程加速到实时生产，这就是藻类养殖的潜力。

因此政府、能源公司和机会主义企业家现在都表现出对这种环境友好型的可持续能源的极大兴趣。一场"绿色"淘金热正在悄然展开，大大小小的投机者纷纷涌入市场，追逐着毫无缺点且潜能无限的生物燃料，它们不像作物燃料那般需要大量的土地、水和人工肥料。一些公司甚至尝试着将发电站烟囱中的二氧化碳直接排向藻类养殖池，以将

1　约为 224.5 亿升。

这一温室气体转换为生物柴油原料加以利用。其他的则转向基因工程，开发可以快速繁殖、收益率高且更容易收获的藻类创造和专利，促进生物柴油的大规模生产，使其更加有利可图。

同时，其他探索者正专注于以潜在的家庭种植者为主的藻类微型生产。与耕种玉米或黄豆这类传统的劳动密集型生物作物不同，藻类可以在特殊的半透明托盘上种植。这些藻类每周最多可以生产 45 公斤生物柴油，足以满足一个家庭的交通和取暖所需。

另一个可能性就是使用藻类作为环境友好型的生产氢气的方式，氢气可以用作飞机、火车和汽车的潜在燃料来源。当某些藻类，比如莱茵衣藻（*Chlamydomonas reinhardtii*）在缺乏硫元素的培养基中生长时，其光合放氧能力降低，转为产生氢气。最近一篇科学论文的研究结果显示，其产氢量可用于商业量产。

日本科学家们也试图利用如海洋大叶藻这类海藻构建一个巨型碳库以吸收大量的二氧化碳，把这种温室气体转换成有机肥料和燃料。这个始于 2005 年的试点项目，假设有 100 张密布藻类的巨网，每张网面积为 10 平方千米，可以生长至 27 万吨重，漂浮在海洋中，从大气中吸收大量的二氧化碳，并在 12 个月后产出生物燃料。

在接受报纸采访时，来自东京海洋大学的项目负责人能登谷正浩博士非常简洁地总结了藻类的过去、现在和未来：

> 我们能够站在这里完全要归功于海藻。当这个世界还没有成熟时，正是这些微小的蓝绿藻和其他海藻长年累月地将大气中的二氧化碳转化为氧气，并最终使大气含氧量增加至如今的水平。现在这一平衡被打破，此时，又是海藻挺身而出再次帮助我们的时候了。

海 绵

门：海绵动物门（Porifera）
种：许苔细芽海绵（*Microciona prolifera*）
排名：72

一种开创了多细胞结构艺术的原始动物幸存者。

生长在加勒比岛格林纳达附近海底的蓝色花瓶海绵（*Callyspongia plicifera*）。

很多人都会自然地将海绵与洗澡联系在一起。但亨利·威尔逊（Henry Wilson）不会，他是 20 世纪初北卡罗来纳大学的生物学教授，一直在使用海绵进行最奇异也最具启发性的生物实验。

海绵被归类为原始动物。它们扎根于海底，用自己细小的纤毛将大量海水拍打进它们基本中空的身体，以捕食生存必需的微型藻类和浮游生物。它们或许看起来既简单又一动不动，但对威尔逊来说，海绵就是他存在的所有理由：他穷尽一生都在研究它们。

现代科学从威尔逊的痴迷中获益良多。令他的生物学家同事们最为惊讶的是，在 1907 年的初夏，威尔逊总结性地证明了看似很简单的海绵可以表演相当出色的“魔术”。他的证明过程如下：

首先，威尔逊将硅酸盐海绵（许苔细芽海绵）切碎，用过滤筛过滤，直到只剩下单个的碎屑状细胞。接着，他把海绵细胞放在一盘水里并将其染成红色，以便可以看到之后发生的一切。

然后他就开始观察。

一开始，这些细胞似乎是随机地独自摇晃。渐渐地，他就看到它们开始聚集在一起，形成红色的细胞丛。接着这些细胞开始呈现出各种形状。最终，这些细胞重新组成一个海绵的复制品，如同威尔逊过筛之前的一样。

威尔逊见证的正是自然界建造多细胞身体的非凡过程。自组织生物系统的自然出现就是有机体构建独立细胞的过程，完全不需要任何形式的中央指挥。一些人认为这就是所有“智能”生命形式的基础。

看到威尔逊的实验之后，科学家们再也不会对海绵不屑一顾了。实际上，这个经典的海绵实验，对被称为胚胎学的这一生物学专业的发展颇有裨益，为现在整个演化科学的基础提供了一些最为重要的见解。

对海绵实验的深入分析显示，使多细胞生命成为可能的核心是三个基本过程。首先，需要某种“胶水”令单个细胞彼此联结，动植物细胞可以分泌特殊的蛋白质来完成这一工作。胶原蛋白就是其中之一，在人体内也广泛分布，它帮助 2 万亿个独立的细胞在我们体内紧紧相连。其次，细胞具有不同的形状和表面，以便彼此附着。细胞的铆钉状结构是确保各个细胞正确组织成形的关键，即以正确的顺序“锁住”其他细胞。最后，鉴于这一过程中没有整体的“管理者”参与，所以每个细胞间的信息传输显得尤为重要，传递如是否（a）死亡、（b）分裂或（c）向其他附近细胞发布进一步指令的信息。此外，它们会分泌特殊的蛋白质来进行必要的通信。

与爬行动物、鸟类或人类相比，海绵似乎是一种过于简单的生物，但事实上，它用来构建和（过筛后）重建自己的细胞程序类似于人类胚胎在其母亲子宫中使用的程序。所有多细胞生物（包括所有动植物在内）都拥有与海绵同样的基本自组织系统，从而让它们的细胞可以进行协作，最大限度地提高了生物生存和繁衍的机会。

尽管在 6 亿年前的化石记录中就发现了海绵状生物（大约 5 亿年前海洋中才出现了具有骨骼、外壳和牙齿的生物），但仍然存在一个疑问：为何多细胞生命经过这么久才出现？毕竟，真核生物的首次出现比第一批海藻和海绵化石早了大约 10 亿年。

现在认为，这一延迟的原因主要是当时大气含氧量低。胶原蛋白和其他帮助体内细胞相互联结的蛋白质只能生存在富氧的环境中，因此只有当氧气含量达到足够水平时（归因于进行光合作用的蓝细菌），多细胞生物才能开始发育。直到 6 亿年前，可见的生命形式最终充满了海洋，海藻、水母、海绵和蠕虫就是其中第一批生物，它们偶然在岩石中留下了自己的遗骸，形成了化石。

一旦生物，比如海绵，习惯了将自己的细胞连接起来形成巨大集合体，越长越大，可以毫不夸张地说，地球上的生命形式就此改变。

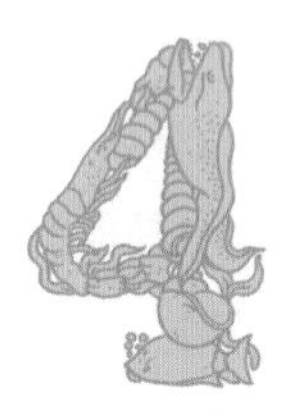

海洋生命

生物多样性以及总是千变万化的环境
是如何导致海洋中的生命大爆发的。

大约5.5亿年前，海洋中的生命正经历着另一个戏剧性的转变。1909年，在加拿大的伯吉斯页岩中发现的奇异化石向我们生动地展示了彼时的海洋是怎样充斥着大量肉眼可见的物种，其中很多是有着奇特外形的动物，比如长刺的背部、挥舞的爪子和长在长柄上的眼睛。

然而，在大约6亿年前，几乎没有什么证据能表明海洋中存在大型的多细胞动物。必定发生了一次或多次事件，导致物种在海洋中发生了大爆发。演化似乎在此时开始了，现代科学家认为，这一时期预告着一个新时代的开始——显生宙，这个词源于古希腊语，意为“可见的生命”。

但是，为何突然有这么多生命好像不知从何而来，又都形成了化石呢？查尔斯·达尔文的《物种起源》一书的核心正是研究物种间的形式和功能变化并理解其历史关系。这个一直持续至今的调查研究可以追溯到5亿多年前，动植物首次出现在化石中时。达尔文给这个变化背后的演化过程起了一个名字：

> 我把这种有力的个体差异和变异的保存，以及那些有害变异的毁灭，叫作“自然选择”，或“最适者生存”。[1]

但达尔文谦虚地承认，他并不知道这种演化过程是如何运作的。他在给他的好

1　节选自《物种起源》第四章《自然选择：即最适者生存》，周建人、叶笃庄、方宗熙翻译版本，后文引用均出自该版本。

友植物学家约瑟夫·胡克爵士（Sir Joseph Hooker）的信中解释道，他认为自然选择并非造物主的杰作，而是“经历了某种完全未知的过程”。

时至今日，尽管对基因和遗传学有了更深的认识，但科学家们对于自然界中变异发生的原因仍有很多争论。

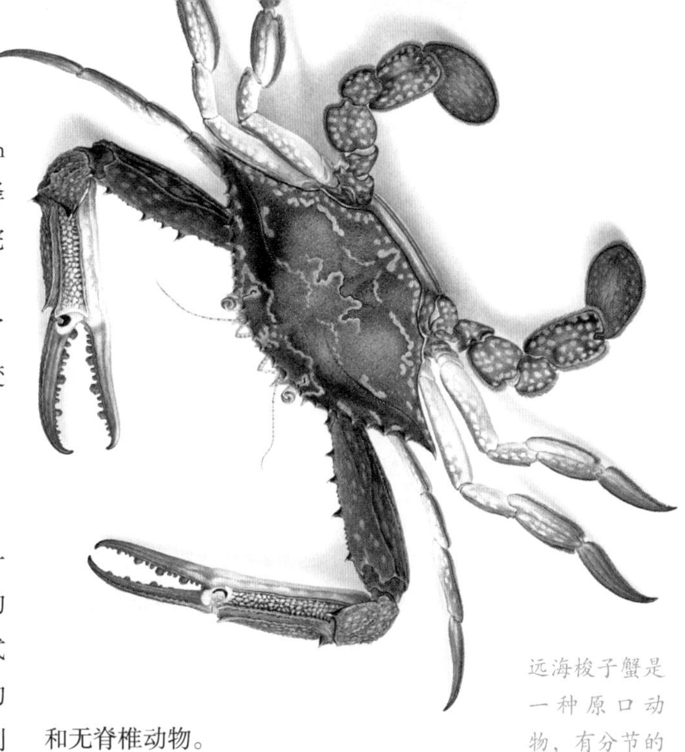

远海梭子蟹是一种原口动物，有分节的身体、多节腿和外骨骼。

随机突变

在许多现代生物学家之中流行这样一种观点，他们认为自然界中生物多样性的增加，是由生命从一种形式到另一种形式的随机突变造成的，在基因复制至下一代的过程中，会不可避免地发生错误，从而创造出新型的生物体。如果该生物存活下来，根据平均律[1]它也许碰巧能更好地适应其生存环境。在这种情况下，它将会继续繁衍，将其基因变化传递下去，并产生一个成功的新物种。

虽然随机基因突变确实会自然发生，但很显然，某些基因的变异比其他的要重要得多。

由于近些年对许多不同生物进行了基因测序，因此发现了一组特别重要的基因，它们在所有生物的基因组中几乎都是相同的。这些基因被称为同源异形基因，代表了一种古老的设计“工具箱”，负责确定身体不同部分的位置。例如，同源异形基因确保眼睛出现在头部而不是腿上，腿从身体两侧伸出来，而不是从嘴里。

基因分析显示，在大约6亿年前，这些基因在功能上一个微妙的突变，最终导致了动物王国的巨大分裂，将动物界分为两大分支，即我们如今所熟知的脊椎动物和无脊椎动物。

生活于海底的扁虫状生物分成了“原口动物”（胚胎首先发育口部的生物）和“后口动物”（胚胎首先发育肛门，然后是口部的生物）。前者演化成为无脊椎动物，比如多足类、螃蟹、昆虫和蜘蛛，它们具有分节的身体、多节腿和外骨骼，神经系统位于身体底部或腹部；后者最终演化为脊椎动物，比如鱼类、两栖动物、爬行动物、鸟类和哺乳动物等，它们的内部骨架由中央脊骨连接，神经系统位于身体顶部或背部。

蠕虫状生物的遗传密码中一个高度特定部分所发生的一个偶然的微小变化，似乎对地球上其他生命的演化产生了巨大影响。

当越大越好时

大致了解大型多细胞生物后，你很快就会明白为何动物的某种特征必须像它们这样演化。大约6亿年前，地球从漫长的冰期苏醒过来，体形的大小就变成了强有力的演化动力，并开始决定生物演化的形

1 无法预知某事件发生的可能性是多少，但只要重复做，就一定会发生。

状和样式。

在某些情况下，体形大意味着生存的权利。假设有足够的食物供应以维持大型生物的生存，那么更大的生物会通过更快的移动来捕获猎物或躲避危险。生物的巨大体形依赖于大量的个体细胞，这些细胞专门分化成不同的组织类型，通常会使它们完全区别于其小型祖先。

对于体形较大的生物来说，食物运输是确保其所有细胞都得到充足营养供应的关键。秀丽隐杆线虫（*Caenorhabditis elegans*）是线虫类，这种线虫的祖先演化出了可以在体内输送食物的原始消化系统。线虫从体腔的一端（口部）将食物运进来，并将废物从另一端（肛门）排出。当营养物质通过线虫身体时，分化的内胚层细胞呈柱状突出，从而增加了其肠道的表面积，以便尽可能多地吸收营养物质；然后，其他中胚层细胞会从生物体外层分隔消化道，提供一个叫作体腔的内部空间，这在更复杂的生物中就是心脏、肝脏、肺部等特殊器官的所在之处；第三种细胞类型——外胚层，在线虫的鳞状皮肤表面形成了保护层。所有的动物类型（脊椎动物和无脊椎动物）随后都演化出了这一基本的三胚层（三层）结构。从演化设计的角度来看，人类也是一种设计精巧的蠕虫。

线虫身体三胚层结构的横切面：中心是消化内胚层；神经系统位于开放空间，卵和卵巢位于体腔内；外胚层细胞形成外层肌肉和皮肤。

尽管线虫的细胞发生了特化，但它们仍然是体形相对较小的线状生物。为了变得更大，动物们需要拥有其他系统以携带其身体生长的必需品，比如运输氧气的铁元素。血管网络出现在体形更大的环节动物的祖先中，如今极为重要的蚯蚓正属于这个门类，其中的复杂蛋白质（血红蛋白）可以结合铁元素，将氧气运送到全身各处。

专门的消化系统和循环系统将生物从小体形的局限性中释放出来。原本只能在体内自然扩散的氧气，现在可以充分地传递，因此，体形变大在演化上成为可能。

运输氧气和食物的系统是塑造新物种形式和多样性的既定设计。我们人类习以为常的身体特征，如消化道、循环系统、血液、进食的口部和排泄的肛门，都是6亿年前生活在海底的各种日益复杂的蠕虫首创的设计。它们是通过演化出重复的体节变得更大的，其中一些后来演化出其他特殊功能，比如触角和粗短的腿（参见天鹅绒虫）。

特别措施

一旦细胞开启了自我分割的模式，其他各种有利于生存的形式也开始出现。最早可识别的动物化石之一是水母状生物，属于非常成功的刺胞动物门，包含了9 000多个现存物种。第一批演化出来的是海葵和石珊瑚。所有的刺胞动物普遍都具有专门的刺细胞，可以麻痹路过的猎物。某些珊瑚演化出了分泌碳酸钙的能力，包裹在它们柔软的躯体之外，形成坚硬的保护性外骨骼，这些外骨骼的残骸聚集形成巨型珊瑚礁。

6亿年前迅速演化出的其他物种，发展出的攻击和防御竞争系统也是建立在分泌钙质的基础之上，这种化合物可以形成坚硬的外壳（用于防御）或者牙齿（用于攻击）。在繁盛于5.5亿年前的克劳德管虫这一锥形生物上出现的咬痕，提供了钙质材料存在的化石证据。由于硬体部分的出现，死亡的生物得以在岩石中留下其身体的形状和结构，从此时起，才真正有了地球生命的化石记录。

硬体生物确实变得非常流行。我们现在熟悉的牡蛎、蛤蜊和贻贝这些软体动物的祖先，都是在岩石表面固定不动的生物，它们在水中滤食藻类和浮游生物。这些生物都是防御艺术的大师，双瓣壳包裹着柔软而黏稠的身体，一旦遇到危险就会即刻关闭。

其他的特化细胞对光十分敏感，可能在脊椎动物和无脊椎动物分化突变之前不久才演化出现。三叶虫是一种可以看清四周的无脊椎甲壳类，它们最先演化出了清晰的水下视觉。这使得它们成了那时最为成功的物种之一，辐射演化出无数的种类并繁衍了数亿年，最后广布于世界各地的岩石之中，成为业余爱好者和专业古生物学家最珍爱的收藏品。

感官触觉

一些专家相信，视力这类感官的出现极大地改变了所有动物的演化方向。远距离捕猎、利用适当的肤色形成有效的伪装、模仿其他生物作为警告潜在捕食者的手段以及演化出奇异的外表作为吸引异性的方式，所有这些都可以追溯到大约5.5亿年前海洋中出现的视觉。这样的创新要再次归结为协作细胞的特化，它们被分派了不同

刺胞动物，比如这种巨大的菊花海葵（*Condylactis gigantea*）

的任务，产生了如晶体、接收器和神经这些不同的功能，生命通过眼睛第一次得到了外部世界的清晰图像。

神经系统，结合其他如触觉和听觉（例如硬骨鱼）这样的感官，同样具有深刻的意义。日益敏锐的感觉，成为达尔文所提出的自然选择过程的基本点。

其他类型的古老海洋生物所探索的另一种生活方式是迁徙。现代海鞘祖先的幼虫是定栖于海底生活的动物，它演化出了坚硬的内部棒状结构，称为脊索，可以使它们游到安全且利于生长的新地方。它们的后代将这一创新发扬光大，将脊索增厚形成可以支撑更大身体的脊柱。有了骨头和内骨骼的额外支撑，其他细胞就能演化出适于快速游泳的肌肉组织，以抓住猎物或逃离危险。

到4亿年前，海洋便充斥着海蝎这类贪婪的无脊椎节肢动物、有脊椎的鲨鱼以及咬合力堪比雷克斯暴龙的盾皮鱼，这些生物无一不挑战着生命在体积、力量和速度上潜在的生理极限。

它们的成功使其他物种（如肉鳍鱼[lobe-finned fish]）去尝试更加激进的生活方式，比如利用可以在空气中呼吸的实验性肺部，使相对安全的半水生半陆地生活成为可能。

“兼并与收购”

共生是古老的基因融合形式，与物种的丰富性和多样性密不可分，如6亿—4亿年前在海洋中爆发的生物。最近的研究表明，新的生命形式有时是由不同类型的生物体相互“兼并”形成的。远亲生物间的性接触也可能产生新的可育物种，这一新物种包含了两者的基因（参见鸡）。

这样的理论解释了不同类型的无脊椎动物，比如海胆和海星，是如何形成几乎相同的幼虫，而那些亲缘关系更接近的物种有时却完全不同。一般认为，天鹅绒虫是最先离开海洋的生物，很可能为现存的毛毛虫、飞蛾和蜜蜂这类陆地生物提供了基因蓝图，也解释了其蠕虫状的幼虫阶段。

刺胞动物门中珊瑚和水母的刺细胞可能曾是自由生活的菌状生物，叫作微孢子虫，栉水母通过共生的方式获得其基因，并将自己的特征遗传给了后代（参见地衣）。

在过去的10 000年中，人类种植的许多重要禾本科植物，正是源自类似的基因融合（参见小麦、水稻和玉米）。

病毒感染

病毒对演化还做出了其他重要的贡献。生物学家们通常会忽略病毒感染对地球生命的影响，因为他们大多认为这些遗传因子没有生命。然而，过去的病毒感染并非只是生物学史上的一个脚注，而是演化稳定和变化的强大动力。

例如，动物演化中最为重要的创新之一来自大约4.4亿年前的硬骨鱼和鲨鱼，它们演化出了适应性的免疫系统。这种对抗感染的复杂机制在脊椎动物（鱼类、两栖动物、爬行动物、鸟类和哺乳动物）中演化出现了，特化的血液细胞可以识别、攻击和记忆入侵的病原体（比如细菌和病毒），为机体提供长期免疫力。

病毒用于感染宿主并大量繁殖的机制，与脊椎动物免疫系统用来攻击入侵病原体的过程其实是非常相似的，于是有些专家认为，脊椎动物免疫系统的分子运作机制来源于一系列逆转录病毒，而该病毒在数亿年前感染了硬骨鱼。

雪球假说

无机的环境在决定物种演化和变异方面也扮演了重要的角色，它使生命进入了可见的时代——显生宙时代。

在大约 5.75 亿年前，正当海洋中的生物开始在岩石中留下其化石痕迹时，地球才刚刚从一个漫长且严酷的冰期中复苏过来，这一时期现在通常被称为“雪球地球”。关于这样的全球变暖对接下来海洋中发生的物种大爆发会产生什么影响（如果有的话），目前仍然存在极大的争议。一种可能的情况是，当冰川融化后，更高强度的阳光穿透海洋，三叶虫这样的小型多细胞生物产生了特化细胞，从而为演化出世界上第一只眼睛提供了条件。

当海洋生物发现自己处于一场适应性竞争中，一些物种演化出了视觉器官，于是这样的创新之举便触发了接二连三的变化。

地质事件也产生了深远的影响。自从 6 亿年前可见生命首次在海洋中出现以来，大规模的灭绝事件便会定期打断连续的化石记录。最严重的一次灾难发生在 2.52 亿年前，被称为“大灭绝之母”或“二叠纪大灭绝”，摧毁了包括最后的三叶虫和海蝎在内的 96% 的海洋物种。与其他所有的大灭绝一样，此后生命逐渐复苏，新出现的物种——填满消失物种留下的生态空位。

这些事件通常是由颠覆地球生态平衡（比如巨型陨石撞击）的随机事件或板块构造运动导致的。类似的事件会造成全球气温、大气组成和海水酸度的急剧变化。

这种现象的产生会导致某类物种的灭绝，因为这些生物无法快速适应这样的环境变化。其他能够幸存下来的物种，都是由于它们的身体碰巧具有较好的适应环境变化的特点。无论如何，生命能够在这样的灾难中幸存下来，都要感谢其惊人的多样性，这是基因突变、细胞特化、体形大小、共生关系、病毒感染和地质条件共同作用的结果。

雪球假说认为，约 6 亿年前有持续很久的冰川时期，那时的地球整个表面全部结冰，形成一个大雪球。

石珊瑚

目：石珊瑚目（Scleractinia）
种：鹿角杯形珊瑚（*Pocillopora damicornis*）
排名：7

建立在相互合作的基础之上，
自然界最古老也是最缤纷多彩的物种之一。

当查尔斯·达尔文大胆地尝试将自然界的行为简化为一条通用的法则并总结其一生的工作时，他这样说道："繁殖、变异，让强者生存，弱者淘汰。"

想要挑战这种说法的观察者应该会明智地利用珊瑚来反驳。这种生物出现于大约6亿年前、多细胞生命传奇的诞生之时。最早的动物化石中清晰地记录了水母、海葵和珊瑚所属的刺胞动物门。

一位著名的博物学家最近宣称，从生态学角度来说，珊瑚"显然是所有动物中最为重要的类群"，这主要是因为它们具有建立水下山脉的能力。一般认为，全球海洋中存在超过100万平方千米的珊瑚礁。每个珊瑚礁矗立在深达50米的海水中，主要由珊瑚虫这种微小生物死亡后的骨架组成，珊瑚虫会在自己的软体周围分泌硬质碳酸钙膜层，作为一种简单的保护形式。

尽管这些形成珊瑚的珊瑚虫可以利用微小的刺触手（如其近亲水母）来捕食，但大多数时候，它们的能量都是通过与一种微型红藻——虫黄藻共生而获得的。珊瑚虫中90%以上的能量都来自这些藻类的消化过程，藻类通过光合作用将阳光转变为能量后存入珊瑚虫的身体组织之中。作为回报，珊瑚虫会保护藻类并为它们提供光合作用所需的二氧化碳。

当珊瑚虫死亡时，它们的钙质骨骼一层叠一层地堆积，便产生了巨大的珊瑚礁，并最终形成庞大的水下山脉，这为活着的珊瑚虫和藻类提供了重要的栖息地，也保证了藻类尽可能地靠近阳光容易穿透的海水表面。红藻还能分层分泌碳酸钙，为繁盛的珊瑚礁贡献自己的力量。这种不同物种间密切合作、相互依存的关系就是互利共生。

澳大利亚北部的大堡礁是世界上由生物创造的最大规模的“建筑”。超过 2 900 个珊瑚礁单体和 900 个岛屿横跨 2 600 千米的开阔浅海，面积约为 35 万平方千米，大约是英国国土面积的两倍。

除了规模和大小，红藻与这些微小的水母状动物首次出现在寒武纪时期（5.42 亿—4.88 亿年前），它们的共生联盟产生了巨大的影响。在整个地质历史时期，不断出现的造礁时代庇护了最为丰富的海洋物种多样性。超过 4 000 种不同的鱼类栖居在如今健康的珊瑚礁中，在其裂隙中安家，为所有类型的海洋生物提供了最佳繁殖地。受益的不仅仅是鱼类，珊瑚礁也为海绵、水母、蠕虫、甲壳类、海星、海鞘、海龟和海蛇提供了完美的住所。

但是近年来，除了少数好奇但友好的海豚之外，哺乳动物很少到访。虽然在过去的 40 000 年中，澳大利亚原住民会定期到昆士兰州附近的珊瑚礁捕鱼，但对现代珊瑚礁的威胁其实来自空气中日益增多的二氧化碳，其溶于水后会造成海水酸度的增加。为了应对水温上升和海水酸化，珊瑚虫会将自己的共生藻类驱逐出去，这个过程会引发珊瑚白化。但用刺细胞触手捕食只是它们一个替代性而并非永久性的生存策略。除非环境得以逆转恢复，否则珊瑚礁最终还是会死亡。

据估计，在过去的 100 年里，由于人类引起的气候变化造成的影响，世界上有多达 10% 的珊瑚礁消亡。对珍贵海洋生态系统的进一步破坏来自从农田流向海洋的现代人工肥料，它们增加了水中的营养成分比例，造成有害藻类持续繁殖。这挡住了从海水表面射入的阳光，导致珊瑚礁窒息死亡。旅游业则是另一种威胁。自第二次世界大战结束以来，由于迷人的气候、美丽的蓝绿色海洋以及奇异的海洋生物，珊瑚岛已经成为世界上最受欢迎的度假胜地之一（例如，印度尼西亚红海边的马尔代夫以及墨西哥、伯利兹城海岸）。

演化产生的互利共生模式赋予了珊瑚礁卓越的生命形态，但这并不意味着达尔文的观点是错误的，即物种的改进（演化）通过持久的生存竞争产生。只不过，正如珊瑚和红藻的共生关系那样，在某一环境中，不同物种之间的关系同样有可能建立在互利共赢而非竞争的基础之上（另见橡树，正是陆地上互利共赢的例子）。珊瑚礁正是自然保护和物种合作最显著的地方，这也是珊瑚虫和它们的共生伙伴虫黄藻的生活方式能够存活至今的主要原因。

一位艺术家想象 4.5 亿年前的海底生命，那时的海洋由现在已经灭绝的四射珊瑚所统治，它们是如今石珊瑚的祖先。

线 虫

门：线虫动物门（Nematoda）
种：秀丽隐杆线虫（*Caenorhabditis elegans*）
排名：20

将生存艺术延伸至其弹性极限的、极为成功的超级陆生生命形式。

2005年2月1日，当哥伦比亚号航天飞机在地球上空大约61千米处爆炸时，没有人奢望搜索团队能从残骸中发现任何生命迹象。尽管这个惨剧不可避免地夺去了鲜活的生命，但我们现在惊讶地发现，残骸中竟然有生命存在。

以凯瑟琳·康利博士（Dr Catherine Conley）为首的来自加利福尼亚美国航天局研究中心的科学家团队成功回收了5个装有秀丽隐杆线虫的容器，这种线虫是作为实验任务（ST–107）的一部分而被带上航天器的，实验旨在研究太空中的零重力环境对生命的影响。团队在残骸中千辛万苦地搜寻了7周后，7个容器中的5个被重新发现。在这5个容器中，有4个容器中的蠕虫在重返大气层后幸存了下来，据估计，当时航天器撞击地面的速度超过600英里每小时[1]。

太空线虫：被染色并在显微镜下放大的秀丽隐杆线虫，图中显示出它们即将要产下的卵。

这个非比寻常的故事突出显示了某些小型动物惊人的复原力，比如这些近乎微观的蠕虫。目前已知的线虫动物超过了80 000种，大部分都是以微藻和真菌或有机物为食，分解并循环利用土壤和海底的营养物质。有一些（大约15 000种）寄生于其他宿主体内，有时还会在人类、农场动物、猫、狗和植物中引发疾病。

1 约为965.6千米每小时，1英里约为1.61千米。

线虫是地球上数量最多也最不挑剔的生物，它们适应了几乎所有栖息地的生活，从北极圈到热带，从山顶到最深的海沟。迄今为止，科学家已经发现了数万种线虫，据估计，未被发现的种类可能有数百万种。令人震惊的是，该门的生物占了海床上生命数量的 90%。在陆地上，1 英亩表层土壤中就有几十亿只个体，据说一只腐烂的苹果中就有多达 90 000 条线虫。

现代线虫的祖先，是首批建立起完全发育的三层身体构型体系（三胚层）的生物之一。与只有两层细胞（双胚层）的水母和珊瑚（刺胞动物）不同，之后有更为复杂的生物出现了三层结构，使内部器官、循环系统、肌肉活动和骨架得以产生。

作为首批在空难中幸存下来的线虫，秀丽隐杆线虫还具有另一个特殊的意义。获得诺贝尔奖的生物学家悉尼·布伦纳（Sydney Brenner）选择它们作为典型生物以进行详尽的科学研究——研究动物身体如何运作及其细胞如何特化以承担不同的任务和功能（线虫具有原始的神经系统和消化道）。他的选择是正确的。现已证明，秀丽隐杆线虫是用于深入科学研究的理想对象，它们体积小，结构简单而且易于培养。事实上，即使把它们冷冻在液氮中后也可以完全恢复，一旦解冻，它们会继续进食、排泄并不断繁殖。这个物种在科研领域备受推崇，以至于其有幸成为首个基因组被完全测序的生物，科学家们在 1988 年公布了他们的研究成果。令人惊讶的是，2003 年公布的人类基因组成果显示，人类和线虫竟然拥有相近数量的基因（约 20 000—25 000 个）。

从太空返回地球的秀丽隐杆线虫的适应性和生存能力，最近推动了关于生命的外星起源的理论——一个被称为天体生物学的科学分支。如果线虫这样的小型动物都可以成功地进行太空旅行，并以 600 英里每小时的速度返回地球，那么谁又知道，数亿年前有什么会随着陨石来到地球播撒生命的种子，或者至少将生命的演化路径带到一个新的意想不到的方向？

三叶虫[1]

门：节肢动物门（Arthropoda）
排名：31

点亮了生命曙光的生物类群。

查尔斯·达尔文总是希望让他的读者想起一句古老的格言"自然界永不飞跃"（*natura non facit saltum*）。事实上，他的整个自然选择理论是建立在代与代之间循序渐进的阶段性变化基础之上，"最美丽的和最奇异的类型从如此简单的始端，过去，曾经而且现今还在演化着……"[2]

然而，现代科学家要挑战正统的达尔文主义还是需要一些勇气的。美国博物学家斯蒂芬·杰·古尔德（Stephen Jay Gould）详细研究了加拿大的伯吉斯页岩生物群中惊人的化石，试图打破渐进式演化的观点。他在1989年出版的《奇妙的生命》（*Wonderful Life*）一书中提出，机会才是演化改变的主要推动力，而非适应性。伯吉斯页岩生物群中的奇妙生物通常更为多样，并且比其后出现的生物还要更为"进步"。

如今，科学家对演化过程究竟是渐进的还是间断的存在很大争议。澳大利亚生物学家安德鲁·帕克（Andrew Parker）最近发现了一个强有力的论据，如果假设正确的话，在动物演化进程中，至少有一段长期暂停的时期，这就将一类已经灭绝的生物的影响置于目前被认为是自然界最重要的物种之上。

三叶虫化石，头部周围有半圆形脊线，并具有突出的全视力眼睛。

三叶虫是海生节肢动物（具有分节腿的无脊椎动物），它们看起来很像全副武装的放大版潮虫。尽管它们已经灭绝了2.5亿多年，但在5.42亿年前的寒武纪之初，三叶虫首次出现在生命舞台之时，引发了一场重要的演化革命。

在三叶虫之前，尽管有像珊瑚虫那样的动物开始尝试海绵和水母的形态，但是大多数动物还是蠕虫状的。大约在最后一次"雪球地球"的冰期消退之时（5.75亿年前），可能是由于大气中氧含量的上升，海洋生物的体形开始变得越来越大。在帕克看来，穿透正在融化的冰川的日照强度增强，成为自然选择压力的重要因子，这使得生物纷纷从阴影处转至向阳处生存。趋光性意味着生物会选择漂浮在海水表层，因为那里有藻类这样进行光合作用的生物，食物资源非常丰富，可移动的光敏生物因而蓬勃发展。帕克相信，视觉的诞生正是由于日益增强的光照。"当我们突然睁开眼睛时，我们看到的世界大不相同……光线的开关第一次也是仅有一次打开了，此后它便一直

1 三叶虫纲的动物通称三叶虫。

2 节选自《物种起源》第十五章《复述和结论》。

存在。”一旦这种生物学会了如何使用眼睛，通过无数个方解石的晶体连接一系列内部神经，海洋中的演化便受到全方位的影响。三叶虫很快成为海洋世界中的绝对统治者。化石证据很难确切证明，古生物学家迄今为止所发现的6 000种三叶虫中哪一种才是首批视觉先驱。其中一种合理的猜测是小油栉虫，这是一类在寒武纪早期普遍存在且相当成功的三叶虫类群，其化石显示，它确实有眼睛。

几百万年，对地质时期来说几乎是一瞬间，生物就开始演化出复杂的防御机制以对抗海洋中这些具有视觉的新生物了。约5.3亿年前，大量不同门的生物不知从何处而来，并开始出现在化石记录中，这就是著名的“寒武纪生命大爆发”。这些生物已经逐渐演化了数百万年，但是现在能生存下来就意味着它们拥有有效的防御手段来对抗有视觉的三叶虫。

坚硬外壳的构造（容易形成化石）是由腕足类最先产生的，随后不久就被有双瓣壳的软体动物（现代蛤蜊、贻贝、牡蛎和扇贝的祖先）采用，其他的防御机制还包括防御屏障。形成于寒武纪时期的许多生物化石都具有这样的防御结构，包括天鹅绒虫类的怪诞虫以及多毛虫类的加拿大多毛虫和威瓦西虫，都是卵形生物，覆盖着重叠的骨片和外突的长刺。

蠕虫的其他演化类群本能地埋入海底或岩石缝隙中，其中一些伪装得很好（比如名为埃榭尔栉虫的橙色天鹅绒虫），即便是那些有眼睛的动物也没能将它们与附着在海底的海绵区分开来。外表相似的成功物种，其后代在外形、体色和形态方面具有竞争优势。物种多样性的爆发已经到达了巅峰。

三叶虫至高无上的地位并没有永远持续下去。三叶虫尽可能地开发了防御机制，起初为了保护自己免受种内攻击（因此演化出了坚硬的外骨骼和防护盔甲），之后则是为了躲避其他有视觉的节肢动物的威胁，尤其是凶猛的奇虾，它们具有突出的眼睛以及一对极具威胁性的捕食前附肢。这种生物体长可达1米，后来成了寒武纪海洋中最强大的捕食者之一。

在接下来的演化时期——奥陶纪，其他类群的生物也开始独立地演化出视觉能力，包括环节动物（多毛类）、刺胞动物（箱形水母）、软体动物（如乌贼和章鱼）以及脊索动物，脊索动物门的动物最终演化出了包括鱼类、两栖动物、爬行动物、鸟类和哺乳动物在内的所有脊椎动物。视觉是如此强大，以至于如今超过95%的动物种类都有眼睛。

有视觉生物的出现改变了生存需求，生物世界演化出了无数的新物种，其外观和本能行为都与以往的物种截然不同，它们外躯体的坚硬构造使得人们可以通过珍贵的化石窥见远古生物世界的一隅。

天鹅绒虫

门：有爪动物门（Onychophoran）
种：栉蚕属未定种（*Peripatus* sp.）
排名：56

绒虫的一小步却变成了史前的最大飞跃。

1969年7月21日，尼尔·阿姆斯特朗（Neil Armstrong）完成了人类有史以来最著名的一次“飞跃”，他走出了美国阿波罗11号的登月舱，成为第一个在月球表面行走的人。然而，另一种生物更小的步伐却创造了一项更为重要的成就。在大约4.8亿年前，为了逃离海洋中日益危险的生存压力，它们踮着脚尖上了岸。

在5.42亿年前的寒武纪初期，海洋生命间的竞争变得极为残酷。那时蓬勃发展的生物，是那些成功适应了躲避好战的三叶虫或1米长的奇虾等有优良视觉捕食者的种类，其中一些适应性在科学家看来十分奇怪，现在已经灭绝的生物新群落似乎在一段时间内突然演化出来了。然而现在，不论它们的外表多么奇特，正如达尔文所预测的那样，这些生物通常被视作现存动物类群共同的祖先，继续在繁衍。

外表最奇特也最容易被误解的是一种海生毛毛虫状生物，它们被称为怪诞虫。在它长长的蠕虫状体节之下，有一系列又长又硬的腿，身体上方是一排朝向上方的柔软触手，用来在水中觅食。无论是在怪诞虫出现之前，抑或是其灭绝之后，似乎再也没有出现过这样奇怪的生物。至少，在瑞典牙科医生兼古生物学家的拉尔斯·拉姆斯科尔德（Lars Ramskold）发现专家们将化石上下颠倒之前，每个人都是这么想的。当将化石正确放置时，细长的体刺可以作为抵御攻击的重型装甲层；同时，触手就变为了柔软粗短的腿，使得这一生物可以纵横海底，免受伤害。这种动物的防御方式是如此有效，以至于这些有腿的蠕虫能在寒武纪海洋的激烈竞争中存活下来，并逐渐进化成开始在陆地上尝试新生活的生物。

怪诞虫是天鹅绒虫的祖先。

正如月球使阿姆斯特朗被载入史册，首批陆地生物也是依靠月球引力的帮助，才能在干燥的陆地上迈出虽小但至关重要的一步。潮汐无情地将古代海洋在海岸线上来回牵引，形成一个区域，使具有短粗腿的小型蠕虫可以慢慢地适应海洋之外的生活。大约4.8亿年前，重型防御的怪诞虫的后代正处于演化出如今陆生天鹅绒虫祖先的过程之中，缺乏捕食者的陆地生活使它们抛弃了厚重的盔甲。

环境的急剧变化，比如离开水生环境踏上干燥的陆地，通常在多代之后会造成地球上的生命进程一些最具戏剧性的演变。这些在陆地上取得成功的先驱，发育出了一种可以让空气中的氧气通往它们蠕虫状身体深处的小管子（气管）。而雄性将精子直接送入雌性身体的方式，确保了有性生殖可以成功地在周围没有水的环境中进行。随着它们的身体发生分节，每一节都配备了一对适应性很强的腿，其中一些生物演变成了马陆和蜈蚣，并最终合并体节，形成了我们所熟悉的种类繁多的三部分构造昆虫。多亏了远亲物种之间存在交配成功的可能，基因融合与杂交正是一些专家用来解释现代蝴蝶、胡蜂和蝎蛉为何会具有天鹅绒虫状幼虫阶段的原因。

如今，色彩鲜艳的天鹅绒虫被视为活化石，几乎与它们4亿年前的祖先完全相似。如洞白栉蚕（*Peripatopsis alba*）和靛蓝天鹅绒虫（*Peripatoides indigo*）这类天鹅绒虫都是害羞的生物，大多分布在南半球，它们生活在温暖潮湿的洞穴、森林和草原中，与数亿年前首批踏上陆地的生物的化石几乎完全一致。一旦它们的祖先建立起陆地生态位，就会产生一些适应其他陆地栖息地的种类。由于有性生殖保持了遗传性状、形态和功能，其他的种类显然不需要进一步演化。

迄今为止，共记录有150多种天鹅绒虫，可以分为两个主要的科，其中最古老的叫作南栉蚕科（Peripatopsidae）。如今，由于人类居住地增加，破坏了热带雨林和湿地，许多物种都处于灭绝的边缘。只有时间能够证明，那些第一次登上陆地的古老先驱者的后代，是否会为了挽救它们古老的血统而重新燃起演化的欲望。

现在的天鹅绒虫几乎与4亿多年前首批出海冒险的祖先完全一样。

海蝎

纲：板足鲎亚纲（Eurypterida）
种：莱茵耶克尔鲎（*Jaekelopterus rhenaniae*）
排名：78

一种古老本能的起源，对许多不同物种的生存来说十分重要。

对蜘蛛的本能恐惧是所有人类恐惧症中最为常见的一种。正如骨骼、外壳或牙齿这些生理形态的发展一样，行为本能的演化根源也可以追溯到地质历史时期。达尔文在他的《物种起源》中，用了整整一个章节来回答某些遗传本能是如何多方面地提高一个物种在生存竞争中存活机率的问题，比如蜜蜂建造完美六边形的蜂巢或是杜鹃在其他鸟巢中产卵的本能。达尔文认为，这样的本能经过了精炼，传递了数代。

某些物种逃离危险的本能，或许可以追溯到当海洋被海蝎这种现存蛛形类（蜘蛛）的可怕亲戚占领之时。毋庸置疑，海蝎是有史以来最大的节肢动物，2007 年 11 月，在靠近德国施奈弗尔地区的普吕姆附近采石场的岩石中发现了一个巨大的海蝎爪子。在大约 4 亿年前，寒武纪的奇虾这类生物灭绝之后，海蝎接任了海洋生态系统“老大哥”的位置。由德国古生物学家马库斯·波施曼（Markus Poschmann）发现的这种巨爪用于撕开皮肉，属于一种名为莱茵耶克尔鲎的海蝎类，这种生物可以长得比人还大，长度超过 2.5 米。

海蝎（也叫作板足鲎类）以原始的脊椎动物——鱼类为食，其中的一些鱼类还是陆生动物（比如两栖动物、爬行动物和哺乳动物，包括人类）的祖先。板足鲎化石在世界各地都有发现，这意味着它们不仅是史前最大的节肢动物种类，而且也是最为成功的类群。海蝎在浅海地区度过一生，隐藏自己的行踪以捕食硬骨鱼、三叶虫和其他动物。两对眼睛（类似于现代蜘蛛的眼睛结构）帮助这些生物在泥泞的海底掘穴生活，让它们可以躺着等待猎物的到来，至少睁开一只眼睛来留意碰巧经过的美味食物。当猎物靠得足够近，海蝎就会高速弹射，捕捉毫无戒心的猎物，用它锋利的爪子将其撕成碎片，而猎物通常会因这种十分突然的袭击放弃挣扎。

但事实并非总是如此，逃跑的本能有时也会起作用。那些反应最快的鱼类可以逃出恐怖捕食者的魔爪，并将其脱逃技能传给后代。因此，最有效的逃生本能是被最不起眼的攻击迹象触发的。如今人们对蛛形类（蜘蛛）的恐惧本能，是否源于数亿年前的海蝎呢？蜘蛛恐惧症相当常见：英国的一项调查显示，有约 80% 的 25 至 34 岁的人承认自己对蜘蛛有某种形式的恐惧。

陆地被植物占领，大气中的氧含量升高，可能就是该时期的海蝎可以达到如此大比例的原因之一。另一个可能的原因是当时海洋中缺少其他大型捕食者，使得这些海蝎可以增长到节肢动物体形所允许的极限。

由于逃生本能的成功演化，脊椎动物中的硬骨鱼类最终演化出了盾皮鱼类（第一批有颌鱼类）和鲨鱼这样的大型种类予以回击。这些生物从 3.9 亿年前开始成功占领海洋，这也与最大的海蝎从化石记录中消失的时间相吻合。板足鲎类最终在 2.52 亿年前的二叠纪大灭绝时绝迹，此时多达 96% 的海洋生物由于灾难性的环境巨变而灭绝。只有它们的节肢动物近亲——蛛形类在灾难期幸存了下来，最终成为地球上数量最多的节肢动物类群之一。

与共生作用、病毒感染或自然选择的压力不同，本能是保护自身而非适应和改变的驱动力。试想一下：人类的内在本能相当保守，所以我们大多一看到一只无毒的蜘蛛就会畏缩不前，甚至还会愚蠢地拿起一把上膛的枪或挥舞着厨房里一把锋利的刀来保护自己。

我们不太可能确切地知道人们对蜘蛛的恐惧是从何时开始的，但毋庸置疑的是，史前海蝎对许多古代海洋生物来说是本能恐惧演化的最强大的“触发器”，因此，逃生本能的演化是由害怕引发的。这一强大的内在本能，无论是在过去还是现在，都是许多恢复力极强的生物成功存活的重要原因。

海 鞘

科：菊海鞘科（Botryllidae）
种：史氏菊海鞘（*Botryllus schlosseri*）
排名：12

一种古老的海洋生物，可以帮助调节地球气候，
并掌握着改善人类健康的关键。

现在，人们往往会期盼分子生物学家可以给出延长人类寿命的最佳方案。关于抗自然老化过程的最新研究一直聚焦于寻找可以修复随年龄增长而患病的重要器官或使其重新生长的方法，比如心脏、肺部或肝脏等。但这样的“重生”过程要实际应用于延长人类的生命，还有很长的路要走。

一种小型但极其重要的海洋生物，其所属科的成员起源于寒武纪晚期（约5亿年前）。据认为，其后代最终演化出了人类，而它们可能就握有上述这一不可思议的过程有朝一日能够实现的关键。

被囊动物（即我们熟知的海鞘）是一种小型的水母状动物，它们通常将自己黏着在富有珊瑚礁的海床上，用体内的鳃状缝隙过滤海水，搜寻浮游生物形式（主要是藻类和细菌）的食物。在这些半透明、黄瓜状的生物看似简单的体形之下，有一套复杂的结构系统，它们的重要器官（咽喉、心脏、消化道、神经和生殖系统）都被一层叫作间质的特殊连接组织所保护，同样的结构也存在于它们当今的后裔——人类的胚胎之中。

海鞘幼体是已知的首个演化出脊索的生物，因此在演化历史中意义重大。脊索是一种灵活的杆状结构，在人类的胚胎中长成了脊柱。所有的脊椎动物（包括鱼类、两栖动物、爬行动物和哺乳动物）都有对游泳、行走、奔跑和飞行等活动十分重要的脊柱。从海鞘的祖先开始，动物的身体设计演变为无脊椎动物和脊椎动物，这一偶然变化的重要性逐渐显现。

大部分的海鞘只会在其发育的早期使用它们灵活的脊索游动，有点像蝌蚪，游到一个远离它们父母的新地方来减少对食物的竞争。接着它们扎根于此，要么独自生长，要么形成一个新的居群，放弃尾巴以及珍贵的脊索，过着牢牢附着于珊瑚礁之上的静态生活。

史氏菊海鞘是被囊动物的一种，之所以能吸引生物学家的注意，是因为它可以直接从血管而不是性器官产生新个体，这个过程叫作血管出芽。斯坦福大学的研究者已经发

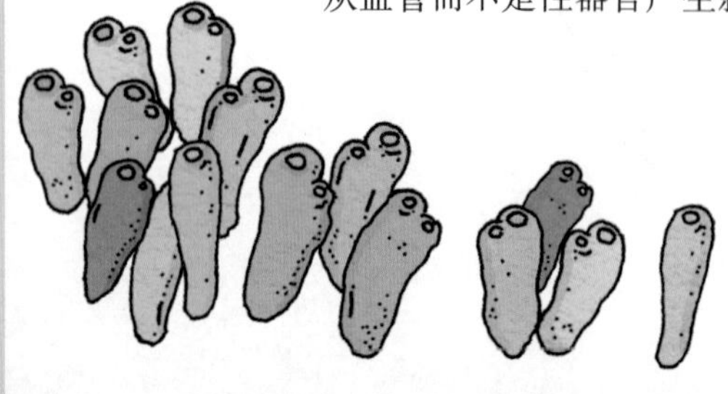

现，它们在经过连续几代的“试错”后，甚至是被去除其性器官后，都可以从头开始形成全新的群落。现在研究者们正在努力破译这个物种的遗传密码以寻找出调节这种无性繁殖过程的“开关”，主要目的是研究其能否应用于人类。这样的技术可以让人们“重新长出”受损的肾脏、肝脏甚至是四肢。斯坦福团队的乐观至少在一定程度上源于这样一个事实：人类是海鞘的遥远后代，并且拥有许多共同的遗传特征。

另一个海鞘家族，即所谓的幼形纲，从来不会固定在海底。相反，它们会在一生中一直保持幼体的状态，使用其以脊索支撑的尾巴在海洋中自由游动，搜寻食物。最近发现，这些生物可能在维持深海生态系统的整体平衡中扮演了非常重要的角色。

例如尾海鞘（*Bathochordaeus*），一种分布广泛的长为 5 厘米的海鞘，能够用黏液建造宽达 1 米的海下“房屋”。这种海鞘用尾索击打海水，并通过这些薄膜状的结构来捕捉食物微粒。一旦黏液结构被堵塞，它们便将其丢弃，然后游去建造一个新的“房屋”，这一过程大约每 4 小时发生一次。被抛弃的黏液“房屋”像降落伞一般下降，为生活在海底的生物提供所需的营养物质。

现在人们认为，这样的“房屋”建造习惯对全球气候具有可量化的影响。加利福尼亚的蒙特利湾水族研究所（MBARI）的研究人员在测量了幼形纲对海洋的影响程度后认为，由于这一降落过程将死去的有机物（部分是由空气中的碳溶于海水产生的）送到海底，大气中大量的二氧化碳得到清除。目前，他们的研究正在帮助海洋学家和气候学家探究全球海水温度的升高对这种自然生物过程可能造成的影响。

尽管并不起眼且鲜为人知，但是海鞘对地球、生命和人类在演化过程中产生的重大影响显然不亚于其对现在的深海生命的影响。至于未来，它们的潜能在于有朝一日揭示人体组织再生的秘密。《美国实验生物学学会联合会》杂志的主编杰拉尔德·韦斯曼（Gerald Weissmann）相信，对海鞘怪异生殖模式的研究是“再生医学的里程碑”。

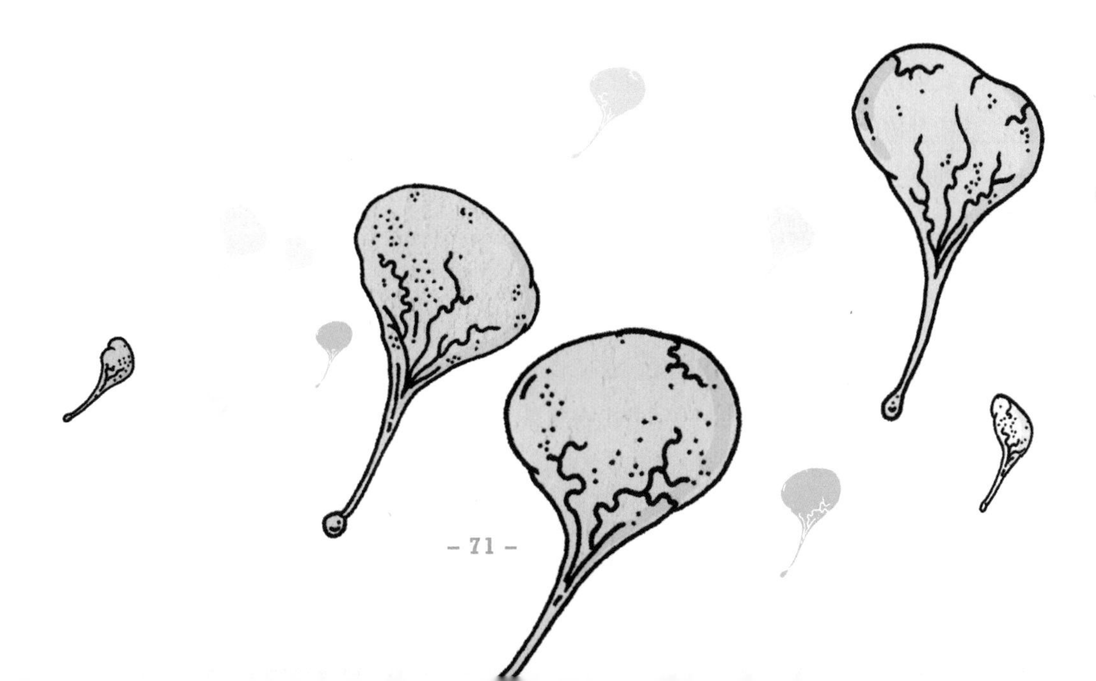

鲨 鱼

纲：软骨鱼纲（Chondrichthyes）
种：巨齿鲨（*Carcharodon megalodon*）
排名：38

开创了适应性免疫系统的古代幸存者。

最成功的生物并没有自然而然地成为人类崇拜和尊重的焦点。在人类眼中，一些自然界中最出色、坚韧和持久的设计，都是一些可恨的生物，从扁虱和蚊子这样的害虫到可怕且残忍的“杀手”。

鲨鱼是在大约 4.2 亿年前就演化出现的有颌鱼类。它们大多捕食其他鱼类或者微型浮游生物，而且对人类并没有特别的偏好。它们从其最初的形态（比如胸脊鲨）生存至今，这 4 亿年间几乎没有发生过变化。其成功的关键在于演化创新和一系列试验的结合，使这些生物跻身大自然最坚韧的生物之列。

在大约 1 亿年的时间里，从 5 厘米、自由游泳的海鞘状海洋生物演变为了 10 米长的巨大鲨鱼。没有人能确定第一次出现颌的生物及其形成方式。它们可能起源于名为甲胄鱼类的硬骨鱼。盾皮鱼类是第一批真正的有颌鱼类，一些种类的体形变得巨大，且有可以吞噬所遇一切东西的能力。邓氏鱼长为 10 米，其咬合力甚至比雷克斯暴龙还要强大。

但是，发生在约 3.6 亿年前的一系列大灭绝事件剥夺了盾皮鱼至高无上的地位，而其演化的“姊妹团”——鲨鱼接任了海洋中顶级捕食者的位置，从此鲨鱼便一直处于食物链的顶端。

三个因素促使鲨鱼获得了长期成功。首先，由于掌握了有性生殖的技术，鲨鱼成为最多样化的动物之一。一些鲨鱼的生殖依靠体内受精（交配），其他则是卵生的，产下通称为“美人鱼的钱包”（mermaid’s purse）的革质卵；也有一些卵生的雌性会将卵保存在体内，直至孵化；还有的类群表现得更像哺乳动物，它们会产下鲜活的幼体，以子宫内分泌的特殊乳汁为食；最后一类具有食卵这一可怕的习性，母亲体内所孵化出的最大幼体会吃掉它们较小的同胞，因此只有最强壮的后代才可以幸存下来。这种生殖多样性是抵抗大灭绝的最好保障。

第二个成功的因素是体形。传说中的物种巨齿鲨，身长 16 米、重约 48 吨，是一种最先出现在大约 1 600 万年前的巨型食鲸鲨。它的嘴张开可达 2 米宽，露出一组巨大的牙齿，其中有的牙齿长度超过 22 厘米。环境变化最终将这种怪物带入死亡的深渊。大约 200 万年前，随着冰期对地球的影响加剧，肥胖的鲨鱼便迁徙到了寒冷的极地海洋，食物的匮乏导致这些巨齿鲨遭受灭顶之灾。然而，在其祖先首次出现的 4 亿年后，其他的鲨

鱼种类依旧存活至今，这多亏了第三个创新方式：异常强大的适应性免疫系统。

目前还没有人编写出关于适应性免疫系统起源的全面历史，也没有人可以合理地解释为何这种复杂系统（有专门的免疫细胞记忆早期的感染以避免再次受到攻击）只存在于脊椎动物之中。一种理论认为，大约 4 亿年前，各种病毒持续感染现在鲨鱼的祖先。许多病毒（尤其是逆转录病毒）在感染其宿主时并不造成伤害，事实上，这些病毒依赖其宿主的健康机体进行复制。因此，阻止其他病毒入侵同一宿主的机制符合其生存利益。人们认为，随着时间的推移，某些病毒用来防止被其他病毒“先入为主”的机制，可能帮助建立了所有现今脊椎动物采用的适应性免疫系统。鲨鱼表现出比其他现存物种——包括植物、昆虫、硬骨鱼、爬行动物和哺乳动物（包括人类）对病毒更强的免疫力。实际上，在如今的市场上，鲨鱼肝油作为“免疫增强剂”销售。18 世纪，挪威渔民时常从深海鲨鱼肝脏中提取油，并将其用作伤口愈合剂。同时，瑞典研究人员在 20 世纪 60 年代证实，类似鲨鱼体内的免疫增强剂物质在人类的母乳中也很丰富。

卑鄙、无情、残忍可以用来描述这些极为成功的深海生物；同样，创新、全能和适应也是它们的标签。就其影响而言，鲨鱼在所有 5 次史前大灭绝中都幸免于难，但是它们是否能够躲避人类造成的第 6 次大灭绝还有待时间的证明。

陆地先驱

开拓先锋是如何通过相互协作使生命进军地球上一片荒芜的陆地的。

每天我都带着我的狗弗洛西去散步，尽管有时路线会有所不同，但每次的体验都非常类似。我们居住的地方长满了青草，这为它提供了柔软的脚垫，我们常常从一些非常高大的树下出发，这些树大多是橡树和梣树。夏天，它会从玉米和小麦田中穿过；冬天，它会好奇地嗅着被翻成粗条状、富含蠕虫的地面。

我有时在想，如果在大约4.5亿年前，我们也沿着完全相同的路径行走会是什么样子？当生命在海洋中以各种形式爆发时，陆地上却鲜有生命存在的痕迹。此外，由于地球构造板块的不断运动，当时的英国南部正位于赤道附近。

那时没有青草，也没有树木。实际上，不存在任何绿色的东西，只有一片不毛之地，上面覆盖了一层又薄又湿的泥土。热气腾腾的间歇泉随时可能从地表深处喷射出灼热的泉水。对弗洛西来说，唯一的安慰大概就是会有几处约50厘米高的灌木了，但是它们并不会开花或长出叶子。所以这次散步并不会有什么收获。

然而，让我们将时钟再往后推进1亿年，我们将会目睹巨大的变革。突然，我们就出现在了森林中！30米高的参天大树就像矗立在地球上的巨型电线杆，它们的外观看起来是如此丰富多彩，但却太过脆弱，难以触摸。这儿有许多能让弗洛西嗅探的东西：被亮绿色的苔藓覆盖的倒伏原木满地都是，微小的昆虫忙碌地咀嚼着腐烂的木头，蘑菇冒出地面以便传播它们的孢子，甲虫在树干上爬行，蜘蛛网在附近的树枝上闪闪发亮。或许你会认为这里不存在危险的生物。但是快看！弗洛西！那个停在高高树枝上的是什么？

看到一只至少1米宽的巨型蜻蜓时，

我可以肯定，我们会迅速地跑回我们的时间机器。尽管这里的风景发生了完全的转变，对我们来说也相对更加熟悉，但仍然不是我们习惯的、平时乡间散步的那个世界。

你好，陆地生命！

森林首次出现在约4.5亿—3.5亿年前，在贫瘠的地球上建立了生机勃勃的陆地生态系统，其中一些至今仍保留在乡间、热带地区和苔原中。

所有陆地生命的起源最终都依赖于这些森林提供食物、水和庇护所，无论是哪种生物发起了水生到陆生这个难以置信的飞跃，它们都必然对地球上的生命产生了深远的影响。其中最重要的便是无花植物，它们负责利用地球的土地来储存丰富的食物，这一有机物食品库使后来的陆地生物可以大快朵颐。

植物是从藻类这种水生真核原生生物演化而来的，它们可以将阳光转变为食物。其中一些变成了多细胞生物，我们现在称其为海藻。然而，正如我们生存环境中可能发生的任何戏剧性变化那样，成功适应陆地生活的生物必然也要发生巨大的生理变化。

植物稳稳地扎根于陆地上的过程，正是达尔文所谓的“后代渐变”或“自然选择”，那些产生了变异的种类都将自己全副武装，以适应在这个周围都是空气而非水的环境里繁衍生息，并将自身的特征传递给后代。但是产生这样变异的原因，至少在最初，与激烈竞争中的相互协作密切相关。

与珊瑚利用红藻来替它们制造食物一样，另一类过去的水生生物也加入了一系列长期协作关系之中，没有它们，生命可能永远都不会在陆地上生活。

从真菌开始

作为完全独立于植物和动物的一个界，真菌的细胞壁由几丁质构成，这也是形成昆虫坚硬外壳的物质。真菌以毛发般的菌

一个艺术家对约3亿年前石炭纪森林的描绘，那时的森林遍布着鳞木这类树木。

丝分支网络为特征，向外生长形成一个菌丝体。大部分真菌都是腐生生物，以死亡的有机体为食。每一根菌丝末端所分泌的酶可以消化有机物并将其转变为营养丰富的汁液，然后将其重新吸收，为正在生长中的真菌提供营养。为了繁殖，生物体通常以能够释放孢子的子实体（例如蘑菇）的方式生长，这些孢子随风飘散到其他地方扎根、发芽并生长。

原始的水生真菌首先是以能够被风传播的孢子形式抵达陆地的。分子证据显示，大约10亿年前的海洋中，当时仅有微型生命存在，然而也是在那时，植物、动物和真菌走上了不同的演化道路。

地衣或许是陆地上第一个成功的植物。它们是由紧密混合在一起的真菌和藻类组成的，它们是如此相互依赖，以至于科学家们通常将它们视为一个单独的联合物种。曾经分离的生物是如何通过平等合并的方式发展出成功的生存策略的。自然界中鲜有比这更好的例子。

人们认为，地衣在大约5亿年前就占领了海边的岩石，尽管因为它们不太容易形成化石，目前还缺乏确凿的证据。可以肯定的是，如今的地衣之所以可以远离水生存，是因为藻类的光合作用可以为它们供应食物。这两种生物离开彼此都无法生存。真菌为藻类提供庇护，而藻类则为真菌供应食物。

大约4.6亿年前，真菌建立了第二个共生关系，这对陆地生命也是至关重要的。苔藓是生长在河流、湖泊和沼泽边缘的植物。它们的生活被严格限制在潮湿的环境中，因为它们没有起固定作用的根，也无法从地下汲取营养，其有性生殖方式也完全依赖于水。正如在动物中一样，有鞭毛的类精子细胞在水中游向另一个个体以发生受精作用。

平坦、潮湿、依赖于水的苔藓能够转变为满是高大、优美的树木并深入内陆的森林，主要得益于一种叫作菌根的真菌所建立的“契约”。

直到最近，我们才确定，大多数的树都是由盘根错节的地下真菌菌丝网络相连的。实际上，超过95%的植物都极度依赖地下真菌，以帮助它们收集生长所需的营养物质和水。真菌附着于植物的根系之上，为它们供应水分和矿物质；作为回报，真菌会吸收植物顶部的叶子所产生的碳水化合物（糖类）。在远离水边的情况下，根菌大大增加了植物吸收必需营养物质的表面积。

从在苏格兰莱尼发现的4.1亿年前的化石可以明显看出，地衣和根菌的合作关系所产生的深远影响。他们发现了一种现已灭绝的原始植物，被称为莱尼蕨（*Rhynia gwynne-vaughanii*），这种植物被热间歇泉硅酸盐水石化了。这些化石清楚地揭示出真菌在Aglaophyton[1]这样的植物中扮演了实际“根部”的角色，其后代至今存活于1 200种石松类植物之中。

在莱尼郡发现的植物化石——莱尼蕨，清晰地展示了原始草本植物过渡到现代维管植物的过程，其中的管子（称为木质部和韧皮部）就好似蜡烛中的芯，将水分和营养物质从原始的根部向上输送到植物的茎干。木质素是紧密结合的纤维素细胞网，可以形成树木，是植物即便在干旱时期仍

1　一说为一种莱尼蕨类植物。

可以笔直挺立的又一重要适应方式，并最终引发了一场争夺光线和空间的演化竞赛。

达尔文的自然选择理论一定注意到了：随着时间的推移，能够不断繁衍的必然是那些长得更高以免被周围植物遮蔽的植物种类。结果，在大约 3.6 亿年前，地球表面大多被茂密的森林覆盖，比如可以长到 30 米高的鳞木（*Lepidodendron*）。

如果没有原杉藻这样的真菌，这一切都不可能发生。化石证据显示，在 4.2 亿—3.7 亿年前，这种巨型真菌是陆地上存在过的最高大的生物，可以长到 1 米宽，8 米高，因此其化石常常被误认为树干。没有其他物种比原杉藻能更好地说明真菌对植物成功进军内陆地区所做出的非凡演化贡献了。

虽然真菌有一些互利共生（地衣和根菌）的最佳例子，但它们也是自然界最致命的寄生生物。一些植物生活在被寄生真菌活活消化的危险之中。锈菌、黑粉菌、干腐菌和霉菌是以各种各样植物为食的真菌，从花园装饰花卉到小麦、大麦、燕麦和黑麦等主要农作物，无一例外。人工杀真菌剂通常是控制这些灾难的唯一方法。

如果没有真菌，这个世界的生态系统恐怕在亿万年前就崩塌了，因为它们很擅长将曾有生命的物质（比如树木）转变为滋养土壤中新生命的原始养分。糙皮侧耳菌（即平菇，*Pleurotus ostreatus*）这类物种是极为高效的回收者，它们如今还被用于清理石油泄漏，将人造污染物转化为食物。

真菌为了抵御细菌、植物、昆虫和脊椎动物所产生的防御媒介，也对人类的历史产生了深远的影响。通过对抗细菌性疾病，青霉素等抗生素延长了人类的寿命并增加了人口的数量。一些真菌甚至激发了新的文化传统和宗教信仰：酵母被用来酿酒，麦角菌被用来诱发“另类”的精神状态。到了 19 世纪，基督教的当权者鼓吹蘑菇是魔鬼的造物，一些专家认为，这直接导致对真菌的研究（真菌学）比对其他生命形式的研究至少晚了 100 年。

产生叶片的世界……

植物对陆地的全面进军，还需要开发可以将阳光更有效地转变为食物的方式。原始植物使用被称为小型叶的绿色光合鳞片来捕捉阳光，这些鳞片会从植物的茎干上伸出。蕨类是更加进步的植物，长有称为大型叶的真正叶子，这种大型叶会像扇子一样向外辐射伸展，以增加暴露在阳光

死亡的真菌：这个孢子生殖的锈菌种类攻击了一株小麦，劫持了其产生种子的生殖系统。

下的面积。

蕨类植物是当今最为多样的无花植物类群，这也反映了其漫长的演化历史。从古树（比如古羊齿属［*Archaeopteris*］）到满江红属（*Azolla*）这样的小型水生种类，都对地球过去的气候具有重要的影响。

不过，这些植物仍然无法在最干旱的地区生存。它们微型的生殖孢子过于微小且没有保护，所以只能在潮湿、舒适的环境中成功发芽。为了使植物能够在最炎热的内陆地区繁衍壮大，还需要更好的繁殖系统。

生命的产生需要种子

种子是一种繁殖体，可以抵御恶劣的气候，并能帮助人们储存食物。首先开创这一方式的植物是苏铁类和松柏类。这两个类群在大约3亿年前占领了干燥的内陆地区，因为它们不用再为了繁殖而依附于水岸边生活。

球果是由冷杉、云杉、香柏树、松树和红杉这些松柏类植物所产生的种子。尽管人类现在大规模砍伐森林，当今世界上仍然存在着大面积的北方森林，这些地球古老殖民者的绝对成功显而易见。数千年来，人类文明一直依靠这些软木材来建造房屋。更重要的是，石炭纪树木的化石以煤炭的方式保存了下来。如果没有这些树木，现代人的生活方式可能根本不会存在。

陆地上的转变

大约从4亿年前开始，植物进军陆地的行动给其他许多物种也带来了深刻的影响。大气中氧含量的逐渐增加使一些生物从中获益，由于地球上新兴植被的光合作用，一般认为，当时的氧气比例高达35%（现在约为21%）。因此，如今身长不超过5厘米的蜻蜓在当时长到了不可思议的1米，甚至更长。

海洋中的其他生物也受到了新兴陆地生态系统的影响。深根系植物需要保持挺立，其根部会破坏附近的河岸土壤，因此，大量疏松的泥土被冲刷进海洋，降低了海洋的含氧量。这在大约3.6亿年前引发了一次物种大灭绝，对珊瑚、叠层石和深海生物的影响最大。

多足类、唇足类和环节类动物适应了在空气中呼吸，因而逃离缺氧的海洋。其中一些可以用腿行走，以天鹅绒虫的半水生祖先为首，陆地生命形式呈现出无与伦比的多样性。随着时间的流逝，多足类先驱分节的身体会压缩融合，形成我们现在熟悉的昆虫的三部分构造。有些多足类，比如蜻蜓，从古代调节体温的襟翼演化出了翅膀，飞上了天空。还有一些，比如蟑螂和蚱蜢，在地球上首批森林的繁茂植物中繁衍。甲虫演化成已知最为多样的生物类群。在500万—800万个不同种类之中，只有35万种被正式描述过。

这种无脊椎动物开始填满所有可到达的陆地生态位。一些成为食草动物，其他的则成为食腐或食粪动物，或者是寄生者和捕食者，从最寒冷的极地地区到最干燥的沙漠地区，统治了地球上所有生命。

飞起来，飞起来，飞得远远的

尽管史前蜻蜓拥有不同寻常的巨大体形，但无脊椎生物的体形，比如昆虫，一般都相对较小。小型动物的特征就是种群数量庞大，而生命周期较短。极小的生物会比大型生物产生更多的变异，因为它们的演化时钟走得更快。这意味着在一定时

间内，大象（或人类）这样的动物不太可能像昆虫这类小型生物那样，演化得如此之快或者辐射演化出很多不同的类型。

所有的一切都意味着，当生活变得艰难时（比如在大灭绝期间），渴望永生的基因在昆虫这样的小型生物中表现得最好，而在大型哺乳动物中则较为脆弱（不太多样）。这可能也是为何如今超过97%的动物都是小型无脊椎动物的原因：在受到生存压力时，体形大小与永生的渴望密切相关。

这种变异的力量也解释了为何昆虫是首个飞向天空的生物。古代昆虫体侧的襟翼称为角质层，最初可能是用来调节体温而非飞行的。蝴蝶深得其要义，它们展开翅膀吸收太阳的热量，这些表皮逐渐被拉伸变形，帮助这种古老的昆虫飞上天空。

一般认为，最初会飞行的昆虫并不是沿着树干爬下去，而是尝试用襟翼从树上安全地滑翔到地面上。那些在身体两侧拥有更多肌肉的个体繁衍壮大，形成了选择压力，使自行飞行成为现实。

另一个可能性是，原始昆虫被其他陆生捕食者追赶而飞向空中。那些拍打得更快的个体幸存了下来。在这种情况下，具有较大表皮面积的种类将自己的特征遗传给了后代，直到产生真正的飞行能力。

生命（以及死亡）之网

但是，什么样的捕食者可以驱使昆虫尝试如此极端的逃生手段呢？快速奔跑的蝎子泰然自若地挥动着螯肢，不断扑抓着猎物。它们也是从海洋迁移到陆地上的，成功演化出了可以取代鳃的用于呼吸的肺。它们尖牙状的螯肢可以将无脊椎动物的肉切碎成肉末，通常还会分泌过剩剂量的毒液以确保杀死猎物。蝎子的这种习性，或许为其潜在猎物提供了飞上天空的最初动机。

蝎子的蛛形纲亲戚则从不需要为了追捕猎物而飞翔，这都要归功于它们巧妙的适应能力。蜘蛛网的丝是世界上最为坚固也是最具弹性的天然材料，这正是为了捕捉飞入空中的猎物而演化出来的。经过数亿年的小心谨慎和深思熟虑，杰出的织网工耐心地织出了丝质陷阱，即便是最迅速的王牌飞行员也难以逃脱。

这便是演化的原始陆地伊甸园——一个今天人类赖以生存的几乎完整的生态系统。这是在4.5亿—3.5亿年前被创造出来的，此时自然界的许多演化力量都聚集在陆地之上。

这个现在充斥了各种生命的新环境是如此引人注目，以至于人类的遥远祖先——硬骨鱼都无法抗拒这样的诱惑而离开了海洋，探索成功的生存可能会是什么样子……

原杉藻

科：未知

种：洛根原杉藻（*Prototaxites loganii*）

排名：52

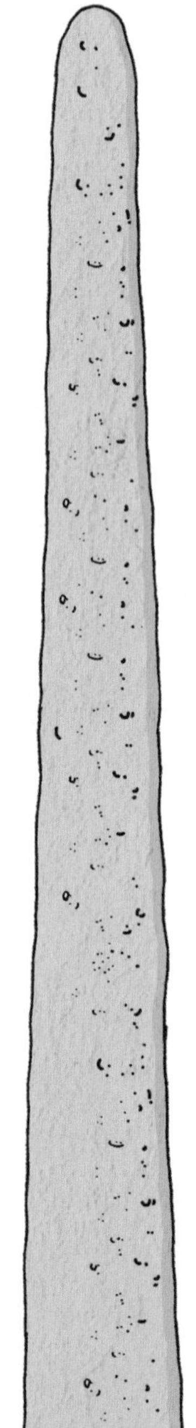

为生命在陆地上开拓道路的巨型真菌。

和房子一样高的蘑菇听起来只会存在于《爱丽丝梦游仙境》中，但事实并非如此。这种巨型真菌占据了地球早期陆地生态系统的天际线至少 7 000 万年，最终在约 3.5 亿年前灭绝。其化石仍然散布在沙特阿拉伯的沙漠中，像树桩一样从干燥的岩石中伸出。

长久以来，生物学家都认为这一古老的陆地生物形式是一种树木，也许是一种古老的松柏类。至少这是加拿大博物学家约翰·道森（John Dawson）的观点，他在 1857 年最先描述了这些原木状化石。他将这些命名为原杉藻（意为第一批紫杉），因为他可以理解的假设是，这样的巨型结构只能是古老森林的遗存。

其他科学家则没有那么肯定。一些人认为这是一种巨型带刺藻类。2001 年，在华盛顿自然历史博物馆的弗朗西斯·许贝尔（Francis Hueber）对此进行了详尽研究后，这个谜团的答案似乎终于被揭晓了：研究表明，这些是巨型真菌化石。后来，在 2007 年，芝加哥大学的研究人员完全证实了这一结论。他们在化石中发现，不同类型的碳（同位素）具有不均衡的比率，意味着这一生物是以有机物为食（异养型）的，而非进行光合作用的植物（自养型）。

对原杉藻是真菌的确认，巩固了这些生物在生命从海洋向陆地关键转变中的重要地位。即便是现在也很难想象这样的情景：当如此巨大的真菌繁殖时，其蘑菇状的果实向比两层楼还高的空中冲击。

在 4.2 亿年前的泥盆纪，植物尚未演化出自己的根系。只有通过与原杉藻这样的真菌共生，它们才能在陆地上生存。植物茎干底部的纤毛与原杉藻的

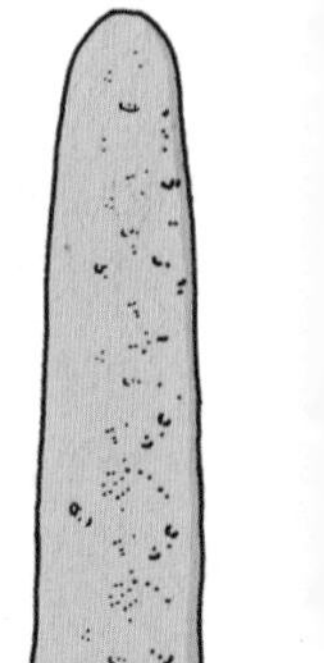

分枝菌丝相连，这些菌丝会向植物提供地下的营养物质和水分以换取食物。

无法估计原杉藻这样的生物在地下可以延伸多远，但可以假设，每一种生物的纤毛可以延伸数英里远，为无数独立的植物提供地下水运输服务。这对地球本身的影响必然也是同样重要的。由于以地下细菌为食，原杉藻的消化纤毛网络（菌丝体）会打破坚硬的地面，把贫瘠的岩石变为疏松易碎的土壤，为其他生命形式提供对生存极为重要的营养物质。

这种土壤的产生，意味着随着时间的推移，植物也能够通过深根将自身稳稳扎根于土壤之中以获取水分和矿物质，因此也减少了它们对真菌的依赖。然而，如今大多数植物的生存仍然依赖于某些真菌，可见原杉藻这样的先驱做出了巨大的生态贡献。

许多灭绝物种都在演化的历史中扮演了重要的角色。其中某些贡献是十分显著的，就像铁轨上的转辙器，它们将演化送上了一条全新的道路。讽刺的是，这条路常常被证明对其他物种更为有利，有时还将演化的主角推入灭绝的深渊（另见水龙兽）。

那便是原杉藻发生的故事。一旦森林开始覆盖陆地，这些强大的蘑菇就完全无法与之竞争。生活在日益肥沃土壤中的小型无脊椎节肢动物，比如蠕虫、蜘蛛、螨虫和马陆，发现这些“巨人”都是非常好吃的食物。随着森林的生长，留给 12 米高的真菌果实的空间变得弥足珍贵，只有那些具有恰当体形并发展出新防御机制的真菌才能幸存下来。这些便是我们如今很熟悉的真菌类型。

那些存活至今的真菌类群是否就是原杉藻的直接后裔现在还不得而知，但这些早期陆地巨人的开创性影响几乎没有其他生物可以与之相提并论。

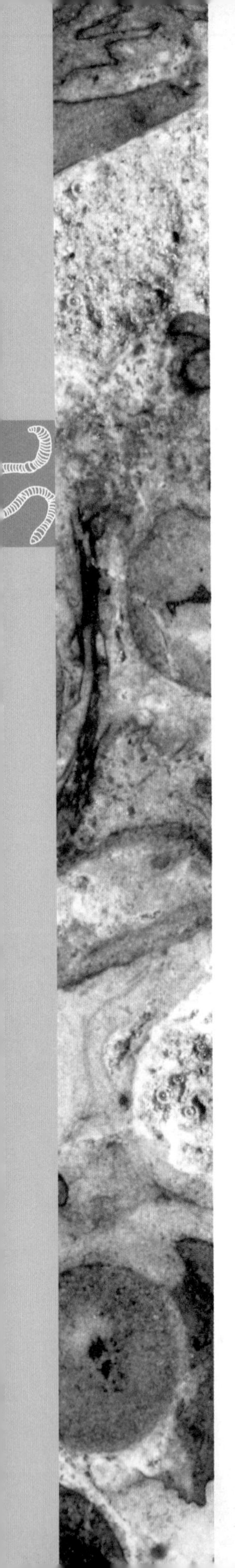

莱尼蕨

科：原始裸蕨科（Rhyniaceae）
种：莱尼蕨（*Rhynia Gwynne-vaughanii*）
排名：83

已灭绝的“杂草”，是潮湿的苔藓向高大挺拔的树木转变的重要转折点。

想象一下，如果世界上没有杂草会是什么样子？虽然这个话题似乎只能引起高尔夫球手和园丁的兴趣，但多亏 20 世纪早期一位苏格兰医生兼业余地质学家的好奇心，我们现在才知道古代的杂草在地球生命的历史中原来扮演了如此重要的角色。

1912 年春天的一个早晨，威廉·麦凯医生（Dr William Mackie）在苏格兰阿伯丁郡一个小山村莱尼的北部，靠近他家田地周围的干砌石墙中发现了一些不同寻常的岩石。出于好奇，他将这些石头带回家，并在显微镜下对其进行了详细的研究。他很惊喜地发现，这些石头中包含了保存完好的错综复杂的化石横断面，看起来很像植物茎干和细胞的精细结构。

在大约 4 亿年前，莱尼并非现在苏格兰的样子。那时它位于赤道附近，是地热温泉区，到处是冒着热气的沸腾泥浆池。在这个闷热难耐的地方，巨型的间歇泉会频繁从地下深处喷出含有硅的巨大热喷泉。当这种硅质水落到附近的植物上时，便会立即杀死它们并快速冷却，将它们的硅化残骸变为完美的化石。

莱尼的化石已经向科学家们证明，这些原始的植物究竟是如何开启这历史上最引人注目的转变的——从漂浮的海藻到木质灌木，再到占领距水岸数千公里之外陆地的巨大树木。

植物的“窍门”便是变成“维管植物”。苔藓是没有根、茎、叶的陆生植物，只能生活在靠近水边的潮湿环境中。如今的有叶植物的生存方式，正是来自莱尼的这些早期开拓者。

对植物来说（正如对动物一样），陆地上的生活与在海中生活是完全不同的。首先，陆地生命不得不努力克服重力的作用，而重力在水中的影响要小得多。学会克服重力的影响直立生长，并非一件易事。莱尼的植物首次尝试解决了这一问题，通过发育出一种叫作木质素的死细胞结构，在该结构中紧密堆积的细胞层层堆叠，交织形成坚固的茎干（参见细胞凋亡）。这些结构最终形成灌木和树木坚硬的成分——木质。

木质素还有许多其他基本功能。即使在干燥的环境下，它也能支撑植物，并使其尽可能地靠近太阳直立生长。木质素还使茎干变硬，以支撑在植物中上下运输营养物质和水的维管部分（木质部和韧皮部）。维管系统可以防止植物脱水，让它们长得更高并支持叶片的生长，这是最终演化出世界上大部分树木的必要先决条件。

生活在陆地上还有其他危险，比如太阳的紫外线辐射，可以轻易破坏活细胞 DNA 分子内的精巧结构（还可能导致人类的皮肤癌）。莱尼蕨这类早期植物产生了抗紫外线的孢子，虽然因缺乏足够的水分而延迟了发芽时间，但也使其免受太阳辐射的影响。从此，这种结构成了所有陆地植物的共同特征。

如果莱尼蕨负责产生树木所需的所有“技术开发”，那么它们在我们前 100 种生物中的排名将会大幅提高。但莱尼蕨的茎干大多由鳞叶组成，而其后代——真叶类植物（意为“优秀的叶片植物”，比如蕨类植物）则尝试形成悬挂的“绿色太阳能板”——叶片，以更好地捕捉阳光。

由于莱尼蕨的根部只能沿地面生长，无法向地下掘进，这使得它们最多只能长到约 50 厘米高。石松类植物是世界上最早的真正的树，它们有可以为植物供应水分和营养物质并能防止树木倒塌的地下根系。

莱尼蕨不产生种子。它们的孢子必须在潮湿的地面上着陆才能成功发芽，这一局限性在 3 亿年前地球各陆块聚合成一个单一大陆——泛大陆并逐渐干涸后变得更加明显。

在莱尼，只发现了 7 种早期维管植物，在其他地方也发现了其他类似的植物（比如顶囊蕨），这意味着 4 亿年前发生在莱尼的演变也同样发生于世界其他地方。

最终，这些早期维管植物的重要性在于开启了漫长但关键的演化进程，适应陆地生活的生物从紧贴地面的苔藓变为高大宏伟的树木，这一过程大约经历了 4 000 万年。没有树木的世界会明显限制所有陆地生物（包括猴子和人类这类灵长类动物）的演化潜力。同样，大气也绝对无法因热带雨林吸收二氧化碳的无穷能力而发生改变，这一过程有助于保持地球表面的凉爽，使其更适合陆地生物的生存。

很大程度上是由于早期维管植物的出现，氧气含量才能上升到足以吸引更大体形的海洋生物离开水环境并进化出用于呼吸的肺。实际上，如果不是这些早期陆地居民提供了食物和氧气，除了蠕虫和昆虫以外的大部分动物可能就会一直生活在海洋中。

然而，莱尼蕨并非自然界的长期幸存者。它们缺乏深根、叶片和种子，导致它们最终在 2.5 亿年前灭绝。这还要多亏麦凯在莱尼捕捉到这一独特的演化过程瞬间，才能让我们领会到这些最早的“杂草”的重要性。

莱尼燧石岩的横切面，沉积岩中的化石显示出了原始维管植物茎干上的管道。

鳞 木

科：鳞木科（Lepidodendraceae）
种：鳞木未定种（*Lepidodendron* sp.）
排名：11

古老、巨大、快速生长并为工业社会提供燃料的植物。

在格拉斯哥的苏格兰城市维多利亚公园西南角，坐落着一个看起来不起眼的小型维多利亚时代的博物馆。然而，在建筑物的内部，展出的是英国最珍贵且最令人惊讶的地质珍宝——一组 11 根的巨大树桩，每一根都至少有 1 米宽，根部突出并蜿蜒地穿过地面。这些天然形成的砂岩化石，来自 3.3 亿年前一片广袤的热带森林，当时的森林从今天北欧的挪威一直延伸到美国的宾夕法尼亚州。

这些木桩来自地球上曾经最为丰富的树木——石松类，此类树木仅有少数几种存活至今。其中最大的并具统治地位的便是早已灭绝的鳞木，它们可以长到惊人的 2 米宽、50 米高。

鳞木与现存的树木都不一样。其中一个特点就是它生长得异常迅速，在 10 到 15 年内就可以达到其最大高度。在其生命的大部分时间里，它就像一根巨大的电线杆一样拼命向上生长，不会长出树枝或真正的叶片。用于进行光合作用的绿色鳞叶长在树干外，并在底部向外扩展，形成多瘤根的网络，以提供结构稳定性，起到支撑作用。

只有到了其生命的末期，这种奇怪的树才会萌发出一层冠状树冠，而且只会出现在树干的最顶端。一簇簇可以进行光合作用的绿色小叶片从这一晚熟的树冠上垂挂下来，但与现在的树木不同，这些陆地先驱在其一生中仅繁殖一次。数以万计小而轻的、充满孢子的球果在树木死亡之前从分枝的顶端飘落，完成了生命最后的谢幕。它们大部分落在附近，虽然也有一些会被风吹远，散落在森林地面的种子将会再一次开始其快速生长的生命周期。

在石炭纪时期（3.6 亿—2.99 亿年前），森林中涌现出的树木至少有一半是石松类植物，其中最多的便是鳞木。因为它们直到其生命末期才会长出分枝和树叶，所以这些树可以紧密生长在一起，也不会因此而缺少阳光。结果是它们形成了有史以来最茂密的森林。据认为，1 公顷土地中就可以生长出多达 2 000 棵鳞木。快速生长、惊人的高度以及短暂的生命周期，意味着这些古老的枯枝落叶层会迅速地被一层层的枯木所淹没。

随着时间的推移，温和热带气候条件下，在泛大陆繁衍的巨型森林带堆积了如山的枯木，即使有再多的细菌、昆虫或真菌，也无法分解消化。由于石炭纪剧烈的气候变化带来了频繁的洪水泛滥以及海平面的反复升降，木头沉入森林地面的沼泽之中，每一层都在地下被埋得越来越深，它们的遗骸直到数千年前才被人类发现。

青铜时代（约公元前 3000—前 2000 年）的英国人完全没有想到这些奇妙的黑色岩石，最初是来自生活在 3 亿年前森林中的巨大树木。直到近代，英国等国家处于木材供应长期短缺的困境中时，人们才第一次开始了解，他们所使用的燃料原来是来自地球古老森林的化石残骸。

煤炭是埋藏在水、沼泽和沉积物中的古老树木（3.5 亿—5 000 万年前不等）的遗骸，由于这一过程隔绝了氧气，导致自然腐烂过程停止。经过漫长的地质时期，这些未腐烂的树木残骸在高温、高压和化学分解的作用下转化成了我们称之为煤炭的黑色物质。树木吸收空气中的碳以形成树干，这些碳因此被埋在了地下，逐渐降低了大气中的二氧化碳水平。随着时间的推移，这有助于气候变冷，也是在过去的 300 万年中曾发生多次冰期的一个重要因素。

巨大的鳞木化石化树桩，发现于格拉斯哥，现在被保存在一所维多利亚时期的博物馆中。

世界上的煤矿使地球和生命发生了真正的变革。在18世纪的英国，使用煤炭为工业机器（主要是蒸汽机）提供动力的举措，解决了因过度砍伐树木来建造船只和房屋以及伐木造田导致的能源危机。随着康沃尔郡的理查德·特里维西克（Richard Trevithick）在1801年开创的高压蒸汽机取得了成功，人类第一次拥有了完全独立的能源形式，摆脱了动物、水和风等替代能源的限制。很快，每个人都希望享受工业化带来的便利。在仅一代人的时间内，世界上所有的大陆都在大量开采煤炭资源，以满足机械现代化的疯狂发展。

没有煤炭，就不会有工业革命，至少在18世纪早期时不会发生。尽管石油是当今世界首选的化石燃料（自从1880年内燃机问世以来），但如今世界上多达40%的电力仍由煤炭提供。同时，煤炭（以其加工为焦炭的形式）也是将铁从铁矿石中提炼出来的重要一环。铁及其衍生物——钢铁共同塑造了现代世界，从日用刀叉到摩天大楼，这些都要感谢那些曾是地球上最古老树木的深层沉积物。

最适合人类使用的煤炭来自最古老的沉积物，因为这种煤炭可以更加充分地燃烧，剩余的灰分更少，产生的硫（一种有毒气体）浓度也更低。最古老的沉积物来自石炭纪——鳞木占据统治地位时——的那些树木。

尽管在陆地上取得了巨大的成功，鳞木最终还是因为没有竞争过其他适应性更强的树种而走向了灭绝。种子、宽大的叶片以及利用其他生物（比如昆虫）来协助它们的有性繁殖，正是那些导致鳞木灭亡的其他植物做出的创新。而很少有植物种类能够产生鳞木般如此深远的影响。如果目前在德国和美国试用的碳捕捉技术能够成功，那么“清洁”煤炭很可能会在世界中期能源组合中扮演日益重要的角色，因为地下仍有大量可燃的黑色物质可供开采。即使人类平均每年要从地下开采约60亿吨煤炭，已知的储量也至少还能维持300年。究竟有多少煤炭被埋在地下仍然是一个未解之谜。

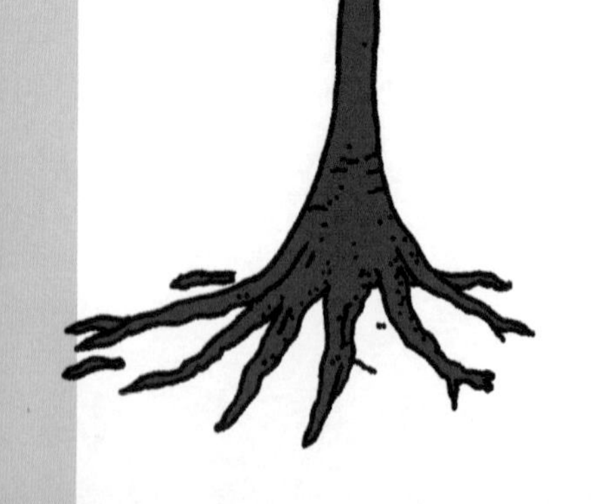

满江红

科：满江红科（Azollaceae）
种：羽叶满江红（*Azolla pinnata*）
排名：60

导致地球从“温室”骤变成“冰窖”的多产蕨类植物。

在我们调查的那些对地球、生命和人类影响最大的物种中，很少有物种能像一种被称为满江红的小型水生蕨类植物那样怪异地“宣称”自己至高无上，其影响力主要表现在全球气候历史一个戏剧性的时期。

蕨类植物是最早发育出真正叶片的植物，这种叶片叫作巨型叶。这些宽大的绿色“太阳能板”为光合作用提供了较大的表面，从而使该科的生存能力比其他许多“原始”植物更有优势，比如小型叶的石松类植物，它们的茎、树干和树枝上有鳞皮和薄层的毛状结构（比如鳞木）。

目前存在约 20 000 种蕨类植物，从常见的林地欧洲蕨到外来的桫椤（*Cyathea*），桫椤是生活在澳大利亚和新西兰的树蕨，可以长到 24 米高。其他不太起眼的种类仍然依赖水而生存，这使我们想起了其演化起源。蕨类植物不同于松柏类和有花植物，它们没有花朵或种子，像真菌一样，只能依赖于潮湿的环境才能使孢子成功发芽，受精作用也需要蕨类植物的精子状生殖细胞在水中游动。名为满江红的微小浮游水生蕨类植物对其他生命产生巨大影响的故事是从大约 4 900 万年前开始的。

在那时，即恐龙大灭绝的约 1 600 万年后，北极地区，即我们今天熟悉的冰川大陆，曾经是温暖的亚热带沼泽区。鳄鱼和蛇在一潭死水中蜿蜒前行，巨型的蚊子跟人类的头一样大。北极探险队的一项研究表明，在大约 100 万年中，由于空气中异常升高的二氧化碳含量，地球的气温急剧上升。究竟是什么导致了这种温室气体升高至 3 500 ppm[1]（现在是 330 ppm）仍然是未知数。或许是火山活动的突然增加？抑或是数百万吨本应存于海底冰冻沉积物中甲烷（另一种温室气体）的神秘释放？

无论原因如何，其影响都是极为引人注目的。采自海底深处的样品（岩心）显示了北极圈的平均温度是如何飙升到 23℃的。地球板块的分布方式使得北冰洋与世界上的其他海洋几乎完全隔绝开来，所以此处很少存在或者完全不存在深水洋流。随着降雨量的增加，河水涌入北方海域，从而在高密度的海洋表面形成了一层低密度淡水层。

用满江红做标记的方法是再合适不过的了。满江红类似于豆科植物（而非大多数其

1　1 ppm=1 mg/kg=1 mg/L，常用于表示气体浓度。

满江红，在合适的条件下疯狂地生长，可能是使地球从“温室”骤变成“冰窖”的罪魁祸首。

他植物）与固氮生物（这里是蓝细菌）建立了共生关系。这些细菌生活在蕨类植物的叶细胞内，将空气中的氮转化为可以用于植物生长的硝酸盐。作为回报，蕨类植物将其光合作用产生的糖类提供给细菌。这种协作关系十分紧密，因此满江红能够异常快速地生长，一般认为，它是每2—3天就可以质量翻倍的“超级植物”。

大约4 900万年前，对满江红来说，是生存的好时机。空气中含量充足的二氧化碳、内部的硝酸盐来源、适宜的气候条件以及水中充分的营养物质，再没有什么可以阻止这种蕨类植物进行疯狂繁殖了。

在此之后的大约80万年间，没有其他植物可以做到这点。

北极的岩心显示，一个400万平方千米的巨型满江红沼泽就位于地球的北端，向南一直延伸到英国。在此过程中，它吸收了大量二氧化碳，使其在大气中的水平急剧下降到650 ppm，从而降低了空气和海水的温度，并将地球从“温室”变为“冰窖”。平均温度从此开始降低，这为哺乳动物的环球迁徙、草地的蔓延以及促使猿类最终离开树栖环境并尝试两足行走（参见南方古猿）提供了良好的环境。

这种蕨类植物对气候的贡献一直持续到未来。随着现代人向大气中排放的二氧化碳不断增加，极地冰川融化，地质学家正在探索巨大的史前沼泽遗迹可能发生了什么。当蕨类植物死亡后，它们沉入海洋深处，那里缺氧的环境可以防止有机质分解。随着沉积物层层堆积在顶部，这些有机质被压碎，在数百万年的时间里，形成大片未被发现的原油和天然气。

随着极地冰川融化，对北极海底的勘探和岩心的开采成为一项大生意。俄罗斯潜艇、挪威破冰船和加拿大军队都准备做出新的领土主张，以期得到埋藏在北极的大量石油储备。

如果我们的后代真的找到并将其开采出来进行燃烧，其中的碳释放出来进入大气中，那么我们或许会再次需要这些小型蕨类植物吗？并不是说满江红可以为现在的全球变暖问题提供快速的解决方案，从它们之前的努力来看，处理如此巨量的二氧化碳恐怕最少需要100万年的时间。

挪威云杉[1]

科：松科（Pinaceae）
种：挪威云杉（*Picea abies*）
排名：22

可以称为现存最古老的物种之一。

圣诞节是为了纪念 2 000 多年前耶稣基督的诞生而设立的，而挪威云杉被砍伐并搬进室内用作一年一度的节日装饰的历史起源则要古老得多。瑞典东部的于默奥大学的研究人员最近在瑞典山区发现了一株挪威云杉的样本，他们认为它已经存活了 9 500 多年。

这棵古老的树被昵称为 Old Tjikko（意为“最古老的”），而且可能是世界上已知最古老的生物。它长寿的关键原因很简单：每当主干枯死（通常大约每 600 年一次），其古老的根须在原地简单发芽，无须施肥或者传播种子。

Old Tjikko 属于松柏类植物的类群，它们的演化出现在石松类植物之后，但远在有花植物之前。在 3 亿—1 亿年前，这些树木在陆地植物中处于统治地位。它们拥有各项生存技能，远远胜过鳞木这样的“电线杆”，而 Old Tjikko 的无性繁殖技巧只是其中之一。但是随着有花植物的迅速崛起，尤其是在最近的这 1 亿年中，松柏类植物一直在走下坡路。除非由人类刻意种植，它们只能生长在世界上气候最差的地区，或者是土壤十分贫瘠、不适宜其他树种生长的沙地，因为这些地区缺乏竞争。

一系列演化创新方式造就了松柏类植物的成功历史。它们舍弃孢子而使用种子的选择，使这些树可以在远离海岸的内陆传播。它们发展出树冠之外从树干上向外延伸的树枝，因此能够吸收更多的阳光，尤其是生存在太阳直射较少的高纬度地区，这点显得更为重要。或许松柏类植物的最大影响就在于它们巧妙的自卫方式——树脂。这种厚重黏稠的液体从树枝和树干边缘慢慢渗出，堵住了昆虫钻出的孔洞，当它凝固后，又可以保护树木免遭真菌和细菌的感染。

琥珀化石（由树脂沉积物形成）可以追溯到 3.45 亿年前，尽管包含古代昆虫遗骸的琥珀一直到大约 1.5 亿年前才变得很常见。如今琥珀最多的地方是波罗的海地区，尽管在最近的 300 万年中，那里气候凉爽且多次受到冰期的影响，但松柏类植物仍是该地区的主要植被。树脂对人类文化有其特殊的影响，它完美的黏性使其成为制作天然胶、木工清漆、宗教仪式中焚香所用的香料以及用于涂抹弦乐器弓弦的松香的最佳选择。

1 又译作欧洲云杉。

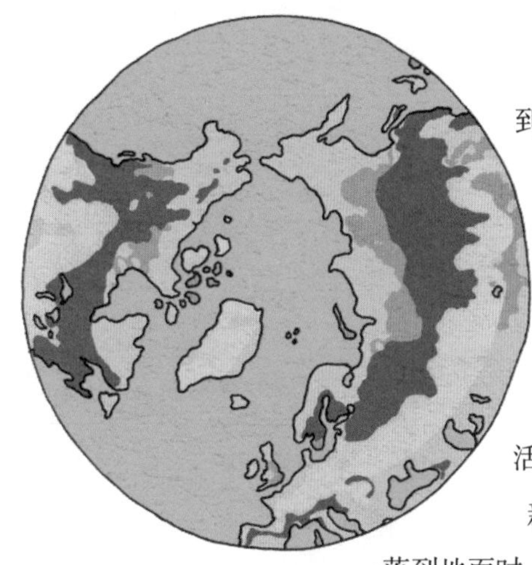

松柏类植物的成功表现为其种类众多，从松树、冷杉和云杉到柏树、刺柏和红杉，应有尽有。它们包括世界上现存物种中最高的（红杉）、最老的（挪威云杉）和分布最广的（蒙特苏玛丝柏）树。

正如数亿年间沉积的煤层所证明的那样，鼎盛时期的松柏类植物在热带地区就如它们今天在北半球高纬度地区一样无所不在。刺柏扁平的形状正是适应了阳光从上向下直射的鲜活证明，正如它在热带将收集阳光的叶片面积最大化那样。新西兰最神圣的松柏类植物是古老的贝壳杉。当其酸性的叶片落到地面时，它们会分解土壤中的其他营养物质（比如氮和磷），使土壤贫瘠，这样它们就可以自由成长而不用与其他植物竞争。

一圈松柏林带（暗绿色阴影）仍然统治着北半球的高纬度地区。

然而，与所有树木一样，贝壳杉也没能逃脱人类的影响。毛利人砍伐了大量贝壳杉森林来建造房屋、造船和制作雕刻品，他们甚至把其树脂当作口香糖。19 世纪 20 年代后，欧洲殖民者开始砍伐贝壳杉来制作帆船桅杆，毁林速度加剧。在最近的 200 年中，由于乱砍滥伐，新西兰的贝壳杉数量仅剩下原有的约 4%。

其他的松柏类植物还包括世界上最大的树木。巨大的北美红杉对火免疫，而火对其他树木来说是最大的威胁。如墨西哥的某些松树一样，红杉已经适应了森林火灾，以至于如果没有火灾，它们将无法适当地繁衍，因为它们的种子只有在火灾这样的极热条件下才能从球果中释放出来。森林火灾清理了森林，为红杉幼苗的成功萌发提供了充足的光照，同时也消灭了木蚁这样的有害捕食者。不幸的是，现代人类为防止森林火灾所做出的努力对这些物种造成了伤害，正如伐木对新西兰贝壳杉造成的伤害一样。美洲原住民的传统将森林火灾作为他们与森林之间周期性文化关系的一部分，而从生态学角度来看，入侵的欧洲人却从未如此精明。

2 亿多年来，松柏类植物使森林中其他所有树木都黯然失色，比如石松类、蕨类和苏铁类植物，甚至把它们其中一些物种推入了灭绝的深渊（比如鳞木）。它们的成功源于优良的设计、简洁的生存习性以及一系列自我保护的创新系统。

然而，如果没有人类，挪威云杉和其他松柏类植物（以及它们的许多近亲，如松树、冷杉、落叶松、雪松、铁杉等）的长期生存似乎不会那么安全。无性繁殖或许对 Old Tjikko 来说效果很好，但它不是繁殖后代的好方法。多样性是对抗气候变化或病毒感染的最佳保障，而在如今的北半球高纬度地区，松柏类植物匮乏的物种多样性正是这一曾经庞大的家族逐渐走向衰亡的征兆。

蚯 蚓

科：正蚓科（Lumbricidae）
种：普通蚯蚓（*Lumbricus terrestris*）
排名：1

不断蠕动的生物，使土壤变得肥沃。

在查尔斯·达尔文看来，没有一种生物能像蚯蚓这样在历史中产生如此深远的影响。这些卑微的生物令他如此着迷，于是他在1881年出版了一本书，专门讲述蚯蚓是如何形成土壤（那时被称为“腐殖土”）的：

> 犁是人类最为古老也最有价值的发明之一；但其实从很久以前开始，土壤就已经被蚯蚓定期翻耕了，并且此行为一直在持续之中。对于是否还有许多其他动物也在世界历史中扮演了像这些卑微生物一样重要的角色，或许还尚未可知。

很少有人会像达尔文这样花费如此多的时间去分析蚯蚓的行为。在他的生命晚期，与蚯蚓玩耍成了一种强迫症。他在它们面前弹奏各种各样的乐器来观察它们是否会对声音做出反应，结论是：“蚯蚓不具备任何听力。它们丝毫没有注意到附近金属哨子不断发出的刺耳声音；它们也没有注意到巴松管发出的最深沉和最响亮的音调。”

这幅漫画于1881年发表在英国杂志《宾治》上，同年达尔文出版了他有关蚯蚓的专著。

达尔文将它们放到自己的三角钢琴上，观察它们会对锤子敲击琴弦的振动做出什么反应：

> 将装有两条对钢琴声音毫无反应的蚯蚓的罐子放在钢琴上，当敲击低音谱号上的C音符时，两条蚯蚓都立即退回到它们的巢穴中去了。过了一段时间它们又出现了，当敲击高音谱号上的G音符时，它们又再次退回了巢穴。

最后，他还想明确这些又小又黏的生物是否可以进行思考。他裁剪出303个细长的纸三角，并在其表面涂抹脂肪，以防止被晨露弄湿变皱。达尔文在客厅窗户外散置了叶状的三角板后，离开了一晚，以观察蚯蚓会如何反应。第二天早上，他记录道，在62%的时间里，蚯蚓会先抓住三角板顶点，这是在将其拖入巢穴之前，最简单的让纸张形状保持整齐的方法。“因此我们可以这么推测，”他写道，“蚯蚓能够通过某种方式来判断哪种才是最好的将三角纸板拖进它们巢穴的方法。”

这些实验究竟是告诉我们更多有关达尔文的故事还是关于蚯蚓的信息尚有争议，至少让我们看到一个对创意充满无限热情的人。他的生活很安逸，没有金钱上的烦恼（达尔文的家境很好，而且他的妻子来自富有的韦奇伍德家族[1]），这让他有大量可以自由支配的时间。他用这时间来撰写书籍，与世界各地其他的博物学家相互交流，并设计了复杂的（有时是非常古怪的）实验，通过观察物种来探索自然界的内在运作方式。蜜蜂、甲虫、藤壶和鸽子成为他关注的焦点，但正如他在关于沼泽泥的最后一本书中所说，没有任何生物可以像蚯蚓这样的天生耕耘者令他如此着迷。

蚯蚓是环节动物，这是一个至少可以追溯到 5.3 亿年前寒武纪生命大爆发的生物门类，那时三叶虫刚刚出现，海洋生物也才演化出骨骼和外壳。伯吉斯多毛虫（*Burgessochaeta*）是一种古老的、具有 20 节的海生蠕虫，它的化石由查尔斯・沃尔科特在伯吉斯页岩中发现。

这些海洋生物的后裔，在约 4.5 亿年前第一批无脊椎动物登陆之时也爬上了海岸，在由细菌、真菌和陆地植物根系分解的潮湿土壤中生存。从那时起，这些蚯蚓就一直在翻耕土地，使土壤通风并用其粪便为陆地生态系统提供营养。在过去的 5 亿年中发生了 5 次大灭绝事件，其中一些摧毁了 96% 的海洋物种以及 70% 的陆地物种，但没有一次影响到这些生物的生存。将一条蚯蚓切成两段，它会像什么也没有发生一样重新生长，再分割这半段蚯蚓也是一样。科学研究表明，曾有一条蚯蚓甚至在经过 40 次这样残忍的分割后还能幸存下来。

蚯蚓对人类历史的影响虽没有书面记录，但依旧十分重要。法国科学家兼诗人安德烈・瓦赞就是为数不多的正视了蚯蚓在古代人类文明诞生中地位的专家之一。如果不是它们持续不断地在潮湿的河谷地区，如尼罗河、印度河以及幼发拉底河区重塑土壤，埃及、印度和美索不达米亚的早期农业社会绝对无法成功建立起人类第一批大规模城市群落。瓦赞说，即使是埃及的金字塔，也是多亏了蚯蚓提供的肥沃土壤才得以建立。正是因为蚯蚓的勤劳耕作，农民才能从农耕中抽出时间，为他们的法老建造雄壮的建筑工程。

纵观整个人类历史，不可否认的是，蚯蚓在无意间触发了文明的兴起。只要是蚯蚓耕作的地方，人们就能繁衍壮大；当蚯蚓消亡时，社会也随之崩溃了。贫瘠的土壤导致了古代苏美尔人的灭亡。海水灌溉导致土壤盐度上升，导致幼发拉底河河口附近的蚯蚓死亡，进而导致土壤酸化。到公元前 2000 年，他们的文明由于食物的缺乏而变得极为脆

1　韦奇伍德（Wedgwood）是一家英国陶瓷公司，由乔塞亚・韦奇伍德（Josiah Wedgwood）创立于 1753 年，是英国工业革命时代设立的工厂之一，其生产的骨瓷产品受到全球成功人士及社会名流的推崇。韦奇伍德公司在 1987 年与沃特福德水晶（Waterford Crystal）合并成为沃特福德韦奇伍德（Waterford Wedgwood），合并以前的管理者大多是达尔文 – 韦奇伍德家族成员。达尔文的妻子埃玛・达尔文（Emma Darwin）是乔塞亚・韦奇伍德的孙女。

弱，这使他们很容易受到北方亚述人的入侵。

人们可能很容易认为蚯蚓在当今社会已经无关紧要了，为了确保土壤的肥力，现在各地都用人工肥料和杀虫剂替代了蚯蚓。其实，在很大程度上要再次感谢蚯蚓，使这一现行方法不可持续的本质逐渐暴露出来。

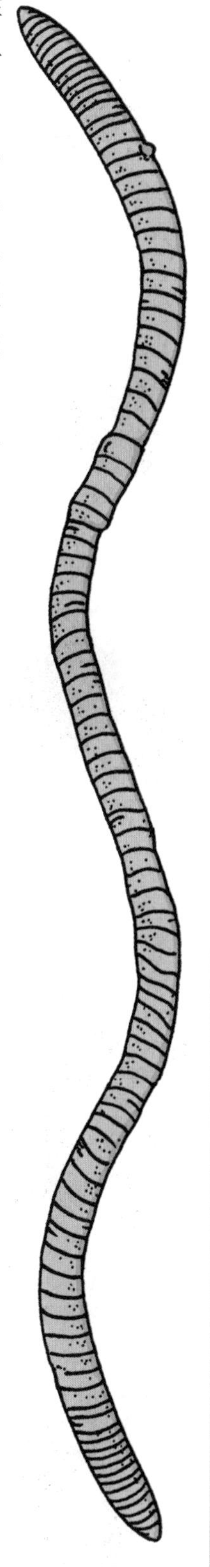

蕾切尔·卡森（Rachel Carson）是 20 世纪 50 和 60 年代的教师及环保活动倡导者。她以警告美国人可能有一天睁开眼睛时会发现他们再也听不到鸟儿在树上歌唱而闻名。她说，因为人工杀虫剂，比如滴滴涕（DDT）[1] 会毒害土壤。虽然生命力顽强的蚯蚓可以耐受这些毒物，但对于以蚯蚓为食的生物来说却是另一回事了。11 条摄入了 DDT 的蚯蚓就足以毒害一只知更鸟——直接杀死它或使其不育。因为知更鸟一般一个小时可以吃 12 条蚯蚓，所以 DDT 的使用会将它们及类似的鸟类种群置于灭绝的危险之中。

这样的前景令人恐惧，美国政府应公众的呼吁而禁止使用 DDT（虽然在肯尼亚这样的非洲国家仍有使用，支撑着全球的切花贸易，参见玫瑰）。卡森的书《寂静的春天》（首次出版于 1962 年）促使了美国环境保护署在 1970 年成立。因此，蚯蚓强健的消化系统不可避免地以奇特的方式与现代环保运动的诞生联系在了一起。

哪种蠕虫影响最大呢？环节动物门有大约 15 000 种分节的蠕虫，包括水蛭、海生多毛类以及蚯蚓等。其中包括现在罕见而体形很大的吉普斯兰大蚯蚓（*Megascolides australis*），这种澳大利亚本土蠕虫可以长到 3 米长；也有最为常见的赤子爱胜蚓（*Eisenia foetida*）。蚯蚓养殖术可以将厨房残渣转化为肥沃的园艺堆肥。

普通蚯蚓即欧洲蚯蚓，可能是现在世界上最多且入侵性最强的种类，其成功传播与欧洲人从约 1600 年开始的向世界各地的扩散密切相关。迁徙的农民不免会带上这些蠕虫——有时叫作“夜行者”，比如在他们带去美洲的盆栽和马蹄中，以及他们靴底的花纹和马车轮子中的土壤。如今，欧洲蚯蚓几乎在北美洲的所有地区安家落户。在那里它们继续给土壤翻耕、通风和施肥，造福于地球表面和地下的生命。

但它们的存在并不总是那么受欢迎。人为引进的入侵种类基本上总会有一个阴暗的故事（参见桉树和兔子）。曾经不存在蠕虫的本土美洲红杉林现在也被这种欧洲蚯蚓入侵了，它们无情地咀嚼着落叶层——这是美洲本土昆虫、两栖类和地栖鸟类的重要栖息地。如果土壤表面没有枯枝落叶，那么森林赖以生存的种子就无法发芽。一些专家担心，在一代到两代内，这些森林在还没有被人类砍伐掉之前，就被入侵的蚯蚓摧毁了。

达尔文对这些地球上无处不在又悄无声息的消化机器的痴迷，完美地诠释了它们作为我们物种排名第一的原因。尽管它们缺乏魅力、色彩或是冒险意识（许多蠕虫在其 4 年的生命历程中活动范围只有 50 米），但它们对地球上所有财富中最为珍贵的资源——土壤坚持不懈的耕作、开拓、施肥和循环利用，足以弥补其他任何缺点。

1　学名为双对氯苯基三氯乙烷，最早使用的稳定性有机氯杀虫剂，是第一个人工合成杀虫剂。

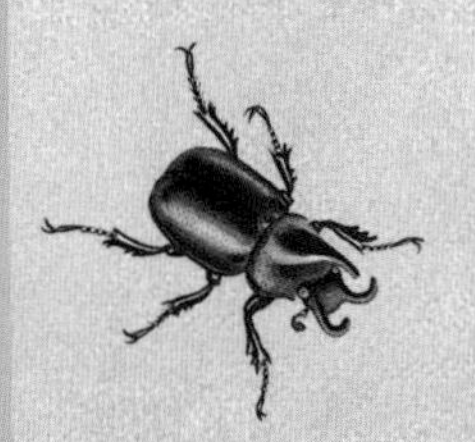

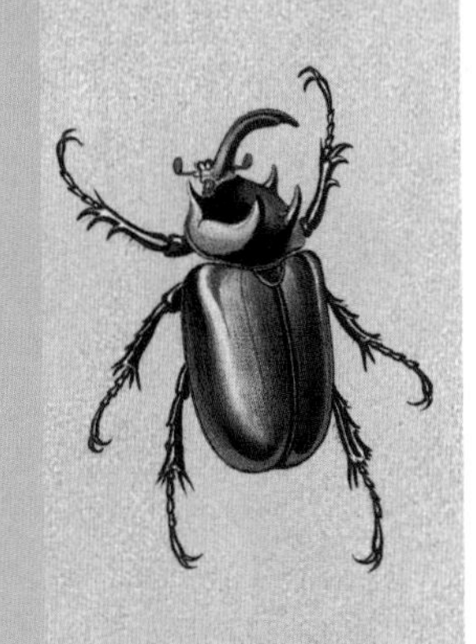

蜣 螂

科：金龟子科（Scarabaeidae）
种：圣甲虫（*Scarabaeus sacer*）
排名：68

地球最多样的动物类群中，值得尊敬的典型回收者代表。

约翰·伯顿·桑德森·霍尔丹（J. B. S. Haldane[1], 1892—1964）是一位著名的出生于英国的印度遗传学家，他曾经进入神学团体，在被问及通过研究神的创造可以对造物者的本质得出什么结论时，霍尔丹是这样回答的："对甲虫过度喜爱……"

甲虫比其他任何生物种类的形式都更为多样。它们的种数占所有已知动物种类的四分之一以上。迄今为止已被记录的至少有 35 万种，而据说实际总数可以达到 300 万—800 万种。这些是自然界多细胞动物中最为多样的类群，使人们非常着迷。

为何它们会有如此多的种类？尽管化石证据显示，它们的起源可以追溯到至少 2.8 亿年前，但是甲虫并不是第一类演化出现的昆虫。甲虫一般很小（从 0.25 毫米的缨甲到 20 厘米的泰坦大天牛），它们的种群数量大，且生命周期较短，而这两者都是统计学上可能增加遗传变异的因素，所以才会产生出如此多的不同种类。

但大多数小型陆生昆虫都是如此，究竟是什么造就了如此多样的甲虫（鞘翅目）？

这一答案可能与最近才被研究的演化分支有关，之所以一直未被探讨，或许是因为它与达尔文在其《物种起源》一书中所强调的自然竞争状态背道而驰。对协同演化最好的描述便是在不同生物之间上演的一场亲密演化之舞，互利适应的螺旋式变化使它们形成许多略有不同的物种。

甲虫是植物的原始传粉者，比鸟类、蜜蜂或飞蛾的出现要早 1 亿年。甲虫开创了与第一批育种植物——大约 2.8 亿年前出现的苏铁类植物之间互利互惠的关系。在此之前，植物的有性生殖主要依靠运气。风力是陆地植物唯一可利用的传播媒介。水生植物利用水力（比如现在的绿藻和苔藓）将雄性基因（花粉）传递

1 J.B.S. 霍尔丹在 1929 年发表的一篇关于"生命起源"的文章中提出了"有机物可由无机物形成"的假说，于 1952 年获得英国皇家科学院达尔文奖章。

给雌性卵子。但在一个远离水的世界里，就只有风存在了。到 2.8 亿年前，当地球陆块汇聚成一个超级大陆——泛大陆时，降雨模式发生了变化，内陆地区也变得越来越干燥，于是一种新的机制就变得非常重要。

甲虫过度的多样性吸引了维多利亚时代雕刻师和鞘翅目昆虫学家的兴趣。

能产生大量花粉团的植物是成功的，花粉越多，那么风将至少一两个粒子吹到它们目标上的机会就越大。但是对任何植物而言，产生如此多的花粉都是非常昂贵且浪费的。这些物种所有的能量都用来寻找一个替代方法以运输其珍贵的雄性基因。

此时甲虫登场了。最早的化石记录也显示出这些生物是多么适应炎热干旱的环境，其折叠式翅膀设计让它们可以挤入狭窄的地方，进入树干缝隙或岩石之下，而较大的固定翼捕食者则无法进入。这一撤退到狭窄角落的本事让这些生物很好地适应了泛大陆时期严酷的内陆环境。当地面结冰时，甲虫会退到深部裂缝或原木之下的隐蔽处。它们用来保护腹部和后翅（用来飞行）的前翅（也被称为鞘翅）也可以减少水分流失，这使它们可以居住在地球上一些最为干旱的地方。

苏铁类植物对生活在干旱的超级大陆上的挑战做出了创新性回应（一些种类依然存活至今）。它们会产生种子，使其后代无须像孢子那样必须在持续潮湿的条件下才能萌发。种子的胚胎中含有储藏物质，外层被可以抵抗高温的坚硬外种皮包裹。第二个创新的方式便是古代苏铁类植物产生的气味，可以吸引甲虫食用其花粉和种子。当甲虫在树木间漫步时，它们就将苏铁类的花粉传播了出去，这是一个比风力传播更为有效且目的性更强的传播树木雄性基因的方式。

随着苏铁类植物分布于全球各地，它们产生的气味也在发生着细微的变化，每种都演化出了自己独特的气味。当成群喜好类似的甲虫总是被同一类树木吸引时，它们的基因库便在这一过程中被限定了，或者说被隔离了。每当基因库受到限制（要么是通过竞争选择、地理隔离，要么像这种情况一样，通过特定香味的诱惑），随着时间的推移，其物种成功的特点会成为主导，每个群落都会演化出独立的物种。

协同演化对这些极为多样的甲虫种类（及古老苏铁类）产生了极大影响。人们对这么多种类的甲虫如此熟悉，大多要感谢欧洲甲虫猎人的努力。由沙皇彼得大帝（Tsar Peter the Great，1682—1725 在位）发起的一项俄国收藏系列，共收集了超过 600 万个标本，每个标本都被单独存放、固定、记录并贴上标签。在达尔文的时代，英国维多利亚时期的博物学家对甲虫的狂热也同样如此。有一次，达尔文正外出搜寻甲虫，两手都拿着一个甲虫，当他看到一只更为稀罕的品种时，他的第一反应便是将他手里正抓着的一只放进嘴里，然后去抓取第三只。通过这一行为他也有了另一个科学发现：一些甲虫会在受限的空间内喷射有害毒液……

如何从 35 万种现存的已知物种中挑选出一个代表，是另一项有趣的挑战。自从人类历史有记录开始就备受崇拜的一个有力候选者就是圣甲虫（蜣螂），这是一种以大型动物粪便为食的生物。圣甲虫偏爱大象、骆驼、牛和绵羊这些食草动物的粪便。这些生物是如此热情地分享它们的食物，事实上，在世界的一些地方，数万只甲虫甚至会帮助动物将粪便排出。一些澳大利亚蜣螂（名为嗡蜣螂的属）发展出了附着在小袋鼠肛门毛发上的本事，以确保它们是第一批占有新鲜粪便的生物。

圣甲虫将粪便捏制成球状，并将它在地面上翻滚到适当的地方埋藏起来，以此作为丰富的食物储备。雌性圣甲虫在这些粪球中产卵，以保证它们的幼虫有安全的住所和营养物质的来源。从恐龙时代开始，自从大型陆地食草动物开始崭露头角，这些勤勉的回收者所做出的生态贡献是巨大的。即便是现在，据估算，仅美国养牛业，每年因为圣甲虫和其他昆虫埋藏牲畜粪便的行为就节约了 3.8 亿美元。

圣甲虫在古埃及受到崇拜，正如这个象征着法老阿蒙霍特普二世（Pharaoh Amenhotep II，公元前 1427—前 1400 年在位）的古埃及象形文字图框所示。

古埃及人崇拜圣甲虫，是因为其滚动的粪便状似冉冉升起的朝阳，因此圣甲虫被奉为永生的神灵并被保存在许多圣甲虫状的护身符（陪葬的胸针）中。圣甲虫的图案也被描绘或雕刻在古埃及墓穴的墙壁之上。

同样地，一个古希腊说书人从圣甲虫身上获得了灵感，从而创作了著名的《伊索寓言》。《鹰和圣甲虫》是其中的一个故事，讲述了一只狡猾的小圣甲虫如何报复巨鹰的故事。这只巨鹰吃掉了它的野兔朋友，圣甲虫十分气愤，于是它疯狂地寻找鹰的巢穴，每找到一个就会毁坏巢穴中的蛋。鹰非常关心其后代的未来，因此它寻求诸神之王宙斯的庇护，宙斯答应，将鹰的蛋安全地放在他的膝盖上进行照看。

但这只小圣甲虫并没有那么容易被阻止。它将一个超大粪球丢在宙斯的头上，诸神之王便厌恶地跳了起来。于是，鹰的蛋从他的腿上滚了下来，在地上打碎了……

蜻 蜓

目：原蜻蜓目（Protodonata）
种：二叠巨脉蜻蜓（*Meganeuropsis permiana*）
排名：50

曾经统治陆空的一种可怕的固定翼昆虫。

攻击性是“生命金字塔”顶端的物种中最常见的一种本能，这个金字塔是对生态系统中所有生物的自然排列。植物吸收太阳光，合成糖分，而食草动物（以植物为食的生物）只能获得阳光中大约10%的能量，因为其余的都被植物用于自身的生长和繁殖了。金字塔越往上，物种数量和种群规模就越小，生存竞争也越激烈。食肉动物（以其他动物为食的生物）只能获得所捕获植食性动物的大约10%的能量。因此，为了生存，这些物种只能变成最具攻击性的动物。

金字塔顶端的物种是最强壮的物种，但其生存却往往依赖那些最弱小的物种（达尔文研究中反复出现的一个主题）。在演化历史的进程中，顶端“超级物种”的命运就如同现在的股票和证券那样起伏不定，有时会陷入“利基市场”[1]，偶尔也会“破产”，濒临灭绝。

陆地最早的动物国王便是蜻蜓。如今，这些格外美丽的生物仅仅表现出其祖先在生物界绝对优势的一小部分。但本能是很难被消除的。在现代蜻蜓的习性深处，天生就存在着一些引人注目的攻击性行为。

古代蜻蜓的攻击性（和成功）部分可以归因于它们是首批飞向天空的昆虫。石炭纪时期，大气中的氧含量很高，植物变成地球上第一批树木，高度愈发增加，这些都在一定程度上促进了昆虫的首次飞行。即便还没有找到昆虫“原翼”的化石证据，但也并不难想象它是怎么发生的。最初用来调节体温的襟翼逐渐适应形成了翅膀，一些铤而走险的昆虫可能会尝试从高大的植物上滑翔到地面，而不是一路向下爬。随着时间的推移，肌肉开始向有助于滑翔的方向发展，这让它们更容易在富含氧气的浓密大气中滑翔，氧气来自在曾经贫瘠的陆地上崛起的大片森林。更高的氧气含量也解释了为何蜻蜓的祖先能够长得如此之大，因为这为它们提供了生长和飞行所需的额外能量。

已灭绝的格里芬蜓目与现代蜻蜓有亲缘关系，它们可以长得像鹰一样大，从空中俯冲下来时其翅展超过半米。这些生物以毫无戒心的陆生动物为食。或许是从三叶虫那里

1　原文为“niche”，经济学中译为“利基”，利基营销是指企业为避免在市场上与强大竞争对手发生正面冲突，选择由于各种原因被强大企业轻忽的小块市场；生物学中则译为“生态位”，是指一个种群在生态系统中，在时间空间上所占据的位置及其与相关种群之间的功能关系与作用。

继承来的复眼达到了最大值，其晶状体具有30 000多个单独的面，为它们提供了接近360° 的视野范围。

如此巨大的飞行生物要么热衷于多汁的小型四足脊椎动物（比如青蛙），要么会吃掉更弱小的昆虫。它们凶猛捕食带来的主要影响就是促使其他昆虫发育出了折叠翼（复新生翅类的一个特征）。该设计被认为是为抵抗蜻蜓而演化出来的，让脆弱的昆虫可以潜行到原木之下或是岩石的缝隙之中，以免成为固定翼捕食者的猎物。因此要感谢蜻蜓，具有高超逃跑本能和技巧的家蝇、甲虫、胡蜂、蜜蜂和蚂蚁等折叠翼昆虫才最终演化出现，这一过程起始于石炭纪晚期。

在长达5 000万年的时间里（3.2亿—2.7亿年前），天空被巨型蜻蜓（比如二叠巨翅蜻蜓）和格里芬蜓（莫尼巨脉蜻蜓）所统治，它们是有史以来最大的昆虫。然而，最终，体形变大是要付出代价的——它们更容易受到气候突然变化的影响。氧气含量的下降可能导致了这些巨型生物的灭亡。昆虫没有肺，它们依靠身体上一种叫作气管的小管子来吸收氧气并在体内扩散。因此，大型飞行者依赖于高浓度的氧气，以便支撑生命的气体可以适当地在它们体内渗透。当氧气含量下降后，飞行昆虫的最大可能尺寸也开始减小。

然而，如今较小的蜻蜓仍然茁壮成长，它们至少在两个突出的方面表达出其强大的生存遗传本能。首先，蜻蜓在特技飞行方面的天赋，意味着它可以使用自己接近360° 的视野范围，在飞行过程中抓住倒霉的受害者。腿上伸出的刺毛形成了笼形装置，让猎物无法逃脱。一些飞虫会将猎物带回自己的巢穴中，其他的则喜欢在空中食用刚抓住的鲜肉。

第二个极具攻击性的生存策略便是性行为。达尔文在《物种起源》一书中将“性选择”作为同一物种不同性别之间发生变异的驱动力。蜻蜓滑稽的性行为是雄性之间性竞争的一个极端例子（其他例子可见始祖鸟以及抹香鲸）。

确定一个可以共处的配偶（作为物种特征的颜色和飞行模式）后，雄性蜻蜓将在飞行途中抓住雌性的脖颈，并一直保持该姿势直到其成功地将精子输送至雌性体内。众所周知，它们将形成“交配轮”，雄性要到雌性生产后才会放开，即便该过程要花费数小时。接着，在独特的演化适应中，雄性生殖器变得可以挖出已经存在于雌性体内的精子，那些可能是在前一次交配期间留下的。然后，占据主导地位的雄性会试图抓住雌性，直到其产下卵，这是确保同一种类的其他雄性不会重复其把戏的最后手段。基因以这样一种方式，从最强壮且最具优势的个体中继承并传递给后代。这种策略是大自然培养优等掠食性种族最为可靠的方法。

食肉动物具有攻击性是为了生存，它们不得不通过打斗或相互残杀来获得充足的生存所需的能量。这便是食物金字塔顶端的生存方式。正如发生在蜻蜓身上的，有利于攻击性的选择性繁殖是帮助确保这种生命形式持续存在的一种方式。

蜻蜓一直是陆地上的顶级捕食者，直到爬行动物（如恐龙）和鸟类最终将它们从高位上拉下来。尽管它们顶级捕食者的地位已经一去不复返了，蜻蜓的生存现状仍展现出惊人的恢复力。它们从统治古代石炭纪森林的祖先那里继承来的选择性繁育这种最高级的技能，使其无论面对现代世界中怎样的生态危机，都能有良好的生存机会。

还有昆虫的视野范围。如果没有石炭纪时期的巨型蜻蜓，之后折叠翼物种的巨大成功也许永远不会出现：没有胡蜂、蜜蜂、甲虫和家蝇，或许就不会有花朵和果实，因为这些植物都极为依赖折叠翼昆虫传播其珍贵花粉和种子。试想一下，如果没有蜻蜓和格里芬蜓这样的空中王牌飞行员的存在，这个世界可能会是多么不同。

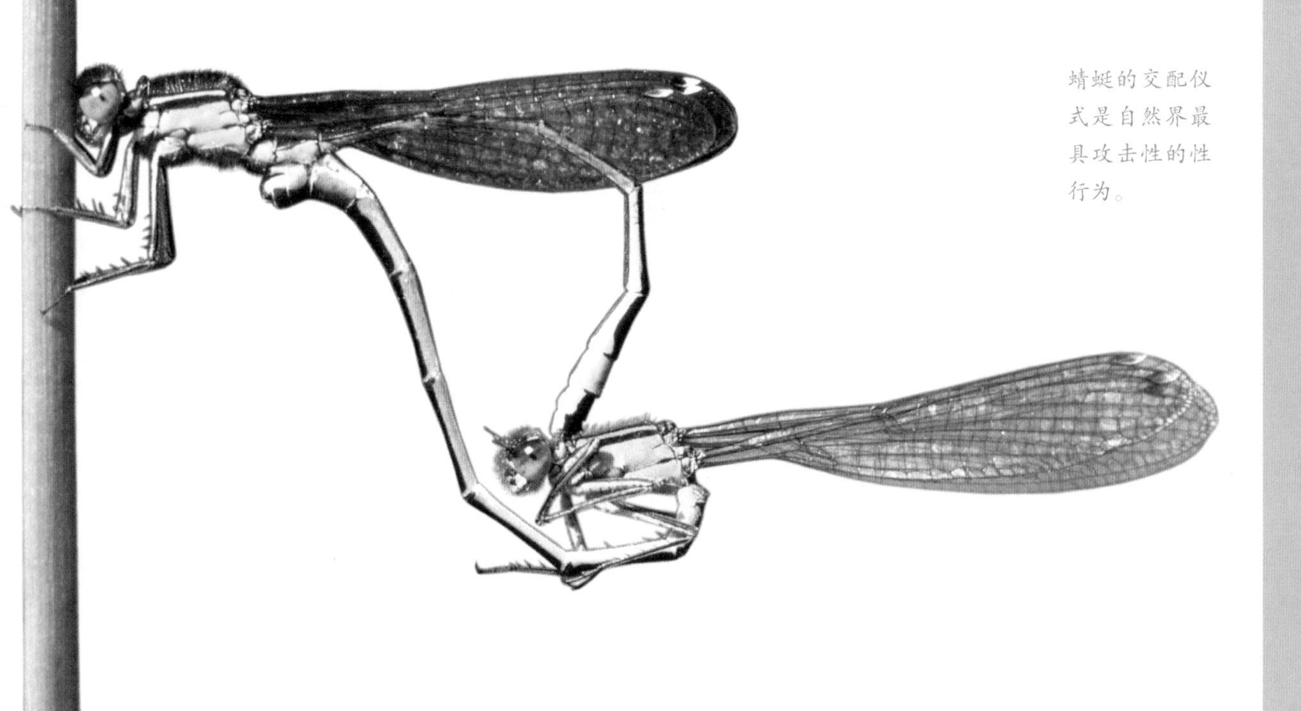

蜻蜓的交配仪式是自然界最具攻击性的性行为。

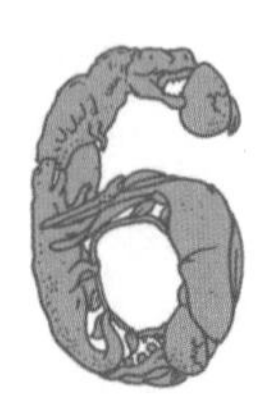

鱼类登陆

硬骨鱼的后代是如何登上陆地并演化出不同形态的。

1957—1963年在任的英国首相哈罗德·麦克米伦（Harold Macmillan），曾被问到他认为最可能让英国政府偏离轨道的是什么。麦克米伦简洁地回答道："当然是事件了，亲爱的孩子……"

在地球生命的历史中，随机事件对物种演化产生了难以忽视的影响。在3.5亿—6 500万年前，正是首批石炭纪森林扎根之时，运气往往是影响此时在陆地上探险的物种生存和灭亡的第一原动力。

至少有2次灾难性的地质事件将演化卡片包高高地抛向空中，再优良的身体设计或者极端生存技能都无法解释某一物种的生存或灭绝。第一次，在大约2.52亿年前的二叠纪末期[1]，地球上的环境条件相当极端，多达96%的海洋物种和70%的陆地脊椎动物都灭绝了。接着，在大约1.87亿年前的三叠纪末期[2]，又发生了一次大规模灭绝，地球上一些最强大的生物种类突然灭亡了。

非生命力量的这种戏剧性干预，深刻地影响了演化的历史进程，有时会把更温和的物种推向自然界冠军联赛的顶端。

生命的拼图

阿那克西曼德（Anaximander，公元前610—前546年）是一位古希腊哲学家，他提出了一些真正非比寻常的想法。深入研究他在米利都（如今在土耳其西南部）住所附近岩石中发现的化石后，阿那克西曼

1 又称二叠纪大灭绝事件。

2 又称三叠纪大灭绝事件。

德提出了一个激进的结论：人类是鱼类的远亲。[1]

鲜有直接证据证明这位伟人的思想，因为他的大部分著作已经遗失。但是随后的希腊历史学家（罗马时期的著作）留下了令人好奇的线索。据普鲁塔克（Plutarch，约公元 46—120 年）[2]说：

> 阿那克西曼德认为，首批动物是产生于水中的……但当它们长大后就踏上了干燥的陆地。

另一个古罗马作家肯索里努斯（Censorinus）[3]说，在阿那克西曼德看来，鱼或是非常像鱼的动物是这样的：

> ……从热水和泥土中生长出来，人类的胎儿在这些动物体内成长到青春期，所以当它们最终爆裂时，男人和女人就能从它们出发，并且养活自己。

自从查尔斯·达尔文第一次阐明他的理论——所有的生物都具有共同的祖先，而且每一个物种只是在前一个物种的基础上进行了修改，对生物世界的探索将生命世界以其逻辑演化的顺序进行了重新排列。

近年来，传统古生物学家（化石猎人）的队伍中加入了一群遗传学家、演化生物学家和胚胎学家，他们全都致力于解答这一演化难题。

令人吃惊的是，结果证明古希腊哲学家阿那克西曼德在 2 500 多年前所做的假设是正确的。人类以及所有其他陆地脊椎动物（包括两栖类、爬行类、鸟类和哺乳类），严格来说都属于一种被称为硬骨鱼（硬骨鱼纲）的海洋生物，即便是眼界最为开阔的专家，也会对传统科学分类的结果犹豫不决。

由于现代科学的进步，现在人们终于可以开始讲述海洋中的硬骨鱼是如何演化为陆地脊椎动物的故事了——从青蛙到恐龙和鸟类再到人类。

适应陆地

这个故事始于大约 4 亿年前，当时一群被称为肉鳍鱼的动物涌入了泥盆纪的浅海中。它们究竟是被盾皮鱼和海蝎这样的恐怖捕食者追击才离开水生环境，抑或是出于投机而试图探索陆地这一遍布植物和无脊椎动物的新天地，仍然是科学界的争论点。这些现在已经灭绝的类群演化出了用于呼吸的原始肺以及使鱼能在浅海底部与河口跳跃的鳍，它们的后代以肉鳍鱼和肺鱼的形式存活至今。

1　阿那克西曼德是早期进化论提出者，他认为地球一开始充满湿气，随着地球的逐渐干燥，最早的动物是从海泥中产生。人类与其他一些动物一样，是由鱼变化而来的，随着长期的进化才得以在陆地上独立生存。

2　生于罗马帝国统治下的希腊城市喀罗尼亚，有罗马和雅典的公民权，德尔斐神庙的教士。以《比较列传》（常称为《希腊罗马名人传》或《希腊罗马英豪列传》）一书留名后世。他的作品在文艺复兴时期大受欢迎，莎士比亚不少剧作都取材于他的记载。

3　公元 3 世纪的一位古罗马文法学家及杂文作家。他是已失传的《论口音》以及写于公元 238 年作为生日礼物献给赞助人昆塔斯·卡雷留斯的《论生辰》（*De Die Natali*）一书的作者。《论生辰》内容涉及人类自然史和星辰、守护神、音乐、宗教礼仪及天文的影响，以及古希腊哲学教义、考古等。

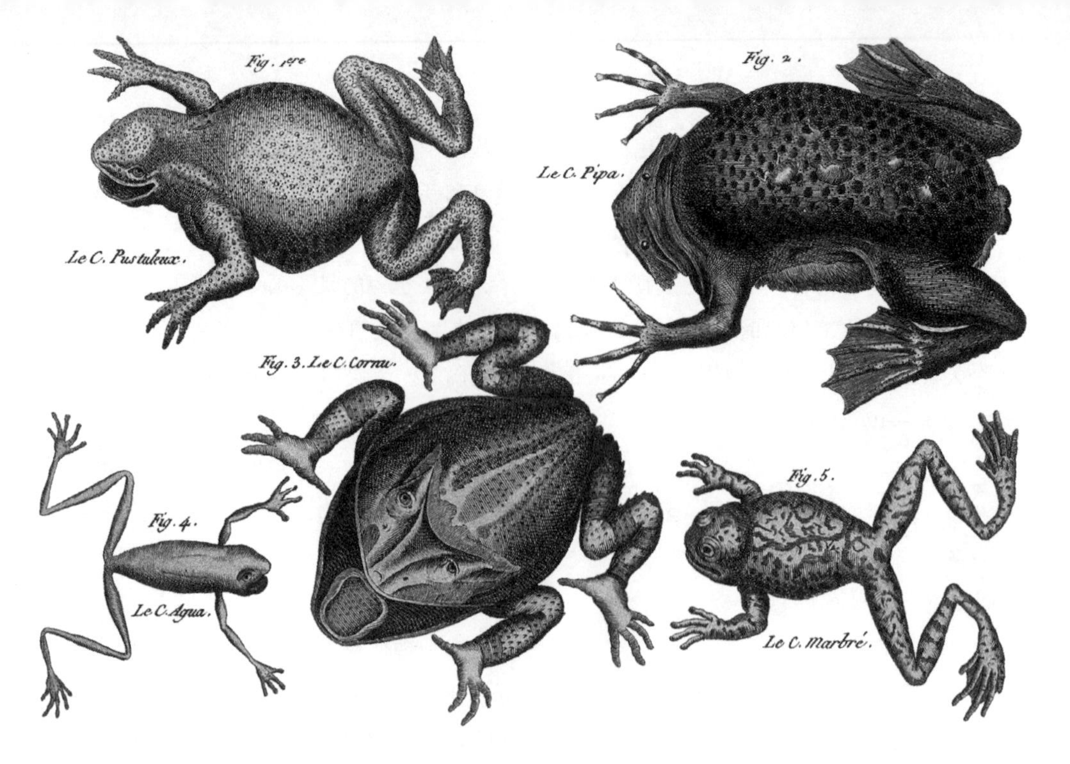

这些蟾蜍属于“半陆栖鱼类”——两栖动物的先驱。

尽管这些生物来到岸上是为了捕食（或者是为了逃离变成猎物的命运），但它们仍然主要生活在水中。许多还保留着在水中呼吸的鳃，但也发展出了用于呼吸的肺，这是由它们头部后方叫作鱼鳔的空腔改造而来，鱼鳔最初是为它们的祖先提供浮力的。

硬骨鱼为了完全适应陆地生活而脱离海洋，它们的许多解剖结构上的改进很快就被证明是必要的。

首先，它们的身体必须习惯承受重力。传统上，宇航员在水下容器中练习太空行走，由于水的浮力作用，水下练习可以模拟低重力环境。

为了应对空气中缺乏浮力的问题，自然选择过程倾向于具有强壮脊椎的陆地生物，此类结构可以更好地支撑在陆地上运动所需的强大肌肉。经过一代又一代的放大，从祖先那里继承的遗传特征让位给了其他有用的特征。提塔利克鱼（*Tiktaalik*），起源于大约3.75亿年前的海洋，是一种半鱼半鳄鱼状的两栖动物，代表了第一种具有颈部的陆生鱼类，这让它可以转动头部来寻找食物或探测危险。其肉鳍鱼祖先的四个骨质鳍，现在演变为强健的原始腿部，可以将提塔利克鱼的身体抬起，使其爬过不平坦的地面。它的后背甚至也为了提供额外的支撑而变得弯曲，并向后长出类似平衡锤的尾巴以保持平衡。

两栖动物（amphibian）后来成了陆地上脊椎动物的王牌捕食者，将它们的生命周期划分为在陆地（捕食）和在海中（产卵）的阶段。在希腊语中，*Amphi*表示“两”，而*bios*表示“生命”。尽管如今的蛙类、蟾蜍、大鲵和蝾螈是首批陆生脊椎动物中古老且极为成功的幸存者，但它们曾经只是漫游在海岸边各种各样两栖动物的苍白陪衬。超过2米长的引螈或许是有史以来最可怕的两栖动物，也是那个时代（约2.75亿年前）食肉动物中的王者。实际上，所有踏上陆地的硬骨鱼都是食肉动物，它们以昆虫或者同类为食，因为食草动物和仅食素的概念并非从生活在海洋中的脊椎动物祖先那里继承而来的。

强健的脊柱、强壮的四肢以及首次成功地在空气中听到声音都是由这些硬骨鱼的两栖类后裔所开创的。起源于海洋物种的颌骨在两栖动物中得到了修饰，可以放大来自空气的振动，将这些作为声音信号传递到大脑。在后来的哺乳动物中，三块这样的颌骨成为中耳骨（锤骨、砧骨和镫骨），大大改善了它们听到空气中高频声波的能力。将原有骨头改作他用，而不是发明新骨头，是大自然最喜欢的技巧之一。

大约 3.1 亿年前，一些事件（至少是在地质时间的尺度上）迅速拉开帷幕。随着地球大陆板块的不断运动，对两栖动物长期生存的严峻威胁开始显现。海洋生物大多没有受到巨型陆壳板块运动的影响，但是陆地上大陆间的碰撞对两栖动物来说却变得越来越危险……

泛大陆的影响

在 3 亿—2.5 亿年前，地球上的陆块聚合成了一个超级大陆——泛大陆，海岸线的长度大幅缩减。对于生活在海岸附近、不得不返回海洋进行繁育的生物来说竞争加剧了，因为离海岸太远、遍布植物的森林是禁区。

现在，有的物种通过为其后代建造便携式“海洋”摆脱了这个限制，这样它们便能够在干燥的陆地上生存。因此，地球大陆板块随机碰撞形成的一个超级大陆，促使了第一枚有壳蛋的诞生。

敲碎一只今天的鸡蛋，它们与爬行动物（鸟类是爬行动物的后代）及其鱼类祖先之间的关系是非常明确的：鸡的胚胎在受到保护的专有“海洋”中成长，外壳可以让空气进入，但不会让里面的液体流出去。

卵具有胎膜的生物都属于羊膜动物（包括爬行动物、鸟类和哺乳动物），它们装备精良，可以适应泛大陆广袤的内陆环境，其中的许多地方现在距离海洋数千英里。林蜥属（*Hylonomus*）是迄今为止发现的最古老的爬行动物（估计有 3.1 亿年历史），因此，这个属被认为发展出了第一批羊膜卵。每个肢体末端都具有 5 根手指和 5 根脚趾是羊膜动物的另一个特点（尽管有时会有所改良，比如有蹄类哺乳动物），这在由重力主导的世界里，是用来分散体重的高效适应手段。

坚韧的防水皮肤在羊膜类爬行动物身上起到了画龙点睛的作用。内陆地区有丰富的植被，于是第一批植食性脊椎动物开始出现，比如基龙属（*Edaphosaurus*）。陆生动物饮食习惯的这一重大转变的明显迹象，可以从这些动物化石中变平的牙齿看出来。

最成功的爬行动物是那些适应了在一天中竞争最少的时间里捕猎的种类，比如非常成功的长有背帆的盘龙。这些生物是统治了陆地约 4 000 万年的食肉动物。

演化出的其他适应能力帮助它们避免被捕食，比如变得更小（以便躲避敌害）、夜晚捕猎（以避免在白天被看到）以及开发更为多变灵活的饮食习惯（变得杂食）。这样的变化逐渐形成一个新的陆生硬骨鱼分支——哺乳动物，以犬齿龙类为其最早代表（比如“具犬齿的大猫”——三尖叉齿兽属）。

在 2.52 亿年前，二叠纪大灭绝使世界陷入混乱，命运似乎对一种名为水龙兽（*Lystrosaurus*）的生物颇为友好，这种看起来很像河马与猪杂交的奇怪野兽是陆地脊椎动物之中极少数幸免于难的物种。多达 70% 的陆地物种都灭绝了，包括那时极为成功的长棘龙（*Dimetrodon*）。

恐龙!

这些历史上最著名的生物，属于被称为蜥形类（*Sauropsida*）的现存爬行动物类群。恐龙充分利用了史前灾难性灭绝事件之后各种空缺的生态位。

它们在2.35亿—6 500万年前统治了陆地。相比之下，人类所属的类人猿迄今为止只存在了大约1 500万年。人类作为类人猿的第四个分支，仅仅在250万年前才开始出现。

恐龙之所以如此特别，是因为它们中的许多都学会了用两足行走代替四肢爬行。这项技能的秘诀是很微小但意义重大的适应——球窝关节，它将腿骨（股骨）与臀部（骨盆）连接起来。这使得它们的后腿直接从身体下面垂下来，就像柱子一样支撑起身体上部的全部重量。这种“全面改善的姿态”给予这些生物统治所有其他陆地生物的力量和机动性。同样的构造后来帮助两足类人猿（人科）上升到它们目前的主导地位。这也是所有鸟类的特征。鸟类是唯一幸存下来的恐龙分支，多亏了始祖鸟（*Archaeopteryx*）的冒险尝试，它们才在大约1.5亿年前飞上了天空。

目前的证据表明，首批恐龙属于兽脚类恐龙。这些大多是在泛大陆辐射演化出现的两足行走的肉食性爬行动物，从体形相对较小的始盗龙（*Eoraptor*）到巨型的异特龙（*Allosaurus*）都有，后者成群捕猎并以梁龙这类笨拙的大型植食性恐龙为食。

如此可怕的肉食性捕食者的存在，可能触发了陆地生物的第二次空中突围。正如1亿多年前的蜻蜓那样，翼手龙（*Pterodactyl*）是三种羊膜动物中第一个飞向蓝天的类群，这次冒险最初可能是一种为了逃离危险而爬上树的尝试。翼手龙起初是乌鸦大小的生物，第四指伸出以支撑网状的翅膀。但一些种类（比如风神翼龙［*Quetzalcoatlus*］）长得极为巨大，翼展延伸超过15米，这让它们成为迄今为止最大的飞行生物，比“二战”时的喷火式歼击机还要大三分之一。

其他爬行动物通过恢复其古老的海生本能而逃离了被捕食的命运。比哺乳动物的海豚、鲸和海牛的类似行为大约早2亿年，鱼龙将它们已然适应陆地的体形重新演化成了适合在海里游泳的类型。正如它们的历史所显示的，当环境条件发生改变时，自然界将被重新改写，即使这意味着再循环一次。

一些种类变得非常庞大，比如西卡尼秀尼鱼龙（*Shonisaurus sikanniensis*），可以长到21米长，是迄今为止最大的海洋爬行动物。同时，它们的近亲——大眼鱼龙（*Ophthalmosaurus*）的化石展示出其堪比飞行的惊人创新之举，这种创新在后来的胎盘类哺乳动物和鲨鱼中独立演化出了生产幼崽的能力。

在所有恐龙类群中，兽脚类延续的时间最长。霸王龙（*Tyrannosaurus*）是这一类群的最后代表，在6 550万年前的大灭绝中灭绝了，当时一个随机事件将演化带向完全不同的方向。人们认为，大规模的陨石撞击消灭了所有的恐龙，只留下兽脚类分支的一个纲——鸟纲。

这种对演化演变过程的戏剧性干预，将其他位于陆地环境边缘的物种推到了聚光灯下。

鳄鱼和龟类是以爬行动物姊妹群的身份与恐龙一同出现的，尽管它们的现代后裔大约可以追溯到1亿年前。这两者都躲

过了恐龙灭绝的大灭绝期，而其原因以及发生的过程，至今仍然是一个谜。同时，三尖叉齿兽和水龙兽的哺乳类后裔仍然保持着小体形、似松鼠的外表和夜行性的生活习惯。6 550万年前，它们发展出的母乳、皮毛和胎生等“生存装备”在10千米宽的陨石撞击地球时证明了自己的价值，当时陨石的时速约为7万英里。

随着恐龙的灭亡，爬行动物的光辉岁月也随之结束。从3亿年前开始，可能出现过50万种以上的爬行动物，而现存的6 500种爬行动物只不过是当时极少数遗存下来的。

仍然很像鱼吗?

如果你仍然对两栖动物、爬行动物、鸟类和哺乳动物（包括人类在内）被生动地描述为古老鱼类这样的陆地物种的后代存有疑虑，那么请想一想，陆地脊椎动物的所有科与约3.75亿年前摇摇摆摆爬上岸的半鱼半鳄鱼状的提塔利克鱼所拥有的共同点——四肢、一个脖颈、两只眼睛、一根脊柱、长有牙齿的一张嘴、一副颌骨、鼻腔。事实上，所有陆地脊椎动物的身体都拥有相同的基本结构：顶部和底部，前部和后部，左边和右边，头骨、大脑、脊柱和四肢。

三叠纪的兽脚类恐龙：始盗龙是最早出现的恐龙之一，具有锋利的牙齿和细细的腿，移动迅速。

仍然生活在海洋中的硬骨鱼与现在生活在陆地上的脊椎动物之间的关键区别在于，随着时间的推移，形成了适应陆地上重力挑战的基本构造，以及应对偶然事件造成的环境变化和生存斗争的能力。

正如阿那克西曼德首次提出的，我们与我们水生祖先之间具有很多联系。包括人类在内的陆地生物都是出生在一个液态环境中，要么是人类婴儿所在的羊膜囊，要么是鸡蛋的半透明蛋清；雄性的精子是奇特的细菌状，鞭毛状的尾巴推动它们在液体中游动；脊椎动物的肺依靠数亿个被称为肺泡的微型囊状物来溶解空气中的氧，这些肺泡都充满液体。

达尔文推测，脊椎动物从海洋到陆地的转变过程清楚地说明了所有物种都存在共同的祖先。我们对演化了解得越详细，就越清楚血统被修改的过程。即便不是传统上的分类，但实际上，今天的陆地动物是约4亿年前出现在海洋大家庭中的一部分，我们就是陆生的鱼类。然而，一个物种比另一个物种更成功似乎离不开偶然事件的发生——与生存竞争同样重要，大自然在各种卓越的有形设计中抽签决定幸存者。

肉鳍鱼

纲：肉鳍鱼总纲（Sarcopterygii）
种：似菱形潘氏鱼（*Panderichthys rhombolepis*）
排名：51

开始适应陆地生活的半水栖鱼类。

在科学中，没有什么比持续不断地专注于确定某个物种属于生命树上的哪一部分更容易带来麻烦、争议、焦虑和对立的了。早在达尔文发表其《物种起源》的很久以前，人们就一直在用他们的推理能力来划分自然界的群落。古希腊哲学家兼科学家亚里士多德（Aristotle）撰写了几本有关自然界的重要书籍，对他而言，观察是唯一可以从混乱的生物界中寻找规律的方法。近代瑞典博物学家卡尔·林奈（Carolus Linnaeus，1707—1778）创建了生物分类学，将生物完全根据其可观察的相似性和差异性进行划分。

随着达尔文的理论逐渐被接受，即所有的现存生物都拥有共同的祖先，颠覆性地推翻了传统分类学的认识。如今，自从演化谱系而非外在形态成为公认的新规则后，除了专注于对生物进行重新分类外，几乎没有什么能引起如此多的困惑和争议（通常还有愤怒）。德国生物学家维利·亨尼希（Willi Hennig，1913—1976）首先正式探索了生命真正的家谱树，并且开始着手将物种根据演化中的亲缘关系加以分类，形成的树状图被称为“进化枝”。

其中最大的一个问题是：从基因组测序获得的数据越多，演化过程的趋同性特征也越发明显。也就是说，当生态机会出现时，不相关的生物经常会以相似的方式演化。

其中最奇怪的结果之一是，现在人类属于硬骨鱼纲已经是不可争辩的事实。实际上，根据支序分类学的概念，所有的陆地生物，从鸟类、猫和牛到大象、老鼠和人类，都是硬骨鱼世界的一员。因此，如果陆地动物是从硬骨鱼类演化而来，那么首先爬上岸的无论是哪一种脊椎动物，都必然对演化有着极其重要的意义。

用于呼吸的器官、手臂、腿、手指、脚趾的原型，全都是进入重力控制环境的重要设备，它们最初都是从肉鳍鱼纲的鱼类演化而来，这种鱼常见于泥盆纪的海洋中。

探索海洋之外新生活的全部潜在可能性在似菱形潘氏鱼这样的肉鳍鱼身上达到了顶峰，这种鱼生活在大约3.8亿年前，早已灭绝。化石证据显示，这种鱼最先开始在水域之外捕食。由于当时海岸附近的浅水中氧含量较低，因此这些鱼类中最成功的是可以在空气中用嘴喘气、吸收少量氧气的个体。同时，使用后鳍推动长长的鱼形身体在浅海海底前进，仿佛在海岸巡航一般，它的眼睛从海浪之下露出以寻找新鲜的食物——这是一种半鱼半鳄鱼的形态。潘氏鱼的化石清晰地显示了其后（臀）鳍骨是帮助它们从水中冒出来的关键，通过在地面上推动这些鱼鳍，它们可以像现代的鲇鱼一样拖拽着身体前进。

在大约 3.75 亿年前，陆地动物成功的几个要素集聚到了一起。骨头（肱骨、桡骨和尺骨）可以追溯到肉鳍鱼时期，因为一些关节变成了陆地动物的四肢、腕关节和踝关节。肉鳍鱼类的后裔——四足动物不久就开始在海岸边聚居。大量不成熟的名为鱼石螈（*Ichthyostega*）的海豹状生物寻找相对安全的未被开发的陆地，以躲避水生捕食者。

长期以来，海洋中最具统治地位的鱼都长有肉状鳍。巨型的含肺鱼（*Hyneria*）是那个时代的"王牌杀手"。这种重达 2 吨、体长 4 米且可以快速游动的食肉动物漫步在海岸边，用其强壮的前鳍充当腿在海底拖动身体行走，寻找因潮汐而搁浅的鱼。

当然，骨质脊柱、可以呼吸空气的肺和有关节的四肢并非成功登陆的充要条件。目前认为，听觉和产生声音的能力（鸟鸣声和音乐的古老起源）这样一些复杂的功能，都是最先在硬骨鱼身上演化出现的。

康奈尔大学的研究人员发现，某种雄性蟾鱼可以通过共振鱼鳔，发出频率约为 100 赫兹的嗡嗡声，同种雌性对该频率十分敏感，因此这可以帮助它们定位雄性。对这种鱼的脑波分析显示，创造和听到声音的能力起源于 4 亿年前早期硬骨鱼的择偶模式。歌唱和聆听技巧不久就通过肉鳍鱼传递到四足动物，继而又传递到所有的脊椎动物——包括鸟类和哺乳动物（和人类）。

毫无疑问，所有脊椎动物（包括人类在内）实质上都是相对现代的硬骨鱼变种。我们肉鳍鱼先驱的首要种类是很早就灭绝了的似菱形潘氏鱼，其演化经历令人印象极为深刻——已知的首个勇敢地向全新陆地世界进发的有脊椎探索者。

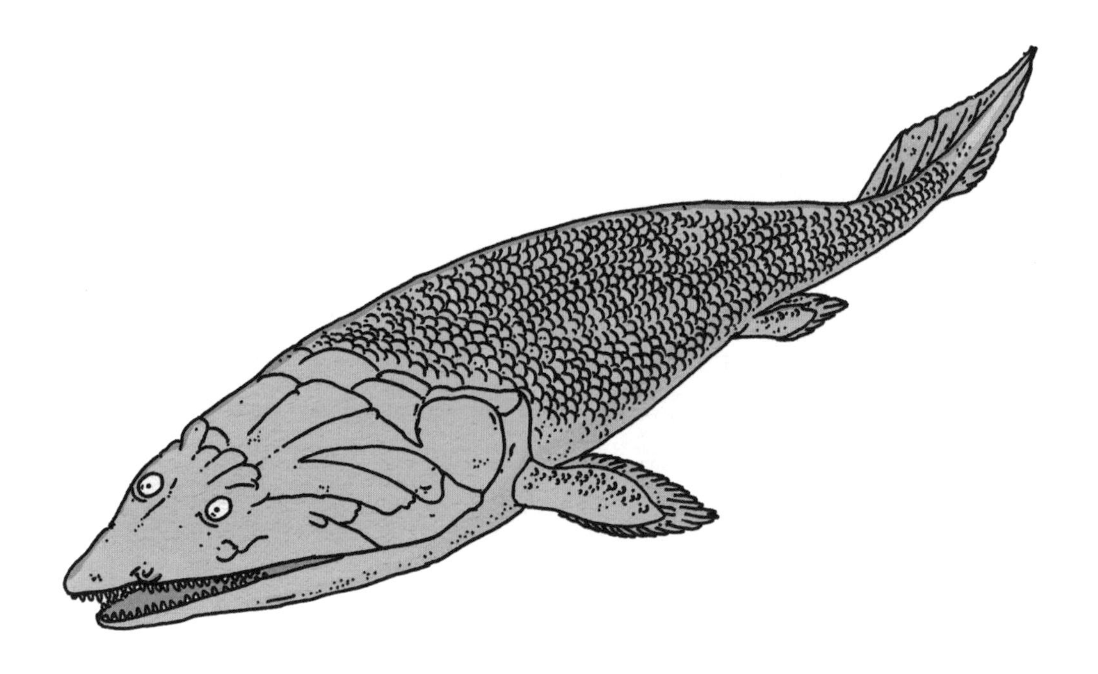

提塔利克鱼

纲：四足形亚纲（Tetrapodomorpha）
种：提塔利克鱼（*Tiktaalik roseae*）
排名：88

抓现行：地球上第一个拥有脖子和扁平脑袋的半鱼类半两栖类动物。

通常情况下，一个全新物种的发现可以填补生命拼图中的明显空缺。化石证据可以为无数曾经存在过的生命形式提供图像，这些化石虽然重要，但常常是拼凑出的随机且不完整的证据。一些种类仅仅保存了牙齿化石。其他的则可以让艺术家根据重新组合的完整化石骨架，复原出它们活着时候的样子（参见霸王龙重建图）。

科学界将最有价值的发现称为“过渡性化石”，这些生物印记显示了从一类生物向另一类生物明显转变的演化过程。其中最为著名的例子之一就是介于有羽毛恐龙和鸟类之间的过渡物种——始祖鸟。发现过渡性化石的专家往往会相当兴奋，这正好就发生在了美国的两位化石猎人尼尔·舒宾（Neil Shubin）和特德·德斯科勒（Ted Daeschler）身上，他们在2004年的夏天前往地球上最偏远的岛屿露营。

他们两人已经花费了6年时间来寻找硬骨鱼和四足陆地生物之间的演化缺失环节，他们给自己的挑战就是找到一种可以确定为真正的半鱼半四足动物的先驱物种。如果达尔文有关所有生物都拥有共同祖先的理论是正确的，以及像其他化石所表明的那样所有生命都源于海洋之中的话，那么岩石中的某处应该存在着从一种纯粹的海洋物种向一种在陆地上繁衍生息的物种过渡的类型。在加拿大北部的埃尔斯米尔岛上，夏季的太阳永远不会落下。但在冬季，这里一天24小时都是漆黑一片。这里没有任何东西的庇护，没有树、没有房子，除了大片荒凉贫瘠的土地别无他物，在这里风速经常可以超过每小时50英里。

然而，在一个延伸了大约1 500千米宽的弧形岩石中的某处，舒宾和德斯科勒估算那里的岩石年龄正好是他们所要寻找的过渡化石的年代。他们大概知道要寻找什么——应该是不到1米的拥有至少3.7亿年历史的生物遗骸。他们唯一需要做的，就是不停地挖掘。过去的6年中，他们用了4个夏天的时间不断寻找同一个目标，在2004年的夏天，他们达成了共识，这将是他们的最后一搏。因此他们也感到压力倍增。

然后在7月初，舒宾挖到了化石猎人的金矿：

我砸开了冰块，然后见到了我永生难忘的东西：一小片鳞片，它不同于我们在这个采石场里所见到过的任何一种。这枚鳞片通向了冰块之下的另一团东西，看起来很像一副颌骨。然而，它们与我见过的其他任何鱼类颌骨都不一样。它们看起来好像与扁平的头连在一起……

一天后，在小心细致的锤击之后，第二个神秘怪物的鼻子清晰可见，从岩石中伸出。德斯科勒在整个夏季剩余的时间里都在一点点地修复这个生物化石，以便能把它带回实验室分析。

这一生物被命名为提塔利克鱼，在因纽特语中是大型淡水鱼的意思。它像鱼类一样背上长有鳞片，但它也像陆地动物一样具有扁平头部和颈部。最令人惊讶的是，组成它的鳍的骨头都对应着所有陆地动物四肢的骨头，包括上臂、前臂和手的各个部分，对应着后来生物的肩部、肘部和腕部关节。

他们二人从该发现中得出的结论是无可争议的，那就是 3.75 亿年前有一种真正的过渡性物种，显示了肉鳍鱼和四足动物以及陆生脊椎动物之间的演化联系。

那么，像这样的生物会产生什么影响呢？没有人能确定提塔利克鱼的适应性是否是独一无二的，谁又能知道这冰层之下还藏着什么其他秘密呢？此外还发现了其他如真掌鳍鱼（*Eusthenopteron*）和鱼石螈这样的生物，它们也显示出从海洋到陆地的过渡性演化。但是提塔利克鱼的特别之处在于，它是迄今为止已发现的鱼鳍骨骼排列与后来陆地动物的手腕、手掌和手指骨骼完全一致的最古老生物。提塔利克鱼是地球上第一个可以做俯卧撑的生物，或者用舒宾的话来说：它能够“放下手脚给我们数出二十”。

当你前后弯曲你的手腕，或者打开和握紧你的手时，你都在使用首次出现在提塔利克鱼这种半鱼半两栖类生物鱼鳍曾用过的关节。这便是它在生命历史进程中所处的位置，因此其重要性自然不言而喻。

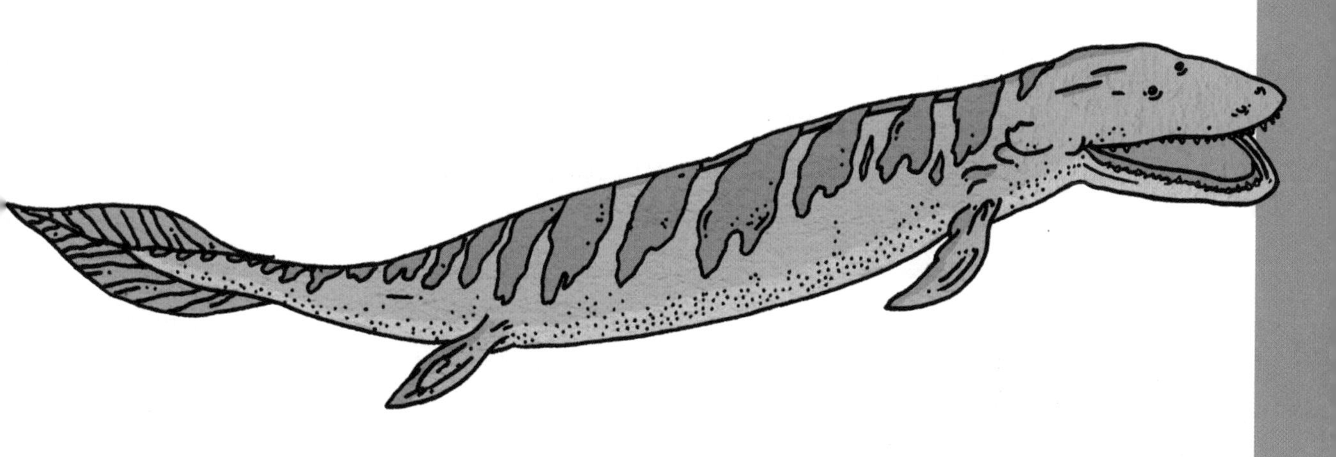

长棘龙

目：盘龙目（Pelycosauria）
种：宏伟长棘龙（*Dimetrodon grandis*）
排名：82

一种发现了维持适当体温方法的有背帆的盘龙类。

杰里·麦克唐纳（Jerry MacDonald）是一名专门调查生物足迹的侦探，他花了40年研究足迹，而他研究的都是非常非常古老的足迹。实际上，麦克唐纳研究的足迹大约有2.7亿年历史。

麦克唐纳的现场调查也相当古怪。他移除了新墨西哥州高山上的100多吨岩石，发现了一连串古老足迹，向我们讲述了古老生物那些引人入胜的故事。然后，麦克唐纳就把它们带到附近的拉斯克鲁塞斯（Las Cruces），将它们分类、编目储存，有时还需要在实验室或博物馆进一步分析。

麦克唐纳调查的位于新墨西哥州山区的化石遗迹采石场是“盘龙的天堂”——因当时最为成功的古老陆生动物而得名。

盘龙类的成员长棘龙属最长可达3米，这使它成为当时最大的爬行动物。该属第一次出现于2.86亿年前，也是史前世界生存时间最长的动物之一。在3 000多万年的时间里，长棘龙属都是陆地上的顶级捕食者。与两栖动物不同，其防水皮肤可以保持体内湿度，这使它可以迁移到内陆，在必要时还可以生活在炎热干旱的环境中。与所有的爬行动物一样，长棘龙属的蛋也被包裹在不透水的外壳中，这可以让它们远离海岸附近竞争激烈的环境，两栖动物通常被迫在那里繁殖。

但长棘龙属最著名的特征还是其醒目的背帆。这一巧妙的适应可以起到暖气片的效果，使它们的身体可以在早晨的阳光下迅速升温。这一背帆布满了血管，意味着长棘龙可以比其他无背帆的爬行动物提前一小时捕猎，这也是其取得长期成功的重要原因。在傍晚，它能将背帆避开太阳从而散发热量，确保其身体总是尽可能地保持在最佳运作状态。

这些特征在哺乳动物之中也很常见，比如人类。无论外界的环境条件如何，我们的身体始终保持在同一温度，夜晚和白天的体温变化通常在1℃之内。爬行动物则做不到，它们由于需要在阳光下行动来保持身体的温度而受到了限制。因此，长棘龙代表了从爬行动物到哺乳动物演化历程中的第一个重要里程碑。

长棘龙之所以给我们留下如此深刻的印象，还要感谢它们的牙齿。实际上，长棘龙的字面意思是“两颗牙齿”。它们是已知的第一批可以咀嚼猎物的爬行动物（与其他狼吞虎咽地吃下大块食物的爬行动物不同），而正是不同尺寸的牙齿使咀嚼成为可能。一些牙齿将鲜肉撕开，其他的则适合进行咀嚼。这给此种食肉动物带来了生存优势，因为经过预处理和充分咀嚼的食物所需的消化吸收时间更少。正如调节体温的能力一样，它们牙齿的变化和进食习惯也在长棘龙后来的似哺乳类后裔身上有所表现。

麦克唐纳的足迹调查为这些令人印象深刻的动物的成功提供了确凿的证据，它们比真正的恐龙早出现了 5 000 万年。虽然化石通常可以反映出一种动物可能的模样，但它们一般无法表达出太多有关行为的信息。然而，遗迹化石可以提供动物在某个特定时刻的实际行为的快照，它们是史前生物行走、跳窜、转弯和猛扑留下的漫长而完整的踪迹。

在曾经广阔的内陆海岸线上，新墨西哥州山区发现了被泥土和淤泥淹没的长棘龙足迹。它们表明，无脊椎动物和小型甲壳类会时常因退潮而暴露于海滩上，留给长棘龙这样的大型捕食者食用。

经过 3 000 万—4 000 万年的成功之后，长棘龙突然在二叠纪大灭绝中消失了。然而，它并不是因为糟糕的身体设计或者其竞争物种的崛起而消失的，这些生物被强大的地质力量一扫而空，留下了生命金字塔顶端的空缺。如果没有它们的消亡，恐龙这个爬行动物新类群或许永远无法取代它们而崛起……

具有背帆的盘龙类体长 1—3 米不等。

水龙兽

目：兽孔目（Therapsida）
种：水龙兽（*Lystrosaurus murrayi*）
排名：66

在周围所有的生物都灭绝时，
这种胸部发达的食草动物却幸存了下来。

当我们说到水龙兽的故事时，我会有一种末日来临的感觉。而今天早报的头版头条更是加深了这一恐惧："甲烷定时炸弹"讲述了奥尔然·古斯塔夫松博士（Dr Örjan Gustafsson）的故事，他是一个研究北冰洋海底甲烷排放项目的负责人。他所在的团队来自瑞典斯德哥尔摩大学，他们在海底发现了一系列"烟囱"，大量未被溶解的甲烷气体正在稳定地排放。

这项报告指出，在一些地方，从海底释放出的高浓度甲烷是背景值的 100 倍以上。

"传统的观点是，"用古斯塔夫松的话来说，"西伯利亚陆架沉积物上的永久冻土层盖，可以将大量甲烷沉积物保持在适当位置……越来越多的证据表明，这种盖层已经开始穿孔，导致甲烷泄漏……"

现在海洋中发生的一切，似乎与地球历史早期发生的事件有着惊人的相似。大约 2.52 亿年前，大量甲烷开始从海洋表面冒出，这是从海底大型冰冻甲烷沉积物（称为水合物）中释放出来的，这些沉积物由于细菌对有机质的分解作用而积聚了数百万年。地球各个板块慢慢地融合在一起，形成了泛大陆，这可能导致了全球气温的大幅上升（由于火山口喷出的二氧化碳），从而触发了这一事件。

大量甲烷喷发事件对地球上的生命来说是个坏消息，这导致了有史以来最大规模的物种灭绝，多达 96% 的海洋生物和 70% 的陆地生物在二叠纪大灭绝中消失了。这样令人震惊的事件是前所未有的，即便是 6 550 万年前导致恐龙灭亡的大灭绝也没有这么严重。

甲烷作为温室气体的强度是二氧化碳的约 20 倍，而且它还会与大气中的氧气反应生成二氧化碳和水。大约 2.52 亿年前，这种化学反应在约 20 000 年（地质年代的一瞬）的时间里，导致全球大气氧含量从 30% 骤降至 12%。

与二叠纪大灭绝之前 30% 的大气氧含量相比，突然变为 12% 就好比是现代人类突然移居至如今的珠穆朗玛峰。依靠肉类为食的大型爬行动物再也没有生存机会了，这意味着长棘龙 3 000 万年的统治就此终结。巨型格里芬蜓也处于绝望的不利地位，这是因为它们需要依靠高氧浓度的大气来为超大的体形提供能量。

植物也受到了波及，尤其是那些森林植物。窒息死亡的明显迹象之一便是煤炭沉积的缺失。“煤炭缺口”可追溯到大约 2.5 亿—2.43 亿年前，其原因是大气氧含量的下降迫使形成泥炭的植物灭绝。直到数百万年之后，当新的植物物种对大气的低氧含量产生了更好的耐受力时，新一轮的储煤过程才重新开始。只有那些恰好能够适应低氧环境以及不依赖新鲜肉类供应的生物才能够继续繁衍下去。

水龙兽自此登上了历史舞台。从化石证据可以看出，在二叠纪大灭绝之后的至少 200 万年时间里，这种身长 1 米、半河马半猪外形的食草动物的数量占了当时陆地上所有脊椎动物的一半。它们的数量如此之多，以至于在每一个大陆的岩石中都可以发现它们的遗骸，这再一次证明了 2.5 亿年前世界上所有的大陆实际上都是连在一起的超级巨大的泛大陆。

水龙兽的成功可能是由于其桶状的胸腔内有巨大的呼吸腔，这使它在大气氧含量陡然下降的环境中也能存活。它用两个角状犬齿在地上挖掘，或许其地下生活的习性解释了这一生物具有巨大肺活量的原因，这是在陈腐、低氧的地下空气中存活的巧妙适应。

水龙兽具有能够调节体温的生存优势（另见长棘龙），同时，素食性也有利于其生存。随着许多其他物种的灭绝，剩下的植物性食物仅能供水龙兽这样的食草动物生存。

水龙兽从二叠纪大灭绝中幸存下来具有重大意义，因为如果没有它，最终演化出哺乳动物的温血脊椎动物这一谱系可能就会在 2.52 亿年前与长棘龙和所有其他物种一同灭亡了。

然而，在这个最悲剧性的演化事件之后，陆地生物的霸主地位传给了一个不同的类群，而它们演化出了恐龙。水龙兽的后裔退回到陆地社会的边缘，变得更小且皮毛更浓密，这使得它们大多只能在夜晚捕猎。然后，另一次灭绝事件再次将演化带向一个新的方向，就像 6 550 万年前显著呈现出来的那样。

风神翼龙

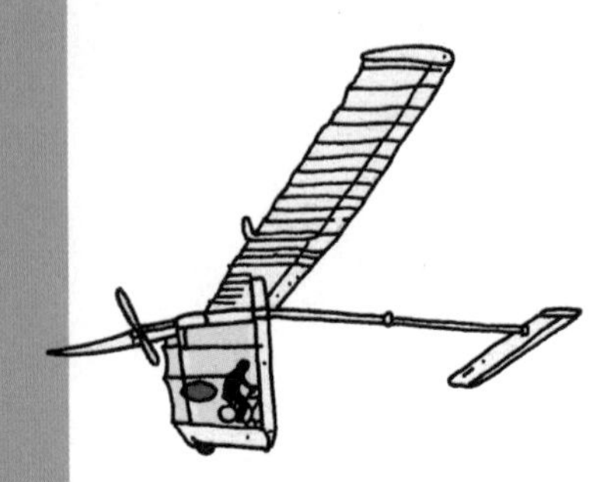

目：翼龙目（Pterosauria）
模式种：诺氏风神翼龙（*Quetzalcoatlus northropi*）
排名：49

世界上最大的飞行生物，也是首个周游世界者。

人类飞行的梦想可以追溯到古希腊神话的历史中。据说，年轻的伊卡洛斯（Icarus）穿上了他的发明家父亲代达罗斯（Daedalus）发明的翅膀，但是因为他飞得离太阳太近，导致翅膀上的蜡融化并使他坠入大海。在这个故事首次被讲述的2 000多年后，一个真实存在的人，意大利艺术家列奥纳多·达·芬奇（Leonardo da Vinci）勾画出一幅人工翅膀的实用设计图。他想象人们的手臂绑着人工翅膀，在从悬崖上跳下来后，就可以像鸟儿一样飞起来。但是没有志愿者愿意尝试。

但在20世纪，飞行已经变成了家常便饭。随着化石燃料的兴起，螺旋桨式和喷气式飞机的出现，飞行就不再那么神秘了。今天，每时每刻都有多达25万名旅客在空中飞行，在密封加压的飞行器中纵横交错。

人类取得的这一成就，早在约2.3亿年前就由其他脊椎动物实现了，而它们只借助了演化的力量。更重要的是，这些动物早在可以听到世界上最原始的鸟类（参见始祖鸟）清晨第一曲之前的7 500万年，就掌握了飞行的能力。

翼龙是2.52亿年前二叠纪大灭绝后不久与恐龙一同演化出现的爬行动物，它们通过演化出相当长且有力的第四指来适应飞行。这根手指宛如支柱，为巨大的翼膜前缘提供有力的支撑。究竟是哪个物种首次飞上天空及其确切原因仍然未知。在哈萨克斯坦发现了被称为沙洛维龙（*Sharovipteryx*）的乌鸦大小的生物化石，其前后肢之间延伸着襟翼状皮肤，这种爬行动物在山丘、石头、悬崖峭壁间穿梭以躲避捕食者。随着时间的推移，它们的成功可能促使了第一个翼手龙种类的诞生，这个种类可以真正飞行，而不只是滑行。美国发明家保罗·麦克里迪（Paul MacCready）证明了翼手龙是如何在空中为自身提供飞行所需的能量，而不只是优雅地滑翔。在20世纪80年代，这位工程师接受了一项重大挑战，即建造世界上曾经存在过的最大爬行动物一半尺寸的工作模型。风神翼龙是真正的庞然大物——在得克萨斯州发现的风神翼龙化石翼展长达12米，比如今许多小型飞机还要大。这个生活在8 400万—6 500万年前的可怕生物是航空工程学的杰作，专家们确信这是生物可以达到的最大极限，是白垩纪时期的霍华德·休斯“云杉鹅”号飞船。

并且，正如麦克里迪的成功模拟所证明的，这只巨兽真的可以飞行。这个半尺寸模型在1986年1月27日从加利福尼亚莫哈韦沙漠的有轨电车道上起飞，利用电池驱动的电

动马达替代肌肉组织，共取得了六次成功。随着翅膀的拍打，这个模型就像一只白垩纪的翼龙进行盘旋、下降以及急转 270 度进行俯冲，重现了消失多年的优雅的飞行魔法。

风神翼龙：白垩纪时期的“巨型喷气式飞机”，翼展可达 12 米。

翼手龙是第一种可以周游世界的生物，它们可以往返于地球两极之间。这是第一次在生命历史中出现这样的情况，整个地球都成为这种生物的栖息地。诸式风神翼龙这样的大型物种可以在彼此分隔的陆地间连续不断地飞行数千公里，此时单一的泛大陆已经持续分裂形成我们现在所知的离散大陆。是什么机会性物种搭乘了这种全球运输的顺风车呢？这一新型长途航班传播了哪些种子、孢子、细菌或病毒？鸟类不久后就通过传播所有类型的生物——从流感病毒到果实——来重塑世界。翼手龙很可能也做了类似的事情，但距今已有数千万年了。尽管在过去的 1.7 亿年中，翼手龙取得了巨大的成功，但它们并没有逃脱 6 550 万年前的灾难性大灭绝。这次演化史上的重创不仅杀死了恐龙，而且还消灭了鸟类九个目中的八个。现在，只有一个目得以幸存，这是与翼手龙开创的脊椎动物飞行时代仅剩的联系。

始祖鸟

纲：鸟纲（Aves）
模式种：印石板始祖鸟（*Archaeopteryx lithographica*）
排名：41

催生了新型演化飞行模式的、自负的卖弄者。

查尔斯·达尔文的晚年时期，开始越来越着迷于性，但他并非对如今色情类的情爱小报和八卦杂志感兴趣。他的关注点是非常科学的，集中于同一物种的雄性和雌性在外表和行为方面的显著差异。为何雄性大猩猩比雌性大这么多？为何雄性孔雀比雌性孔雀更加色彩艳丽？为何羽毛精致的雄性天堂鸟要在挑剔的雌鸟面前表演怪诞的舞蹈？

达尔文认为，所有这些变异都可以用自然选择的第二种压力类型来解释：性选择并非为了生存而进行的斗争，而是“雄性为争夺雌性”所进行的竞争。

鸟类是遵循这种规律的生物，正如孔雀和天堂鸟那样，这些物种的雌性被自我炫耀的雄性吸引。它们只会与最绚丽多姿或表现最佳的雄性交配，因为它们本能地认为，这样它们孩子继承最佳“炫耀”特征的概率会更大。正如一些鸟类（如孔雀、鹦鹉和公鸭）所展现的，基因选择压力以这种方式使羽毛绚丽或舞蹈多姿的雄性个体的优势日益显著。

现在认为，性别歧视的自然史促进了地球生命在过去1.5亿年中最为重要的发展之一——世界上第一批鸟类的飞行（另一个有关性选择的例子可以参看直立人）。

始祖鸟是历史上最为著名的化石发现之一。1861年，一块半爬行半鸟类生物的化石在德国一个石灰石采石场中被发掘出来，便引起了世界范围内的轰动。这仅仅发生在达尔文发表《物种起源》后的两年，这里就发现了一块显示出演化过渡类型的生物化石。像提塔利克鱼一样，始祖鸟是（现在仍然是）已发现的最为惊人的过渡化石之一。

它的骨骼毫无疑问属于爬行类，但却具有鸟类的羽毛，即便它们的羽毛是沿着尾巴从每一块尾椎骨伸出来的，而不是像现代鸟类那样从最后一个尾椎骨伸出羽毛。19世纪，这一发现使得创世论者和达尔文主义者之间的争论不断升级。

一位演化怀疑论者——德国动物学家安德烈亚斯·瓦格纳（Andreas Wagner）对于达尔文主义者是如何解释这一发现的不抱有任何幻想：

> 达尔文及其追随者可能会利用这一新发现，作为证明他们有关过渡动物奇怪观点的有力论据……

如今关于现代鸟类起源的理论以及始祖鸟栖息地的研究有了新的进展。传统上将鸟类定义为一种长满羽毛的生物(通常可以飞行)，但是1.5亿年前世界上最古老的鸟类——始祖鸟的惊人故事，却由于1998年在中国发现的具有羽毛印痕的（非飞行）恐龙化石变得复杂起来。如果恐龙具有羽毛，那么鸟类也许其实是恐龙的一个分支吗?

大部分专家现在都认为鸟类确实是恐龙唯一幸存下来的类群。它们是兽脚类恐龙的后裔，最近发现该类群的化石也存在羽毛特征。

因此如果羽毛的演化早于鸟类的出现，那么它们出现的最初目的是什么呢? 中国的恐龙化石显示，具有羽毛的兽脚类恐龙并非飞行生物，因为它们没有翅膀，专家们认为恐龙身上的羽毛首先是作为一种保温方式演化出来的，后来才被始祖鸟及其后裔应用于飞行。

但是，现在另一种理论越来越受到认可。它可以追溯到达尔文对同一物种不同性别之间外表和行为主要差异的观察上。鳞是爬行类动物的共同特征，而羽毛正是从鳞发展而来。一些爬行类动物以其煞费苦心的求偶仪式而著称，比如雄性科摩多龙。

这一动力可能在不知不觉中促使鸟类使用羽毛进行飞行。在恐龙到鸟类的演化高速公路上的某处，华丽的鳞片表面反射阳光产生了漂亮的色彩，这被证明是雌性无法抗拒的。正如始祖鸟所表现出的，这会引起演化螺旋的失控，使其身上出现精致的羽毛。这样的覆盖物可以提供额外的保温效果，后来在飞行中发挥了空气动力学作用，就像鱼类头骨退化形成的颌骨，能够放大空气中的振动，使陆地生物能够听到声音一样。

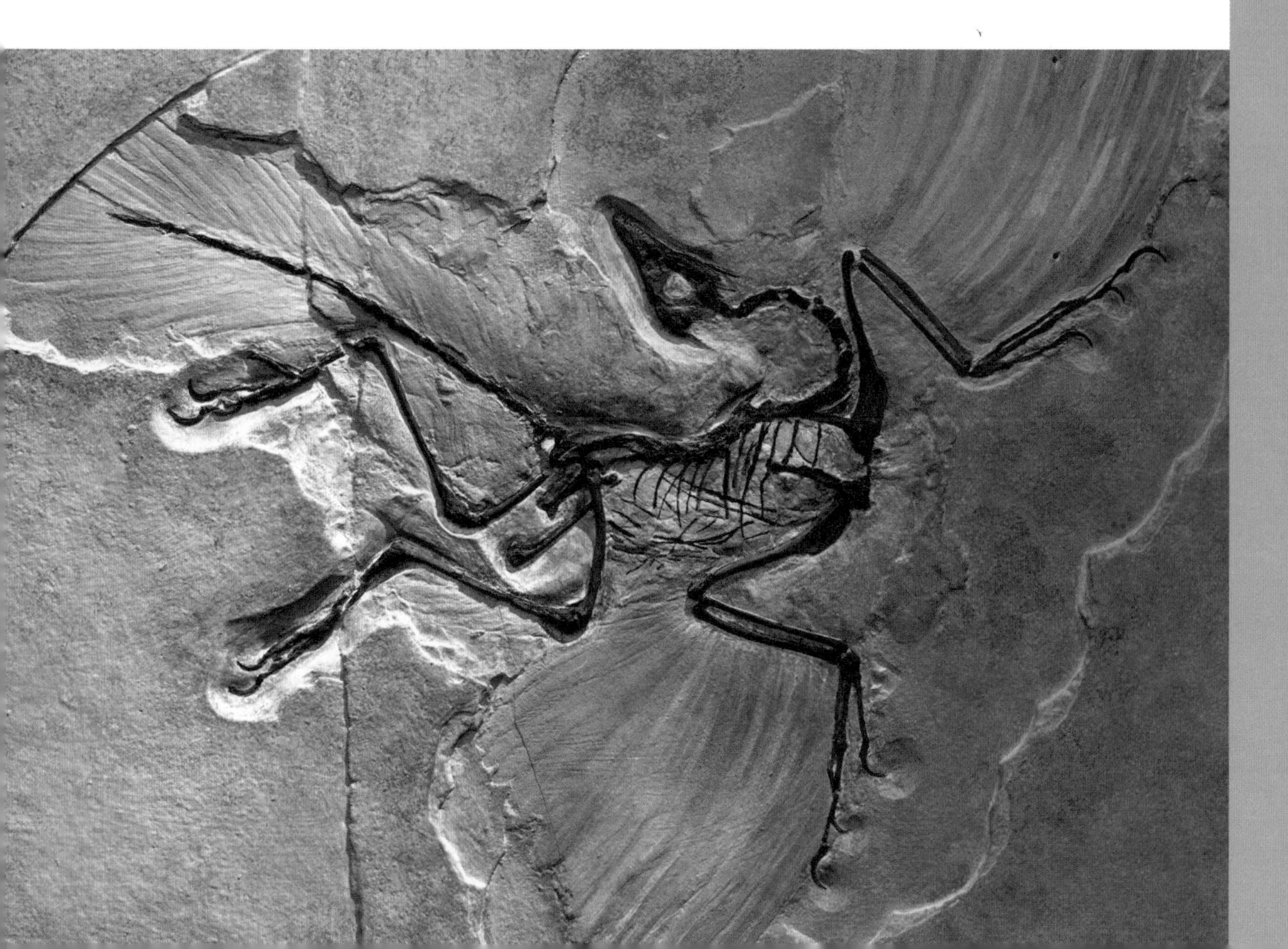

1877年发现于德国的始祖鸟化石铸型，这是第一个有羽毛的飞行者吗?

但究竟是什么使始祖鸟的羽毛变成适应飞行的翅膀呢?它的栖息地被潟湖环绕，周围植被稀疏，高度不超过3米，这意味着飞行是从地面起源的。正如它的兽脚类近亲一样，始祖鸟的祖先可能是在地面上奔跑的，偶尔会跳起来捕捉空中的昆虫。当它们这么做时，拍打羽毛的个体越来越成功，直到最后，那些最大的、拥有最佳空气动力学装置的个体产生了可以支持起飞的翅膀。

始祖鸟是已知最古老的一种恐龙分支的孑遗，它在6 550万年前的大灭绝事件中幸存下来，并仍以我们今天所熟悉的画眉和云雀的歌声充斥着我们的天空。鸟类（与翱翔的翼手龙共存了7 500万年）的飞行已经成了演化变化中最强大的力量之一。与以鱼和昆虫为食的翼手龙不同，许多鸟类都是植食动物。这样灵活的饮食习惯有助于它们长期生存，使它们辐射演化出无数种现代形式。

包裹在果实中的种子最初是用来充当恐龙的“快餐包”，后来就演化成了更小的“贿赂”（比如浆果）可以被鸽子般大小的生物携带在腹中，随着这些生物的粪便可以被排泄到离其祖辈数英里之远的地方。在过去1.5亿年中，被子植物（有花和果实的植物）对其他类型植物（比如松柏类、苏铁类）的压倒性成功，正是鸟类对塑造现代世界产生了不可估量影响的鲜活证明。故事始于始祖鸟——已知的第一种飞禽，其性展示偏好似乎促使了羽毛的出现，使它们可以更好地适应生存竞争，成为天空中的贵族。

霸王龙

目：兽脚亚目（Theropoda）
种：君王霸王龙（*Tyrannosaurus Rex*）
排名：34

标志性的恐怖分子，迫使其他生物寻找新的生存方式。

翻山越岭的是什么，野兽吗？从第五代苏美尔国的统治者——吉尔伽美什国王（King Gilgamesh）的神话，到古希腊故事中的怪兽，比如独眼巨人库克罗普斯（Cyclops）和九头蛇，不断地提醒着我们人类的脆弱及其应对自然力量的巧妙方法。

在 19 世纪早期，当无可争议的证据显示巨型怪兽确实曾经漫游并统治地球时，想象一下西方自然学家和科学家们的惊讶吧。虚构变成了现实。遵循达尔文有关演化的推测，人类从这些生物衍生而来的可能性究竟有多少？对那时的大多数人来说，这个想法就是……无稽之谈。

如今，灭绝的巨型蜥蜴——恐龙曾经存在的证据已经被普遍接受了。石化的骨骼被完好地保存在岩石中，这让专家们可以拼凑出曾经统治世界的这些生物的准确形状和结构。尽管已经灭绝了 6 500 多万年（除了鸟类之外），但恐龙对现今的地球、生命和人类都产生了深远的影响。

一些树木把被吃掉的威胁变成了机会。它们向梁龙（生活在大约 1.54 亿—1.44 亿年前）这类漫游的食草动物“行贿”——将种子包裹在多汁的果肉中，我们今天称这种封装系统为“果实”。成熟的海底椰（可可海椰子树的果实）状似臀部，重达 42 公斤，已经演化成一种对饥饿的恐龙很有吸引力的形状。这些生物可以通过它们的粪便来传播种子。这些古老的棕榈树至今还有少量生长在马达加斯加、马来西亚和新几内亚。然而，正是由于恐龙的衰亡，这些植物也早已过了鼎盛时期。

同时，其他树木也建立了复杂的防御系统，比如智利南洋杉的树枝迷宫。一种单子叶植物甚至学会了“倒立”生长，它们的嫩芽藏在地面之下，防止觅食的恐龙吃掉最新鲜的部分，而这些植物成功演化为禾本类植物和棕榈的同时也改变了世界（比如小麦和水稻）。

所有恐龙之中最为成功的便是兽脚类了。不仅因为这些恐龙是大约 2.3 亿年前出现的第一批恐龙之一（始盗龙），还因为它们是唯一幸存的恐龙分支。鸟类具有兽脚类的共同特征——叉骨和三趾足部，是这一类群的现生后裔。其他的兽脚类恐龙都在 6 550 万年前的大灭绝中消失了，这一次大灭绝事件中包括翼手龙在内的其他所有恐龙也都消失了。

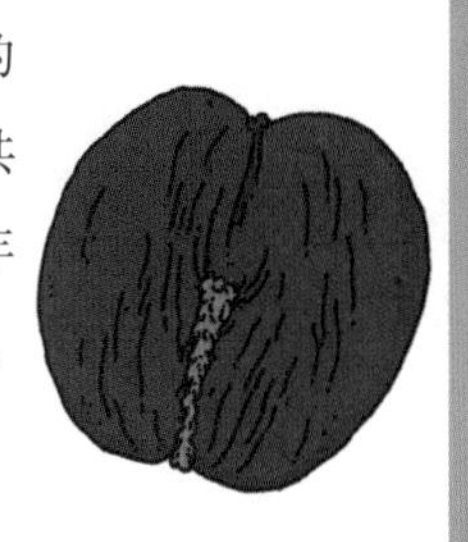

最恐怖的兽脚类恐龙，也是最著名的恐龙，就是霸王龙，一种生活在 7 500 万—6 500 万年前北美洲和加拿大的恐怖生物。其他类似的生物，还有生活在东亚森林的特暴龙、南美洲的异特龙和南方巨兽龙。总的来说，这些恐龙在侏罗纪和白垩纪时期（2.06 亿—6 550 万年前）共同在其他脊椎动物中制造了恐怖的氛围。

霸王龙在因地球被一颗巨大的小行星撞击而灭绝之前，曾站在史前陆地生态系统的顶端。

住在美国芝加哥附近的人，只要去参观这个城市的菲尔德自然史博物馆，就会对这种生物的庞大身躯和绝对力量印象深刻。在这里可以找到现存最大的、几乎完整的霸王龙化石，她被称为“苏”，这是为了纪念 1990 年在南达科他州印第安人保留区的夏延河发现她的苏·亨德里克森（Sue Hendrickson）。“苏”明确显示出为何霸王龙会如此恐怖，其颌骨长度超过 1.2 米，宽 1 米，可以咬碎骨头。每一颗牙齿都是弯曲且呈锯齿状的，其中许多比人的手还要长，这让这头野兽几乎可以把受害者立刻置于死地，一口可以吞下多达 70 千克的肉。

这些生物成功的关键是充分改进的站姿，这意味着它们全部的体重都施加在后腿上，这使它们可以在两条腿上达到有效平衡，在巨大体形（12 米长）的基础上增加它们的机动性。

6 550 万年前消灭了包括霸王龙在内所有恐龙的毁灭性事件，可能是一颗直径 10 千米的陨石撞击地球造成的。这次灾难使地球的气候陷入新的黑暗时期，那时，运气（而

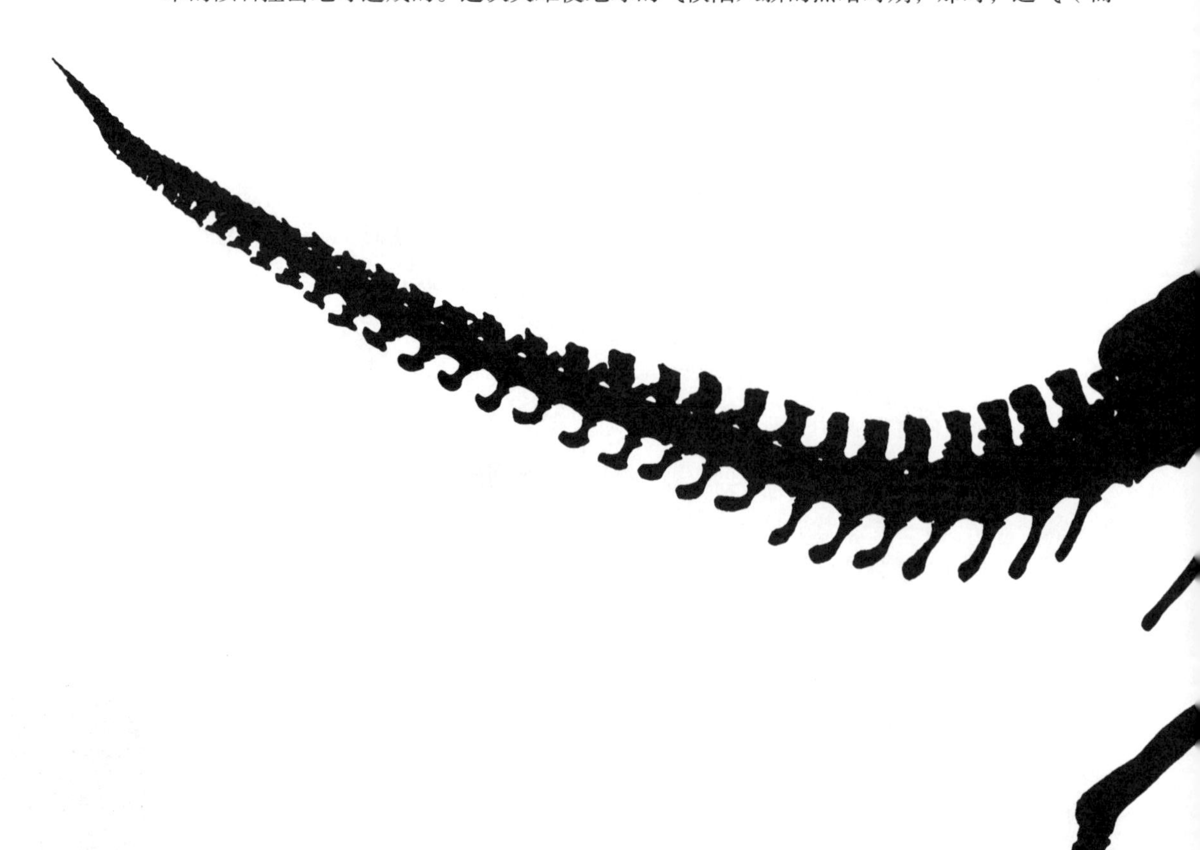

非演化适应性）成为决定生存和灭亡的主要因素。大型陆地爬行动物大多处于危险之中，尤其是那些肉食类动物。随着物种数量的下降，食物开始变得匮乏。如果实际的影响或气候没有消灭霸王龙，那么饥饿很快也会完成这一任务。

然而，在它们灭绝很久以后，霸王龙这样的兽脚类恐龙依旧对当今世界生物的外观、生存形式和生理机能有着持续影响。

长棘龙和水龙兽的后裔通过待在隐蔽的小灌木丛和树木中而繁衍壮大。这些小型的鼩鼱状哺乳动物会保护幼崽，起保温作用的皮毛使它们可以在很少被兽脚类攻击的夜晚进行捕食。

在母亲体内发育的受精卵是最终在许多哺乳类中演化出现的适应，这是对卵生的恐龙(包括鸟类和翼龙）产生的威胁的直接应对方式。哺乳类是胎生的，它们直接产下幼崽，还具有可以产生奶水的乳腺，这意味着在没有确保安全的情况下，雌性并不需要离开巢穴去为幼崽寻找食物。在由霸王龙这样的巨型食肉动物统治的世界里，乳腺是作为哺乳动物重要的侏罗纪“救生包”而演化出现的。

生物多样性

美丽、协作、欺骗、寄生等是如何将陆地生命编织进一幅丰富多彩的物种地毯之中的。

随着年龄的增长，查尔斯·达尔文强迫症般的观察力使他越来越难调和仁慈的造物主与狡诈的自然界之间的矛盾。令达尔文对宗教感到不安的最大原因来自一个叫作姬蜂科（Ichneumonidae）的寄生性胡蜂类群。达尔文在给他的美国植物学家好友阿萨·格雷（Asa Gray）的信中，表达了对其可怕生活方式的烦恼：

> 我实在无法说服自己相信，仁慈且万能的上帝会故意创造姬蜂科这种在活毛虫的体内进食的生物。

从恐龙统治地球（约 2.3 亿年前）开始，一个模式日益丰富且相互联系的生活方式开始在植物和昆虫王国及其之间出现了。6 550 万年前恐龙灭绝之后，它们彻底改变了地球的面貌。

使达尔文如此心神不宁的胡蜂是在三叠纪早期（约 2.3 亿年前）演化出现的众多昆虫类群中的典型代表，如今约有 10 万种不同寄生胡蜂，因此，胡峰成为最多样化的生物之一。

寄生膜异蜂（*Hymenoepimecis argyraphaga*）是令人毛骨悚然的典型例子，它的猎物是一种叫作长角蛇变蛛（*Plesiometa argyra*）的蜘蛛。这种胡蜂会用毒液使蜘蛛暂时麻痹，然后将卵注入一个叫作产卵管的管子中，深入活蜘蛛的体内。在其内部，生长中的胡蜂幼虫操控了蜘蛛制作丝茧的织网系统，然后这只倒霉的蜘蛛就会从内而外逐渐被吃掉。

寄生是一种生物从另一种生物活体中汲取营养的生活方式。如今，大部分独立生存的动物都“款待”了一种或更多类型的寄生虫。其中一些，比如蚊子、跳蚤和舌蝇，也通过传播一些自然界最为致命的疾病从而对人类历史产生了巨大影响。

寄生就好比是演化催化剂，大大增加了生物多样性。正如最为成功的生物可以抵御寄生生物最激烈的攻击一样，最成功的寄生虫是那些适应于入侵其寄主免疫系统的生物。

莫德·斯克里夫纳（Maud Scrivener）的《忙碌的蜜蜂及其小伙伴》，这些昆虫正饱受蜂群崩溃综合征的困扰。

当植物遇上动物

有花植物（被子植物）演化出了寄生昆虫的世界。花朵究竟是何时又是为何出现的仍然是一个谜，达尔文自己称它为“可恶的奥秘”，但这种约1.4亿年前植物界中激进的新生活方式在所有生命的演化中被标记为一个转折点。

在过去的1.4亿年中，被子植物演化成为生命世界迄今为止最成功的植物。如今，多达40万种不同的有花植物统治了从热带到北极的植物界，在数量上使更古老的蕨类、松柏类以及苏铁类植物相形见绌。

这样的成功源于它们无与伦比的说服力。古代寄生蜂的后裔被世界上第一批花不可抗拒的诱惑迷住了。结果，其中一些，比如蜜蜂，改变了其祖先的生活习惯，不再去捕食其他动物，而是学会以糖水和富含蛋白质的花粉为食。肉眼不可见的紫外线作为颜色指引，在花瓣的两侧延伸，就像跑道上的路灯，引导昆虫准确地来到香甜花蜜的风水宝地。一路上，从花朵雄蕊上产生的花粉擦蹭到昆虫的腿部、腹部和背部，而从前一朵花收集到的花粉被置于一个突起的结构上，即一根充满期待地伸出来的黏性管子上。

从一株植物向另一株植物传递花粉的这种有性生殖方式，是由昆虫的飞行能力支撑的。利用可移动的昆虫大军的窍门最先是苏铁类这种无花植物发明的，随后被有花植物发扬光大，这还要多谢其视觉吸引力和营养丰富的奖励。

有花植物依靠昆虫进行的授粉作用，引发了新型植物和昆虫之间戏剧性的协同演化之舞。因为有花植物的目标就是让自己的花粉传播到同种的另一株植物上，所以从遗传角度来说，它通常试图吸引某种总是被同种花吸引的特定昆虫授粉者。受精作用（将一株植物的花粉传递到另一株同种植物的雌蕊之中）通过这一方式可以精准地命中目标，而这是风力的随机无秩序授粉方式永远无法实现的。

有针对性受精的结果之一就是某些有花植物可以产生更少的花粉，以便在其他方面进行更多的“投资”，比如产生富含营养的奖励——花蜜，产生更大、更华丽的花朵（吸引注意力）以及香甜的气味（见美丽生灵，被子植物对人类的影响）。

花朵在吸引不同类型的昆虫上变得越

蝴蝶的长螺旋形喙管，用来取食有花植物的花蜜。

来越有竞争力。那些成功融合了美丽的外形、气味和奖励于一体的花朵是其中最成功的代表，每一代的传承更加印证了其成功。通过这一方式，在1.4亿—1亿年前，大量新型被子植物出现了，与各种各样的昆虫授粉者以无数种不同的方式协同演化。

花朵影响其他物种外形和设计的力量，曾经（现在也是）至少与病毒或寄生虫感染和改变其宿主的力量一样深远。蝴蝶或飞蛾的长螺旋形喙管，正是为了精准地从蜜腺中吸取花蜜而演化出来的特殊工具，可以确保这些饥渴的来访者总是能够擦蹭上大量的花粉。

便利的婚姻

大自然的花卉大赛导致某种昆虫在某种意义上成为某一种花的“配偶”。以木蜂为例，它与多种繁盛于南非的龙胆属植物协同演化，从龙胆展开的粉色花瓣向外伸出的三根雄蕊，显然会向每一个路过的飞虫提供富含蛋白质的花粉。然而事实并非如此。只有木蜂才知道如何开启这株植物宝库。通过将其翅膀嗡嗡声的音调降低为中央C音，木蜂使雄蕊的花药以恰好的频率产生共振，以释放包裹花粉的雄蕊。接下来，木蜂收集它的货物，将其塞进特别改装好的背包里，然后继续其愉快的龙胆之旅。

这是多么有效的系统！龙胆属植物和木蜂之间的相互联系完全具备现代直销活动的针对性，两个物种的适应性互惠互利大大节约了双方的成本。木蜂准确地掌握了抵达其专属食物储藏地的能力，而龙胆植物的花粉也绝不会浪费在与所有植物调情的昆虫身上。

多亏了为花粉制造者和授粉者所提供的可观便利，协同演化的模式成为自然界物种演化中另一个强有力的主角。龙胆是与单一授粉物种结盟的有花植物，其后代能被传播到授粉者能飞到的最远的地方，它们明白，无论风向如何，这一方式都能确保其子孙后代的存活。

危险联络人

兰花是与各种各样高度特化飞行昆虫（见香草）协同演化的花卉，它有助于解释为何有 28 000 多个品种的兰科会是被子植物现存最大的科。其中格外有趣的就是一种生长在马达加斯加的叫作大彗星风兰（*Angraecum sesquipedale*）的种类，其花距长达半米，状似绳索，从花朵的底部蔓延开来，而其花蜜正是储存在花距末端。只有天蛾（*Xanthopan morganii*）的一个种具有长到可以吸食其中果汁的喙管，正如木蜂与龙胆属植物那样，提供了完美的定向授粉服务。

但是，不同物种之间这样的共生关系并不总是会给双方平等的利益。

繁盛于地中海西部的低矮角蜂眉兰有着金属蓝色的卵唇形花瓣，边缘呈黄色，有长长的红色绒毛，这些是专门演化来模仿雌蜂外表的，此外，它们还会产生与雌蜂信息素极其相似的气味。因此，当一只雄蜂飞过时，它立刻会被花朵的外形和气味吸引，这些花让它以为它们就是其同类雌性。雄蜂会像抓住雌蜂一样紧抓住一朵花进行“交配”，在此过程中，雄蜂的头部会沾上花粉，而之前在其他花沾上的花粉则附着在兰花恰当的部位上。有 100 多种不同的欧洲兰花都是以这样的模仿系统来欺骗昆虫成为它们的授粉者的。

蝴蝶和飞蛾是授粉昆虫，像兰花一样，它们都是模仿领域的高手。某些毛毛虫在其幼虫阶段就能将自己伪装成酸臭的鸟类粪便，使它们看起来很不好吃，它们甚至能分泌出气味强烈的白色尿酸来加深这种错觉。成年袖蝶是自然界中最有效的模仿者之一。虽然它们安全可食用，但却演化得看起来像其他有毒蝶类。如果这种伪装既有效又便捷，那么为何还要费劲制造毒液呢？

最频繁进行伪装的昆虫科之一便是胡蜂。自然界中的黄黑色条纹已然成为毒刺的代名词，毒刺一般用于攻击和防御。而这些毒刺是如此有效，以至于其他没有毒刺的访花昆虫（主要是食蚜蝇、飞蛾和一些甲虫）也模仿胡蜂的颜色记号作为其抵御攻击的一种方式。其他模仿蚂蚁、胡蜂的后裔，则获益于它们抵抗攻击时具有强有力的撕咬能力和甲酸喷雾的可怕名声。

美丽、欺骗和模仿等价于广告、诱惑和欺诈。所有这样的生活方式，始于约 1.4 亿年前开始的有花植物及其昆虫传粉者之间的协同演化。

气味琐事

体形更大的动物也被一种与视觉美感同样诱人的贿赂所蛊惑，不过这一策略只对它们的胃有效。有花植物受精后，填满

欺骗的美丽：角蜂眉兰（*Ophrys speculum*）模仿了雌蜂的外表和气味。

种子的子房常常会膨大，成为一顿专供脊椎动物食用的多汁美餐。结实的种子可以承受恐龙胃里的强酸环境，直到恐龙在远离种子故乡的地方，将其以粪便的形式排出体外。有花植物通过这样的方式能够尽可能远地传播种子，以避免与其上代竞争阳光、水和养分。种子广泛的传播范围也为它们抵抗本地环境的剧烈变化提供了最佳保障，否则，如果被限制生长在某一特定地方，遇到剧烈的环境变化就可能彻底地摧毁这个物种。

这种交换是一场公平交易，动物通过粪便来散播植物的种子，作为回报，较大的鸟类和其他动物则享用了精心包装的水果餐。

我们如今食用的大部分水果经过了数百甚至数千年的人为选育和种植，满足了人类饮食和农业的需求。然而，也有一些水果是从侏罗纪时期存活至今的，比如榴梿，它是当时植食性恐龙的必需食物，它们数百万年来仍然保持着原样。

化学战争：颠茄虽美貌，但致命。

花朵制造化学物质的专业技能完全可以满足其防御需求。植物无法移动，这正是这些生命形式成为杰出的化学战争专家的主要原因。毒药和毒素的产生是由自然界最为成功的有花植物种类所发展出来的一门专业科学。

单宁、有毒生物碱、萜烯和油类都是植物产生的化学物质，主要用来保护植物免受昆虫、细菌、真菌、食草动物和寄生虫的攻击。正是由于它们出色的化学技能，茄目植物（土豆就属于这类）才能以快速生长的软组织、草本植物形式生存，而不需要木质部或树皮这样的外部防护（参见土豆、西红柿和辣椒）。

在野外，这样的植物可能是致命的。颠茄（*Atropa belladonna*）这类植物的花朵所产生的莨菪烷生物碱是自然界中最致命的化学物质，如果被动物食用，通常会引起抽搐、幻觉、昏迷和死亡。只要咬过一口，食草动物就再也不会碰触那种植物了。作为生存策略的一种，花朵制造化学物质的力量是自然界最为强大的力量之一。

战略设计

然而，化学物质并非花朵用来抵御攻击的唯一形式。被称为单子叶植物的类群发展出全新结构，将潜在的劣势变为成功的秘诀。这些植物新长出的叶子并不像松柏类植物那样从叶片边缘向外发芽，而是从位于中央的顶芽向上和向外生长。这样的设计意味着，最新、最有价值的组织总是远离饥饿的脊椎动物——也许是一只植食性恐龙或是食草哺乳动物。

如今，最成功的单子叶植物便是棕榈和禾本科植物了，二者都是在恐龙灭绝之后才大量辐射演化出现的。世界上第一批禾本科植物就是现在水稻和竹子的祖先。

水仙、郁金香和番红花都是有球茎的单子叶植物，它们的顶芽可以安全地盘踞在地下以免受伤害。

许多当今最多产的有花植物，在过去的7 000万年中随着草原的出现而蓬勃发展。雏菊和向日葵属于菊科，其花朵演化出以数百朵微型小花填充花盘的非凡技术。巧妙的生物泵可以确保路过的昆虫被覆盖上厚厚的花粉。因为缺乏动物运输车，许多小花（包括雄性和雌性）彼此间排列得如此紧密，如果有必要，花朵还可以进行自花传粉。多功能性给予了此类植物生存优势。

类似的繁殖方式也是一些世界上最重要的显花树木（如橡树）成功的关键，它们大约于9 000万年前首次在热带地区演化出现。大量的橡子演化成可以利用松鼠这类动物进行传播的形式。然而，如果有必要，这些树木通过从死亡或者被损坏的树干中重新长出的方式进行繁殖，无须进行受精作用，即便是在整个森林被烧毁之后（另见桉树）也可以重新生长。

人多力量大

或许伴随着花朵和恐龙演化而出现的最独特的生活方式就是以社会形式生存——一种以绝对数量取胜的方法。像这样生活的生物让科学家们着迷了数百年。蚂蚁、蜜蜂和白蚁以它们高度复杂的生活方式而闻名。它们的集群行为发展得如此之好，以至于从某些角度而言，这些昆虫的社会行为就如同单个生物（比如蜂拥而至的蜂群）一样。

昆虫社会和人类社会之间存在显著差异，比如交流方式：昆虫一般依靠化学气味和舞蹈进行交流，而人类演化出了视力、语言、声音和歌曲等用于交流的能力。尽管如此，等级森严的阶级制度、社会保障体系、教育体系、农业、军队和奴隶制等，这些通常仅与人类历史有关的体系，在1.5亿—1亿年前，最初是随着有花植物的演化而出现在社会性昆虫身上的。

事实上，人类社会的许多特征都有史前渊源，可以追溯到高度多样化的自然状态，这种状态随着有花植物、寄生虫和社会性昆虫的生物多样性的兴起而占据主导地位。多功能性、社交性和互利共生这些现在被认为是积极的生活方式，却是起源于消极的权宜之计——寄生、贿赂、诱惑、模仿、欺骗和剥削以及化学攻击和防御。

达尔文将人类行为的这些特征与自然界中肆无忌惮的、不道德的以及无神的生活方式明确联系在一起，他知道这种关于人类演化的理论会让许多人难以接受，正如他在其专著《人类的由来》（*The Descent of Man*）最后一部分所说：

> 本书所得出的主要结论，即，人是从某些低级组织形式演化而来的，这会使许多人——我遗憾地感到——极为不快……

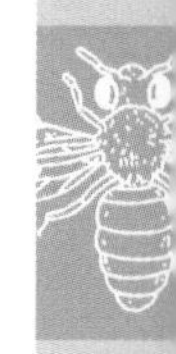

蚊 子

科：蚊科（Culicidae）

种：冈比亚按蚊（*Anopheles gambiae*）

排名：14

一种天然的雌性皮下注射器，携带有可以改变物种的传染病。

永远不要低估寄生虫的力量，永远也不要误判蚊子的迂曲路径。尤其要提防雌性蚊子，它们就是会咬人的那种。

蚊子是在大约 2.3 亿年前与恐龙一同演化出现的，很可能对脊椎动物产生了比其他任何现生生物都更为重要的影响。雌蚊用天然的皮下注射器刺穿动物的皮肤，吸取血液作为其产卵的蛋白质来源。这对陆地生命的演化产生了深远的影响。

这些嗜血的雌蚊并不想对其宿主造成伤害或疾病，甚至完全不想。只不过蚊子是其他寄生生物传播和复制的完美运输工具。借助雌蚊的叮咬和飞行能力，各种类型的微型寄生虫都可以通过将自己注入蚊子唾液中的方式在陆地动物种群间传播。而雄蚊则以花蜜和蜜露为食。

一旦雌蚊将其刺吸式口器插入动物皮肤后，就会释放一针唾液，其中包含防止宿主血液凝固太快的抗凝血剂。通过这种唾液，其他寄生虫，比如蠕虫、细菌、病毒和原生动物，就可以进入脊椎动物的血管，通过复杂的动脉和静脉网络迅速传播。

这些寄生虫一旦进入体内，就会试图破坏宿主的免疫系统，从而使其能够成功繁殖。它们的后代要么通过宿主的肠道和粪便传播，有时是母乳这样的体液，要么可能就坐等另一只蚊子吸取其一小管血液。然后寄生虫会感染这只新蚊子的唾液，为其叮咬另一个宿主做好准备，从而实现了寄生虫的传播。

大约有 300 种影响人类健康的疾病是通过蚊子传播的，包括历史上最严重以及现在仍然对人类造成最恶劣影响的噩梦般的疾病。其中最著名的就是疟疾，之所以这么称呼，是因为直到 1894 年，它都被认为是由尿液或“浑浊空气”（mal’aria）造成的，这是因为该病总是频繁地发生在沼泽和湿地。但当法国医生查尔斯·拉韦朗（Charles Laveran）在显微镜下观察感染者的血液样本时，他发现了一种微小的变形虫类生物，周围有鞭毛状的尾巴推动。他推测，这种原生动物寄生虫——疟原虫是通过蚊子叮咬进行传播的，他也因此获得了 1907 年的诺贝尔奖。

查尔斯·拉韦朗博士，1954 年发行的这枚阿尔及利亚的邮票以纪念其发现引发疟疾的寄生疟原虫。

蚊子：多产的运输工，可以引发改变物种的感染。

拉韦朗的发现是极为重要的。疟疾是一种可以引起高烧、感冒、昏迷甚至死亡等各类症状的疾病。如今，全世界大约有5.15亿人患有疟疾，每年死亡总人数达到100万—300万人，其中大部分发生在非洲。历史上，这种疾病是人类的主要杀手之一，与天花和流感齐名，尽管其起源比其他大部分疾病至少古老10倍，出现在约10 000年前与人类相伴的农场牲畜被驯化之时（参见农业）。

科学家们确信，人类长期受到这种疾病的影响，因为他们可以追溯到某些人因该病而产生的基因突变，而这种突变可以追溯到至少5 000代以前，充分表明蚊子作为疾病的传播媒介对人类演化所产生的影响。

疟疾在非洲肆虐的历史最久，这里的一些人已经出现了遗传免疫性。他们的红细胞变得扁平且僵硬，这使得疟原虫难以附着和进入身体器官。这被称为镰状细胞性状。尽管可以对疟疾免疫，但这种遗传分化付出了高昂的代价——扁平的血细胞在体内无法高效地运输氧气，因为它们无法进入血液系统中最狭窄的毛细血管。

镰状细胞性状的症状通常很轻微，但也有一些人遗传了更为严重的镰状细胞贫血。这会大大缩短寿命，并可能严重影响人们的生命质量。寄生疟原虫的遗传响应是一个典型的例证，充分说明了一个物种（携带疾病的蚊子）是如何作为寄生虫（疟原虫）及其宿主之间的沟通渠道，以此改变另一个物种（人类）的演化遗传的。

其他寄生虫也抓住了雌蚊唾液提供的绝佳传播机会。黄热病（由黄病毒科的一种病毒导致）会引发头疼、咳血、内出血等一系列症状，甚至也会导致死亡。自从罗马帝国陷落之后，人类历史中已经记录了数次令人震惊的流行病，大部分出现在非洲、欧洲和美洲。这些疾病的爆发，有时会导致成千上万人的死亡。

1802年，拿破仑派遣了一支军队横渡大西洋去镇压加勒比地区海地岛的叛乱。他的军队被黄热病彻底摧毁了，结果便是拖延了法国想要通过其控制的路易斯安那州入侵刚刚独立的美洲大陆的愿望，并最终完全丧失了这个机会。因此，海地，这片非洲棉花劳工被奴役的土地，变成了第二个获得主权的欧洲殖民地。

黄热病的病因最终由美国和古巴的医生通过勇敢的行动查明，其中包括杰西·拉齐尔（Jesse Lazear，1866—1900），他是第一个怀疑蚊子携带了这种疾病的人。无论是出于野心还是无私（或者两者都有），拉齐尔让自己被已感染的蚊子叮咬以证明他的理论是正确的。对于这种疾病的好奇心让他付出了生命的代价，他在 34 岁时死去。1937 年，科学家们研发出一种预防黄热病的安全疫苗（尽管仍然没有治疗方法），但在未接种疫苗的人群中，每年仍然有大约 30 000 人死于该病。

一种名为班氏丝虫（*Wuchereria bancrofti*）的线虫类也利用了自然界最多产的寄生虫运输工具——蚊子。这些蠕虫可以长到 6—8 厘米，寄生在人类的淋巴系统中，尤其是腹股沟和腿周围。象皮病是由这些蠕虫引发的十分令人不快的疾病，会导致男性的阴囊肿胀到足球的大小。尽管已经有了有效的治疗方法，但据估计，全世界仍有 4 000 万人深受其害，尤其是在埃塞俄比亚这样的国家。

根据最近的病毒学研究，现在成功感染了许多动物的痘病毒，可能正是由于它们 2 亿多年前就借助了可以飞行且会叮咬的蚊子的力量。这样的病毒最初适应了爬行动物宿主，然后是鸟类，并最终在 6 550 万年前恐龙灭绝后，转移到了哺乳动物身上，比如猴子和人类。在这段时间中，每一种被感染生物的免疫系统都已经适应抵御寄生虫的持续攻击。

查尔斯·达尔文认为，支持其演化理论的“生存斗争”是由种群过剩引起的：“一切生物都有高速率增加的倾向，因此不可避免地就出现了生存斗争……因此，由于产生的个体比可能存活的多，在这种情况下一定会发生生存斗争……”[1]

携带疾病的蚊子通过控制种群数量颠覆了达尔文的这个基本理论，有时是在其种群发展到足以与其他物种激烈竞争之前。因此，最适应抵御寄生虫攻击的生物就变成了生存的最佳候选，正如人类镰状细胞性状的例子所示。结果，既定物种中，至少存在对疾病具有免疫力的个体，而它们的存活可能产生新的物种。

生命之网的说明图通常都会将生产者（比如植物）放在底部，将食肉者（比如人类）放在顶部，但这其实是错误的。咬人的昆虫，比如蚊子，还有跳蚤和舌蝇都是野生生态系统中真正的王者，因为它们通过传播致病寄生虫而不断地感染和改造最强大的物种。在此过程中，转移并改编了无数代生命无穷无尽的演化链。

1　引用自《物种起源》第三章《生存斗争》。

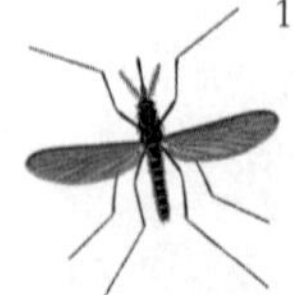

跳蚤

目：蚤目（Siphonaptera）
种：印鼠客蚤（*Xenopsylla cheopis*）
排名：18

困扰人类历史已久的惊人跳虫。

米丽娅姆·罗斯柴尔德（Miriam Rothschild，1908—2005）是20世纪最杰出的博物学家之一。她是著名的犹太银行家族成员，因此在其一生中，对科学研究大有裨益的金钱从来不是问题，只有一次例外。在她6岁时，米丽娅姆及其家人在第一次世界大战前夕在奥匈帝国度假时逃出，她的父亲太过着急要返回英国，忘记带上足够支付全家火车票的现金。他被迫要接受一个匈牙利同伴的施舍，该名乘客后来说："这是我一生中最自豪的时刻。我从没想到过我会借钱给罗斯柴尔德家族的人！"

查尔斯·达尔文的父亲也"安排"了他的财务，以便他的儿子可以集中精力研究自然世界。或许正是由于独立的经济能力，米丽娅姆·罗斯柴尔德和查尔斯·达尔文才能留下如此珍贵且令人印象深刻的遗产。

不是"苍蝇之王"，而是"跳蚤女王"：米丽娅姆·罗斯柴尔德正在仔细研究寄生虫。

米丽娅姆的父亲纳撒尼尔热心于女儿对自然世界的迷恋。一直到17岁，米丽娅姆都是接受家庭教育，她用大量的业余时间不懈地追求发现的乐趣。她的父亲在她15岁时去世，但她的叔叔沃尔特也是一名伟大的博物学家，继续为年轻的米丽娅姆提供源源不断的灵感。他在赫特福德郡的特陵公园建造了一座博物馆，现在是自然历史博物馆的一部分。米丽娅姆和她的哥哥维克托是那里的常客，他们喜欢在里面闲逛，沉迷于沃尔特那些巨型乌龟、食火鸡、小袋鼠和其他奇异生物的收藏。

受到年轻时亲近大自然的经历的启发，米丽娅姆成了环境保护的一名早期拥护者。她大力宣传抵制所有虐待动物的行为，并成为严格的（尽管很古怪）素食主义者，并以冬天穿月球靴，夏天穿运动鞋，晚上穿白色的惠灵顿长筒靴而闻名。但她最出名的爱好还是研究寄生生物，从吸虫（体内寄生虫）到杜鹃（巢寄生）。她甚至还发现了某种极为罕见的蠕虫，这种蠕虫"仅生活在河马的眼睑之下并以其眼泪为食"。在这些生活方式多样的生物中，她最喜欢的还是一类微小的跳虫，这也是她经常被称为"跳蚤

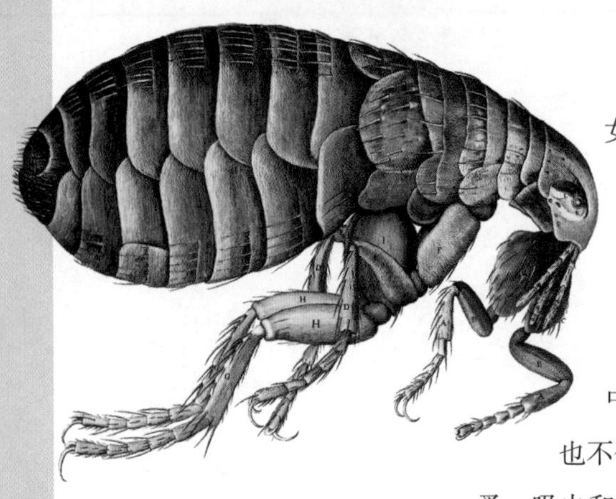

女王”的原因。

跳蚤简直就是她的家族成员。米丽娅姆像她的父亲一样，是一位狂热的收藏家。她花费了30年时间为其父亲享誉世界的跳蚤收藏进行分类编目，最后在1923年将它们捐赠给了大英博物馆。她坚持将其个人收藏的活体标本密封在胶袋中放在卧室内，“这样我就可以看到它们在做什么，而孩子们也不会去骚扰它们”。正如米丽娅姆在她有关寄生虫的经典著作《跳蚤、吸虫和杜鹃》（*Fleas, Flukes & Cuckoos*）的前言中所说，这些微小的跳虫与人类有着数千年的亲密接触，从夜间躲藏在缝隙中并“从睡美人的胸部悄悄吸血”的普通臭虫，到致命感染的主要带菌者，这样的流行性瘟疫已经使数亿人丧生。

英国科学家罗伯特·胡克（1635—1703）于1660年精心雕刻的跳蚤。

跳蚤是以从其动物宿主身上吸血为生的小型寄生性昆虫。其祖先是在约1.6亿年前从蝇类分离出来的，它们放弃了翅膀，而选择使用一对强有力的后腿在美食间跳跃。实际上，以它们的体形来看，跳蚤是自然界最优秀的跳跃者，远远超过人类最优秀的奥林匹克运动员，因为它们可以纵向或横向跳跃超过自身体长200倍的距离。

运动能力强的、以其他动物血液为食的跳蚤，几乎不可避免地成了移动能力差、想搭顺风车的生物的主要目标。跳蚤，就像许多飞行的寄生虫一样（尤其是蚊子和舌蝇），携带了包括蠕虫和细菌在内的各种各样的“乘客”。其中一种名为鼠疫杆菌（*Yersinia pestis*）的种类，现已被证明对人类最为致命。

鼠疫杆菌会感染啮齿动物，尤其是老鼠和土拨鼠。跳蚤叮咬了这些生物后就携带了这一病菌，然后这些病菌会在其肠道中繁殖（显然对跳蚤并没有造成伤害），直到通过跳蚤叮咬传播到包括人类在内的其他哺乳类宿主身上。

人类历史上第一次爆发的传染病就是由这种鼠疫杆菌引起的，那是发生在公元6世纪，在汪达尔人、匈人和西哥特人这些入侵者导致古罗马帝国解体后，东罗马皇帝查士丁尼一世试图对其进行再联合之时。这次鼠疫的暴发被认为是起源于埃塞俄比亚[1]，那时罗马帝国首都君士坦丁堡从那里进口了大量谷物。瘟疫在城市狭窄的街道中泛滥，跳蚤在这里可以轻松地从被感染的老鼠身上跳到生活在肮脏拥挤的城市环境中的居民身上。一般认为，在肆虐期，这次瘟疫每天造成多达10 000名城市居民丧生。

而即使是那样的灾难，也比不上第二次鼠疫大暴发产生的影响，这是有史以来最著名的瘟疫暴发事件。源于中国的黑死病（1347—1351）[2]通过蒙古入侵者传播到了欧洲。金帐汗国的可汗扎尼别（Jani Beg）在1346年对卡法的克里米亚港发起了进攻，他完全没有

1　说法不一，根据中国出版的《现代流行病学》，人类历史上第一次鼠疫暴发于中东自然疫源地，从埃及的西奈半岛，经巴勒斯坦传到欧洲，持续40余年。

2　说法不一，根据《现代流行病学》，人类历史上第二次鼠疫暴发源于西亚的美索不达米亚平原，因十字军东征而波及欧、亚两大洲以及非洲北海岸。

想到这会在倒霉的欧洲大陆上引发一场生物战争。死于瘟疫的蒙古受害者的尸体被扔在城墙上的抛石机上，感染了里面的意大利士兵。逃回热那亚港后，90% 的意大利士兵都病死了，幸存者们将这种疾病传播到欧洲大陆，由于跳蚤的横行和老鼠的肆虐，人口数量遭到了毁灭性打击。仅在中国就有 6 000 万人死于这场疫病，欧洲和非洲的死亡人数分别为 4 000 万和 1 000 万[1]。

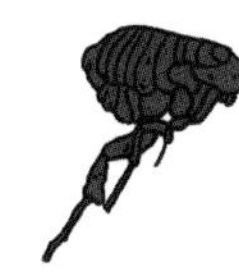

有大量关于黑死病对世界历史影响的书籍被写作出来，就如同欧洲列强海外扩张之前所做的那样。毫无疑问，在英格兰、法国和意大利这样的国家，人口的大量减少导致了显著的权力转移，从地主转移到了幸存的农民身上，农民们可以要求地主支付更高的工资，其中有些人还能摆脱农奴的身份。在受瘟疫影响较小、人口较少的国家，尤其是东欧国家，农奴制一直持续到 19 世纪前，这在一定程度上解释了欧洲大陆两部分不同的政治历史。

有人推测，基督教的宗教改革起源可以追溯至教会纪律标准的松懈，这是在鼠疫大流行中神职人员的大量死亡不久之后发生的。此外，荷兰语和英语中新的发音形式，可以归因于农民从农村大规模迁移到城镇以寻求新的就业机会。甚至有理论提出，由于人口的急剧减少，二氧化碳排放量和森林砍伐显著减少，地球只差一点就可能进入另一个冰河时代。

尽管如此，跳蚤、老鼠和细菌这三部曲引发了一个小小的警告，这三者被认为触发了中世纪的亚洲、欧洲和北非从宗教分裂到气候变化的所有事件。最近，至少提出了两种相对立的理论，对由跳蚤传播疾病导致人口减少的传统解释产生了质疑。一种认为人口大规模死亡事件是病毒（比如埃博拉）导致的，而另一种则认为是炭疽。曾经一度认为人类历史最动荡时期起因于小跳蚤传播疾病的共识，现在演变为一场热火朝天的历史大辩论。

但是，对于第三次疫病大流行并没有什么争议，1855 年从中国开始传播，在亚洲导致了约 1 200 万人死亡。鼠疫杆菌的确凿证据可以追溯到受害者的遗体上。

在 1903 年，一次前往埃及的搜寻远征中，米丽娅姆的父亲纳撒尼尔·罗斯柴尔德发现了导致这场流行大灾难的具体跳蚤品种：客蚤属（*Xenopsylla*）的一员，他以著名金字塔[2]给它命名——印鼠客蚤（*Cheopis*）。这并非唯一能传播疾病的跳蚤，人类也不总是跳蚤传播细菌的目标。在脊椎动物中，从牛到鸟、鸡，再到蝙蝠，只要有机会被记录，跳蚤叮咬感染的历史将会相当丰富。不幸的是，这样的记录并不存在。

1　原文数据存疑，根据《现代流行病学》等流行病学专业书籍，欧洲约有 2 500 万人死亡，欧、亚、非洲总计死亡人数约 5 500 万—7 500 万人。

2　即胡夫金字塔，埃及法老胡夫被希腊人称为“Cheops”。

舌蝇

科：舌蝇科（Glossinidae）
种：刺舌蝇（*Glossina moristans*）
排名：37

帮助保存人类在非洲狩猎采集生活方式最后遗存的吸血者。

人类文明历史专业的学生很少会学习有关非洲国家和人民的知识。除了鲜有的魅力（比如古埃及这样的辉煌），他们的故事大多会被忽视。

非洲没有遵循与大多数历史记录所展现的稳定文明相似的发展模式。在过去的1万年中，非洲人民与自然的关系遵循着不同于地球上几乎所有其他地方的轨迹，部分原因是一种非常大的飞行昆虫——如今被简称为舌蝇——的“壮举”。

舌蝇是一种被拍打时会奋力反抗的大型扁平蝇类，这极有可能是由动物尾巴不断拍打所演化出的适应方式。与蚊子一样，这些蝇类也是寄生虫的媒介。但是与蚊子不同，雄性和雌性的舌蝇都非常享受美味的吸血盛宴。它们所携带的病菌会直接影响人们建立稳定文明的能力，这是导致今天非洲成为世界上最不发达地区之一的原因之一。

舌蝇是名为布氏锥虫（*Trypanosoma brucei*）的单细胞寄生虫的携带者，这种寄生虫会使人类感染上神经系统非洲锥虫病这种严重的疾病，使牛、马、骆驼和猪患上那加那病（nagana）。寄生虫通过这些蝇类从被感染的哺乳动物身上吸血，并将这种寄生虫传染给下一个被咬的动物。除非进行治疗，否则神经系统非洲锥虫病几乎是致命的。寄生虫从脊椎动物的淋巴系统进入神经系统，最终抵达大脑，引发极端嗜睡并最终导致病患死亡。

准备攻击：舌蝇会传播致命的疾病，比如人类的神经系统非洲锥虫病和牛的那加那病。

对于牛、马和猪来说，这种寄生虫会影响其生长发育及其产奶量，并最终像被感染的人类一样，多病、过早死亡。尽管舌蝇是在6 500万—5 500万年前与哺乳动物一同演化出现的，但它们对人类最大的影响似乎发生在过去数千年的非洲。

从约公元前8000年开始，世界上一些地区的人类开始尝试养殖野生动物，以期将其转变为可驯化的家畜，为人类持续不断地提供肉和奶（见农业）。从大约公元前3000年开始，在埃及和努比亚（现在的苏丹）崛起的先进新文明就建立在农作物种植和动物驯化的基础之上。但由于舌蝇携带的寄生虫导致的地方性感染，数千年来，乡镇和城市生活由周围的农业和畜牧业支撑，忽视了撒哈拉沙漠以南的非洲人民。由于缺乏驯养的牲畜，直到希腊和罗马帝国经历了崛起和陷落之后，大部分的非洲人民还一直以狩猎为生。

家养的牛从中东传入非洲西部、中部和南部，但这些牛不具备对那加那病的天然免疫力。直到数千年后，西非班图牧民最终成功养

非洲的舌蝇感染

非洲赤道带的畜牧业是如何受到限制的。

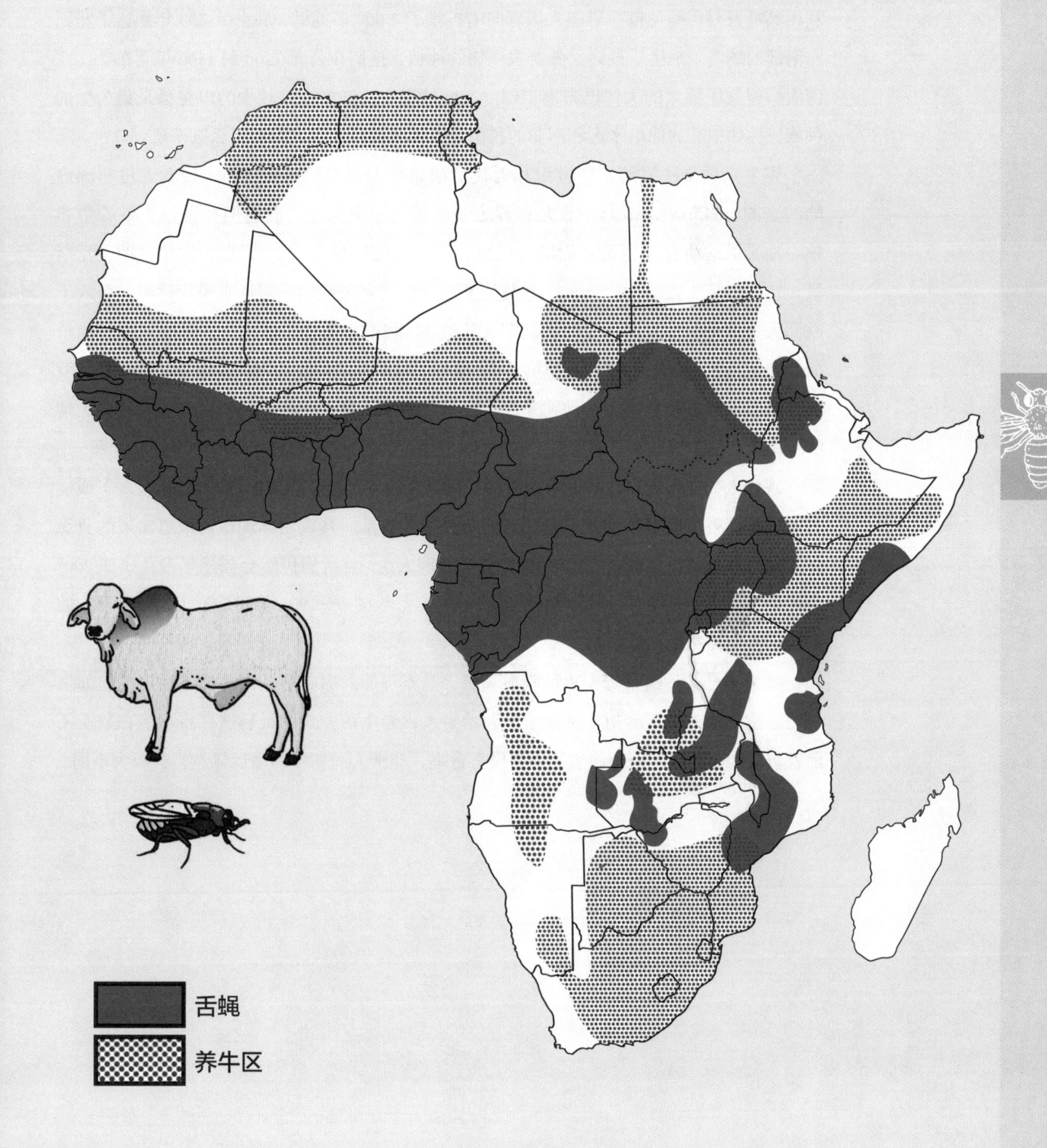

殖出可以抵抗由舌蝇携带的寄生虫的牛之后，牧民人口才开始显著增加。

驯养的牲畜提供了丰富的肉类和牛奶，可以支持规模更大的家庭，也使牧民遍布整个非洲大陆成为可能。到了大约公元前 500 年，班图牧民抵达了东非海岸，在那里，他们掌握了加工铁质工具的技艺，这进一步帮助他们确立了自己的文化在非洲的主导地位。利用其牲畜对舌蝇免疫，班图人接着向南扩张了 2 000 多英里，在公元 300 年到达了非洲东南部的纳塔尔地区。最终，随着农作物的种植，他们在公元 1200 到 1500 年间在赞比西河沿岸建立了强大的大津巴布韦王国。在此过程中，许多人口较少的以狩猎采集为生的种族，比如中非的俾格米人和南非的科伊桑人要么被赶走、奴役，要么被杀死。

寄生虫感染还阻碍了中世纪和近代早期北非人、穆斯林和欧洲入侵者入侵非洲内陆的企图。多年来，战马一直是世界上最强大的军事力量，而它们在舌蝇感染的中非核心地带无法生存，因为它们对寄生虫几乎没有任何免疫力。直到 15 世纪后期，瓦斯科·达·伽马（Vasco da Gama）和其他葡萄牙探险家在好望角附近乘船探险时，引入了欧洲火药这种新型且更为致命的武器。从约 19 世纪 70 年代开始，这一时期被称为“瓜分非洲”，海上和陆地上的蒸汽动力终于敲开了这个大陆内部的大门，因为从这时起，欧洲侵略者无须使用易感染的动物来旅行或发动战争。自此，非洲的历史充斥着残忍无情的殖民、剥削、战争和分裂，直至今日，这里的人们依然没有从那段历史中恢复过来。

现代人类在舌蝇发动的战争中取得了部分成功，通过使用杀虫剂（比如 DDT）或通过向雄性照射伽马射线使其不育，从而减少了其数量。其成功体现在被报道出来的身患锥虫病人数的逐渐下降（估计有 60 000 名非洲人）。流行病仍然会偶尔暴发，比如 2008 年开始在乌干达发生的一次。这次发作根本无法与 1896—1906 年间杀死了 100 多万人的那次暴发相提并论。

如果不是这一携带寄生虫的吸血飞虫，是不可能开启了解非洲历史的窗口的。如果没有这个奇怪的命运转折，喀拉哈里布希曼人古老生活方式的最后遗存将可能在数千年前就被机会主义农夫一扫而空。如果没有舌蝇，非洲人民如今的命运显然将会极为不同。

橡树

科：壳斗科（Fagaceae）
属：栎属（*Quercus*）
排名：21

一种非常强健的有花植物，承载了丰富的生态系统，却又拒绝特定的定义。

植物界里鲜有物种如橡树这般对人类的历史具有这么重要的影响。追溯至人类有历史记录的初期，这些有花植物在许多不同方面激发了人们的想象，包括宗教、文化和诡计。

更具体地说，这些树木一直主导着居住在北半球人们的思想，尤其是在北美洲和欧洲，其原因要追溯到大约1亿年前，壳斗科（山毛榉、栗树和橡树）的演化起源上。

古老的橡树林地是苔藓、昆虫、鸟类和哺乳动物生气勃勃的栖息地。

没有人确切地知道橡树的祖先首先出现在哪里。泛大陆在2.5亿年前开始分解时，形成了两个巨大的陆壳。冈瓦纳古陆是泛大陆的南半球部分，后来分裂成了南美洲、非洲、印度半岛、阿拉伯半岛、澳大利亚和南极大陆；北边的劳亚古陆则分裂成了欧亚大陆的大部分、格陵兰和北美洲。橡树正是在北边大陆的某处演化出现的，当我们现在所熟悉的陆地逐渐向四面八方散布时，它便成了纵横北半球的重要有花植物。

橡树在陆地生态系统中的地位类似于热带海洋中的珊瑚礁。典型的橡树可以容纳至少30种鸟类、45种昆虫和200多种飞蛾，昆虫格外喜欢在其树叶中产卵，被称为瘿瘤的隆起或瘤状物可以为幼虫提供营养物质和保护。微小的寄生胡蜂尤其热衷于这些繁殖地，摇蚊的幼虫、飞蛾、蠕虫和毛毛虫也很喜欢。橡树采取的生殖策略不仅取得了巨大成功，它也是自然界中最慷慨的物种之一。一棵成熟的橡树一年中可能要产生多达10万颗橡子（一种种子/坚果），为各种动物——从猪、鹿和熊到啮齿类动物和鸟类——提供了营养丰富的盛宴。数千年来，斑尾林鸽每天都要吞下多达120颗橡子；鸟类不远千里，横跨大陆的迁徙，就是为了参加这一盛宴。喜鹊和

松鸦也很享受这顿美餐，因为它们还可以享用橡树上巢穴中的鸟蛋。猫头鹰和蝙蝠常在老橡树的树皮缝隙和洞穴中筑巢，这些橡树可以存活 1 000 年左右。

橡树的生殖策略不仅仅是简单地用坚果铺满地面，其中还有更为巧妙之处——它们还希望一些橡子能够生根。橡子富含脂肪和蛋白质，因此动物们总是将它们带走藏在临时食品库中。重要的是，这些动物搬运者不会吃掉所有的橡子，因为未经消化的种子是不会穿过肠道的。因此，橡树在其营养丰富的橡子中添加了精心计量过的单宁（鞣质），如果大剂量食用该物质，会破坏消化系统的正常运作。这便鼓励动物们将橡子作为它们长期的食物储备，而不会一次吃得太多。最近的医学研究表明这种剂量精确的单宁是如何产生效用的：对于食用橡子的动物来说，小剂量食用是有益健康的，然而大剂量会影响动物对蛋白质的消化能力。

一些动物会过早死亡，而它们还没有来得及吃完储存的橡子，还有些动物则会忘记它们埋藏食物的地方。这样，至少橡树所产生的一些橡子可以被动物成功地种植，而且通常会远离母树，并安静地生长发芽。

单宁也对人类历史产生了影响。用富含单宁的橡树所制作的桶，赋予了葡萄酒和烈酒强烈的芳香气息。同样，通过将橡树的木材浸泡在水中而获得的单宁，几千年来一直被用于保存皮革，这些皮革后来被制成从靴子到书籍封面等各种物品。

但是，橡树对人类文化的影响远不止于此。自从有人类历史记录以来，这些树有时被称为“森林之王”，一直是北半球人民神话和民间传说的核心。

多多那（Dodona）是希腊最古老的神谕，比其更著名的对手——德尔斐（Delphi）神谕古老得多。早在 4 000 年前，新石器时代的农民聚集在那里，向他们的母性之神求助，而她通过周围橡树叶的沙沙声对她的信徒们说话。古希腊历史学家希罗多德（Herodotus）认为，建造阿尔戈号（Argon）[1] 结实横梁的便是取自此处的巨大橡木，这些橡木为船员提供了他们迫切需要的先知性预见，以帮助完成其史诗般的航行。

对北欧人来说，橡树象征着雷神托尔（Thor）[2]，因为人们认为橡树比其他树木更易被雷击。对古诺尔斯人（Norse）来说，最著名的户外圣地之一就是一棵古老的树木——“托尔的橡树”（Thor's oak），相传它已有数百年树龄了。成群的日耳曼异教徒来到黑森州北部的盖斯马膜拜这棵树，以求免受善变的自然之神的伤害。根据传说，这棵树一直存活

1 希腊神话中的一条船，由伊阿宋等希腊英雄在雅典娜帮助下建成。共 50 名英雄乘此船到位于黑海的科尔基斯（Colchis）寻找金羊毛。此后该船作为进献雅典娜的祭品被焚毁。南船座（南天星座之一，原是最大的星座，但于 18 世纪被拆分为四个单独的星座，分别是船帆座、船底座、船尾座和罗盘座）便是由此而来。阿尔戈的船员包括很多著名的英雄和半神，总称阿尔戈英雄（Argonaut）。

2 北欧神话中负责掌管战争与农业的神，职责是保护诸神国度的安全，并在人间巡视农作。相传每当雷雨交加时就是托尔乘坐马车出来巡视，因此称呼托尔为“雷神”。

至公元723年，直到一位名为温弗里德（Winfrid）的英国基督教传教士将它砍倒以证明耶稣才是唯一的真神。当本地人看到温弗里德并没有因为其罪恶的行径而遭到雷劈时，他们就成群地皈依了基督教。这一新宗教就以这一方式取代了古诺尔斯人对这些雄伟树木的崇拜，后来温弗里德也成了德国的守护神——圣波尼法爵（Saint Boniface）。

中世纪基督教社会对破坏树木的热衷，将人们与橡树之间的关系置于完全不同的境地。从约公元900年开始，最大的土地所有者就是修道院院士，比如中世纪时期被称为乱砍滥伐"突击部队"的西多会（Cistercians）[1]。砍伐森林以开垦可用于出租的农田，是中世纪的欧洲最成功的致富途径之一。橡树也可以为建造修道院的房屋提供最好的木材。像诺尔斯人的圣地一样，基督的寺庙周围被橡树环绕。但是，与异教徒的礼拜中心不同，它们通常是用枯木制成的，而且仪式在室内进行，而不是在外面的森林中。

16世纪，欧洲人的斧头便迫不及待地挥向了大陆上曾经多产的橡树林。橡木是建造横渡大西洋船只的首选材料，这些船只可以将欧洲探险者带到世界各地。事实证明，橡木极强的防腐性使其成为建造船只的理想材料，这些船只足够坚固，能够经受住海洋风暴的侵袭，而且足够坚韧不容易腐烂。

英国的土地上曾经覆盖了茂密的橡树林。但随着橡树成为新的生活方式中如此重要的一部分，到了17世纪，这个国家面临着严峻的挑战。直到煤炭作为替代能源被发现，英国才摆脱了长期的能源短缺，同时从波罗的海和美国引进松木，以弥补本土建筑木材的短缺。

最后还有一件令人好奇的事——橡树高度成功故事的后记。现在大约有400种橡树，但几乎不可能确定哪个种更重要。因为这些树木无视了关于物种传统上的科学定义。橡树是有花植物中10%选择风力作为媒介进行授粉作用的植物，因为不需要为了吸引昆虫或鸟类而显得艳丽，它们的花（被称为葇荑花序）又小又不起眼。与有针对性的昆虫传粉方法相比，风力传粉极其不精确且随意。橡树通过违抗人类对自然认识的基本原则之一，克服了这一潜在的负面影响，它们习惯于在不同物种间进行繁殖，创造出完全可育的杂交品种。如果来自同种植物的花粉没能被吹过来，通常也能与来自不同种植物的花粉杂交。

这样的杂交是橡树取得巨大成功的另一个原因。但这让科学家颇为不解，他们想知道：在杂交的橡树世界中，"物种"一词还有什么用？

快看！温弗里德砍倒了托尔的橡树，却没有被闪电击倒。

1 一个天主教修会，遵守圣本笃会规，但是反对当时的本笃会，属于修院改革势力。清规森严，平时禁止交谈，故俗称"哑巴会""清规会"。他们在黑色道袍里，穿上一件白色会服，所以有时也被称作"白衣会""白衣修士""白衣头陀"。

金合欢

科：豆科（Fabaceae）
模式种：羽脉相思树（*Acacia penninervis*）
排名：36

一种具有极强的生存和共生能力的被子植物。

一棵树在非洲沙漠中孤零零地挺立了数百年，距其最近的竞争对手至少400千米。随着撒哈拉沙漠不断加剧的炎热和干旱，曾经一度繁盛的森林最终成为历史；最后就只剩这棵幸存下来的唯一标本——特内雷之树（*Arbre du Ténéré*），它被称为世界上最孤单的树。

几个世纪以来，沙漠旅者都十分崇敬这棵伞状的荆棘，相信其神秘的力量可以确保他们安全地穿过这片不毛之地。正如法国司令米歇尔·勒苏尔（Michel Lesourd）在1939年写道：

> 只有亲眼见到这棵树，才能相信它的存在。其中有什么秘密？从其旁边路过的骆驼络绎不绝，它又是如何生存下去的？这里有一种迷信，部落的秩序必须受到尊重。每年，在面临特内雷树的十字路口前，阿扎来人（azalai）总是会聚集在树的周围。金合欢已成为一座活灯塔；它是阿扎来人离开阿加德兹前往比尔马或返回路上的第一个也是最后一个路标。

特内雷之树是干旱的撒哈拉沙漠里珍贵的自然灯塔。

金合欢约有1 300个种，是有史以来生命力最顽强的有花植物之一。它们的生存方式十分出色，所以在气候变化和人类干预的影响下，金合欢仍然能在全世界范围内繁衍扩张。

它们属于豆科。与所有豆科植物一样，它们与根瘤菌有共生关系，所以可以固定大气中的氮。这种自我供给营养的方式，使它们成为自然界生命力最顽强的物种之一。这也意味着它们的种子具有很高的营养价值。

这些植物并不满足于仅与细菌合作来最大化它们的生存机会。一些金合欢种类，尤其是生活在非洲、美国的得克萨斯州和中美洲的干旱沙漠的种类，可以容纳庞大的蚂蚁群落。一只蚁后将卵产在金合欢的尖角中，这个结构是用来保护它们免受食草动物伤害的。当工蚁孵化后，它们就成了金合欢的守护者，保护树木免受其他昆虫的侵害，这些昆虫会试图取食豆类植物的叶片或茎干。作为对工蚁守卫的回报，金合欢会从腺体产生适量的花蜜来喂养蚂蚁，它还会从细小的叶尖分泌营养丰富的橙色液滴作为蚂蚁幼虫的额外食物。

这是一种强大的合作关系。实验表明，如果砍掉金合欢的荆棘并除去蚂蚁，将导致这种植物枯萎甚至死亡。这些蚂蚁甚至会在植物的周边巡逻，破坏在其附近发芽的其他植物幼苗，以保护金合欢珍贵的水分供应。从上方接近的树枝也会很快枯萎。蚂蚁大军行进穿过并吞噬掉竞争对手的树枝，直到其不再构成威胁。

奉献、忠诚和公平交换是这两个没有亲缘关系的物种之间自然结合的标志，它们的相互依赖对彼此的生存都是至关重要的。从这个例子很容易看出自然界是为何以及如何发生演化适应的，正如这些物种之间通过一代又一代的互惠成功加强了其相互联系。

金合欢是先锋种，这个术语一般用于能够以最小的麻烦在新土地上定居的生命形式。金合欢的种子可以在世界上最干旱、最贫瘠、最没有营养的土壤中幸运地发芽，它们在干旱的澳大利亚内陆地区、非洲和美洲的沙漠中占据了主导地位。如果条件过于苛刻，金合欢的种子可以休眠长达60年，而当环境条件足以支持其生长时，它们就会萌芽成苗。

金合欢树，尤其是其伞状棘刺对人类文化也产生了深远的影响。这种树的木材被记录在《摩西五经》（基督教的《圣经·旧约》）中，是上帝指示其所选的以色列人用来建造其圣体盒——约柜的材料。据说约柜中放置了由上帝雕刻的《十诫》石碑，这是他们著名的先知摩西从西奈山上带下来的。在《圣经》后面的章节中，一棵金合欢树突然着火，这一著名的燃烧的荆棘，是上帝对摩西发出的指示。

传统上，非洲人会用金合欢制作车轮、篱笆桩和笼子等日常用品，还会用其树皮来编织一种线绳。其营养丰富的豆荚和叶片为动物们（尤其是骆驼和长颈鹿）提供了草料，而其汁液，一种可食用的树胶，被用作现代大规模生产食物中的稳定剂（添加剂编号E414）。

最著名的金合欢依然是特内雷之树，它已经在沙漠中屹立了数百年。它的树干充当了周围数英里范围内旅行者的灯塔，而其树根至少向下延伸36米直到地下水位，证明了它对生存无与伦比的渴望。但是，正如生活中许多伟大的传奇一样，其悲喜剧式的结局并不是由于其缺乏对自然的适应力，而是由人类的疏忽而画上了句号。在1973年，一个醉酒的利比亚卡车司机不小心把它撞倒了，它的遗体现收藏于尼日尔国家博物馆内，原址处取而代之的是当地人竖起的纪念性金属雕塑。

榴梿

科：木棉科（Bombacaceae）
种：榴梿（*Durio zibethinus*）
排名：89

侏罗纪时期的水果，数英里开外就难以忽视的存在，可能是首批有花植物的先驱。

一些品尝过榴梿的人会说，它吃起来就像“猪粪”“松脂”和“混了健身房袜子味儿的洋葱”……其他人则说，这种印度尼西亚美食吃起来就像“在厕所里吃香甜的覆盆子味牛奶冻”。

19世纪的英国博物学家阿尔弗雷德·拉塞尔·华莱士（Alfred Russel Wallace）在与查尔斯·达尔文大约同一时间，独立地提出了他自己的自然选择演化理论，他描述榴梿时相对没有那么尖刻：

> 富含杏仁味的蛋奶沙司最适合用来形容这种水果，但偶尔飘来的香味会让人联想到奶油芝士、洋葱酱、雪利酒和其他不协调的菜肴。

无论你的嗅觉抑或是你的味蕾如何，榴梿无疑是自然界宣扬自身存在的佼佼者之一。在婆罗洲[1]的热带雨林里，半英里之外就可以闻到其气味。这种大型、多肉、表皮钉状的水果可以长到30厘米长，重达4千克，所有这些都说明了其“水果之王”称号的由来。

榴梿树是典型有花植物，随梁龙这样的食草恐龙一同演化出现，榴梿满足了它们的贪食。油腻的奶油冻状汁液包裹着黑色的种子，使榴梿成为最受森林动物（包括猩猩、鼷鹿、马来熊，甚至老虎）欢迎的美食。动物们享受这顿水果大餐的同时也会吞下种子，这些种子会通过动物的肠道，被远远地排泄在一堆富含氮的粪便之中。

榴梿能够在6 550万年前其最初的种子运输者——恐龙灭绝之后幸存下来，可以归因于它们的巨大投资：生产出具有强烈味道的巨型果实并通过如此强烈的气味来宣告自己的存在。

根据某种理论，榴梿或至少是其祖先的影响可能比我们想象的更为重要。埃德雷德·科纳（Edred Corner，1906—1996）是一位英国植物学家，他专门从事热带植物的研究，并且在新加坡度过了一生中的大部分时间。在他看来，如今榴梿树的祖先清楚地揭示了达尔文明确表达的关于被子植物（有花植物）起源的“可恶的奥秘”：与现在榴梿

1　也译为加里曼丹岛（Kalimantan Island），是世界第三大岛，位于东南亚马来群岛中部。

类似的红肉果实是从苏铁类植物演化而来，这些树已经掌握了利用昆虫作为授粉者的技巧。它们的榴梿祖先进一步发展，并开发出一种传播种子的技术，即把它们包装成吸引力极强（红色和有强烈气味）的果实，这是经过的动物所不可抗拒的。

科纳的“榴梿理论”于1949年首次发表，试图将所有有花植物的起源与榴梿谱系联系起来。因此，那些演化出可食用的肉质果实的植物，是被子植物惊人成功兴起的先驱。自从科纳第一次提出其理论以来，就受到了广泛的争论、否认和支持。今天，有花植物起源于榴梿的天然栖息地——热带雨林的观点已经被广泛接受。榴梿的祖先是否是被子植物的演化祖先仍有待商榷，而其他植物，比如当今睡莲、胡椒和木兰的祖先，最近也被提议作为可能的候选者。

如今榴梿所属的被子植物类群无疑是所有有花植物中最重要的类群。蔷薇状的真双子叶植物（或蔷薇分支）是遗传信息具有一致性的巨大植物类群，包括世界上许多最有价值的显花树木，比如橡胶树、杨树、柳树、紫藤、洋槐、苹果、李子、榆树、无花果、橡树、山毛榉、桦树、榛子、核桃、香桃木、桉树、乳香树、没药、橙子、柠檬、枫树和桃花心木。

如果榴梿确实是许多植物的祖先，那么它肯定会在自然界最具影响力的物种中处于领先地位。即使不能确定其演化依据，这一气味强烈的物种仍然在榜单上占据了一席之地。

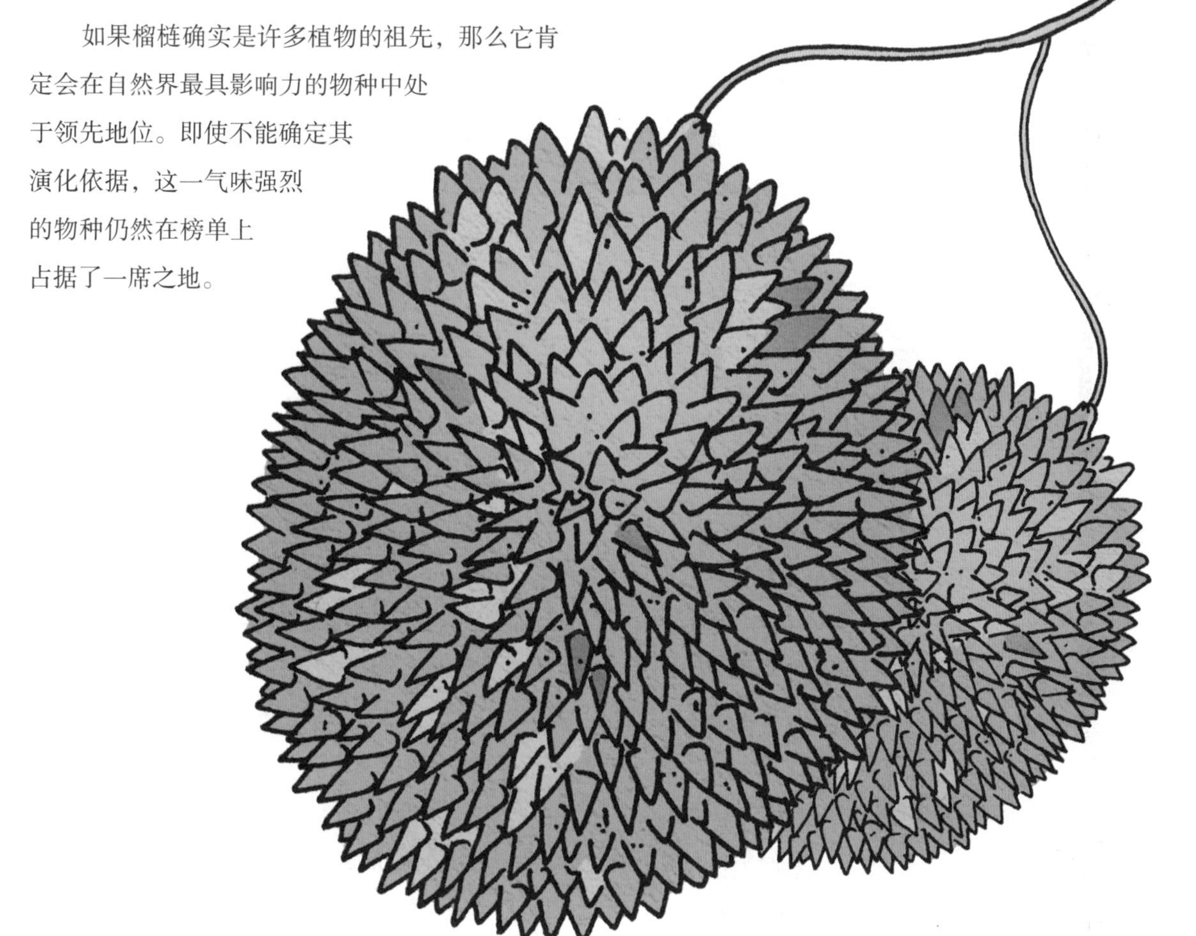

竹子

科：禾本科（Poaceae）
种：梨果竹（*Melocanna bambusoides*）
排名：40

禾本科祖先，演化出了可以抵御食草恐龙惊人胃口的特殊防御机制。

研究恐龙粪便的化石听起来似乎并非现代科学中最促进食欲的追求之一，但对两位美国古生物学家而言，这种耐心的分析最近给探究地球上最重要且分布最广泛的有花植物类群——禾本类植物的起源带来一线光明。

多洛雷丝·皮佩尔诺（Dolores Piperno）和汉斯－迪特尔·苏斯（Hans-Dieter Suess）在显微镜下观察恐龙粪便时，发现了古老有花植物防御系统的微观残留物。这是由一些植物为了避免自身被食草恐龙吃掉而开创出来的，这些恐龙在大约 7 100 万—6 500 万年前生活在如今的印度。这一防御系统的原理是通过在它们的细胞周围大量混入二氧化硅碎片，从而干扰典型食草恐龙口腔内的咀嚼和研磨过程。

当然，随着时间的流逝，食草恐龙也演化出了规避这种防御机制的方式，这促使了各种齿型的产生，比如臼齿，在食草恐龙于 6 550 万年前灭绝之后，在哺乳动物中演化出现了。

二氧化硅包裹的茎叶是单子叶植物的特征，直到皮佩尔诺和苏斯的发现之前，它们都被认为是在恐龙灭亡之后才演化出现的。禾本类植物最早的完整化石只能追溯到 5 600 万年前。然而，多亏了在恐龙粪便中发现的叫作植硅体的二氧化硅碎片，现在人们认为，禾本类植物比之前假设的要出现得早得多，可能是在白垩纪晚期。

进一步对植硅体的研究表明，最为原始的禾本类植物是今天竹子的祖先，竹子是世界上生长最快的植物之一。今天，供水充分的竹子可以在一天中生长 15 厘米，最高可以达到 40 米高，已知有一种现存竹子甚至能在 24 小时内生长 1 米以上。早在恐龙时代，某些物种甚至长得更快，也许每天可以生长数米，最终高度超过 60 米。如此惊人的生长速度是为了逃离地面上贪婪的恐龙。最繁盛的禾木类植物正是那些生长最迅速的。与所有禾本类植物一样，竹子也是由于单子叶植物的独特设计——将至关重要的叶芽埋在地下的这一防御方式而蓬勃发展的。竹子这样的禾本类植物无论被多么野蛮地啃食，它们最新长出的部分总是最不易受到攻击。

二氧化硅、快速生长和地下的叶芽，这些生存特征都是禾本类植物变得强大的原因。随着过去的 4 000 万年气候逐渐变得干旱，世界上超过 30% 的大陆开始被不同种类的禾

本类植物覆盖，其中许多成了 12 000 年前伴随农业出现的、人类赖以生存的粮食。

在人们为社会经济生产而开始培育禾本类植物之前，竹子是世界上最为成功也是最有影响力的植物之一。现存有多达 1 000 种竹子，大多位于东亚、澳大利亚和撒哈拉以南的非洲地区。人们认为，在人类出现以前，快速生长、木本的竹子形成的巨型森林曾称霸于许多陆地之上。

尽管可以从恐龙粪便的分析中明确看出如今竹子演化的重要性，但想要知道这些禾本类植物（比如野生的小麦、燕麦和大麦）最初是否从古代竹子或其相近群落演化而来的却不那么容易。

然而，更多的证据表明竹子的古老世系源于它们与众不同的开花习惯。竹子很少开花，有时每 60 年到 130 年才开花一次。而无论位于什么地理位置的竹子，有时会同时开花。没有人知道它们是如何做到的，它们是否拥有某种神秘的、闹钟般的遗传程序？它们是否以某种方式相互发送信号呢？这一习惯可能是作为对 7 000 万年前恐龙施加的巨大食草压力的应对之策而出现。同时产生这么多的花朵和种子，即便是大胃王的食草恐龙也无法一次性全部消化，从而可以确保至少它们后代的一部分有良好的生存机会。

为了表示诚意，某些种类的亲本植物在开花后会自动死亡，以免与其快速生长的后代争夺水、阳光和空间等生存资源。这就是自然界中物种努力确保其基因可以持续遗传的力量，而不必考虑个体生命周期的长短。

果实丰盛的森林在木质树木突然全部死亡的情况下会产生严重的生态错位。在孟加拉湾等地，这样的影响尤为强烈。竹林每 35 年都会开花、结果并死亡，此时啮齿类动物的数量会急剧增加，大肆破坏其他农作物，继而导致饥荒，而且生活在老鼠身上的寄生虫会大肆传播鼠疫、斑疹伤寒症等致命疾病。

如果不是这些快速生长的禾本类植物有如此重要的社会和经济意义，偶尔发生的竹林集体自杀现象几乎不会有这么大的影响。在一些亚洲社会中，竹子彻底地改变了人们的生活方式。它们被运用到生活的方方面面，从烹饪（竹笋）和医药（作为天然的抗菌剂）到建筑（屋顶、地板、脚手架、排水沟和水道）都有。得益于竹子的抗拉强度，1 500 年前的中国工匠甚至用竹子作为运输天然气的管道[1]。竹子还有许多其他传统用途，包括制作篱笆、桥梁、独木舟、手杖和家具、乐器、帽子、武器、钓鱼竿、篮子和编织针等。

1 根据《华阳国志》记载："顷许，如雷声，火焰出，通耀数十里，以竹筒盛其光藏之，可拽行终日不灭也。""火井有水，郡人以竹筒盛之，将以照明，盖似今人秉烛，即水中自有焰耳。"东汉到蜀汉时期，临邛的井盐生产者在开凿盐井的过程中，发现了天然气资源，并创建了人类历史上最早的天然气井——临邛火井，用于煎制食盐。

蜜 蜂

科：蜜蜂科（Apidae）

种：意大利蜜蜂（*Apis mellifera*）

排名：33

为全世界许多花朵授粉并生产蜂蜜的勤劳搬运工。

如果没有出现蜜蜂这个奇迹，今天的世界看起来会大不相同。虽然记录在册的蜜蜂多达 20 000 个不同的种类，但只有一种欧洲蜜蜂——意大利蜜蜂，不仅是对人类的历史，更是对许多自然界最多产的有花植物的影响最为深远。

蜜蜂起源于 1 亿多年前，那时 10 米长的恐龙统治了陆地，小型飞机般大小的翼手龙从空中俯冲而下，而海洋中充斥着奇特的菊石和可怕的鱼龙。

最近，在缅甸北部一个矿山中发现的 1 亿年前的琥珀化石，揭示了蜜蜂漫长的演化历史。蜜蜂是由胡蜂演化而来的，像胡蜂一样，蜜蜂也发展出了自然界中的首批社会居群，它们所展示的许多特征也可以在最早形成于约 6 000 年前的人类文明中看到。

蜂巢中包含三种类型的蜜蜂。第一种是蜂后，在它三年的生命周期内要产下多达 50 万个卵，其中的大部分孵化后会成为雌性工蜂，它们要承担一系列工作，比如清洁、喂食、护理、寻找食物、储存食物和用蜂蜡制作蜂巢等。少数雄蜂只有一个职责，就是让蜂后怀孕，这通常在数百米高空的一个精心设计的仪式中进行，需要很大体力，所以只有最强壮的雄性才能成功交配。这种交配过程需要付出很多精力，所以雄蜂通常会在交配结束后不久死去。这是一个雌性的世界。

蜂后通过分泌信息素与其巢穴周围的臣民交流。蜜蜂之间通过舞蹈语言进行交流。“圆舞”意味着食物就在离蜂巢 50 米范围内；“摆尾舞”可能是垂直或者水平方向的，提供有关某一特定食物源的距离和方向的明确细节；而“跳动舞”则是用来讨论是否应该增加或减少蜜蜂需要收集的食物数量，这取决于蜂巢的总体需求。

实际上，蜜蜂是一种高度发达的生物，当它们需要决定新群落的位置时，就会执行现代人类世界中我们称之为“民主政治”的已知最早示例。各方侦察兵将识别潜在的巢穴地点，然后将每一个地点通过各种舞蹈方式报告给群落里其他成员。其他蜜蜂会在返回巢穴前查证一下情况，它们在自认为最佳地点的方向上会跳得更长久、更卖力。在大约两周后，实力最强、精力最充沛的舞蹈所指示的地点将是赢家和蜂群聚居地。据估计，使用这种投票方式，蜜蜂有大约 90% 的机会挑选到最佳地点。

其他在人类社会中较为常见的特征，甚至如酗酒这样的弊病也可见于蜜蜂。吸入发酵花蜜的蜜蜂就是臭名昭著的酒鬼，其行为类似于喝醉的人类。实际上，蜜蜂的“醉酒”过程可以近似反映酒精对人类大脑的影响，所以科学家们现在正努力研究醉酒的蜜蜂，以探寻酒精滥用对人类的影响。蜂巢之外驻扎的守卫蜂可以防止这种“醉汉”蜜蜂制造麻烦，就像保镖一样驱逐它们，直到其完全清醒。惯犯是无法被容忍的，它们的腿会被咬断以作为惩罚。

花朵与蜜蜂在白垩纪时期的协同演化是自然界团队演化的最好例证之一。如果没有蜜蜂的定向授粉服务，许多有花植物就不可能在世界上如此广泛地传播。而没有这些花朵，蜜蜂就无法从寄生性或捕食性胡蜂之中分化出来，演化为以花蜜和花粉为食的植食性动物。

人类采蜜已经有数千年历史了，远早于最早的文明出现之前，尤其是在以狩猎为生的非洲部落，人们总是跟随导蜜鸟找到充满蜜蜂的蜂巢。埃及法老的墓穴中发现了密封的蜜罐，而且养蜂的技艺也是深受古希腊和古罗马作家喜爱的话题。考古学家发现了最古老的人造蜂巢，可以追溯到约公元前900年圣经时代的以色列——“牛奶和蜂蜜”应许之地的证据。

一幅15世纪的绘画，描绘了一只蜜蜂守卫蜂巢的景象。

蜜蜂如今为全球经济做出了数十亿英镑的贡献。它们的价值不仅限于生产蜂蜜（中国是现在最大的生产国，每年可以收获超过30万吨蜂蜜），蜜蜂也为许多供人类食用的最常见、最受欢迎的水果授粉。在美国，将蜂巢从一个州带到另一个州并雇佣蜂群授粉的做法是一笔大买卖。据估计，仅在美国，迁徙养蜂就支撑了大约150亿美元的水果作物产业。

然而，如今欧洲蜜蜂的故事中存在着灾难性的结局。自2006年以来，蜂群神秘地消失了，在欧洲和美洲的一些地区蜜蜂数量减半。如果这样的蜂群崩溃综合征（CCD）持续下去，农民将面临因失去这些古老飞行昆虫传统的免费授粉服务而导致的不可估量的损失。西方有关政府部门现在正投入数百万的经费用于科学研究，致力于发现其原因。（是否因为过度使用杀虫剂？还是城市化进程加快？抑或是一场神秘的病毒暴发？）如果不想人类的农业生活变得更加复杂，那么专家们就需要尽快寻找到解决办法。

蚂蚁

科：蚁科（Formicidae）
种：切叶蚁（*Atta sexdens*）
排名：25

成功适应了地球上几乎所有栖息地的天才工程师。

6 550万年前，小行星撞击地球，摧毁了恐龙和其他许多主宰陆地的物种，自然界的生物多样性正是抵抗物种灭绝的最佳预防措施。特定的基因重组通过生活方式不同的生物表现出来，所以尽管周围的环境都遭到了破坏，但生命几乎还是一如既往地存在着。目前普遍认为，哺乳动物是在大型爬行类捕食者衰亡后，才得以繁衍壮大的，但人们鲜少知道，还有其他动物类群也在恐龙灭亡之后进入了全盛时期。尽管它们比哺乳动物小得多，但其中一些生物最终也变得同样重要，尤其是一种被称为蚂蚁的昆虫。

除了冰冻的南极洲之外，每一块大陆上的土壤里都有蚂蚁。只有冰岛、格陵兰岛和一些太平洋岛屿没有本土的蚂蚁种类。在许多生态系统中，尤其是在热带，仅蚂蚁就占据陆地生物总量的20%，这使它们成为如今自然界数量最多的生物之一。

被困在琥珀中的蚂蚁化石可以追溯到白垩纪中期（约1.2亿年前），但直到恐龙灭亡之后，蚂蚁才得以发展出如此庞大的数量。迄今为止，已经识别出的蚂蚁种类就多达约14 000种。蚂蚁早在很久以前就已经学会了群居生活，所以这些生物有足够的时间探索所有可能成功的社会形式。因此，很少有比观察蚂蚁的行为，更能了解人类社会性本能的方式了。

大多数蚂蚁社会的核心就是蚁后，蚁后一旦成熟，就要与许多雄性进行交配，该过程被称为"婚飞"，大部分蚁后一生只进行一次婚飞，她会建立一个可以终身受用（有时长达30年）的精子储存囊来生产受精卵。一旦雄蚁可以飞行并交配（或者尝试交配），它们就会很快死亡。蚁后随后钻入地下并开始产卵。大部分的卵都会被受精，将来成为蚁后或者不育的雌性工蚁，未受精的卵则会长成雄性无性体。

一些专家认为，之所以演化出不育的雌性工蚁，是因为通过照料它们的蚁后（及其姐妹）将它们的基因传递给后代的机会在统计学上要比它们自己产生后代大。无论起源如何，不育意味着无私的忠诚、合作和奉献精神的催化剂，这是高效社会的关键组成部分。

因此，人类历史也是如此就不足为奇了。许多人类历史文明中成功的社会和政治管

理都离不开对宦官的使用，例如中国明代伟大的航海家郑和（1371—1433）。历史上，中国和阿拉伯帝国都曾会因其忠诚而将其放在权力很高的位置上。在印加社会中，整个行政部门都由王室成员组成，这就提供了额外的基因凝聚力。众所周知，这种安排是非常成功的。直到15世纪，欧洲探险家横跨大西洋带去了天花，导致了王室的真空，进而引发了推翻帝国的内战。在16世纪之前，欧洲文明的行政阶级都与基于血缘的父权制无关，始终处于最不稳定、饱受战争创伤的社会之中。

耕种农作物和养殖动物通常被认为是人类特有的习惯，起始于大约12 000年前，人们通常将此作为区分人类与自然界其他动物的方式。但事实并非如此。切叶蚁族的祖先大多生活在南美洲，形成了自然界最多产的原始农业群落。多年来，专家们相信这些切叶蚁只寻找它们比较喜欢吃的植物，或者用树叶保护它们的巢穴免受雨淋。但是，现代达尔文主义者，英国地质学家托马斯·贝尔特（Thomas Belt，1832—1878）观察发现，这些蚂蚁会寻找树叶作为培养某类真菌（桶状罗鳞伞［*Rozites gongylophora*］）的肥料，巧妙地深埋入花园的巢穴之中。这些蚂蚁不仅会食用这些真菌，而且还定期拔出菌丝体簇栽种到花园中新的区域，在那里真菌将迅速生长，持续为巢穴提供丰富的食物来源。

对这些农学家先驱来说，培育食物的实践活动相当重要，所以在新蚁后开始其婚飞前，会将大量“菌丝”妥善保存在体内。当开始建造新巢穴时，蚁后的首要任务就是取出其“真菌团”，用来建立群落的第一座花园，甚至还会使用粪便作为促进生长的肥料。

耕种农作物的蚂蚁也学会了如何驯化动物，就像数百万年后人类所做的那样。蚜虫之于蚂蚁，就像牛之于人类。蚜虫是吸取植物汁液的专家，可以分泌一种营养丰富的汁液，这是蚂蚁用触须抚摸蚜虫的后腿进行“挤奶”而实现的。作为对提供奶源的回报，蚂蚁保护蚜虫免遭敌人的攻击（就像人们通过围住牛群或将它们圈养在畜棚中来保护它们一样）。蚜虫和蚂蚁之间的关系是如此紧密，以至于有些蚜虫种类已经长得很像蚂蚁，以进一步促进其饲养过程。蚂蚁和显花树木之间也存在共生关系，比如金合欢。

如果农业是自然界数百万年前演化出来的社会实践活动，那么昆虫就相当于通过游牧扩张和战争来支持社会。在13、14世纪，蒙古的成吉思汗（1162—1227）及其亲族建立了世界上已知最大的帝国，从中国一直延伸到地中海地区。他们从一地到另一地，融入沿途的其他文明，这正是蚂蚁生活方式的缩影，比如繁盛于巴西、秘鲁和墨西哥的布氏游蚁（*Eciton burchelli*）。

这些“行军蚁”的巢穴正如那些蒙古军团一样，是自给自足的奇迹。成千上万的蚂蚁连接成线，形成一个被称为“临时驻栖”的空间，群落中的其他蚂蚁就住在这里。当它们准备进食时，这个临时栖息地就会在几乎一瞬间分解，队列重组为战斗模式，成群结队地穿过森林地面，去捕捉、麻痹并吞噬掉途中遇到的所有动物，其他的昆虫、蛇，甚至鸟类和猴子都会成为它们的猎物，被这些行军中的巨型蚂蚁大军杀死并吃掉。

与自然界中的任何一个自组织系统一样，布氏游蚁没有领袖。每个个体轮流出现在蚁群的最前方，然后向后移动，让其他蚂蚁代替它们的位置。通过传递信息素来实现组织协调和解决问题，这种化学气味作为一种信号语言，在个体之间传递指令。与黏菌一样，这些个体协调性很好，就像一个超级生物的组成部分，所有个体都很强大，永远不必依赖集中控制，可以极为高效地解决寻找最多食物的地点这一难题。当它们成千上万地配对协同行动时，触角会产生强大的作用。

最后，有的蚂蚁群落完全依赖征服而存在。罗马帝国及其“子项目”——欧洲海外殖民向我们展示了合理的人类社会对应物。短头悍蚁（*Polyergus breviceps*）是无法自己生长或自我进食的一种会抢夺奴隶的蚂蚁。正如罗马社会中最富裕的人一样，它们的食物也都是由奴隶提供的。它们要么从竞争对手那里偷盗幼虫，要么通过发动类似于人类经典的政变来建立栖息地。蚁后会偷偷溜进另一个巢穴，杀掉现任执政者然后取而代之，指示新臣民来养大其后代。

蚂蚁对其接触的其他物种的影响非常深远，它们之间是共生、寄生或捕食的关系。它们成功建立的社会是自然界中最古老、最强大且最具普适性的社会形式，在数量和功效上远远胜过人类在过去几千年所建立的实验性等价物。蚂蚁可以在 6 550 万年前陨石撞击地球之后的大灭绝中幸存下来，已经证明了其最重要的成功，这些生物的多样生活方式和结合形成超级有机体的能力，很可能就是其在自然界最佳长期投资者榜单顶端徘徊的原因。

理智的崛起

哺乳动物的心智技能是如何产生一种新的演化驱动力将猴子变成人的。

如果人类只不过是自然选择的产物，这是否意味着其行为仅仅是其他物种之中许多行为模式和生活方式的反射呢？又或者人类已经发展出了不同于其他生物的能力，使学习、知识和科学进步成为在地球上成功生存的新前提？

查尔斯·达尔文从未真正解决这个问题。与如今的许多人一样，他看到周围有许多矛盾的证据。历史表明，人类有时会倾向于和他们的同胞及其他物种建立共生关系(比如圣方济各[1]或迈蒙尼德[2]的生活)。但是，有大量证据表明实际情况恰恰相反，例如，当统治者的私欲体现在无端的贪婪、剥削、暴力和战争上时。

这个问题的根源可以进一步追溯到比过去几千年人类历史记录更遥远的时代。实际上，人们今天的生活方式有比 2 亿年更久远的真正起源，那时哺乳动物第一次出现，与第一批三叠纪恐龙几乎同时出现。

哺乳动物的生存工具包

哺乳动物与其他类型的生物明显不同。它们在自然的选择压力下进化，使其具备了一套独有的特征，这在很大程度上解释了为什么人类会有如今这样的行为。

对哺乳动物早期演化影响最大的是恐龙和翼龙目。想要在如此成功的食肉生物所统治的世界里生存，哺乳动物就要以许

1 San Francesco d'Assisi（1182—1226），是动物、商人、天主教教会运动、美国旧金山以及自然环境的守护圣人，也是方济各会的创办者，知名的苦行僧。

2 Maimonides（1135—1204），是一名犹太哲学家、法学家、医生。出生于西班牙科尔多瓦塞法迪犹太人家庭。在他的《困惑导引》一书中列举了犹太教信仰的十三信条和慈善种类的八级分类。

多巧妙的方式适应。首要的就是夜间捕食的能力。爬行动物主要依靠阳光提供热量，晚上天气变冷变暗时，它们也休息了。那时就是其他生物外出谋生的最好机会。正是通过适应夜间生存，哺乳动物才获得了长期的生命。

要在夜晚生存，就意味着要保持足够的体温，以便四处活动、捕猎、进食和照顾幼崽。难怪那时的哺乳动物是从具有背帆的盘龙类（比如长棘龙）演化而来的，当其他爬行动物还在从太阳那里获得能量时，它们已经开始发展出在身体内部产热的方式了。

哺乳动物结构上的改进还包括保持较小的体形（减少身体体积可以保持体温、不太显眼），演化出绝缘性（皮毛）、改良的循环系统（通过心脏将血液和氧气泵送至全身）、更有效的呼吸系统（处于笼状肋骨中更大的肺）以及用于咀嚼的牙齿和肌肉发达的下颌（预处理食物的臼齿让消化过程更迅速）。

一种名为“灌丛婴猴”的大眼婴猴，在非洲的树干上窥视世界。

第一批真正的哺乳动物体形都很小，基本上是由盘龙类演化而来。它们毛茸茸的，大约只有松鼠般大小，昼伏夜出。它们的特征是具有汗腺（最初是用来防止身体过热），后来变成可以喂养幼崽的食物之源。乳腺是作为一种安全措施演化而来的，以便雌性可以只在认为安全的情况下，才离开巢穴出去觅食，而非每当其饥饿的孩子碰巧需要食物的时候就出去。

早在哺乳动物演化之初，在由爬行动物和鸟类主导的世界中，产卵很显然是危险的生产后代的方式。尽管仍有一些物种坚持使用这种方式（比如单孔目动物），大部分哺乳动物成功地将幼崽保存在母体内直到其足够成熟。因此，对哺乳动物来说，外出觅食并留下一窝蛋成为其他动物的盘中餐的问题早已成为过去。

哺乳动物也演化出了灵活的饮食习惯，通常包括水果、种子和昆虫等。作为协同演化冠军的有花植物对新的生存机会做出了快速反应，它们通过将种子转变为可以被夜行动物运输、食用甚至能被重新种植的坚果来传播后代（见橡树）。由于有花植物的兴起，昆虫在侏罗纪森林地面变得更为丰富，它们同时也是夜行性哺乳动物的食物，哺乳动物演化成了敏捷灵巧的生物并发展出了捕捉昆虫所需的技能。

卓越的肌肉协调能力匹配了最高级的感官，比如视觉、听觉和嗅觉。胡须是一种早期的适应产物，灭绝已久的似猫哺乳动物三叉棕榈龙（*Thrinaxodon*）的化石证明了这一点。这些高度敏感的皮毛非常适合发展触觉和空间感，适合在夜晚探测或发起突袭。

大眼睛可以在夜晚的黑暗森林中高效地运作，这也使哺乳动物的生存方式区别于其他生物。婴猴和狐猴能够生存至今，正是得益于它们出色的夜视能力、黑白视觉和大如球的眼睛。一些哺乳动物甚至学会了如何在漆黑一片的情况下“看见东西”。蝙蝠是会飞的哺乳动物，它们用舌头发出超声波，再根据超声波从树木、悬崖、洞穴等物反弹的回声所需的时间来判断周围的环境。

通过高频率的声音探测附近爬行昆虫轻柔的脚步，这是侏罗纪时期哺乳动物生存工具包的另一个关键组成部分。从爬行动物颌骨发展而来的两种骨骼，嵌入到头骨之中，变成了哺乳动物的内耳部分（镫骨和砧骨），这大大增加了它们听到高频声音的能力。

哺乳动物也发展出了异常有效的嗅觉。如今的家犬和家猪是这一特征的受益者，它们被人类用来从事各项事务，从嗅探非法毒品到寻找地下松露等。体毛使气味成为这些生物的重要交流媒介，因为它们大幅增加了许多哺乳动物用来发送信号的挥发性化学物质（信息素）的表面积。这也解释了为何人类这种失去了大部分体毛的陆生哺乳动物，仍然在其体味最重的地方保留着毛发……

信息技术

任何高级计算机系统的设计者都知道，只有在有足够的集中处理能力并可以切实理解其意思时，视频传送（眼睛）、音频流（耳朵）、嗅觉传感器（鼻子）甚至压力计（胡须）这样的数据输入才是有效的。因此，以其先进的计算能力和更广泛的大脑皮层（大脑的外层）为特征，哺乳动物大脑的演化是在一个由恐龙主导的世界中寻找生存方式的重要且直接的结果。

大脑赋予了大象超凡的记忆力，也使鲸可以通过低频音波远隔数千英里交流；大脑使狗可以学习新技巧，让猴子可以恶作剧。哺乳动物可以区别于其他生物，坦率地说，是因为它们拥有比平均水平更大的大脑。

在脑力变为一种提高物种生存机会的演化反应之前，动物只能依靠本能决定自己的行为。这样的特征首先在真核多细胞生物中演化出现了，以避免在海洋中被吃掉或挨饿，这些本能是驱动从鱼类、昆虫和两栖类到爬行类和鸟类所有演化行为的内部遗传机制的外在表达。自然界生命的金字塔形式，从蚂蚁和金合欢之间的共生关系到胡蜂幼虫和它们倒霉的蛛形纲宿主之间的寄生关系，都是依赖其本能，而非深思熟虑后的行为。即便是建立了地球上最复杂社会的社会性昆虫，也是受基因驱动的天生自组织系统的本能行为所控制，而不是被统治者理性思维的集中规划（见蚂蚁）所影响。

因此，随着哺乳动物的演化，出现了一种地球生物运作和组织的选择性操作系统。这种理性的崛起，即解决问题和慎重思考的能力以及自我意识的觉醒，在今天也依旧十分活跃，它属于我们：现代人（另见竞争对抗）。

打破束缚

虽然与恐龙同时期生活激发了哺乳动物生存技能形式的演化创新（温血、感官、敏捷、胎生和更大的大脑），但正是由于6 550万年前恐龙的大灭绝，才使这些生活方式的创新可以迅速在全球范围内传播开来。

在陨石撞击消灭了大部分大型统治性爬行动物（除了在某种程度上挺过去的鳄鱼外）之后的1 000万年间，哺乳动物就像摆脱了陷阱的老鼠一样，辐射到了几乎每一个大陆，包括南极洲。曾经渺小、多毛、松鼠状的生物，胆怯地潜伏在树上或在地面上掘洞，现在则适应了即使在白天也可以安全地在户外散步的新环境。

在这个没有恐龙的崭新世界中，哺乳动物的小型化不存在任何内在意义。实际上，大型化往往是最合适的。如今的犀牛、河马、马、骆驼和大象的有蹄类植食性祖先，在大陆缓慢漂移分开之时发生了各自独立的演化。一些类群的数量变得非常多，例如鹿、羚羊、水牛、牦牛和野牛所属的偶蹄目，它们演化成了如今家养的牛、山羊、猪和绵羊。这些生物拥有特化的牙齿和创新性的消化系统，其肠道中生活着共生微生物，可以分解难以消化的纤维素。食物会被食草哺乳动物反刍进入嘴里，并在进入动物的主要消化腔之前被再次咀嚼，这样的生活方式使食草哺乳动物变得越来越大，通过从难以消化的植物中摄取足够能量（见竹子）的方式，维持它们温血动物的特征。

古骆驼，在大约 2 000 万年前居住在北美洲的一种长颈鹿状的高大骆驼。

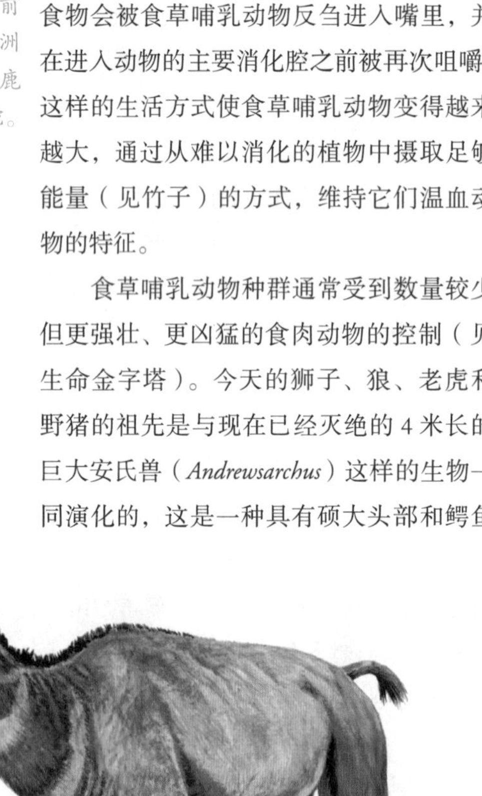

食草哺乳动物种群通常受到数量较少但更强壮、更凶猛的食肉动物的控制（见生命金字塔）。今天的狮子、狼、老虎和野猪的祖先是与现在已经灭绝的 4 米长的巨大安氏兽（*Andrewsarchus*）这样的生物一同演化的，这是一种具有硕大头部和鳄鱼状长下颌的有蹄类老虎。这些野兽的祖先也产生了一个被称为鲸目的哺乳动物类群，它们返回海洋并演化成了海豚、鼠海豚和鲸，其中一些成了有史以来最大的现生生物，甚至比恐龙大得多。

当一些哺乳动物变得非常大时，另一些则保持较小的体形，以适应尽可能向南的如南极大陆般寒冷的气候，从而统治了世界的尽头。从大约 4 000 万年前开始，这片曾经位于热带植被繁茂之处的土地被厚达一千米半的冰层覆盖。

由大陆漂移所驱动的气候变化意味着从大约 3 600 万年前开始，地球的气候逐渐趋于寒冷。水逐渐被固定在冰层中，储存在地球两极，降水量减少，草原逐渐取代了部分森林。

啮齿动物是在草地上繁衍的生物，主要以种子和坚果为食。现在其代表类型是老鼠、大鼠、松鼠、豚鼠和豪猪，它们占据了所有哺乳动物种类总数的 25% 以上。然而啮齿类并不总是小型的，发现于南美洲的一个灭绝种——巨水豚曾经长得和驴一样大。

与昆虫、鸟类和有花植物相比，哺乳动物种类的数量并不是特别多，估计目前现存约有 4 300 种。但是哺乳动物拥有多种多样的生活方式，从只有人类手指大小的侏儒跳鼠到与核潜艇一样大的蓝鲸，从生活在黑暗地下的鼹鼠到在夜晚飞行的蝙蝠都有。

气候变化、地理隔离和其他捕食者（比如恐龙）的缺乏，可以解释哺乳动物为何会如此成功并展示出如此多样的生活方式。然而，最近另一个有趣的理论出现了，该理论也赋予了生命最古老的遗传形式——病毒——在哺乳动物成功的演化公式中可能发挥着潜在的关键作用。

感染关系

在过去的2.2亿年中，已知存在过的八类哺乳动物之中（其中只有三类存活至今），最为成功的就是有胎盘类了。这种生物类群比其他种类，比如有袋类（例如袋鼠和沙袋鼠）延迟了生产幼崽的时间。它们之所以能够做到这点，是因为它们具有一个被称为“胎盘”的瓣膜状器官，该器官从胚胎生长到母体的子宫壁之中，以调节母子之间氧气、食物和营养物质的交换。该策略被证明是非常成功的，因为它让哺乳动物的胚胎有足够的时间在其母亲子宫——极为安全的环境中发育出大而复杂的大脑。

但是，用这种方式延迟生产使有胎盘哺乳类母体的免疫系统产生了额外的问题，正如所有脊椎动物的免疫系统一样，经过数百万年的编程，能够防御和杀死入侵其身体的生物，这是抵抗感染和疾病的重要组成部分。对适应性的免疫系统来说，孕育一个拥有不同遗传信息的胚胎（见减数分裂）与对付入侵的寄生虫——病毒、细菌、蠕虫或原生动物没有什么差别。

一些专家认为，一系列古老的病毒感染提供了解决方案。最近对有胎盘类哺乳动物基因组成的分析表明，其多个物种都有被逆转录病毒占领的明显趋势，逆转录病毒是将自身基因复制到其宿主基因中的基因复制子。每种有胎盘类似乎都有一套独特的病毒，在基因中作为所谓的“无用DNA”被保存和继承。尽管这样的基因在日常生活中似乎没有任何作用，但已发现它们通过产生抑制母体免疫系统的蛋白质（对入侵病毒很普遍）帮助在怀孕的最初几天生成胎盘。

两足直立

在700万—500万年前，原始人的出现或许代表了最大的演化难题。这个物种短短的演化时间里就发展出了如此强大的新生活方式，整个世界因它们的存在彻底重塑了。

自从人们普遍接受达尔文关于人类是从生活在非洲的猿类演化而来的观点，人们提出了数十种理论，讨论关于自然力量是如何在人类崛起成为优势物种的过程中发挥重要作用的。

被认为是人类最早祖先的化石是由南非古生物学家雷蒙德·达特（Raymond Dart）在1924年首次发现的。直到1974年，当进一步的化石证据被发现时，这些叫作南方古猿（*Australopithecus*）的生物才被广泛认为是世界上最早的两足类人猿。大猩猩的这些直系后代学会了居住在开阔的草原上，其成因仍然处于热烈的争论之中，它们抬起了两只脚，开始直立行走，解放了前肢，作为手臂和手。

所以它们是否能够更有效地搬运食物呢？更扁平的足部是否更适合蹲下捡拾森林地面上的食物？用两只脚走路是不是在河流中涉水前进的必要技能？甚至还有人提出，两足直立的欲望源于精心设计的性展示。

无论原因是什么，两足直立行走引发了螺旋式演化，是灵长类猴子转变为人的关键。人类遗传上最近的亲戚，黑猩猩和倭黑猩猩一直生活在树上，而人类的祖先南方古猿学会了在地面上直立行走。因为解放了双手，它们可以制造工具和投射物，这使得它们成了顶级捕食者，并且也是唯一可以在一定距离之外进行有效狙杀的生

这只喘着粗气的黑猩猩出自查尔斯·达尔文的书《人类和动物的表情》（*The Expression of the Emotions in Man and Animals*，1872）的插图。

物。精确的手眼协调能力和从终生都悬挂在树上的祖先那里继承而来的可以完全活动的球窝关节，赋予了该谱系创造新型生活方式所需的优势。

变成大脑袋

在短短 100 万年左右的时间里，这些猿类后裔的大脑就膨胀成了专家认为可以作为人类物种的识别标志。距今 260 万—150 万年前的能人（*Homo habilis*）化石显示，其脑容量从 450 毫升明显增加到 700 毫升；出现较晚的直立人（*Homo erectus*）的脑容量更是显著增加到 1 100 毫升。更近的尼安德特人（*Homo neanderthalensis*）在大约 25 000 年前灭绝，拥有多达 1 400 毫升的脑容量，至少和我们同属一个物种的智人（*Homo sapiens*）的脑容量一样。

导致大脑容量如此急剧增加的演化驱动力究竟是什么？现代人的大脑比我们自然界亲缘关系最近的物种大三倍的益处究竟是什么？大型大脑皮质真的是这种两足动物生存所必需的吗？拥有如此巨大大脑的生物对地球上其他生命会产生什么影响呢？

理性与本能

在过去 6 000 万年动态的地球环境中，哺乳动物的大脑发展出了慎重思考、解决问题和自我意识的独特能力。为了确保越来越大的大脑得以遗传而采取的策略，例如尽可能晚地生产幼崽，使有胎盘类哺乳动物成为最具理性思维的群体，这一演化路径最终促使了从老鼠到人类等各种动物的演化。

结果，理性的脑力开始与遗传本能的世界正面竞争。随着智人的崛起，现代人类思想的集中计划和处理能力面临着自组

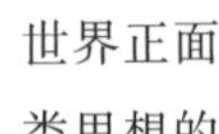

织的基因世界。在过去的 10 万年中，最初由人类的哺乳动物祖先为集体狩猎而磨砺出来的理性行为，开始集中于直接控制遗传演化的过程，这条线可以从古老的狩猎采集和新石器时代的农耕活动一直延续到现代遗传科学。其影响在今天无处不在，从创造背上长人类耳朵的实验室老鼠，到有意将抗旱和抗病基因从一个物种移植到另一个物种。

不论是何物种或是以何种形式存在的生命，为使其基因永生的古老演化本能由来已久，现在正不安地与人类大脑想要使其个体生活得尽可能长且舒适的理性欲望分庭抗礼。航天飞机和超级邮轮是协同理性计划的产物，而不是自组织演化的产物。如今自然选择与人工选择竞争演化体系之间的霸权争夺（一个出于本能，一个是人为的），源于理性的崛起和哺乳动物的统治，在人类这里达到了巅峰。

蝙蝠

目：翼手目（Chiroptera）
种：吸血蝠（*Desmodus rotundus*）
排名：75

成功适应了大部分栖息地的飞行音乐家。

得克萨斯州的首府奥斯汀因很多食物而出名。它不仅是美国最大的大学城之一，而且对所有喜爱爵士乐的人来说，在第六大街度过的每个周六晚上都是一次难忘的经历，整个镇上的酒吧都充满了音乐。

向南大约十个街区，等待着你的是另一番奇观。虽然音乐爱好者可能无感，但博物学家们会相当兴奋，而且这与音乐也具有某种联系。在议会大街桥之下，居住着有大约150万只的蝙蝠群，这是美国最大的一群。它们夏季待在那里，冬季迁徙到墨西哥。每年都有超过10万名游客前来参观。

蝙蝠是唯一会飞的哺乳动物。虽然也有像鼯鼠和猫猴这样会滑翔的哺乳动物，但持续飞行的能力在哺乳动物世界中似乎仅演化出来了这一次，蝙蝠代表了生物演化的第四次也是最近一次综合利用翅膀、肌肉和空气阻力，实现了空中飞行（另见蜻蜓、风神翼龙和始祖鸟）。

最早的蝙蝠化石可以追溯到将近6 000万年前，而蝙蝠数量的大幅增加发生在大约5 000万年前，当时气候发生了骤变，全球气温在短短20 000年中飙升了6℃。

随着全球气候变暖，昆虫的数量明显增加，这非常适合蝙蝠等以昆虫为食的生物。化石证据清楚地显示，到这一时期蝙蝠已经学会了飞行。随着昆虫大餐的剧增，加之它们在黑暗中使用高频声呐“看见”东西的完美技能，蝙蝠发展成为地球上最成功的生物之一。

蝙蝠栖息在除极地以外的各个地区。目前已知共有超过1 000种蝙蝠，占所有哺乳动物种类的近20%，是仅次于啮齿动物的第二大多样性类群。有些小到和熊蜂一样大，有些翼展可超过1.5米。最古老的世系是微蝙蝠，主要以昆虫为食，最近演化出现的大蝙蝠则主要食用无花果等水果，并通过给植物授粉和传播种子在许多热带生态系统中扮演了重要角色。

迄今为止，蝙蝠对生态系统的最大影响，就是作为昆虫的王牌捕食者使世界上许多地方的无脊椎动物的种群数量得到控制。它们成功的秘诀就是声音，这将我们带回了开头的音乐和所有爵士乐。

鸟类发声是吸引同种异性的方式。人们认为，某些食草恐龙类群（比如鸭嘴龙）会发出声音，它们借此警告其他族群成员注意捕食者。但由于哺乳动物的大脑越来越复杂，

声音在它们中变得更像音乐（另见咯咯笑的老鼠、唱歌的鲸和踩踏的大象）。蝙蝠利用额外的大脑处理能力，成为了最专业的哺乳动物音乐家之一。

人们大多不认为蝙蝠是音乐家，因为它们产生的大部分声音都远远超出了人类的听力范围（在 14 000 和 100 000 赫兹之间，人们能听到的最高频率是 20 000 赫兹）。一些蝙蝠能够连续发出各种音调，有时还会调整音调并发出和弦。

蝙蝠学会产生音乐，是因为当它们处于不受捕食者攻击的最安全状态时，音乐可以帮助它们在黑暗中进行捕猎。蝙蝠通过不同音调的声音判断固态物体的位置和距离，利用时间的延迟和音调变化作为线索，而无须光线和视力，便可以建立外界的心理印象。这种技术还有一个名字——回声定位。

蝙蝠的歌声来自喉部。在耳朵接收到其歌声的回声后，大脑就会计算到达每只耳朵之间的时间差，以推断该物体所处的位置。发出的声音和回音之间的音调差异也向蝙蝠透露出这个物体是否在移动，这在微弱的光线下试图寻找飞行的昆虫时十分有用。这些生物通过声音“看到”事物的技巧非常娴熟，一些种类甚至能够区分两个相距不到半毫米的目标，而所有这些都发生在一片漆黑之中。

如今由于人类的城市化，蝙蝠因栖息地的丧失而处于濒危状态。在农田中使用的杀虫剂也毒害了昆虫，而这些昆虫随后会被蝙蝠这样的捕食者吃掉。自 20 世纪 60 年代以来，保护蝙蝠的工作一直在进行，甚至包括试图将“二战”时期英国最初用来抵御德国入侵的“药盒”[1] 改建成蝙蝠避难所。

人类与蝙蝠最近产生的一次隔阂就是人们越来越意识到有些蝙蝠像老鼠和蚊子一样是某些疾病的传播媒介；有些蝙蝠种类的口味变得多样化，成了吸血蝙蝠（例如吸血蝠），它们用上排牙齿去咬其他哺乳动物（比如牛）的一小块皮肤，然后从同一伤口进食长达半小时，而唾液中的抗凝剂可以防止伤口血液凝固。

狂犬病可以通过吸血蝙蝠传染，病毒从蝙蝠的唾液进入哺乳动物宿主的血液系统（比如狗或人）。果蝠被认为是埃博拉病毒的携带者之一，这种病毒会导致灵长类动物出现致命性大出血，目前给非洲大猩猩的种群造成了毁灭性打击。SARS（严重急性呼吸综合征）是一种致命的、类似流感的呼吸系统疾病，2003 年在亚洲产生了大流行，SARS 病毒也被认为可能是由蝙蝠携带的，它们可以作为持久储备这一病毒的宿主。

作为唯一能飞行且比很多其他哺乳动物具有更多种类的哺乳动物，蝙蝠凭借其在漆黑夜晚发出声音的非凡生活方式，成了世界上最出色的飞行员之一。

1　一种小型混凝土堡垒，可作军用防御装置。

抹香鲸

目：鲸目（Cetacea）
种：抹香鲸（*Physeter macrocephalus*）
排名：59

学会在人类的猛攻下生存的一种深海游泳者。

“叫我以实玛利”已经成为美国文学中最著名的开场白之一。赫尔曼·梅尔维尔（Herman Melville）在 19 世纪美国战前经典著作中讲述了亚哈船长与一头名叫莫比·迪克（Moby Dick）的雄性抹香鲸之间的宿怨，这头鲸曾经咬掉了他的一条腿。讲述者以实玛利是捕鲸船佩古德号上的一名船员，这艘船是追捕鲸鱼的，但在一场持续三天史诗般的搏斗后，最终全船覆灭。人类试图控制自然是这个故事的核心，而在梅尔维尔的这个故事中，人类是失败者。

《白鲸》的故事背景建立在事实之上，而非虚构。1820 年，一只美国捕鲸船埃塞克斯号，在南美洲西海岸外 2 000 英里的地方被一头巨大的抹香鲸撞沉。八名船员幸存下来，其中一名船员写下了这一段经历，他的叙述为梅尔维尔的经典故事提供了背景。

科研人员最近一直在研究抹香鲸和人类之间其他攻击性行为的记录，发现埃塞克斯的命运并非独此一例。一个类似的事件发生在 1851 年，另一艘名为安·亚历山大的木制捕鲸船也被击沉。在 19 世纪后半叶引入钢铁船和爆破鱼叉之后，人类和鲸鱼之间的竞争开始变得对人类有利。自从 18 世纪中叶以来，鲸，尤其是现存最大的生物蓝鲸，遭到人类的滥捕滥杀。

鲸鱼可以分为两种类型：有齿的（比如海豚和抹香鲸科）和无齿的（比如须鲸和蓝鲸这样的滤食性动物）。这两类鲸鱼都是从陆地上的共同祖先演化而来，而这一共同祖先也演化出了偶蹄目，这是一个有蹄哺乳动物类群，包括如今的猪、骆驼、鹿、长颈鹿、绵羊、山羊和牛等。在巴基斯坦发现的一种名为巴基鲸（*Pakicetus*）的生物化石，生活于 5 300 万年前，代表了鲸鱼在返回水中不久之前的世系。基因分析显示，河马是海豚和鲸鱼亲缘关系最近的现生陆地生物。

演化在没有任何历史进步的情况下改变了方向。蝙蝠是演化出飞行能力的哺乳动物，尽管其祖先早就适应了地面的生活。鲸鱼和海豚是从似狼的有蹄类动物演化而来，这些动物不久又“重新适应”了海洋中的生活。至少对这些生物来说，5 000 万年前重返海洋必然看起来比待在陆地上更安全，因为那时的陆地上，体形和数量不断增加的哺乳动物泛滥成灾了。大型猛禽在翼龙灭绝之后统治了天空，或许给这些试图通过潜水以谋求生存的生物施加了另一种演化压力。

数百万年以来，这些生物的鼻孔转移到其头部的顶端变成了气孔。它们曾经的腿骨、蹄脚和骨盆的骨骼变得多余，隐没在它们的身体里，这有助于形成流线型的身体以适应水中生活。一些鲸鱼的头部内也演化出了一团油脂，以帮助它们集中精力在水下产生并探测声音，许多物种（比如蝙蝠）的回声定位也具有相同的作用。

相对较大的大脑具有将理性思考作为生存工具的能力，这就解释了鲸鱼为何是地球上最成功的生物之一。大部分的鲸类都是高度社会化的，它们通过一系列咔嗒声或吟唱20—30分钟长而重复的歌曲来进行交流，这些歌曲大部分都是在冬季由雄性发出的。

一些鲸在交配季节利用“文化”和表演技巧来赢得雌性的青睐。攻击性较弱、无齿的须鲸（比如座头鲸）会唱复杂的、令人难忘的歌曲。尽管没办法百分百确定鲸鱼歌唱的目的，但大部分专家认为，它是雄性用来赢得潜在雌性配偶认可的多种仪式的一部分。

查尔斯·达尔文在其《物种起源》一书中专门介绍了“性选择”。在无齿的鲸鱼中，雄性会通过炫耀自己来给潜在伴侣留下深刻印象，其古怪滑稽的动作包括唱歌、跳跃、用尾巴或鳍拍水、冲撞和防御，雌性会选择表现最佳的雄性作为自己的伴侣。这种遗传天性源自雌性希望其雄性后代能够继承优秀表演技能，以增加它们吸引雌性的机会，并将它们的基因传递下去。

但是在某些鲸类中，要想留下最佳印象，最重要的就是蛮力。最大、最强壮、最成功的雄性参加正面交锋，只有成功的雄性才有机会与雌性交配。这种行为解释了为什么世世代代的雄性抹香鲸会进行体形和力量的基因选择，从而导致两性异形——指同一物种两性之间的差别，常见的例子是两性体形差异，雄性抹香鲸通常是雌性的两倍大。

抹香鲸有巨大的头部，里面有珍贵的鲸蜡。

抹香鲸是历史上最成功的鲸类，这可能是因为其竞争激烈的交配模式，从而促使雄性产生强大的力量。抹香鲸的潜水深度可达3 000米，其坚固的结构使其能承受巨大的水压。深海潜水意味着它们赖以生存的食物（大部分是章鱼和鱿鱼）通常是人类渔民无法企及的。因此，尽管现代人类的海洋资源日益枯竭，但抹香鲸的食物供应仍然十分稳定。

雄性抹香鲸的激烈交配仪式带来的另一种适应性特征是其典型的肿胀头部，里面充满了浓稠的白色油脂。现在认为，这一特征至少在一定程度上是作为"冲击夯"在争夺异性的决斗中进行攻击，并承受正面攻击的冲击力（其他用途还包括汇聚声音用于回声定位和提供浮力）。

这是演化过程中不幸的副产物，事实证明，这种大量的油脂叫作鲸蜡，对人类极具吸引力，因为它们可以被用于制作蜡烛、润滑油等。一头巨型抹香鲸的头在捕鲸船上被切开，最多可以产出3吨的鲸蜡。在将这些油投入市场之前，捕鲸人会将这些油装进桶内。在18世纪晚期，美国的捕鲸船队达到了顶峰，大约有360艘船，雇用了多达5 000名船员，每年生产45 000桶鲸蜡（相当于常规鲸脂油8 500桶）。在工业革命早期，鲸蜡是用于棉纺厂机器的重要润滑剂，也是美国公共照明的主要燃料，19世纪60年代之后，才被猪油和后来的石油取代。

有时，抹香鲸也会进行反击，正如埃塞克斯船员们付出的代价那样。然而，随着爆炸鱼叉的出现，抹香鲸毫无胜算。到1880年，全世界范围内110万头抹香鲸中有近四分之一被杀害。然而，随着石油和其他产品取代了昂贵且难以获得的鲸蜡，抹香鲸种群数有所回升。但是在"二战"之后，捕鲸活动再次猖獗，而抹香鲸的数量也锐减了33%：据估计，在1946—1980年间，至少有70万头抹香鲸因其头部含有珍贵的油脂而被屠杀。当科学家发现鲸是优雅、有智慧的生物，它们可以歌唱、发出咔嗒声并以自己的方式说话之后，人类对抹香鲸的感情才开始发生改变，最终捕鲸禁令于20世纪60年代末在世界范围内生效。

与许多其他的鲸类（比如蓝鲸）不同，抹香鲸并不在最濒危物种的名单之上。在全世界范围内的海洋中，生活着成千上万的抹香鲸，尽管仍然被归为"易危"，但这些是有强大复原力的巨兽。它们强大的深潜能力及其遗传下来的对抗新捕食者的本能——它们曾经能与人类公平对决，是非常令人印象深刻的。《白鲸》中的莫比·迪克不仅是美国文学作品中的佼佼者，也代表了人类向一个物种的致敬，至少目前，它们暂时免于人类的迫害，而且它们的深海觅食栖息地也使其灭绝的风险比大多数物种都低。

大象

科：象科（Elephantidae）
种：非洲象（*Loxodonta* sp.）
排名：44

有硕大的头部，有情感并且有极强的学习和记忆能力的笨拙巨人。

乔治·奥威尔（George Orwell，1903—1950）是一名记者和作家，最著名的作品是一本名为《1984》的书，讲述了他对未来的恐惧。鲜为人知的是，他在缅甸担任警官时，与一头大象发生了一场足以改变人生的奇遇。

当地居民因一头失去控制的动物而处于恐慌之中。这头大象刚刚进入“狂暴期”，这是一种发情期状态，短时期内会让它变得异常暴力。这头野兽摆脱了束缚，在当地集市上肆意妄为。最糟糕的是，它还将一个本地“苦力”（劳工）踩踏致死。

思想开明的和平主义者和动物爱好者奥威尔，是唯一能控制局势的警官。对他来说，使暴怒的当地民众恢复冷静是当务之急：“当我一看到这头大象时，我可以完全确定，我不能向它开枪……”但是，作为一个配枪的白人以及唯一“负责”的警官，按照民众的意愿和期望去做，否定了他任何现实的选择：“白人在‘土著’面前不应该胆怯……那么只有一个选择。”

一头印度大象，乔治·奥威尔在缅甸正是遭遇了同一种生物。

当奥威尔瞄准大象时，它已经恢复了平静，在附近的田野里安静地吃着东西。在第一颗子弹击中要害后，这头大象的脸上出现了一种神秘而可怕的变化："他既没有动也没有倒下，但其身体的每一处都在发生变化。他突然变得憔悴、茫然失措、极度衰老……"总共打了三枪才让这头野兽倒下来。"最终，他无力地跪倒在地。他的嘴流着口水……他第一次也是唯一一次发出吹喇叭的声音。然后他的腹部对着我'轰'的一声倒地，似乎连我所在之处都摇晃着。"

这头大象经过一个多小时才宣告死亡。

大象是地球上最强壮、最具情感也最具智慧的生物之一。它们的大脑比其他任何现存陆地哺乳动物（包括人类）的都要大，重量超过 5 千克。相应地，许多人认为，它们的记忆、学习、情感、娱乐、解决问题和社交能力比任何非人类的物种都更强。

现在的大象只有两个属，非洲象属和亚洲象属，尽管其他许多种类都曾经存在过，但在过去的几千年中都灭绝了。猛犸象，一种特别适应于极度严寒环境的象类，在末次冰期之后很快灭绝了，这被认为与气候变化和过分热衷于掷枪活动的智人有关。

和人类一样，大象在成长的过程中也有着惊人的学习能力。大部分哺乳动物出生时其大脑就达到它们最终大脑尺寸的 90%，而大象的大脑在其出生时只达到最终大小的 35%，剩下的 65% 都是在其生命的第一个十年中发育的（这比人类大脑稍少，人类后来发育的大脑占 72%）。因此大象（以及狗、鲸、黑猩猩，当然还有人类）通过学习经验来改变本能行为的能力使其具有了特殊性以及适应生存的优势。理性思考在某一代中提供了"学习"的能力，从而形成一种非本能行为的新模式。这就是为何从演化的角度来看，在瞬息万变的世界里，一个较大的大脑可以赋予生物良好的生存意识。较大的大脑具有发展即兴生存技巧的能力，可能也会展示出预见能力。大象可以用它的鼻子制作木制工具，还有一些被观察到会挖掘水坑。然后，它们用一团咀嚼过的树皮把这些洞塞住，用沙子盖住防止水分蒸发，这样就可以将水保存下来供以后使用。后来发现，这些大象会在稍后的时间里回到它们的"象工"水洞处，拔出塞子，享用一杯提神的饮料。被捉住的大象甚至还知道移除其镣铐，然后环顾四周，在确保没有人监视的情况下逃跑。同时，野生大象可以使用它们鼻子和脚上的传感器进行远距离通信，接收地面上其他远距离象群发出的振动信号。这些低频的次声波在地面比在空气中传播更有效。

拥有较大脑部的生物通常需要数年才能从经验中学习。因此正如人类一样，大象依靠强大的社会支持系统来照料幼象。一头母象每天必须吃大量植物来维持其母乳供给，所以它需要其他成年象来帮助它抚养后代。大象大脑中的海马区所表现出的强大情感纽带，有助于维持此类群体的完整性。人们在大象身上观察到的这些虔诚的行为，如把死者的骨头埋在树枝、树叶和沙子里，就像对失去亲人表达悲痛一样，它们在墓地里哀悼逝者，并会再次探望古老的墓地。人类是唯一已知拥有这种仪式的其他物种，从尼安德特人开始就存在这样的仪式。

大象所属的有胎盘类哺乳动物是从大约1.05亿年前演化出现在非洲的。与它们现已灭绝的祖先（比如剑齿象、乳齿象和猛犸象）一样，这些生物对它们传统栖息的大陆环境——亚洲、非洲、欧洲（克里特岛）和中东产生了巨大的影响。作为陆地上最强壮的动物，这些生物完全可以用它们的象牙将树木连根拔起。由大象觅食所造成的森林损毁，在森林的树冠层中创造了空间，新的光线可以穿透该空间，从而为幼苗的茁壮成长提供至关重要的条件。当现代人类在某一地区滥伐森林时，他们就会在这片土地上建房子或耕种，从而阻止树木重新生长；然而，当大自然的“伐木人”——大象开采大片森林时，它们给予了森林足够的恢复时间，在多年后再返回。

正如大象的野蛮力量支持健康的森林生态系统一样，它们大量的粪便也支持着其他小规模的生命形式。大块大象粪便为蜚蠊的后代——白蚁的巢穴提供了理想的基础，这些可以容纳多达200万只白蚁的巢穴令人叹为观止，在非洲平原上有时会形成超过2米的高塔，每一个都是在大象的排泄物中建立起来的。

大象对人类历史的影响同样深远。从公元前4世纪开始，古印度、波斯和腓尼基军队通常都通过配备成千上万的大象来得到强化。200年后，迦太基将军汉尼拔部署了一种现已经灭绝的非洲象（非洲象北非亚种，*Loxodonta africana pharaohensis*），穿越意大利的阿尔卑斯山，试图打破罗马共和国的统治[1]。长期以来，大象一直对军事做出很大贡献，因此在第一次世界大战中，英国军队仍用其将火炮运送到弹药场。

传统上，大象被人类猎杀，不是为了它们的肉，而是为了它们珍贵的象牙。大象利用这些经过长时间改良过的牙齿来挖掘水源、拔树或偶尔用作武器。数千年来，象牙一直作为世界上最受欢迎的手工艺材料之一被用来制造各种物品，从装饰品和宗教艺术品到用于吸食鸦片的烟枪、钢琴键和台球等。这些易于切割的材料对亚洲商人来说是一种非常珍贵的商品，尤其是在从非洲和欧洲到远东地区的古老丝绸之路上。

以前用象牙制作的物品现在通常用塑料代替。动物保护主义者的积极游说促使了1989年全球范围内禁止象牙交易禁令的颁布，因为人们担心如果不采取行动，非洲和亚洲的大象很快就会被猎杀殆尽。此后，非洲象种群数量开始恢复。如今，据认为有多达50万头大象生活在野外，它们的种群数量正在以每年大约4.5%的速度增长着。人类对在世界范围内协调禁止猎杀大象的禁令做出的努力，证明了拥有大脑袋的生物具有利他行为的能力。

1　第二次布匿战争，古罗马和古迦太基之间三次布匿战争中最长也最有名的一场战争，前后共作战16年（公元前218—前202年）。迦太基主帅汉尼拔率领6万大军穿过阿尔卑斯山，入侵罗马本土，并在公元前216年的坎尼会战大败罗马军团，但受限于装备不足，接下来十多年汉尼拔没有进攻罗马城，而是转战意大利南部，罗马当局也改采不正面交锋的费边战术以消耗迦太基远征军的力量。公元前204年，罗马人在大西庇阿的率领下反攻迦太基本土，汉尼拔回军驰援，两年后大西庇阿于扎马战役击败汉尼拔，第二次布匿战争告终。

大象也展示出了这一特点。美国大象保护主义者乔伊丝·普尔（Joyce Poole）报告说，当一只母象用鼻子撞倒了一个牧民时，他的腿受伤了。在看到牧民受伤时，这只大象：

> 轻轻地将他移动了几米，把他放在了树荫下。她在这里一直守护了一整个下午，直到第二天。她的家人丢下了她，但她仍然留在那里，偶尔用鼻子碰碰他。

达尔文在他的《物种起源》一书中明确表示，任何生物的利他主义行为都是违背自然选择法则的，这是“只对另一者的好处”。许多生物学家认为，对其他生物的无私慈善行为不可能是自然行为。然而，理性思考的力量并不一定会遵循这条规则，它并非通过代际遗传，而是通过个体的学习获得并持续一生。拥有高于平均水平大脑的哺乳动物（比如大象、鲸、狗、猴子和人类）似乎有能力超越这一遗传本能并做出利他行为，比如大象保护脆弱的人类，又或是人类在国际社会游说禁止猎杀大象以获取象牙。

当年，被英国警官射杀的缅甸大象无法控制其本能，而它的刽子手，乔治·奥威尔也不可能用自己的逻辑能力来抵抗一群渴望血债血偿的当地人施加的巨大压力。经验和本能行为之间的竞争，或者说理性高于情感，正是大象和人类的共同点。或许那就是奥威尔感到有必要把故事写得如此触动人心的原因，以及至少对他来说，这种非凡的生物产生如此深远影响的原因。

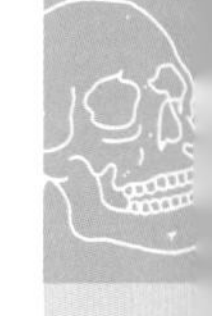

汉尼拔和他的战象穿过阿尔卑斯山。

鼠

目：啮齿目（Rodentia）
种：褐家鼠（*Rattus norvegicus*）
排名：32

这些啮齿动物的智力和环境适应性大多被误解了。

鼠！它们与狗搏斗还杀死了猫，
撕咬着摇篮里的婴儿，
吃掉了大桶外的奶酪，
舔食着厨师勺中的汤，
打开了腌鲱鱼的小桶，
在男人的出游帽中筑窝，
甚至搅乱了女士们的聊天，
用五十种不同的变音记号
所组成的尖叫声和吱吱声
淹没了她们的对话。

出自《花衣魔笛手》（*The Pied Piper of Hamelin*）[1]的一个版本，罗伯特·勃朗宁（Robert Browning），1842年。

下水道、污秽、害虫和疾病是西方世界大多数人想到老鼠时，脑海里最先出现的一些负面信息。这一历史联系可以追溯到中世纪的黑死病。要不是1284年大鼠偷走了130名德国儿童，那么它们也不会出现在《花衣魔笛手》的故事原型中。到了16世纪，它们在故事中的地位已经确立，这些害兽遍布了欧洲新兴城市中每条拥挤不堪的街道。

1　又译为彩衣吹笛人、哈默尔恩的吹笛手，源自德国的民间故事，其中最有名的版本收录在格林兄弟的《德国传说》中，名为《哈默尔恩的孩子》。故事发生在1284年，德国有个名叫哈默尔恩（Hameln）的村落，那里鼠满为患。某天来了个外地人自称捕鼠能手，村民向他许诺——能除去鼠患的话会给付重酬。于是他吹起笛子，鼠群闻声随行至威悉河而淹死。事成后，村民违反诺言不付酬劳，吹笛人便饮怒离去。过了数周，正当村民在教堂聚集时，吹笛人回来吹起笛子，众孩子闻声随行，下落不明。

鼠属于啮齿目，它占现存所有哺乳动物种类的 40% 以上，其中包括老鼠、松鼠、花栗鼠、豪猪、海狸、仓鼠、沙鼠、豚鼠、毛丝鼠和土拨鼠。它们的特征是其两颗门牙在一生中可以不断生长。因此，这些生物的生存意味着需要不断地啃咬它们遇到的任何东西，从成年树木到塑料包裹的电线，只是为了让它们的牙齿生长受到控制。随着世界范围大草原的广泛增加，老鼠的数量也随之增加，而这又是对过去 3 000 万年内气候不断变冷的回应。这些生物可以吃昆虫或水果，但大多以种子为食。因此，当人类在大约 12 000 年前第一次试验推广农业时，就开始把他们的农业财富储存在谷仓里了，这也使得老鼠们好像中了彩票一样疯狂。从此以后，老鼠的成功反映了人类文明的崛起。据估计，在英国有大约 8 300 万只老鼠，比人类多 2 300 万。没人知道全球老鼠的确切数量，尽管一些估计显示，仅在纽约的下水道里可能就有超过 1 亿只老鼠。

老鼠的成功并不仅仅是沾了人类的光。老鼠是自然界最多产的动物之一。从受孕到出生只需要 21 天的时间，其一次生产的幼仔可多达 10 个。更不可思议的是，雌性已经准备好在生产后的 24 小时内再次怀孕。它们每年可以生产 100 多个后代，因此数量可能会急剧增加。

如今现存的老鼠种类有 300 多个，其中两种占明显优势，即黑家鼠（*Rattus rattus*）以及褐家鼠，都起源于亚洲并传播到了世界各地，且通常依赖人类生存。黑家鼠在数千年前通过漂流和游泳抵达澳大利亚，迅速成为那里占主导地位的有胎盘类哺乳动物。作为一种小巧而害羞的动物，老鼠并不挑食，经常成为人类旅行者的不速之客，在过去的几千年里，人们将老鼠随着其珍贵的食物运送到世界各地。黑家鼠在公元 600 年跟随着丝绸之路的商人抵达欧洲；褐家鼠则稍晚抵达，或许是在大约公元 1600 年时，它们自此便成为除热带地区之外占据栖息地最广泛的成功物种。

黑家鼠最近被它的表亲褐家鼠超越了。

有时，水手们将自己能够生存下来归功于这些不速之客。在 16 世纪初期，从费迪南德·麦哲伦（Ferdinand Magellan）史诗般的环球航行中幸存下来的一名船员（麦哲伦本人都未能幸免于难）描述了他是如何依靠发霉的粉末状饼干和恶臭的老鼠尿液存活下来的。尽管如此，麦哲伦仍然抱怨他和他的同伴们不能吃到足够的老鼠……

人与鼠的关系因文化而异。一般而言，老鼠在东方受到珍视，而在西方反之。如今，亚洲地区许多贫穷的人们，尤其是在柬埔寨和越南，都将老鼠作为它们日常饮食中重要的蛋白质来源。在加纳，人们不仅会养殖老鼠，甚至会狩猎以获取它们的肉。传统的印度部落，比如印度南部的泰米尔纳德邦的伊鲁拉以种植水稻为生，他们用烟把老鼠从洞穴中熏出来，不仅是为了保护水稻，也是为了可以享用它们的肉。著名的印度神灵迦内沙（Lord Ganesha）[1]是一个很受欢迎的印度神，经常被描绘成身边有一只老鼠。印度北部的克勒妮玛塔神庙（Karni Mata Temple）便是专为他而建[2]，里面满是老鼠，人们相信它们来世注定会重新化身为圣人。因此，朝圣者会吃和喝老鼠接触过的谷物和牛奶，以求保佑。

当老鼠从东方向西方散播时，由于犹太教和基督教的兴起，人们对待老鼠的态度变得强硬，基督教认为老鼠是不洁的。不用说吃掉老鼠，连触摸老鼠在中东的犹太文化中都是绝对的禁忌："凡用肚子行走的和用四足行走的，或是有许多足的，就是一切爬在地上的，你们都不可吃，因为是可憎的。"（《旧约·利未记》）

到了16世纪，老鼠已经与鼠疫这样的疾病联系在了一起，它们在《花衣魔笛手》的原著中还只是配角而已。在修改后的故事里，这位极富魅力的音乐家的主要目的不是去偷孩子，而是去抓老鼠。在维多利亚时代的英格兰，捕鼠成了大买卖，这些动物被卖给伦敦的赌徒，他们经营着多达70个鼠窝。赌客们会下注，赌一只牛头㹴在一分钟内能杀死多少只老鼠。世界纪录是由一只叫作亚茨科的狗在1862年8月29日创造的，在2分42秒内它除掉了60只老鼠，平均每2.7秒就会杀死一只老鼠。

如今，实验室老鼠（褐家鼠）之所以被科学家们重视，是因为它适合用于研究、制药和基因改造，从而有利于疾病研究。相比于用体形较大的哺乳动物（如猴子）进行实验，实验鼠一般不会引起公众的关注。西方很少有人会关心老鼠身上究竟发生了什么，除了那些将驯化品种（也是从科学研究中获得的）作为精神宠物的人。

印度的象头神和他的两个妻子、两个随从、一头狮子和一只老鼠。

观察和繁殖这些实验室老鼠的一个出乎意料的好处，就是专家们日益认识到，无论老鼠还是人类，所有哺乳动物的行为都具有相似性。通常认为，有意识的思考、社交、幼稚的嬉戏、欢笑和快乐，都是与人相关的特质。假设我们最亲近的灵长类动物，比如黑猩猩也具有相同的特征；但是鲜少有人认为害兽也具有类似特征（同样，把老鼠作为

1 即象头神，财神，知识之神，湿婆的万军之王，其坐骑为一只老鼠。

2 一说是为了纪念克勒妮玛塔而建。

宠物饲养的人除外）。

然而，最近的研究表明，老鼠确实是会笑的。这是有触觉生物的征兆，它们相互挠痒，打滚地开着玩笑，就像人类的孩子一样。现在，人们认为这样的行为在年幼的哺乳动物中很常见，可以帮助年幼者融入它们的社会关系网。研究表明，幼鼠在打闹玩耍时，会发出一组独特的50千赫兹（超过人类听觉阈值）的吱吱声。研究人员称，这表明“笑声和愉悦的社交过程在早期是由哺乳动物的大脑实现的”。

其他研究表明，老鼠能够独立思考。由于人类与其他动物之间缺乏可实现的交流系统，试图去确定非人类物种的自我意识程度较为困难。不过，研究人员进行了一组有趣的测试：让老鼠听到持续时间不同的声音，它们会被“询问”一个声音是长还是短，如果回答正确，就会得到丰厚的奖励，而回答错误时就得不到奖励。然而，当声音是中等长度时，老鼠会很难确定正确答案，即使它们没有回答，也会得到一个小奖励。佐治亚大学的心理学副教授乔纳森·克里斯特尔（Jonathan Crystal）说：“我们的研究表明，当老鼠不知道一个问题的答案时，它们是清楚的。”这一结果表明，这样的意识水平以前被认为仅限于与人类更密切相关的生物，其实也存在于非灵长类哺乳动物中。

人们对老鼠的普遍轻视，认为它们是不干净的可恶害兽，实际上是低估了它们的巨大成功和重要意义。一些生物学家甚至大胆预测了未来的演化方向，他们认为老鼠的长期前景远高于人类，如果某种流行病或其他疾病使人类灭绝的话，老鼠能很好地适应新环境。凭借其多样化的饮食习惯、快速的繁殖速度、强大的社会群落和明显的自我意识，甚至有人提出，新的啮齿动物有朝一日可能会演化成一种高智商生物的替代物种。

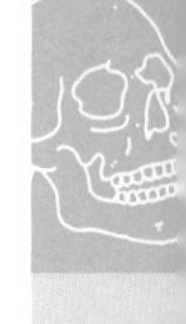

克勒妮玛塔神庙中，朝圣者在老鼠群中祈祷。

南方古猿

科：人科（Hominidae）
种：南方古猿阿法种（*Australopithecus afarensis*）
排名：23

幸运地立于两足之上，最终对地球、生命和人类产生了不同寻常的影响。

如果要选择整个人类历史上最为重要的某一时刻或某一事件的话，那么会是什么呢？电的发明，宗教的起源，还是书写的发明？或者，再往前一些，语言本身的诞生？事实上有一个比任何这些都重要的过程，这可能发生在500万—400万年前的某个时刻，某个叫作类人猿（人科）的灵长类动物中。这种革命性的演化适应源于一个物种——现代人类的祖先，简单地说：它学会了用自己的双脚走路。

人类与其近亲黑猩猩和倭黑猩猩之间最大的两个生理差异就是人类的脑容量更大（大约要大三倍），以及人类用双脚行走，而黑猩猩和倭黑猩猩却一直是用四足走路。

使用两只脚是人类演化过程中最重要的里程碑之一。长期以来，其影响都被一个臭名昭著的科学骗局掩盖。1908—1915年间，在英国萨赛克斯的一个村庄附近发现了皮尔当人（Piltdown Man）的头骨碎片。据称，这些骨头可以追溯到至少2 000万年前。数十年来，它们被一些人视为证明人类不是从类人猿演化而来而是拥有属于自己独立的进化路线的证据。对其他人而言，更重要的是，在爱德华时期的英格兰发现的化石清楚地表明，不列颠帝国引领了人类的进步。

南方古猿的头部复原图。

在被科学界的大多数人接受了40年后，在1953年由于牛津解剖学家约瑟夫·威纳（Joseph Wiener）的研究，皮尔当人最终被揭露出是伪造的。他的结论是，这些骨头只不过是现代人的残骸和猿类头骨融合后的产物。然而，皮尔当人的造假者却一直没有被揭露出来。

但是，即便是造假被曝光之后，此事件也给人留下了深刻的印象：在人类演化的过程中，大脑袋早在直立行走的能力出现之前就已经演化出来了。因此，人们认为人类开始直立行走是由于其思维能力强，他们这么做是因为他们推断这是个好主意……但事实并非如此。最近两足猿骨骼的化石发现，提供了无可辩驳的证据，证明两足直立行走的演化远早于较大脑部的出现。

南方古猿是两足的类人猿先驱，其大脑的脑容量与现代黑猩猩差不多（约 400 毫升）。因此，学会直立行走更有可能是促进了更大大脑的出现，而不是相反。

南方古猿生活在大约 450 万—250 万年前的非洲地区，自从雷蒙德・达特在 1924 年首次发现其骸骨以来，古生物学家挖掘了大量的头骨、骨骼，甚至是足迹。最著名的是一具完整度 40% 的骨架，昵称露西，是由美国古人类学家唐纳德・约翰松（Donald Johanson）带领的古生物学家团队于 1974 年在埃塞俄比亚发掘出土的。这具 320 万年前的南方古猿的足部、骨盆和脊柱的形状毫无疑问地表明"她"是直立行走的。在坦桑尼亚利特里发现的火山凝灰岩中的古人类足迹很可能是在大约 50 万年前由相同或相似的物种留下的。

为何选择两足行走呢？不幸的是，现在对这一关键点尚无科学共识，有很多相互矛盾的理论。显然，两足行走具有四足行走所没有的某些优势。对于那些原本无法够到的食物来说，伸手就是很好的一种方法；在没有树木的草地上发现危险则是另一个优点；在河流中直立行走比四足行走涉水更深。

另有一些人则认为，南方古猿的祖先像"泰山"一样用两足站立，以抵御捕食者的攻击。甚至有人提出，它们两只脚的古怪动作可能是雄性的性展示行为，希望以此展现男性气概，给雌性的成年个体留下深刻印象，而雌性会站起来则是为了保护自己的生殖器区域免受背后的攻击。有些人认为，两足行走是一种时尚，这种"酷酷"的行为旨在打动雌性（或者也可能是雌性为了吸引雄性开创的），从此，两足行走流行开来。一旦两足直立行走发挥了四足行走不具备的优势，自然选择便对直立行走的属性青睐有加。

或许两足行走最显著的优势就是查尔斯・达尔文在他 1871 年出版的《人类的由来》一书中所强调的："如果不使用这双出色的按照人类意愿行事的双手，人类就不可能占据当今世界的统治地位。"

通过将手臂和手在行走的任务中解放出来，它们就可以将手用于其他目的，比如拿取和搬运食物，以帮助在恶劣的天气条件下生存；当涉水过溪时，手可以抓住岩石和树木，以确保安全；不用于行走的双手变得更加灵巧，可以用来制作棍棒和长矛之类的工具，来杀死鱼类和其他动物作为食物。

因此，直立行走是进化的一颗神奇子弹，这种适应对地球、生命和人类都产生了深远影响。它的开创性物种就是南方古猿。直到最近，人们还认为手工工具起源于南方古猿的后代——能人。传统上，能人被归类为第一批真正的原始人类，因为它们的大脑约有 650 毫升，远远大于现代黑猩猩或古代南方古猿的大脑。但是在 1996 年，由埃塞俄比亚古生物学家贝尔哈内・阿斯富（Berhane Asfaw）和美国人蒂姆・怀特（Tim White）带领的一个研究小组发现了距今 260 万年的原始石器，这些散落在一种曾经未知的南方古猿遗骸旁边。他们将它命名为惊奇南方古猿（*Australopithecus garhi*），在埃塞俄比亚当地语言中是“惊喜”的意思[1]。

这个发现表明，南方古猿获得的主要生存优势正是通过直立行走和解放双手以制造工具获得的。这种单一的适应性带来的进化结果是多么不同寻常啊！就像数亿年前的两足恐龙一样，这些直立行走的哺乳动物很快就占据了陆地的主导地位。与恐龙不同，它们不是依靠蛮力，而是依靠双手和接下来将会进化出的更大的大脑。

大约 250 万年前，各种南方古猿，包括苗条的杂食者和更为坚定的素食者，逐渐让位给了它们的后代——能人，它们制作工具的技能不断提高，对更高级的手眼协调、更好解决问题的能力以及最终的大脑演化做出了至关重要的贡献。它们制作的投掷武器使它们可以在不危及自身生命的情况下进行远距离捕猎，从而确保由露西及其同类开创的两足世系的遗传动力可以一直持续下去。

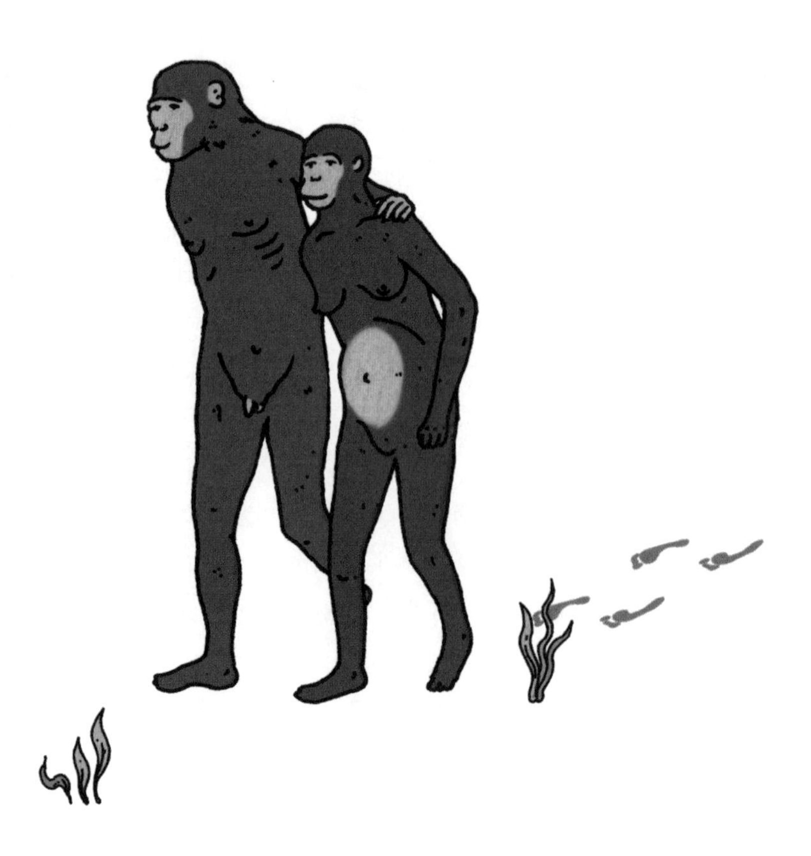

1 最初人们认为惊奇南方古猿是人类的祖先，且是南方古猿和人类之间失落的联系。但是现在科学家们相信它是人类祖先的竞争对手，而非人类祖先。

直立人

人科：（Hominidae）
种：直立人（*Homo erectus*）
排名：13

存活时间最长的人类物种，其大脑能力的增长前所未有。

查尔斯·达尔文在《物种起源》一书中用了整整一章来讲述本能这个话题。他说所有生物的行为都遵循着同样的自然选择法则，这些法则支配着身体特征的形状和形态的演化。从协作的蜜蜂到寄生的杜鹃，本能驱使着动物为了生存而斗争。最成功的物种会将它们的行为模式遗传给后代，从而提高它们的生存机会。

在外界情况迅速改变之前，一切都很好。然而无论如何，生物的本能都无法为新的捕食者的突然到来或是生存环境的急剧变化做好准备。要使新的本能在某个物种中占据统治地位，需要许多代的自然选择。对于世代周期短的小型且繁殖迅速的生物（例如昆虫）来说，这可能不是问题。但是对于寿命更长的大型动物来说，新本能的演化周期可能以世纪为单位，在此过程中，它们很容易被淘汰。

脑力是哺乳动物面对演化所给出的答案。其最大的特点是，生物可以在个体的生命周期内调整自己的行为，而不必等待更合适的本能在许多代之后演化出来。诸如大象、鲸（甚至是老鼠）这样的哺乳动物可以向父母、同伴和周围的环境进行学习，使它们具备超越、修改或补充本能行为的能力，如果环境过于动荡，那么为了生存，动物需要这样的改变。

在许多哺乳动物中，理性行为的能力使得现代人类可以训练动物做非本能的事情，就像我们可以在传统马戏团看到的那样。在提升学习和逻辑能力的过程中，最突出的生物就是现代人类的直接祖先，也是南方古猿的后代——直立人。

直立人是古人类的一种，拥有一系列值得夸耀的高级行为，也是迄今为止人类物种记录中最优秀的一个种。它们在大约 260 万年前起源于非洲，大约 7 万年前灭绝。相比之下，现代人（智人）则只存在了 16 万年，时间不超过前者的 7%。直立人也是最早的人类旅行者，最先从其起源的大陆到外面世界开疆拓土。大约 180 万年前，直立人迁出非洲，移民到欧洲和亚洲的部分地区，甚至抵达了印度尼西亚和中国，人们在那里发现了许多遗骸（例如爪哇猿人和北京猿人）。

直立人也是第一个通过控制火来改善环境的人类物种，在非洲发现的可追溯到 150 万年前的木炭可以证明这一点。在以色列北部还发现了大约 80 万年前的火灾遗迹。最近在法国和西班牙的发现，证实了这一物种中出现了世界上第一个烧烤厨师。煮熟的肉能比生肉更有效地释放能量，从而提供更好的营养，以满足这些人日益增加的大脑能量需求。火还可以保护直立人免受野兽的伤害，这使它们成为掠食者之王，令其他所有物种的生存技能都相形见绌。人们认为，在直立人第一次出现后的大约 50 万年后，没有使用火的能人等人类就灭绝了。

毫无疑问，这些人身上发生的最显著的演化适应就是其脑容量的急剧增加。早期直立人的颅骨显示，其脑容量大约是 800 毫升，大约是南方古猿的两倍。后来的标本则显示了其脑容量是如何增加到 1 100 毫升的（接近现代人的平均约 1 400 毫升）。

这个物种脑容量的增加以及从非洲迁徙出来的一个可能原因是气候变化。在过去的 300 万年中，全球气温在长时间的极寒和短暂的间冰期之间剧烈波动。直到最近人们才发现，环境有时会从热转到冷，反之亦然。地球温度调节系统（如冰盖、二氧化碳和甲烷水平）的反馈循环意味着草原和森林可以在几十年的时间里变为灌木丛，而不是像过去那样被认为需要几千年的时间。

在公元前 11400 年前后的最后一个冰河时期中，突然变冷的新仙女木事件[1]就是一个很好的例子。现在，一些专家认为，类似的气候突然变化促使直立人离开干旱的非洲，去寻找更湿润、更肥沃的狩猎场。一些基本的生存策略，如制造工具用于狩猎、生火并合理使用火，食用烤熟的肉，甚至是研究如何建造木筏来应对不断上升的水位等，这些可能永远不会仅因遗传本能的选择来驱动一代又一代人缓慢适应而出现；取而代之的，是它们都需要使用出色的、反应迅速的大量理性脑力。

解决问题的能力，在狩猎采集群体中个体之间的交流，以及武器装备的建造，对于该物种在冰河时代瞬息万变的动态环境中生存至关重要。自从恐龙灭绝以来，在哺乳动物中逐渐发展的智力潜能，随着两足直立人的兴起而得到充分发挥，使用双手进行工作也进一步提高了其认知能力。久而久之，拥有最高智力的直立人，懂得如何在不断变化的环境中生存下来，并将这些属性传给了后代。因此，在不太长的时间内，其平均脑容量增加了。

达尔文于 1871 年发表的第二本著作《人类的由来》中提出了关于人类脑容量急剧增加的另一种解释。

性选择是第二演化驱动力（在自然选择之后），达尔文相信这可能帮助人类提高了其逻辑能力。有了自由可用的双手，雄性可以通过向雌性“炫耀”来证明自己作为伴侣的价值（参见始祖鸟以及智人）。雌性可能对擅长设计的技能（比如工具制造或造船）以及掌握生存技术（比如生火）的雄性印象更为深刻。这些属性更有可能被传递给熟练掌握这些技能配偶的后代。

1　在公元前 11000 年前后，温度在数百年内突然下降 6℃，使气候回到冰期环境。此强变冷事件因丹麦哥本哈根北部黏土层中发现的八瓣仙女木花粉命名。

同样，雄性可能也会被这样的雌性吸引：拥有合意的家庭技能，比如出色的厨艺，或唱歌跳舞都很优秀。具有这些特质的雌性后代都更有可能在未来吸引雄性个体。出色的工具制造者和优秀的厨师进行繁育，而才华横溢的船匠与华丽的舞者将会交配。表现不佳的个体通常被认为对雌雄性都没有吸引力，那么谁会想要跟它们生育后代呢？根据达尔文的说法，这可能导致了一种繁殖模式的产生——有利于增强逻辑、表演和手工技能。当然，擅长狩猎（或击退求偶对手）的大型雄性也很受雌性欢迎，而且它们的基因也可能会世代相传，这就是直立人的雄性后代会比雌性大 30% 的原因（另见抹香鲸）。

没有人知道直立人在何种程度上才算是真正的人类，又或者它们是否可以像现代人类一样交流。然而，在它们存在于地球的 200 万年中，其脑容量的异常增加肯定是选择力之间的强大相互作用所致，这是在快速的气候变化中生存或性选择的求偶竞争中获胜所需要的智慧。

由于直立人的成功，人类才得以更广泛地分布于全球。它们还创造了一种世系，最终其大脑占体重的比例几乎是其他哺乳动物的四倍。由于其先进的狩猎技术、复杂的工具和对火的控制，其他的动物捕食者不再对这样的人类构成重大威胁。从直立人时代起，人类就成了占主导地位的陆地生物，因此地球上的其他生物，甚至是演化过程本身，也越来越受到早期人类的控制和制约。

一位艺术家基于 80 万年前发现于印尼爪哇岛的化石对直立人形象进行的复原。

智人

科：人科（Hominidae）
种：智人（*Homo sapiens*）
排名：6

一个新演化时代的开始，在这个新时代里，
生物的兴盛或衰亡取决于它们对单一物种——人类——的用处。

我很抱歉。作为一个彻头彻尾的人类作家，在纯粹的人类读者面前讨论自己这个物种恐怕是不够客观的。但是，由于缺乏与其他物种的共同语言，加之智人所特有的读写能力，任何解释都会不可避免地带来不便。

大约16万年前，现代人类首次在非洲出现。他们是由直立人演化而来，直立人是人类种群中存活时间最长的物种，其大脑已经超出了所有自然比例。到大约25 000年前，智人是地球上唯一幸存下来的人类物种。

根据最近的基因分析，大约发生在人类历史中期的一场近乎灾难性的事件，使智人的数量减少到数千人。关于这次近乎灭绝事件原因的猜测，包括病毒感染、7万年前破坏了非洲栖息地的多巴火山喷发等。脑容量达1 400毫升对其生存至关重要。在灾难性事件中，先进的心智水平真正发挥了作用。敏捷的思维、动手能力和日益复杂的工具制造技术可能是生死攸关的关键因素。

大约在同一时期，智人的行为开始发生显著变化。该物种开始发展出独特的能力——智力，可以处理复杂的口语、学习、教育。没有人能确切知道人类的语言何时首次出现，因为与书写不同，语言没有留下任何物理记录，但是高度复杂的工具制作技术可以追溯到7万年前。语言交流很可能在那时已经出现，很难想象如果人类没有语言交流，是如何将他们的手工制作技能传承到下一代的。极端的生存条件也可能会让人类更重视语言作为狩猎的辅助工具的作用，因为在地球动荡的冰期中气候变化迅速。

还有一种对语言兴起的可能解释，即来自性选择压力，这些压力被认为增加了直立人的理性思考能力和脑容量。随着智人的数量降至几千人，男性与剩余女性交配并生育后代的竞争可能变得异常激烈。对于女性而言，谨慎选择合适的男性是再自然不过的了，拥有最优异技能的人往往会成为其孩子最有魅力且最受欢迎的父亲。在如此小的种群瓶颈中，求偶竞争（或者如达尔文所说的“性选择”）可能触发了新的演化，语言技能成为男性说服女性交配最有力的手段。

《维特鲁威人》——15世纪时达·芬奇著名的绘画作品，展示了人类的四肢是如何在完美的圆内对称运动的。

在整个历史记录中，语言求爱经常表现在口头和书面文化中。有关爱情和浪漫的戏剧、诗歌、歌曲和故事似乎在人类文化中有着极其重要的地位，就像数百年前中世纪的

骑士时代一样，如今的流行文化也是如此。在大多数情况下，男性的写作和表演都是为了给女性留下深刻的印象，而女性在选择伴侣时，经常受到这种表现的影响。

在7万年前这样的一小群人类中，那些在语言上给人留下深刻印象的男性是最迷人的，也许也是最受女性欢迎的。他们的语言技能因此传递给了后代，人类语言能力已经成为哺乳动物迄今为止最了不起的演化产物。相对于简单的鸟鸣，复杂的语言被视为一种高效的方式，让男性和女性在选择合适伴侣的关键阶段相互了解对方。

同样的性选择过程可能促使其直立人祖先产生更大的脑部，也可以帮助智人采取一种文化上的“大跃进”。复杂的语言、交流和技术能力帮助智人种群得以恢复，无论其种群数量突然下降的原因是什么，随着环境条件的改善，这些人很快就像他们的直立人祖先一样从非洲蔓延开去。在5万年前，他们抵达中东地区，并在整个欧洲和亚洲范围内扩散开来，在此过程中取代了其他人类物种，例如尼安德特人。一些人建造了木筏和独木舟，他们曾经横渡海洋，在澳大利亚和波利尼西亚群岛[1]繁衍生息，而这些地方以前从未有人类居住过。其他人则在大约13 000年前，通过如今的阿拉斯加，找到了从亚洲东部边缘穿越到美洲的方法，并且在1 000年内迁移到了南美洲的南端。

大约在12 000年前，智人到达了除冰冻的南极洲以外的所有大陆。这些聪明的、装备精良的两足动物，具有非凡的逻辑和沟通能力，这对许多其他物种产生了巨大的影响，尤其是那些生活在人类从未涉足的地方的生物。先是在澳大利亚，然后是美洲，在人类猎人到达后不久，那里的大型动物就发生了大规模的灭绝。本能无法让这些动物适应这种未知新威胁的突然到来。非洲和亚洲的大型哺乳动物在距人类很近的地方生活了至少200万年，所以它们有足够的时间发展出本能的恐惧，隐藏或逃跑以避免与人的近距离接触。但是澳大利亚和美洲的哺乳动物没有这样的优势，它们也没有足够的逻辑能力来与人类的大脑竞争或以智取胜。

在智人到达澳大利亚后不久，16种大型哺乳动物中只有1种幸存；在北美，45个种群中有33个已经灭绝；在南美洲，58个种群中有46个灭亡了。许多美洲顶级的食肉动物（如美洲狮、猎豹、剑齿虎和洞熊）的大量死亡导致了食草类哺乳动物数量大增。随着食物被耗尽，饥饿随之而来，加上干旱的气候，导致了许多生物的灭绝，如猛犸象、乳齿象、雕齿兽、北美大羊驼以及所有5种美洲本土的马。

人类在全球范围内的迁徙，将他们先进文化的证据以洞穴壁画的形式呈现，这些壁画描绘的是受尊敬的动物、精心制作供奉生育女神的雕像和仪式性墓葬，表明了这是一个越来越有“自我意识”的物种。至此，智人的逻辑能力已经足够强大，可以开始寻找有关地球上生命起源和目的（如澳大利亚原住民的梦幻时光的故事）、死后的生活（葬礼），

---

1 中太平洋群岛，太平洋三大群岛之一。岛名意为“多岛群岛”，因岛屿数目最多、散布的海域最广而得名。

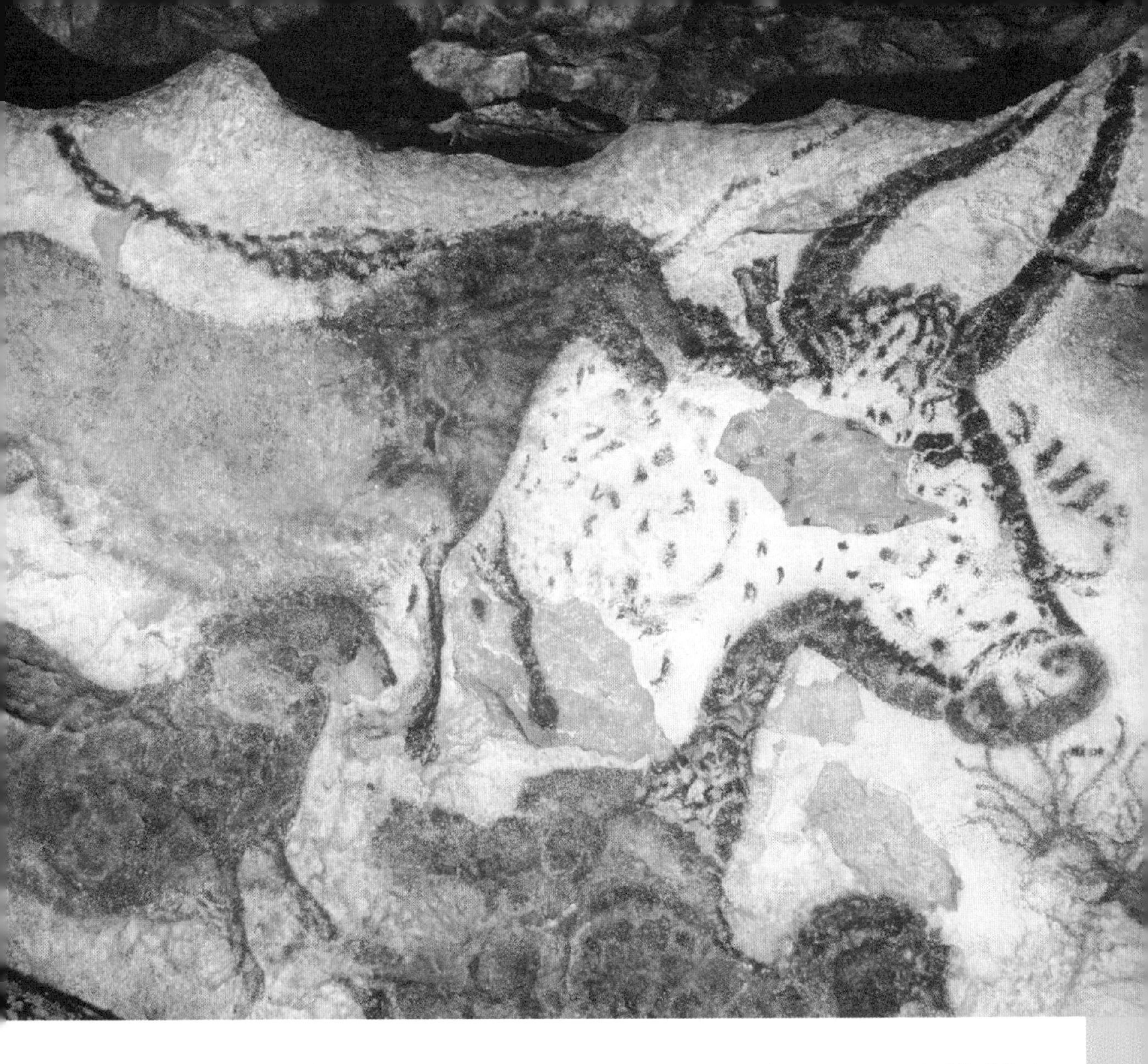

法国拉斯科洞穴的动物壁画，由史前人类创造，以接触灵魂世界。

甚至是用来区分正确和错误行为的道德规范（如图腾和禁忌）等问题的答案。

其他生理特征进一步使人类区别于其直系祖先。智人婴儿的脑容量相当大，因此婴儿的出生要比其他哺乳动物的后代早得多，以便其头部可以通过母亲的产道。这些脆弱的人类后代需要成年人持续的关注、保护和照顾。社会团体也被证明对文化价值观（尤其是语言和手工艺）以及其他重要生活技能的转移是有效的，这些都是由老一辈传授给下一代。这样的出生动态也可以解释为何智人的两性异形比南方古猿和直立人要少得多。男性的体形平均仅比女性大 15%，这表明他们更倾向于一夫一妻制的关系和核心家庭，在这种情况下，父母双方都要投入时间在抚养子女上。

男性和女性智人演化成了唯一没有浓密体毛覆盖的灵长类动物。一些专家认为，这是由于女性偏好皮肤裸露的男性所引发的适应性。干净、无瑕疵的皮肤表明这个人的遗传状况良好，身上也没有跳蚤和虱子。性选择意味着这些特征会遗传给后代。两性之间的生理差异仍然存在，例如：男性面部的毛发（胡须）可能是在求爱过程中形成的视觉提示，用来挡住其他男性。

这些几乎没有毛发、两足行走的猎人拥有语言、艺术和对自己在世界所处位置的好奇心，直到约 1 万年前才开始产生最大的影响。由于全球气温的急剧变化，海平面上升，传统的狩猎场开始消失，野生猎物变得越来越少。因此，人类不得不利用自己的脑力去寻找新的方式来养活自己。

生活在中东地区（现在的黎巴嫩）的纳图夫人（Natufian）[1] 退居到山上，开始在精心准备的土壤中播种他们所能找到的最大的小麦种子。这是目前已知的人类首次尝试种植并在数月后收获农作物。他们发现，谷物可以储存在临时搭建的棚屋里，在需要时磨成面粉并烤制面包作为食物。

在中东、北非和亚洲的一些地区，人类通过反复试验发现，一些野生动物可以被驯化并被培育成更适合人类需求的形态。在经过数代人的饲养之后，这些动物变得顺从了，对野外生存至关重要的恐惧和攻击性的遗传本能被抑制，变成了我们今天所认识的家养山羊、绵羊、奶牛和猪。这样的动物可以被饲养在农场里或被成群地放牧，以定期为人类供应牛奶、奶酪、兽皮、皮毛和肉。现在，智人有了自己的“人工”解决方案来应对饥饿，更能抵御气候变化和狩猎场稀缺的影响。这些方法是由“新石器时代”的人们精心开创的，他们使用经过试验的合理技术，这些技术又通过口头文化代代相传并不断完善。

农业的兴起对地球、生命和人类都产生了巨大的影响。现在，人们可以把很多食物储存起来，这样就可以定居在永久性的住所中，其中许多人都可以探索食物供应以外的生活方式。工匠、牧师、统治者和士兵的出现，促使了大规模的人类定居，以及守卫森严的城市、帝国和复杂文明的建立。另一些人则坚持传统的游牧生活方式，他们带着可以供应饮食的羊群和牛群一起，在定居点之间进行交易，或者在机会出现的时候进行抢劫。他们开始使用驯养的动物，如马和骆驼，作为个人运输系统，或运输货物，或发动战争。

通过使用标记和划痕，人类学会了如何将他们的语言转换成永久的书面形式。这样的编纂工作进一步帮助他们传播知识，比如播种庄稼的最佳时机以及准确记录贸易和交易信息。得益于粮食耕种、畜牧业以及理性思考，人口数量从 12 000 年前的大约 500 万增加到 2009 年的近 70 亿。

人类社会与昆虫世界在一个重要方面有着显著差异：它们是集中计划、权威和理性

1　旧石器时代末期中石器时代初期的古文明，可追溯至约公元前 13050—前 7550 年或公元前 12000—前 9500 年。在农业出现以前，纳图夫人就采取定居或半定居的生活方式，其房屋多为成群落的石砌圆形小屋，纳图夫人可能是该地区新石器时代第一批建造者的祖先，且可能是世界上最早的。

头脑的产物，而不是受遗传驱动的本能自组织系统。这样的差异在演化改变的过程中带来了一种全新的选择压力。

在这个“人工选择”的世界里，物种的兴旺或死亡不是因为它们适合某个生态环境，而是因为它们对人类有用。在过去的 12 000 年里，全球的繁荣可归功于那些已经成功适应这种新演化模式的物种。对于那些未能证明其价值的物种来说，它们已经被孤立了，其中许多物种濒临灭绝。少数群体勇敢地坚持了下来，这些物种依然强大，足以抵抗人类理性要求的喧嚣。就目前而言，它们仍在按照自然法则而非人类意志在演化。

人类出现之后

从 12 000 年前到现在……
繁盛于现代人类社会中的物种的影响

See what a lot
of nice new friends
I've made alread

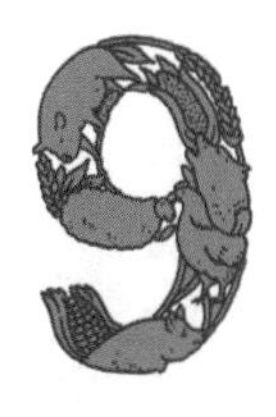

农业

农业的诞生是如何帮助并创造出一个征服世界的全新顶级物种的，这一过程得益于与人类的协同演化以及一些被挑选的动物和植物。

传统的历史很少会考虑其他生物产生的影响，事实上，它们以各自的方式对地球、生命和人类所产生的影响远比人类的政治、战争和发明创造深远得多，也正是由于少数被选择的非人类生物，现代人类文明才得以产生。

在“超级物种”的名单中，最重要的就是那些已经适应了提供食物和营养以满足人类食欲的动植物。这类物种让查尔斯·达尔文非常着迷，因此他在《物种起源》的一开始就专注于它们的起源，这一章名为“家养状况下的变异”。达尔文对常见的农场和家养动物产生了浓厚的兴趣，比如牛、马、鸽子和狗，以及日常厨房和菜园里的农产品，比如土豆、卷心菜、草莓和醋栗。达尔文认为，这些现存的物种由于人类的选择而发生了变化：“那些我们驯养的物种在结构或习性上都适应了人类的需要或爱好。”

如果选择育种的力量是驯化物种发生变异的原因，那么也许其他更自然的选择性力量早在人类出现之前就已经在发挥作用了。达尔文关于自然选择的更普适性理论便是建立在对驯化物种的研究基础之上。

在过去的12 000年里，某些动植物展示出了惊人的能力以改变它们取悦人类的方式。它们在支持农民、运输者、户主、园丁和抵御外敌的守城者等各方面驾轻就熟。人类和少数被选择的驯化物种之间的这种协同演化可以分为四个不同的阶段：农业、全球化、疾病和成瘾。

农业革命

在冰川消退之前，没有任何农业存在的迹象。在此之前，人类（包括智人）以狩猎采集为生，仅在需要时通过捕杀猎物

收土豆啦：英国食品部在第二次世界大战期间将土豆宣传放在了菜单上。

或采集野果、浆果和种子进食。他们大多过着游牧式生活，10 到 20 个人成群结队地游荡，分享他们所需的一切，并尽可能少带东西以减轻负担。

然而，在过去的 12 000 年里，人类几乎完全抛弃了传统的生活方式。现在，大多数人生活在大城市和被个人物质财富包围的固定社区。人口从农业生产出现之前的大约 500 万增加到今天的约 70 亿，增长了约 1 400 倍。在许多地方，沥青和混凝土层层堆叠于土地之上以支撑巨大的城市群，河流上则筑起了大坝以保护城市不受洪水的侵袭并提供水力发电。与此同时，湖泊和沼泽被排干，树木被砍伐，从而开垦了广阔的田野用于种植食物或放牧牲畜。

这种非凡的转变是由数种作物和动物品种在不经意间产生的。这些物种对人类生活方式的改变做出了积极的响应，而人类用他们自由的双手和硕大而好奇的大脑，开始进行选择、种植和培育作物，以及圈养、放牧和培育动物的尝试。

在 12 000—3 000 年前，人类第一次进行人工选择实验——人为培育植物和繁育具有特定特征（可以进一步提升人类的福祉）的动物。这些实验各自出现在许多肥沃的河谷地区，包括中东地区的底格里斯河和幼发拉底河流域、印度河旁、中国的黄河和长江边、埃及的尼罗河上游、中美洲的湖岸（现位于墨西哥）旁以及南美洲西北部的山坡梯田（现位于秘鲁）旁。

在这些地方，精心培育的植物品种，如水稻、小麦、玉米、小米、扁豆、大麦和豌豆，对人们的生活方式都产生了很大的影响。每个品种都分别帮助欧洲、北非和中东（例如小麦），中国和印度（例如水稻）以及前哥伦布美洲地区（如玉米）的古代人类开辟了独特的历史发展道路。

这些农作物展现出了非凡的魔力。经过几代人的培育，它们从自然的野生状态变成了更适合人类需求的形式。新石器时代早期的农民选择了一些种子最大且最具营养的单株植物进行种植，这些植物的种子很容易被收割，因为它们会牢牢地粘在茎上。这样的标准与自然选择在过去的数百万年里所要求的完全不同。那些容易被风吹走的、产生小种子的植物，曾经在农业社会之前繁盛过。

在动物品种的繁殖过程中也发生了类似的转变。黎巴嫩的纳图夫人开始了第一次驯化狗的试验，以帮助他们捕获和防范野生动物。我们现有的数百个品种的狗都起源于灰狼这个原始野生物种，它们在过去的 12 000 年里被人类培育成各种不同的品种，用于帮助人们狩猎、牧羊、看家护院和看管牲畜，或只是为了享受它们的陪伴。

当人类开始培育植物和繁殖动物时，那些有着最广泛遗传多样性的物种变得繁盛起来。例如，像小麦这样的禾本科植物中有一些品种具有大粒的种子，它们因其高蛋白质和高碳水化合物含量被制成面包或热布丁来供给饥饿的人类。像橄榄这样的食物易于种植、富含油脂且不会很快降解，因此成了其他人类群落的主食之一。

基因易变物种也可以从人为选择中受益。欧洲野牛是大约 200 万年前在印度演化出现的大型哺乳类食草动物，它们具有足够多样的基因，使得农民能够培育出既能在圈养环境下生存，又能生产大量牛奶和肉类的品种。现代的家养牛——目前大约有 13 亿头，都是欧洲野牛的后代。它们是现在地球上最多产的大型动物物种。

其他被驯化的物种包括绵羊、山羊、

猪和马。虽然它们并不总是人类为了果腹而养殖的，但在过去的12 000年里，它们都对现代人类饮食习惯的建立起到了至关重要的作用。作为回报，人类照顾和保护它们，使它们免受掠食者的侵害，给它们接种疫苗以预防疾病，并且提供食物和水。

一切都改变了

因为农业，许多人放弃了传统的狩猎采集生活方式，转而选择住在定居点（乡镇和城市）。他们不再把土地视为共同的狩猎地，而是建造了用来储存谷物的粮仓，以及用来饲养牲畜的畜棚。

大约8 000年前，世界上第一批有围墙的城市——杰里科和加泰土丘出现在中东地区。它们拥有成千上万的人口，每个家庭都有自己单独的房子和供农业生产所用的个人储藏室。这里是私有财产概念的起源之地，现在的大多数人认为这是理所当然的。奇怪的是，个人可以拥有任何东西的概念至多只能追溯到12 000年前，而且完全是由于某些动植物的遗传多样性而产生的。

这些被驯化的物种产生了如此多的食物，以至于居住在定居点的人们可以成为全职工匠、士兵、统治者、行政人员、牧师、商人和奴隶。所有这些专门的社会角色之所以成为可能，是因为一些重要的农业物种的适应，从而为人类社会全年提供富余的食物。

使用狗来放牧牲畜，有助于一些农业文明保持其古老的游牧方式，只不过不是狩猎，而是将驯养的牲畜带在身边。放牧动物将植物转化为牛奶和肉类，为那些土壤质量不适合种植作物的地区的人口提供了理想的解决方案。他们的生活方式被称为“游牧式田园主义”，通过大规模的人口迁徙，例如非洲的班图人和亚洲的蒙古人，极大地改变了人类和环境的历史进程。有时，游牧民族为了成为定居者而放弃了他们的牧群（比如定居在迦南[1]“乐土”的以色列人）。今天，只有少数群落坚持游牧生活方式，因为比起依赖高产作物的定居者，他们需要多10倍的土地。

农业和田园生活模式都对环境产生了重大影响。为了种植农作物和为食草动物提供开放的牧场，需要大规模地砍伐森林来开辟田地。在农业和畜牧业兴起之前，英国大部分土地都被森林覆盖。但是在1086年征服者威廉的《末日审判书》[2]的调查中，85%土地上的树木都被砍伐了。埃克斯穆尔、达特穆尔和北约克郡湿地都是在过去的5 000年里被新石器时代的人所砍伐的古老林地。这就是为适应现代人类不断变化的口味而存在的少数具有基因可塑性的动植物所产生的影响。如今，99.9%的人已经适应了生活在多为定居的更大的社会中，这个社会里的所有人都把农场的食

1 迦南（英语：Canaan），原意为“低”，指地中海东岸的沿海低地。巴勒斯坦和叙利亚、黎巴嫩等地的古称。源于含的第四个儿子迦南，传说是迦南人的祖先。

2 诺曼王朝期间，英王威廉一世下令进行的全国土地调查情况的汇编。书名“Domesday”为“Doomsday"的中古英语拼法，意为“最终的审判”。

物作为城市生活的必需品。

食物的全球化

易于驯养的动植物的第二大功绩就是食物的全球化。人类迁徙的两大浪潮，为农作物和牲畜提供了运输和移植的技术——它们都发生在过去的2 000年中，对历史整体产生了巨大影响。

伴随着伊斯兰教在公元7—8世纪的兴起，第一次人类迁徙浪潮来临了。穆斯林商人将南亚和东亚丰富的农产品运至欧洲和地中海周边地区。来自东方的作物在灌溉系统、轮式犁和奴隶劳动的相互作用下被成功培育出来，并改变了东非和西班牙。甘蔗、水稻、柠檬、杏子、棉花、洋蓟、扁桃仁、无花果、香蕉和茄子都是由于它们的营养价值或功效而被穆斯林商人进口的。这些物种能够适应各种气候和栖息地，因此在欧洲被成功种植并成为新的主要农作物。

到了1481年，由伊斯兰国家的灌溉系统供水的西班牙农业资源，完全落于基督教徒之手。之后50年内，欧洲商人通过掌握大西洋信风找到了自己的商路以绕过穆斯林贸易商。葡萄牙探险家开辟了从好望角到东部香料富集市场的海路，而西班牙和意大利的投机者则向西找到了一种更快的替代路线。

每次他们携带的生存装备主要是各种牲畜，如猪、绵羊、山羊、马、鸡和牛。很意外的是，当西班牙人到达未知的美洲“新大陆”时，他们的成功征服为美洲大陆补充了大型动物，这些动物取代了智人在12 500年前到达后不久就灭绝的品种。

美洲的欧洲移民也带来了甘蔗、咖啡、香蕉、棉花、橙子、柠檬、燕麦、小麦、橄榄、苹果、水稻、黑麦和芜菁等作物。如此一来，亚洲的农作物通过两个阶段抵达了美洲。穆斯林商人将它们带到安达卢斯（穆斯林统治时期的西班牙），它们又随着基督教征服者一同来到大西洋彼岸。

海洋贸易路线也将丰富的农作物从美洲带回到欧洲。土豆、西红柿、向日葵、烟草、草莓、香草、橡胶、南瓜、鳄梨、豆类、坚果、可可、玉米和菠萝是美洲原住民几千年来精心培育的结果。然而，从17世纪开始，它们被移植到欧洲、中东和亚洲地区气候适宜的各个地方。这类物种所取得的全球性成功得益于人口增长、运输、征服和贸易产生的相互联系、愈加紧密的人类社会。

这就是为何今天橙子种植在佛罗里达州，土豆种植在爱尔兰和艾奥瓦州，番茄种植在意大利，橡胶种植在非洲，咖啡种植在巴西；以及为何牛饲养在得克萨斯州，数亿只羊在澳大利亚和新西兰生活。这些物种现在都被大批量养殖和种植在离它们原栖息地很远的地方，在很大程度上要归功于它们的气候适应性和演变为符合人类胃口的品种的遗传能力。

人类的驯化活动

两个不相关种群渐进的协同演化，比如兰花和飞蛾，通常涉及某种对双方都有利的基因修饰。尽管人类农业只不过存在了相对较短的时期（12 000年只不过是人类历史250万年中的一瞬），但由人类赖以生存的物种所引发的基因改变（现在取决于人类）已经影响了近代历史的进程。

最明显的演化改变伴随着流行疾病的传播而发生。麻疹和天花起源于持续感染的牛，但在约10 000年前跨越种间屏障变为对人产生致命感染的病毒，随后又造成了数亿人的死亡。流感病毒则是来自驯养的鸡和猪。其他疾病，如疟疾和神经系统非洲锥虫病是由吸血昆虫传播的。它们以牛群为生，而牛则作为这些疾病的宿主进而感染人类。

数千年来，与农场动物住在一起的人类已经逐渐获得了对这类疾病的免疫力。这些特征是通过遗传基因传递给后代的。

对于没有在农场动物附近居住过的人来说，流行病大暴发的影响会大得多。随着 16 世纪欧洲人和他们携带的动物的到来，因天花而死亡的美洲土著人估计多达 2 500 万，这相当于他们当时人口的 90%。

欧洲入侵者所受到的影响则较小，因为他们在遗传免疫的道路上走得更远，直到 20 世纪发现天花疫苗之后才完全地消除了其威胁。因此，确切地说，欧洲人被某种农场动物以及其寄生虫所“驯化”，因而对这一特定感染产生免疫力。事实上，对天花的免疫是“选择”那些倾向于饲养牛这类动物的人，而不“选择”那些以狩猎采集为生的人。

大量饮用牛奶听起来像是不太可能的第二个例子，说明了与农场动物生活在一起的人类是如何直接进行基因改变的。在山羊、牛和绵羊被驯化之前，人类仅可以在婴儿期消化牛奶。乳糖酶，一种可以消化牛奶中的乳糖的酶，在婴儿断奶后不久就从人类的肠道中自然消失了。

然而，挤奶大大增加了动物一生中可以传递给人类的总能量，远多于杀死它一次性所获得的肉所能供给的能量。因而寻找一种能够耐受牛奶的方式将成为人类的一项重要生存优势。古罗马等文明就发明了一种方法，通过将牛奶发酵制成奶酪来去除难以消化的乳糖（见乳酸菌［*Lactobacillus*］）。但这对许多在迁移中需要从自己的耕畜那里获得奶制品的牧民来说却不太实际。

因此，无论消化的后果如何，这些人都会饮用未经加工过的牛奶。多年后，它们的后代已经发展出成年后仍然可以持续消化乳糖的能力。在英国、德国、瑞士和斯堪的纳维亚，人们可以完全耐受未经加工的牛奶，因为他们是新石器时代牧民的后代，于几千年前从东欧和中东游荡而来。然而，美洲原住民中 95% 的人口是不能耐受牛奶的，因为他们的大陆上几乎没有任何大型哺乳动物，这是 12 000 多年前人类狩猎和气候变化导致的。

农场动物物种再一次在“驯化”人类方面生效了，协同演化的过程通常以物种之间的互利关系为特征（见共生关系）。

文艺复兴时期意大利的奶酪制作图，这是解决乳糖不耐问题的传统方式。

小麦

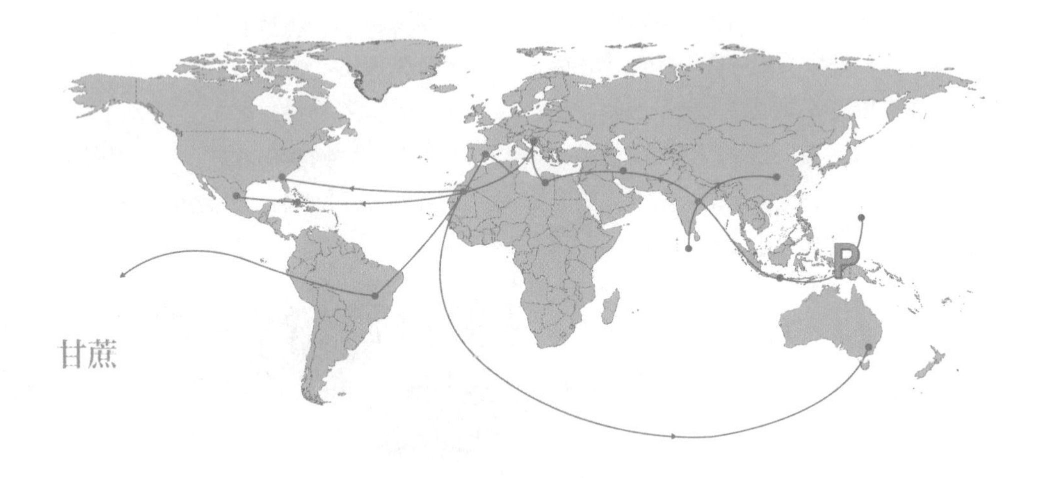

甘蔗

土豆

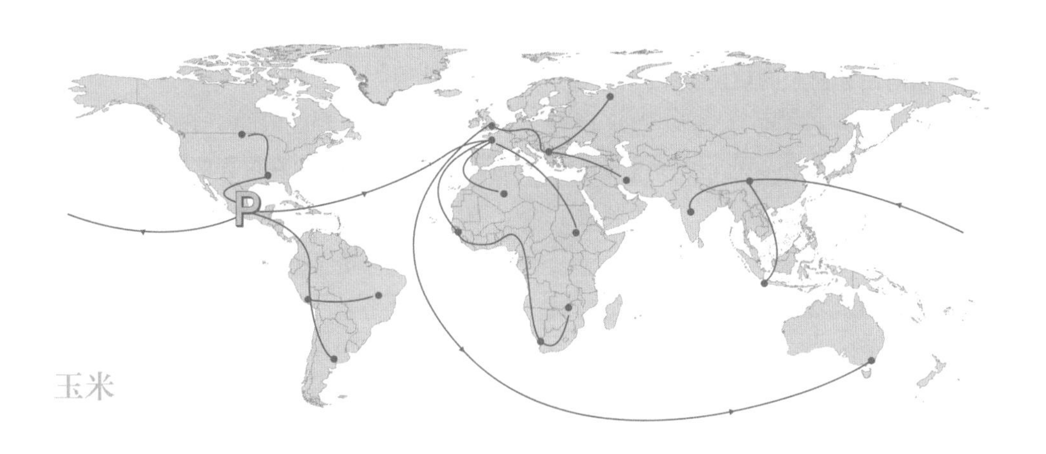

全球农业的分布

作物是如何随着人类文明、人口暴增而演化的，并产生可在全世界培育的超级物种。

P 原产地

● 主要耕种地

成瘾行为

众所周知，一些植物能够通过改变人类消费者食欲的能力影响人类的行为。可可树、烟草和罂粟就是最著名的例子。

然而，我们的基础农业饮食习惯具有其与生俱来的成瘾体系。新石器时代的古老文明对面包的迷恋从他们对象征生育的母性之神的崇拜就可以清楚看出。研究地中海沿岸的考古学家发现，在面包烤炉旁可以找到代表她的成千上万的雕像和图案。

几千年后富裕社会中的人类口味变得更加独特，如罗马帝国的统治阶级沉迷于葡萄和橄榄，因为葡萄可以发酵成美酒，而橄榄非常适用于交易、烹饪和食用。16世纪开始向西和向东的殖民扩张给近代早期欧洲社会带来了巧克力、糖、咖啡和茶等产品，当欧洲人第一次品尝到这些食物时，他们的味觉很快适应了，这便刺激了需求的增加。

整个19世纪，欧洲人都喜欢来自阿根廷的牛肉和来自新西兰与澳大利亚的羊肉，这开启了世界范围内食用红肉的风尚。产自美洲的玉米和土豆等作物原本只能作为欧洲农民的盘中餐，但在过去的200年中，这一传统也发生了改变。出身卑微的土豆如今在西方世界成了最受欢迎的蔬菜。

世界各地对农产品的依赖刺激了消费需求，从20世纪初开始，西方科学家和企业就在全球展开合作，将食品供应作为他们的首要任务。当世界的某些地方正忙于摆脱饥饿威胁（例如20世纪40年代的墨西哥和20世纪60年代的印度）时，富裕的国家却开始沉迷于食用更大量的水果、蔬菜和肉类，这创造了全球性市场，从而为大型企业获得高额利润创造了巨大机会（另见香蕉）。

最大的突破来自20世纪早期发明的人工肥料，它是德国人弗里茨·哈伯和卡尔·博施的心血结晶。硝基化合物是由天然气和空气转化为氨而产生的，现在被用于农作物的种植，这些农作物养活了世界上超过40%的人口——约25亿人。

经过基因修饰的植物（比如矮秆小麦和大米）已经被培育出来了，在人工肥料的辅助下，这些植物可以增重且不会因自重而倒伏。它们可以养活更多的人，并预防从中美洲到印度的饥荒，这一技术改革活动被称为“绿色革命”。

这些人为干预造成的一个意料之外的后果，就是世界人口在过去的80年中增加了50亿。如此大规模的增长与一系列受到良好保护、受精、培育和灌溉的物种（如牛、猪和绵羊）的种群和土地的指数增长相匹配，这些物种为数量庞大的人类提供了食物。人类与其家畜之间的共生关系，与农田里的真菌和蚂蚁窝里的蚜虫一样。

人工杀虫剂让昆虫、真菌和病毒陷入困境之中；基因修饰的菌株帮助作物在其原本无法生长的地方生长；抗生素则保护动物免受感染——即使当它们处于拥挤的生活条件中，而这种环境往往容易导致控制种群数量的疾病蔓延。人类的大脑、结实的双手和贪得无厌的胃口与少数高度适应性作物和动物遗传多样性的结合，表明了一种协同演化的绝技，真正改变了现代世界的景观和生态。

小 麦

科：禾本科（Poaceae）
种：农林 10 号（*Norin 10*）
排名：19

让数百万人免于饥饿但不能在野外存活的一种高营养转基因禾草。

美国国会于 2006 年通过的一项法案明确表示，美国农学家诺曼·布劳格博士（Dr Norman Borlaug，1914—2009）“比其他任何存在过的人都拯救了更多的生命”。据称，超过 10 亿人能够存活至今正是多亏了他，但只有一小部分人听说过他。现代世界非常明确地认可了他的非凡贡献：诺贝尔和平奖（1970）、总统自由勋章（1977）和美国最高的平民荣誉国会金质奖章（2006）。你可能会感到奇怪，这个人究竟制造了什么奇迹使他值得这样前所未有的赞美。

简言之，是小麦。布劳格培育的小麦并不是任何一个古老的品种，而是一个名为农林 10 号的新杂交种，自从 20 世纪 40 年代初开始，在墨西哥和印度等地让农作物的产量比历史平均水平增加了 10 倍以上。这种被仔细培育起来的矮秆、大种子的禾本科植物，大大减少了全球范围内人们对于可能因人口不断增长而引发大饥荒的恐慌。农林 10 号的矮小特征意味着它即便拥有饱胀的谷粒也不容易倒伏。有充足的水分、人工化肥和化学杀虫剂，布劳格培育的小麦在 20 世纪中期使世界上的许多地区避免了饥荒。得益于他的小麦品种，印度和中国这样人口大幅增长的国家也可以养活其国民。

1970 年，诺曼·布劳格博士在墨西哥他专门培育的小麦地中的留影。

小麦是一种真正征服了世界的禾本科植物。其优势从大约 12 000 年前开始逐渐显现，人类在现代土耳其东部开始培育禾草品种时，倾向于选择他们储藏室中那些种子最大且最具营养的品种。将小麦磨成面粉再烤成面包的发明，是历史上最重要但鲜少记录的故事（见酵母）。在过去的几千年中，面包养活和激励了全世界的人类。不同的人类文化以许多不同的面食类型为特征：法国的长棍面包、百吉饼、皮塔饼、印度烤饼、牛角面包、佛卡夏、三明治、恰巴提和饺子等。

对早期的农民来说，把面粉变成丰盛的发酵面包是一个奇迹，也是他们宗教崇拜的核心。在希腊东部法尔萨拉附近的新石器时代遗址阿喀琉斯的发掘过程中，发现了几座供奉繁殖女神的古老寺庙（约公元前 6000 年）。在面包炉旁发现了数百尊

雕像，这些雕像被安放在平台上，组成了神龛和祭坛。大地之母是荣光、慷慨的象征，每当研磨谷物和制作面包时，人们会进行礼拜。

数千年之后，面包与神学的联系依旧存在于犹太律法（基督教的《圣经·旧约》）中。它们揭示了上帝从天堂赐下吗哪[1]——一种碾碎并烘烤出来的蛋糕，用以支撑以色列人走出埃及前往希望之乡这段史诗般的旅程。2 000年前，一位名叫耶稣的犹太木匠的儿子，成为很多人眼中支撑人性的化身。他说他是生命的食粮。今天，数以百万计的基督徒通过吃面包庆祝耶稣的诞生，因为面包象征着他的圣体。

烘焙面包不仅仅渗透到了宗教文化之中，其在科学和工程领域也同样重要。齿轮、风帆、磨坊和车轮是由古希腊（公元前33年）和中国（约公元200年）的人们设计的，最初是用来将谷物打磨成面粉，只是到了后来才将风力和水力应用于锯木、抽水、造纸和驱动织布机上。因此今天无处不在的电力和风力涡轮机，都源自加工小麦过程的技术。

在英国历史上，由于小麦粉高度易燃的特性而发生过一次巨大的震动。1666年9月2日周日晚，伦敦布丁巷托马斯·法里纳（Thomas Farriner）烘焙坊发生了爆炸，导致了这个城市历史上最严重的火灾，摧毁了这座城市80 000居民中至少80%的房屋。许多被摧毁的房屋屋顶都由茅草搭建，这种稻草类似于小麦秸秆制成的易燃材料。

小麦和面包在人类文明历史中所发挥的关键作用可以通过“养家糊口的人”（bread-winner）、“产粮区”（bread basket）这样的现代英语短语和“生面团”（dough）这个意为财富的俚语来体现。科学家们不断努力，希望发现可以被称为“切片面包诞生以来最伟大的事情……”[2]

现在种植小麦的土地数量是惊人的6亿英亩，这些土地大多曾是森林或草原。根据至少一位著名历史学家的说法，小麦“相比任何其他已知的生物，更加多元化，入侵了更多新的栖息地，繁殖得更快，演化得更为迅速且不会灭绝……”

两个主要的因素有助于解释小麦产生的巨大影响。谷蛋白是一种蛋白质，在小麦中的含量远高于任何其他谷物或粮食作物，这就是为什么可以把碾碎的小麦种子（面粉）加水揉成有黏性的弹性面团，再添加一点酵母，弹性蛋白就会封住面团发酵时释放的二氧化碳，使混合面团膨胀成又大又香的成型的面包。

小麦的第二个显著特征，就是它很容易与其他禾本科植物杂交产生新物种。现代小麦实际上是至少三种不同禾本科的结合体，它们的基因很自然地拼接在一起，使得小麦成为我们现在熟悉的品种——单粒小麦、二粒小麦和节节麦（*Aegilops squarrosa*）。基因灵活性有助于具有较大、坚硬种子的变异品种的生存，因为这些种子可以保证充足的食物

1　吗哪（英语：Manna），《圣经》中的一种天降食物。

2　摘自菲利普·费尔南多-阿梅斯托（Felipe Fernández-Armesto）所著关于食物的历史书——《吃：食物如何改变我们人类和全球历史》（*Near a Thousand Tables: A History of Food*）。

供应，第一批农民便选择了它们。

小麦是通过获取其他物种的基因组而进化成新物种的一个完美例子。通过感染、突变或共生，所有生物都有结合了不同基因类型的迹象。但植物似乎比自然界的其他生命形式更倾向于选择这些古怪的行为。现代小麦的六条染色体继承于三个不同的物种，没有一个共同的祖先，这让查尔斯·达尔文的一些现代科学追随者懊恼不已。

如果品种多样性是小麦位于全球主导地位的关键，那么今天小麦的现代统一性使其全盛期变得日益脆弱。与古老的品种不同，今天征服世界的农作物完全依赖于人类的传播和生存。农林 10 号的种子太大，过于牢固地依附于茎秆，因而风力不可能成为它的传播途径。另外，野生小麦种子逐渐用自己的“芒”（短硬毛）进行机械的播种，它们会像船桨一样竖立起来，然后聚拢在一起，将谷粒钻入泥土中。现代品种则完全依赖于人类，通常使用播种机来进行该过程。因此，将落下的种子埋入土壤中 2 厘米深的巧妙演化技术如今已经不存在了。

克隆的小麦品种，如农林 10 号，是典型的单一品种种植的，极易受到寄生虫、真菌或病毒的侵害，因为它们缺乏自然界最有效的疾病防御机制——生物多样性。因此，人类必须用化学杀虫剂喷洒小麦以免歉收，而往往不去考虑这样操作对陆地生态系统其他部分的影响。

理论上，病毒或寄生虫可以演化出一种人类无法控制的感染小麦的方式。这将是一场真正的全球盛宴。没有小麦的话，数十亿人将不可避免地饿死。如果人类这个物种遭受灾难，那么作为现在地球上数量最多的植物类型，农林 10 号同样会因为无法通过自己繁殖而逐渐没落。

现代人类的困境在于如何在不危及世界生态系统平衡，比如在不使用有毒化学物质、基因的魔法或不减少生物多样性的前提下，为其不断增长的人口供应粮食。没有人可以像诺曼·布劳格一样明智地处理这个难题，正如 200 多年前托马斯·马尔萨斯预测的那样，他认为到 2050 年为了避免人类的大灾难，世界的食品供应必须要翻一番：

> 未来的粮食产量将不得不达到更高的水平。尽管我毫不怀疑产量的不断上升，但粮食产量是否能持续养活数量庞大的人类则有待商榷。除非农作物产量依然保持高速增长，否则到下个世纪，人类将面临严峻的考验，仅从数据方面进行比较，粮食短缺造成的问题将比人类历史上遇到过的所有问题都更加严峻。

甘蔗

科：禾本科（Poaceae）
种：甘蔗（*Saccharum officinarum*）
排名：29

已经成为世界上种植范围最广的植物，
一种令人上瘾的并引发了许多现代影响的甜味剂。

地球被一种复仇植物占领，它们要与人类开战。这是20世纪最著名的科幻作品《三尖树时代》（*The Day of the Triffids*）的基本情节之一。其实，约翰·温德姆（John Wyndham）在书中的描述还不算太远离真相。甘蔗是一种禾本科植物，在过去的几千年中征服了数百万人，以它无法抗拒的甜味让数十亿人心醉。

植物具有理性或对如人类的另一个物种造成损害的想法只会出现在科幻小说中。准确地说，现代人类与这些壮观的禾本科植物日益交织的命运对地球、生命和人类产生了戏剧性的影响，尤其是在过去的500年中。

甘蔗像小麦一样具有复杂的自然历史。它被认为是几种野生禾本科植物基因融合的

筋疲力尽：一幅展示19世纪黑人工人在加勒比地区安的列斯群岛收割甘蔗的场景。

产物，这让人们很难确定其祖先。这种植物生长迅速，最高可达 6 米，某些部分很像竹子。人类第一次与它接触是由生活在波利尼西亚[1]的新几内亚岛屿上的人们在大约 10 000 年前实现的，他们发现可以砍断这种植物的茎秆，并通过咀嚼其末端来享用富含糖分和糖浆的果汁，这是植物为了来年生长所储备的自然能量。

通过选择那些茎秆最甜的个体，这些人进行了数千年的培育，并最终培植出五分之一茎秆含纯蔗糖的甘蔗。在压榨出汁后，对汁液进行浓缩直到过饱和，一种神奇的面包屑状物质便从浓稠的糖浆中析出，我们称之为糖。

种植甘蔗对波利尼西亚人来说十分重要，以至于他们相信这是人类最初诞生的原因。一个神秘、美丽的年轻女人从浓密的甘蔗叶丛中走出来，并与一个名叫图 – 卡博瓦纳（To–Kabwana）的渔民结为夫妻，他们的孩子是第一批人类……

波利尼西亚人划着独木舟，成为出色的水手。他们先带着自己神圣的蔗糖来到了印度尼西亚和菲律宾，到公元前 8000 年抵达印度最北端，至此，糖最终成为南亚宗教史上的重要一笔。大约 2 500 年前，佛陀顿悟之后不久的某天，他在路边的树荫下休息。两个路过的商人发现他是圣人，便给了他一块剥了皮的糖。这是佛陀七周来得到的第一口食物。佛陀非常感激，于是选中了名为提谓和跋利迦的这两个人，他们便成了佛陀的第一批门徒。

蔗糖作为神圣的食物随着佛教南下，从印度传到斯里兰卡。约公元前 325 年，亚历山大大帝（Alexander the Great）军队的一名军官食用了加了糖的乳白色大米布丁[2]，这是西方人第一次品尝到糖。公元 50 年时，蔗糖抵达中国——第一个尝试把糖变成“冰糖”的文明，后来被佛教徒带到日本。

然后随着伊斯兰教的兴起，糖在 8 世纪迎来了最大的突破。那些被穆罕默德的信众从东方带到西方的所有产品中，糖和火药无疑是最重要的。伊斯兰教的糖厂、灌溉系统和专业的种植技能，确保了在埃及、西西里岛和近东等地中海周边地区率先种植甘蔗和加工糖的最佳条件。这些人学会了如何来培育这种作物，他们将蔗芽下部节间砍断，然后让它们重新生长。这样，在单株生产力下降之前，可以收获多达 10 倍的产量。最初设计用来研磨谷粒的磨坊现在可以进行榨取甘蔗汁的工作。

这种作物的全球性征服随着 12 世纪基督教在欧洲的发展而扩大。塞浦路斯[3]、克里特岛[4]、意大利和西班牙全都是因十字军国家急于避免与穆斯林的贸易冲突而被迫发展制

1　此处存疑，一说为“美拉尼西亚”，下文两处亦然。

2　是一种流行于全世界各个国家和地区的甜品，以大米、牛奶和糖为原料，需用烤炉烤制很长时间。有时候，还会在大米布丁中适当地加肉桂和葡萄干以改善口味。在英国，这种点心被认为是传统的英式食品。

3　地中海东部的岛屿。

4　位于希腊。

糖业。基督教的蔗糖培植在马德拉群岛[1]能够达到顶峰都要归功于航海家亨利（Henry the Navigator），他是一位葡萄牙王储，也是最臭名昭著的蔗糖主顾。他是第一个把糖的大规模生产与非洲黑人奴隶结合在一起的人，并将他们派去欧洲白人的种植园进行劳作。他的最初计划是用从非洲抓来的穆斯林，在马德拉的蔗糖田中工作。然而，穆斯林说服了亨利，以非洲本地人换取他们的自由。他们说非洲本地人是诺亚（Noah）儿子含（Ham）的孩子，而含是《圣经》中所谴责的"仆人的仆人"。

1444年亨利签订条款之时，正是最不吉利的协议的开始。穆斯林和基督教商人共同合作，将撒哈拉以南的非洲人捆绑成奴隶，让他们种植甘蔗以出口蔗糖。那一年的晚些时候，第一批235个黑人被运出拉各斯[2]，在马德拉蔗糖种植园工作。在接下来的400年里，有超过2 500万的非洲人被船舶运送到欧洲人在加勒比地区、巴西和北美洲的殖民地，主要是为了满足欧洲人日益增长的糖瘾需求。

糖在现代人类饮食中已经根深蒂固了，如果有人认为吃糖不合理，那听起来应该会非常奇怪。但从甘蔗中将糖以蔗糖的形式提取出来，并不是人类传统饮食的重要组成部分。同样也要感谢甜菜的发现，这是另一种可以在缺少阳光的气候条件下产生糖的植物。在英国等国家，糖的摄入量已经从1700年的每人每年约2千克到如今的超过35千克，增加了约17倍。同样的情况发生在所有的发达国家里。

最近，人类对糖的成瘾性是一种现代威胁，其影响堪比温德姆的三尖树故事。故事里的杀手植物会让人失明。甘蔗和甜菜还有更为阴险的方法：它们与茶这样的饮品或巧克力这种零食里的成瘾物质勾结在一起发挥作用。甜味和咖啡因的共同作用会使人很容易上瘾，即使是最自律的人也难以抗拒（见药物）。糖最初从17世纪开始走进欧洲富人的生活，因为他们喜欢吃甜的蛋糕、布丁和糕点。同时，在茶中加糖的习惯在19世纪吸引了工人阶级，并一直延续至今。

糖为何会如此成功呢？部分应归功于强大的光合作用。与大多数植物不一样，甘蔗使用更为现代的方法，即通过C4光合作用将阳光转化为能量。这种技术被认为在大约3 000万年前，在几种植物谱系之中发生了独立演化，并随着600万年前气候变化而变得越来越普遍。在炎热的热带条件下，甘蔗能够将它接收到的8%的阳光转变为糖。相比之下，一些植物只能转变0.1%。如果没有这种水平的效率，第一批波利尼西亚的农民就无法培育这种回报较大的植株了。

糖最为常见的形式就是蔗糖了，它对人体也有深远的影响。现在，人体大量吸收糖分的可能后果仍然是许多研究、争论和辩论的主题。一个简单但重要的影响，便是龋齿

1 是葡萄牙在其国土西南方的北大西洋中央所辖的群岛。在葡萄牙语中，"马德拉"是木头之意。明代《坤舆万国全图》中即把马德拉岛称为"木岛"。1420年，葡萄牙人开始在马德拉建立殖民地。这是葡萄牙在地理大发现时代的第一次发现与扩张。

2 尼日利亚海港城市。

的产生。在人类开始食用精制糖之前，几乎没有出现过我们如今所知道的龋齿记录。然而，在 19 世纪，糖被广泛食用之后，蛀牙就变成了一个大问题。从某种程度来说，一些人在第一次世界大战时被拒绝加入盟军，就是因为他们甚至没有足够的牙齿去咀嚼口粮。糖很容易消化，口腔细菌（变形链球菌［*Streptococcus mutans*］）可以在几秒钟内代谢它，并且产生作为废弃物的酸，其会迅速腐化牙齿。蔬菜和水果中的糖不太容易被消化，不太利于这种细菌在口腔环境中大量繁殖。与现代人类不同，现在的野生动物很少会长龋齿。

在现代饮食中突然大量引入糖，对人体有其他更具危害性的影响。最近的研究表明，儿童的高糖分摄入可能与多巴胺的敏感性下降有关，而多巴胺是由大脑释放的与学习能力有关的一种化学物质。糖也被认为是会上瘾的；如果停止吃糖，那么戒断症状[1]很快就会出现，专家们认为无法控制多余糖分的摄入属于“成瘾疾病的领域，而不是意志力的失败”。任职于美国乔治敦大学心理学系的教授坎迪斯·珀特博士（Dr Candace Pert）无疑认为糖具有高度成瘾性：“依靠糖分给予我们的快速提神反应类似于海洛因，但并不像它那么危险。”当然，当糖由酵母发酵形成酒精后，其成瘾特征就比较容易理解了（见葡萄）。

糖的力量并不局限于它对人类大脑所产生的影响。现在从糖尿病到肥胖等现代流行病，越来越多地与我们现代固定的高糖分摄入有关。全世界对这个成功的终极物种相当沉迷，以至于甘蔗现在是世界范围内种植最为广泛的作物（甚至超过小麦），2007 年的全球产量估计为 15 亿吨。

糖显然与温德姆的三尖树故事具有相似之处：其取得的甜蜜成功在过去的几百年中也通过奴隶制、成瘾和疾病征服了数十亿人。

1　因为停止药物治疗或停止服用娱乐性药物、烟草、酒精等而产生的症状。在产生物质依赖的现象后，突然停止服用，在 12—48 小时内就可能产生这类急性症状，可能是抑郁、焦虑，症状持续时间可能长达 5—7 天。

土 豆

科：茄科（Solanaceae）
种：马铃薯（*Solanum tuberosum*）
排名：43

天然有毒的块茎植物，已经成功培育为最有营养和最受人类欢迎的现代食品之一。

文森特·凡·高（Vincent Van Gogh）绘制了一幅农民借油灯的光亮吃土豆的场景，因为他想描绘的是普通贫穷人家“想要通过诚实的方式获得食物的生活”。他的这幅画创作于1885年，反映了土豆在社会上的一种污名，这种污名导致其获得全球主导性地位的时间推迟了200多年。

如今已经很少会有人认为土豆仅适合动物或非常贫穷的人食用，因为它现在已经成为世界上最受欢迎的一种蔬菜。从炸鱼和薯条、香肠和土豆泥到奶香焗烤马铃薯，这些块茎的多功能性是独一无二的。即使是以种植水稻为传统的印度和中国，最终也都接受了土豆这种西方选择的蔬菜，因为它具有较高的营养价值，而且几乎可以在任何地方生长。在2007年，中国有史以来第一次成为世界上最大的土豆生产国。

土豆是继甘蔗、小麦、水稻和玉米之后，现在种植最广泛的第五大粮食作物。然而不久之前，它们还是被嘲笑的对象，其文化内涵就存在于我们的语言之中。欧洲语言中的一些贬义词，包括：potato head 指愚蠢，couch potato 指懒惰，sack of potatoes 指笨拙。因此，鉴于巨大的文化障碍，土豆在现代社会的崛起在人类与蔬菜的关系史上显得更加引人注目（见金鸡纳）。

天生有毒并非好的开端。南美原住民是为何或者如何在5 000年前开始选择性培养这些颠茄植物的，可能是永远的农业未解之谜。这些植物的叶片、茎秆和营养丰富的果实储存（以地下块茎的形式）是由自然选择设计的，可以抵御最执着的食草动物的攻击。

《吃土豆的人》，由文森特·凡·高（1853—1890）绘。

但是生活在安第斯山脉高处（即现在的秘鲁）的人们迫切需要一种可以维持他们生计的作物，且可以在海拔4 000米高的土地上生长。在多年人工劳作后（可能是女性劳动者），他们以某种方式集中了土豆基因库，培育出了大量地下块茎，这些块茎可以安全食用且营养丰富，当食用量足够大时，它们可以提供人类健康和生存所需的全部营养物质。土豆是世界上唯一一种作为主食可以提供所有生存必需营养元素的蔬菜。这些营养元素包括碳水化合物、脂肪、蛋白质、维生素（B族和C族）以及诸如钙、铁、镁、钾、钠、锌等矿物质。

在南美洲发现的土豆品种的范围和数量本身就是这些早期安第斯农民曾做出过巨大努力的证明，他们寻找可以在高海拔地区种植的、一步到位的食物，以在此定居。成千上万野生的土豆品种如今仍然存在于秘鲁山区，也许这正是遗失多年的远古时期人类努力进行选择性实验的遗物，他们将全副武装、含有毒性的植物转变为适宜蒸煮、制泥、烤制和油炸的蔬菜。

公元1500年，当西班牙征服者抵达南美洲时，他们发现至少一半的土著人只吃土豆。但当欧洲的冒险家运输土豆为其提供全球范围内传播的最佳机会时，产生了令人惊讶的障碍——与味道、消化不良或营养价值无关。欧洲入侵者对这些营养丰富且很容易生长的块茎并不感兴趣，原因有三：一是它们不是闪闪发光的固体金银；二是当地土著野蛮人食用的东西在他们眼中永远难登欧洲文明人的大雅之堂；三是土豆遭受了“品牌危机”：它们生长在地下，主要被动物啃食，且由于它们与颠茄（*belladonna*）植物关系密切，而声名狼藉的颠茄是中世纪女巫炼药时经常加入的成分，就被怀疑与神秘学有关。

经过了200多年，土豆才被欧洲的主要国家广泛接受。直到那时，它才作为一种植物珍品被种植。关于土豆诅咒的谣言比比皆是，从可作为强有力的春药（英格兰的亨利八世［Henry VIII］曾做过尝试，因为他急需继承人）到与麻风病具有共同的来源等。大多数人一致认为，根菜类蔬菜会导致血液腐败、疾病传播，不适合人类食用。因此，食用土豆等同于认可自己的低贱身份。

对于这样的偏见，这种蔬菜予以了反击。爱尔兰成为土豆在欧洲的故乡。被英国新教徒社会所排斥的天主教农民把土豆当作他们的食物之源，土豆相对容易生长，适应爱尔兰的气候，为人类和动物提供了丰富的食物。丰富的食物。在1840年之前的200年中，爱尔兰人口从100万飙升到800万，该增长反映了将这种南美洲块茎作为国家新型主要食物的成功。

但是从1847年开始，一场毁灭性的饥荒和晚疫病摧毁了爱尔兰的土豆作物，饥荒造成了100多万人死亡，并导致数以百万计的大规模移民迁往北美和澳大利亚。具有讽刺意味的是，土豆作为自然界遗传多样性最丰富的植物之一，其全

土豆植株，在艰难的人工选择之后才变得可口。

球性移植的品种如此之少，以至于一种单细胞原生生物致病疫霉菌在几年内就消灭了人类种植的整整一代土豆作物。

爱尔兰移民将土豆种植和食用习惯从爱尔兰带到了美国，从此，这里形成了西方世界最根深蒂固的土豆饮食文化。因为这些营养丰富的土豆能够在从爱达荷州平原到秘鲁山脉的几乎所有地方生长，人们对汉堡和薯条越发狂热，于是这个国家在20世纪成为“快餐之国”。

即便是在阶级意识过剩的英国，土豆也最终摆脱了与根菜类蔬菜有关的污名。如果不是将土豆作为城市工人的口粮，像曼彻斯特、伯明翰这样在19世纪和20世纪引发如此政治动荡的城市的崛起是可能的吗？如果没有爱尔兰本土土豆作物的大面积破坏，爱尔兰工人会在英国工业革命中做出贡献并最终使革命成功吗？如果没有这种来自南美洲的快速生长作物的贡献，从拿破仑时代到第二次世界大战参战的欧洲国家军队的食物供给可能维持吗？人民主权的崛起、代表议会民主制——甚至是20世纪早期的普选权这些政治里程碑的出现，也可以归因于土豆从19世纪50年代开始的日益普及。

20世纪，土豆破除了在欧洲的最后偏见，并占据了世界餐桌顶端的位置。这是一种共生关系，全球的土豆种植都要取决于人类，而人类也依靠土豆来养育不断增长的人口。

在联合国宣布2008年为“土豆年”之后，这种万能的蔬菜才真正完成了对世界的征服。这一全球性组织现在郑重宣布土豆作为一种廉价、数量庞大且营养丰富的食物，随着人口数量的增长，已经成为对人类生计至关重要的作物。

土豆未来的成功是以其绿色环保为基础的。土豆的绿色，并不是指其变绿所呈现的有毒迹象，而是指可持续发展经济体的理想选择。2008年食品价格飙升，全球市场总需求超过了总供给，投机者急于购买可交易商品以确保其地位，而不起眼的土豆价格则保持稳定。原因在于，一旦收获，由于土豆很容易腐烂，它们无法被长途运输（所以需要进行贸易交换）。因此，这些都适应了一种新的可持续农业形式，即生产和消费相统一，以减少食物和作物因运输而造成的日益增加的全球碳排放。

橄榄

科：木犀科（Oleaceae）
种：油橄榄（*Olea europaea*）
排名：80

将古代地中海世界推向现代化道路的一种多功能、自我保存的果实。

神圣的犹太教律法《塔木德》（the Talmud）中有一种说法：在加利利[1]种一片橄榄树比在以色列的土地上抚养一个孩子更容易。这条谚语说明橄榄这种地中海水果与塑造现代西方世界的故事密不可分。

橄榄天然生长在小亚细亚地区。它们是新石器时代的人们在最后一个冰河时代结束之后最早培育的水果之一，因为它们不需要人工栽培也可以在崎岖的地区生长。其他像大麦这样的作物，也是生活在地中海东北部海岸人们的重要食物来源。但到大约公元前2000年时，许多地区已经因密集的灌溉和耕作出现土壤退化的现象。这就是导致中东地区的苏美尔文明衰败的土壤酸化。

橄榄，作为唯一易于生长的营养来源之一，获得了天赐之礼的地位。从希腊的克里特文明[2]到迈锡尼文明[3]和以色列迦南，再到邻国的腓力士丁人[4]和腓尼基，地中海周围古老的文化将这些水果视为人类与灵界之间的神圣联系。以色列扫罗王（Saul）也被上帝的先知撒母耳（Samuel）涂抹上橄榄油。耶稣在客西马尼园避难并为对他的背叛进行祈祷的夜晚，就是身在一片橄榄林中。甚至是“基督”这个名字，字面上看也是“受膏者”的意思。以色列的橄榄山如今仍然是世界上犹太人最神圣的墓地。

在古希腊，橄榄与神的联系从大约公元前700年开始达到顶峰。持续了近800年的黑暗战争时代曾困扰着这里，因为骑马的牧民与尼罗河、约旦河、底格里斯河和幼发拉底河流域的定居文明之间不断交战。从约公元700年开始，古代历史上较为和平的时代拉开了序幕。其成功与橄榄树有很大关系，因为种植橄榄可以更加促进和平，而拥有马

1　古代巴勒斯坦北部地区，相当于今以色列的北部。加利利以耶稣基督的故乡而闻名于世。十二使徒的彼得、雅各和多默也都是当地人，在加利利海捕鱼为业。

2　约公元前3650—前1400年。又称米诺斯文明，源于古希腊神话中克里特王米诺斯的名字。古希腊青铜器时代中、晚期文化。该文明的发展主要集中在克里特岛。

3　公元前1600—前1100年，是古希腊青铜器时代晚期的文明，也是古希腊青铜器时代的最后一个阶段，它由伯罗奔尼撒半岛的迈锡尼城而得名。部分历史学家认为，包括荷马史诗在内，大多数古希腊文学和神话历史设定皆为此时期。

4　公元前12世纪侵入迦南地区的“海上民族”，其领土位于现在的加沙地带及以北一带。关于腓力士丁人的起源，现代考古学家认为其与迈锡尼的早期文化有文化联结。

带来的则更多是战争的诱惑。

新种植的橄榄树要 8—20 年才能成熟并产出果实。然而一旦定植，这些树将会年复一年地产出果实，有时甚至会持续上千年。除了需要在冬季进行修剪，果实成熟后需要剧烈摇晃树干并将橄榄收集进网中加以处理之外，橄榄树几乎无须其他劳动。贫瘠、酸性的土壤也不会对这些树的生长造成困扰，这对于想要远离肥沃的冲击河谷地区定居的人们来说，种植橄榄树是一个十分理想的选择。

然而，这样的生活方式主要依赖于以和平为主导的局势。敌对的攻击会摧毁成熟的橄榄林，这对建立在橄榄交易基础之上的生活方式是毁灭性的，因为至少需要花费一代人的时间才能重建这种作物。保护橄榄树，成为古代社会通过讨论以解决纠纷的一大动机。贸易、妥协和谈判，标志着被橄榄种植所激发的一种新型人类社会方式，而橄榄枝如今仍然是和平的象征。

橄榄油是地中海财富的主要来源，生长中的橄榄树有时还能促进和平。

橄榄不只营养丰富，用巨大石制压榨机从橄榄中提取的油，在古代经济中就如同今天中东的原油一样宝贵。橄榄油不仅可以用来点灯和作为取暖的燃料，而且也是理想的烹饪材料，还可以制作肥皂以清洗身体。

橄榄的另一个自然恩赐来自一种名为植物乳杆菌（*Lactobacillus plantarum*）的共生细菌。收获后的橄榄在阳光下被晾晒至成熟的过程中，这种细菌的发酵会产生一种乳酸，这是一种天然防腐剂，可以将水果储存长达一年而不会腐烂。对那些依赖进口其他产品（主要是从埃及进口的小麦）生存的人们来说，没有比这个更好的商品了。克里特文明、腓尼基文明和之后的希腊文明全都是通过可自行保存的橄榄进行贸易而变得富裕的。

无须一整年都在地里干活，为橄榄种植文化地区的人们提供了建造舰队的时间和动机，并进一步用橄榄换取粮食。善于航海的腓尼基人将橄榄种植传播到了整个地中海地区，一直到北非、法国和西班牙。同时，到约公元 650 年，来自小亚细亚的吕底亚人（Lydians）开创了使用铸造的银币进行商业交易的非暴力贸易机制。具有剩余交易产品的人们更容易建立这种基于代币的交换体系，这样的商品提供了更安全的经济形式。

橄榄贸易也促进了对陶工这种熟练工匠的需求。两耳细颈罐是用来存储和运输橄榄油的容器。工匠、商人、银行家和造船师等职业都最先出现在希腊以支持橄榄贸易，与中国因种植水稻而构建的更为严格的三方结构——农民、士兵和官员——相比，这些职业可以说是相当引人瞩目。

基于橄榄种植和贸易的经济的另一个宝贵副产品就是时间。因为人们不再一年四季都被束缚于农耕之中，这便使他们可以从事政治活动（甚至实行民主），或夸夸其谈自

然法则和宇宙力学。泰利斯（Thales）、阿利斯塔克（Aristarchus）、毕达哥拉斯（Pythagoras）、柏拉图(Plato）和亚里士多德只是其中的少数几个杰出思想家，他们幸运地生活在一个粮食生产可以由少数人代为管理的社会中。因此，基于橄榄的经济给予了人们探寻和阐明关于人类与自然关系的自然、科学和理性新学说的自由。查尔斯·达尔文的父亲罗伯特也做了同样的事，他为儿子提供了足够的私人收入，使达尔文从养家糊口的压力中解放出来。这样的投资得到了充分回报。

随着罗马帝国的崛起，橄榄不再像它们曾经在克里特文明（约公元前 3650—前 1450 年）到古希腊的消亡（公元前 160 年）期间那样处于当时社会的主导地位。公元前 30 年，埃及的粮食供给牢牢地掌握在罗马人手中，基于地中海两侧粮食作物的交换而开展的欧洲贸易被强制的单向财富流动所取代，财富以税金和奴隶的形式流向意大利。

但橄榄的宗教和文化联系还在，尤其是作为和平与神性的标志。当欧洲海上探险家从 16 世纪开始跨越世界各地时，会随身携带他们的生物和灵性“求生套装”。耶稣会会士把橄榄幼苗带到了加利福尼亚州，确保他们配备有进行圣礼时所必要的材料，这些圣礼包括洗礼、坚信礼、授圣职仪式及婚礼（见葡萄）。橄榄从那里传播到了南美洲。其他欧洲探险家将橄榄带到了南非、澳大利亚和新西兰等地。

如今橄榄仍然是种植最广泛的作物之一，而意大利是世界上最大的橄榄生产国，平均每年可以收获约 400 万吨（估计全球收获量达 1 700 万吨）。橄榄易于种植的特点、不挑剔的习性和天然的抗病能力让它成为所有作物中生态危害最小的作物之一，这也许就是橄榄油被视为自然界最健康、最有营养的产品之一的原因。自从古代开始种植橄榄以来，这种水果得到了如此神圣的地位，如果没有它，现代西方世界的哲学、文化和生活方式可能永远都不会结出今天这样的硕果。

耶稣和他的门徒在客西马尼园的橄榄树林中，16 世纪的镶嵌画。

鳕 鱼

科：鳕科（Gadidae）
种：大西洋鳕（*Gadus morhua*）
排名：57

生命力顽强的咸水鱼，推动欧洲扩张但却因过度捕捞和现代科技的兴起而深受打击。

“除非推翻自然规律，否则在接下来的几个世纪里，我们的渔业将会持续多产。”（加拿大农业部，1885年）

“据估计，今天近海鳕鱼储备只有1977年的1%。”（加拿大广播新闻，2007年7月2日）

鳕鱼这样曾经十分常见的生物现在却面临着灭绝的危险是相当反常的。1 000多年来，生活在北半球的人们依赖这种十分理想的鱼类以维持其经济和日常所需的营养。然而现在，大西洋鳕的数量如此之低，已经被列入世界易危物种。

维京渔民在公元9世纪开始探索大西洋海域时，便发现了大量的大西洋鳕。在公元985—1011年，5位维京探险者发现了冰岛、格陵兰岛和美洲东海岸（纽芬兰）。无畏的诺尔斯探险家捕捉和晾晒这种肉质肥美的杂食性大型鱼类，这样他们便拥有了赖以生存的、耐嚼的营养大餐，因为这样的鱼不容易变质。

之后不久，西班牙巴斯克地区的渔民发现通过用盐腌制鳕鱼可以进一步延长其保质期。与其他鱼类不同，鳕鱼的脂肪含量异常低（通常是0.3%），这让它很容易用盐进行腌制。其较高的蛋白质含量（晒干后高达80%）意味着即使在没有冷藏的时代，这种食物也可以被运回数千英里之外的伊比利亚半岛并在地中海市场上卖一个好价钱。而且，当被浸泡到水中后，这种干咸、保存良好的鱼类吃起来跟刚捕捞上来的时候味道一样好。

欧洲的渔民能拥有现成的市场来进行鳕鱼贸易，在很大程度上还要归功于中世纪的天主教会。只有鱼类这样的“冷食”才被允许在传统的禁食日食用，禁食日为每个周五（为了纪念耶稣在十字架上的牺牲）和持续40天的大斋节[1]。

鳕鱼聚集于暖水和冷水相遇的区域，它们被洋流带来的丰富食物所吸引。从公元

1　基督教教会年历一个节期。英文写作Lent，意即春天。拉丁教会称Quadragesima，意即四十天（四旬）。整个节期从大斋首日（圣灰星期三／涂灰日）开始至复活节止，一共四十天（不计六个主日）。天主教徒以斋戒、施舍、克己及刻苦等方式补赎自己的罪恶，准备庆祝耶稣基督由死刑复活的“逾越奥迹”。

一张鱼的细节图，来自1859年的一本百科全书，那时海洋中的鳕鱼数量仍然很丰富。

1100年到公元1500年，来自汉萨同盟[1]的德国商人控制了垄断协议，以独占从挪威和俄罗斯海岸附近的北大西洋海域收获而来的鳕鱼。与之相对的巴斯克渔民直奔纽芬兰海岸的渔场，墨西哥湾暖流与拉布拉多寒流交汇于此。沿着东海岸延伸的一系列浅滩上，鳕鱼的供应是如此丰富，以至于到了15世纪末，据说可以用掉在船边的水桶把鳕鱼捞出来。

16世纪，位于布里斯托尔的英国水兵总部发现了巴斯克人的宝藏位置。法国渔民很快就加入了他们的行列，在西大西洋鳕鱼捕捞贸易的支持下，圣马洛和拉罗谢尔的港口愈发繁荣。

1621年春天，一群来自英国的清教徒开始在美洲东北海岸开疆拓土，他们将定居的地方称为普利茅斯[2]，以此纪念其家乡。根据他们的领袖威廉·布拉德福德（William Bradford，1590—1657）所编写的年史，选择定居在那里是因为他们“主要是希望通过在那个国家捕鱼而获利”。尽管最初安顿下来略有困难，但他们并没有失望。20年内，马萨诸塞湾殖民地每年为世界市场带去大约30万条鳕鱼。

直到最近才有人认为，只有“自然秩序”的彻底崩溃才可能削弱鳕鱼供应。其中的下脚料还可以卖给劳动者，富含维生素的肝油可以卖给重视健康的欧洲中产阶级家庭，而优质的肥美白肉鱼则遍及美洲、欧洲和地中海地区的市场。因此，美国的波士顿通过鳕鱼贸易获得丰厚利润，象征着其财富的镀金鳕鱼就悬挂在其著名的市政厅天花板上。

尽管在19世纪迎来了人口激增和食品加工工业化的双重冲击，只有最优异的野生物种才能繁衍生息。尽管一直被人类无情地捕杀，直到蒸汽渔船在20世纪初出现之前，鳕鱼的种群数量一直保持在正常水平。到了20世纪30年代，渔民开始使用动力更强劲的柴油拖网渔船，可以沿着海底拖动渔网，捞起各类海洋生物。数百万珍贵的鳕鱼被捕杀，而海洋生态系统遭受破坏后通常无法修复。同时，一种由美国发明家克莱伦斯·伯宰（Clarence Birdseye，1886—1956）开创的冷冻加工食物的冻干技术，以冻鱼条的形式进

1　德意志北部城市之间形成的商业、政治联盟。

2　英国本土的普利茅斯位于英格兰西南区域德文郡，此“普利茅斯”是世界各地同名城市的发源地。在1620年，五月花号载着102人，从普利茅斯前往马萨诸塞州的普利茅斯殖民地。

耶！耶！伯宰船长是如何将由鳕鱼制成的冷冻鱼条卖给西方消费者的。

一步扩大了鳕鱼市场，因而现在也可以将鳕鱼提供给远离海岸的内陆地区。

冰岛和英国在1958—1976年间进行的三场所谓的“鳕鱼战争”发出了鳕鱼储量正在减少的预警信号。为了保护其唯一可以出口的食材——鱼类，冰岛于1976年将海岸线周围的6千米捕鱼区扩展至322千米。与此同时，世界各地的捕鱼船队引入了巨型拖网捕捞船，这种船配备有用于探测鱼群精确位置的声呐系统。现代捕鱼加工船一次可以在海上航行数月，捕捞和处理巨量的鳕鱼（和其他各种经济价值较低的鱼类），导致20世纪90年代全球鱼类资源面临彻底奔溃。

1992年7月，加拿大政府宣布，由于大西洋鳕遭到大量捕杀，将暂停纽芬兰大浅滩所有的渔业活动，因为其储量已经减少至历史正常水平的5%以下。欧洲和俄罗斯的渔船则将其注意力转移至分配巴伦支海[1]剩余储量的份额的谈判。2000年，因大西洋鳕在全球范围内的困境，其被世界自然基金会（WWF）正式列入濒危物种名单。

在专用的湖泊进行鳕鱼养殖是捕获野生鳕鱼的替代方案。然而，由于缺乏遗传多样性，渔场里的鱼极易被病毒感染。与此同时，若将养殖的鱼群放回野外以增加本地种群数量，则会存在被进一步破坏的风险，因为在非自然的栖息地生长的鱼类通常缺乏在野外繁衍所必需的生存本能。如果这些鱼类与野生品种进行交配，剩余的鳕鱼基因库将更容易因捕食者而变得更加脆弱甚至灭绝。

1 000多年以来，大西洋鳕使北半球的人类成功维持了生计，促进了经济的发展和对大西洋海域的探索，甚至是欧洲人在北美的定居。然而今天，它位于彻底崩溃的边缘，尽管最近限制了捕鱼，但是没有人可以保证它能恢复其原有的生态位。

1 北冰洋接近欧洲大陆边缘海。

猪

科：猪科（Suidae）
种：野猪（*Sus scrofa*）
排名：48

最常圈养在非自然条件下的一种毫不挑剔的哺乳动物，
但现已证明也可以适应野外的生活。

究竟是什么让人们这么喜欢猪呢？人们不是为了其艳丽的色彩、需要其陪伴或是作为劳动力、运输力或产奶而繁育猪的。尽管猪的智力不低且学习能力卓越，甚至是最聪明的哺乳动物之一，但其并不具有生存优势。猪受到大多数人的欢迎只有一个原因：好吃。罗马人总结了一句谚语："猪这个品种，显然是大自然赋予人类来举办盛宴的……"

今天，猪肉是在全球范围内被人类食用最多的肉类。尽管至少在两个主要的宗教——犹太教和伊斯兰教中吃猪肉是一种禁忌，但仍有超过 1 亿吨的猪肉被圈养生产。各种传统菜肴都与食用猪肉有联系，从香肠、汉堡、培根到火腿、腌猪后腿和猪肉派等。但迄今为止，猪肉总消耗量最多的地方还是亚洲，一半以上的猪肉饲养和消费都是在中国。

与我们对待其他的驯化物种相比，人与猪之间的关系是酸苦多于甜蜜。猪是第一批被智人发现可以用来圈养并供人类食用的动物之一。遗传学研究揭示了它们早期驯化的

一张 20 世纪早期的图表显示如何在不浪费一根香肠的情况下切开一头猪。

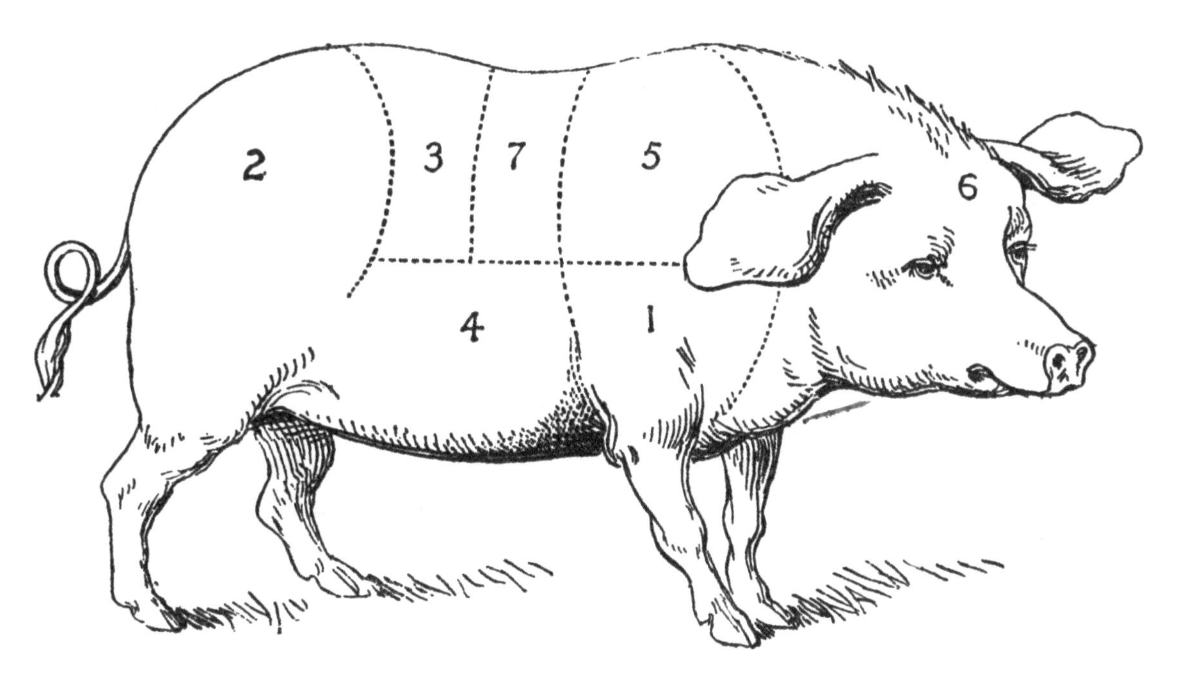

两个主要地区——亚洲和近东地区，大约始于9 000年前。养猪户似乎在欧洲四处游荡并把这种做法向西传播。很快，第三个驯化地区在西欧出现了。

传统上猪的生活并不那么糟糕。这些动物自然觅食，也不挑食。像人类一样，它们是杂食动物，从死去的昆虫和蠕虫到树皮、树根、果实和花朵，几乎什么都吃。它们最强大的工具就是鼻子，不但嗅觉敏锐，而且可以用来翻土。猪也常被用来帮助寻找松露——一种被世界各地的人们公认为美味的地下真菌。

传统上，养猪人会让他们的猪群在自然林地栖息地中搜寻食物，这能让这些社会性动物照顾幼崽并在家庭群落中走动。但是猪的杂食性可能会导致环境的破坏，因此这种养猪方式需要大量空间。猪缺乏汗腺，在炎热的气候条件下会在泥浆中打滚以保持凉爽。如果将它们圈养得过于密集，只会增加它们所造成的破坏，这就是为什么典型的猪圈看起来总是空空的而且很肮脏。罗马时代开始大面积砍伐森林，这是文明不断发展的结果，而猪肉需求的上涨和空间的缺乏导致了养猪方式的彻底改变。

现在，猪大多是在室内集约化饲养的。数以百计的动物被关在单独的畜栏里，在那里它们可以得到精心设计的饮食，包括添加了抗生素、维生素、激素和膳食补充剂的谷物，以确保它们尽快成熟且足够肥壮，可以卖个好价钱。母猪通常被养在板条箱中，这对它们来说太狭小甚至都不能转身，在这里它们一次可以生下5—6只猪仔。它们的后代在断奶后就立刻被送走了。作为避免冲突的措施，人们故意将其居住空间控制得较小，因为处于这种极不自然的环境中，动物之间经常会爆发敌对行为，咬尾巴甚至生殖器。

阉割、断尾和剪耳号都是人类为缓解集约化养殖问题而采取的人为干预措施，但并没有解决造成家猪明显痛苦或这些动物“不当行为”的问题。尽管有法规来试图改善猪的待遇，但目前几乎没有实际执行这些规则。最近的一项调查发现，在5个欧洲国家里，超过80%的养猪场有着不合法的行为。

人类的语言中充分暴露出对猪的历史性蔑视。诸如swine（卑贱的人），hog（贪婪的人），sucker（傻瓜）和runt（无足轻重的人）等词，显示出对猪的贬低。在一些文化（可能起源于古埃及）中，猪是“不干净的”(《旧约·利未记》，第11章，第7—8节)，它们是不适合人类触碰的，更别说是吃了。

尽管存在这些禁忌以及言语和身体上的虐待，但人类数千年来依然投入了大量时间、金钱和精力来饲养越来越多的猪。从猪的基因角度来看，这代表了巨大的胜利。更重要的是，人类的养猪业大大拓展了这些生物的生存范围，远远超出了它们在北非、欧洲和亚洲的自然栖息地。西班牙征服者埃尔南多·德索托（Hernando de Soto, 1495—1542）认为这些动物的生存十分重要，所以当他在1539年带领620人和220匹马前往佛罗里达州时，他也带了200头猪。在他穿过现在的乔治亚州、南卡罗来纳州、田纳西州、亚拉巴马州、密西西比州、路易斯安那州和得克萨斯州的3年中，许多猪都逃跑了，这促进了野猪种群的增加，这个野猪种群现在叫半野猪。这些生物现在仍然分布在美国西部，这

便于掌控的狭小空间：美国养猪场里挤在一起的猪。

里的人们把猎杀半野猪作为一种运动项目。

同样，英国约克郡人詹姆斯·库克船长（Captain James Cook）在 1773 年乘坐皇家海军舰艇决心号抵达新西兰时，还带着家猪。这些猪也逃跑成了野猪。与此同时，另一种起源于中国的酷你酷你猪（Kunekune）随着新西兰的第一批人类定居者——波利尼西亚毛利人抵达了该岛屿。这些野猪对这个岛屿的栖息地产生了严重影响，它们破坏了农作物和草地，还杀死了小羊羔。现在，人类有必要采取狩猎的方式来控制它们的数量。

如今，饲养的家猪作为人类营养来源的地位是至高无上的。中国消费的猪肉仅在 2002 年到 2007 年就增加了 25%，而且增速丝毫没有放缓的迹象。全世界平均每天要增加 211 000 个人，猪的成功正如大多数驯化的物种那样，与人类的命运是密不可分的。然而，与许多其他驯化生物不同，猪证明了其很强的适应性，聪明而且对居住和食物一点都不讲究，足以成功地在野外生存繁衍（见骆驼）。由新西兰奥克兰大学所运行的全球入侵物种数据库（Global Invasive Species Database）显示，猪甚至还进入了前 100 个入侵物种的行列。这倒是令人印象深刻的荣誉，代表了猪在过去、现在和未来潜在的成功。

绵 羊

科：牛科（Bovidae）
种：绵羊（*Ovis aries*）
排名：26

世界上数量最多的驯化物种之一，
成为人类文明必需的纤维和食物的基本来源。

托马斯·哈代（Thomas Hardy）最著名的小说之一《远离尘嚣》（*Far from the Madding Crowd*）里的英雄人物，加布里埃尔·奥克（Gabriel Oak）是最不幸的牧羊人。当他的牧羊犬特别热情地赶着大约200只动物通过不牢固的栅栏时，它们集体摔下了悬崖，在数百英尺下的谷底，尸体堆积如山，毫无生气："他省吃俭用积蓄下来的一切一下子都报销了，他想独立做一个牧主的希望破灭了——可能永远破灭了……"

从那一刻开始，加布里埃尔的命运依赖于找到一位良人，为其令人痛心的情人节悲剧埋下伏笔。

传统上，人民的福祉完全基于其养殖的动物，因为他们的生活依赖于牲畜提供的奶、毛、皮和肉。哈代的小说写于约150年前，描绘了英国的田园景象，当时的农业仍然受制于人类与少数几种驯化物种的共生关系。加布里埃尔的羊表现了人类和家畜之间的协同演化，这最早出现在约12 000年前。随着工业的发展，人类与羊的关系成为文明历史中最重要的经济伙伴关系之一。

绵羊是第一批被选择性繁育用以帮助改善人类生活方式的生物，原因很简单：它们是自然界最易于管理的动物。它们对非传统的人类需求的易适性，解释了这种可能起源于亚洲的分布稀疏的野生动物是如何变成现在这样无处不在且总数超过10亿的生物的。绵羊现在繁盛于世界上每一个有人居住的大陆上。

绵羊的成功关键在于其基因库。几千年来，牧民持续关注着这种生物的基因，生产出了一系列改变世界历史的产品。野生绵羊的羊毛不会一直生长，而是会定期脱换。被驯化前的绵羊的羊毛只提供了一层薄薄的隔热层。

在这个满是人类的世界里，最容易控制的是自然生活在具有社会结构的群落中的动物，其中大部分个体要服从少数支配者。如果领导角色由人类接管，那么这个物种就很容易被驯化。能成功驯化的其他特征还包括非地域性。绵羊的自然顺从性确实对它们很有帮助。

喜马拉雅山南部的农民是最早利用绵羊这种特性的人。经过几代与人类的近距离生活，与人类共同繁盛的绵羊拥有最厚的羊毛。人类喜爱这些动物是因为他们可以徒手抽

出羊毛团并压缩羊毛制成毛毡。后来他们学会了如何剪掉羊毛，将纤维纺成纱线，然后用古老的篮子和栅栏的制作技术将其织成布。羊毛迅速成为人类交易最广泛且最有价值的商品之一。

石油作为维持现代经济平稳运行的角色就如同羊毛在古代世界的地位。普遍认为是首批建立了实质性城市群落的苏美尔人控制了大批羊群，这为其大多数居民提供了羊毛衣物。穿保暖的衣服使苏美尔人能够在大约公元前3000年带着他们的羊群生活在更高、更多山的地区，他们的生活方式在地中海和欧洲范围内传播开来。

羊是尤其易于饲养又很廉价的动物。在冬天它们不需要被喂食（不像鸡和牛），可以全年在牧场上吃草而无须庇护，并能在寒冷的山区和崎岖的地面上生存。作为回报，它们提供了多种有用的商品：母羊的奶可以饮用或制成奶酪；羊肉是世界上许多地方的主要营养来源，不论是以羊羔肉还是羊肉的形式；羊毛脂（绵羊油）是一种从羊毛中提取的天然油脂，可以用于从化妆品（比如玉兰油）到工业润滑油等各种产品；最后，至少在第二次世界大战后、人工织物兴起前，羊毛都是从中国到美洲人们衣物材料的来源。

有翅膀的克律索马罗斯（Chrysomallos）在天空中翱翔。其长着金色羊毛的羊皮后来被挂在树上由一条龙守护着，直到伊阿宋和他的阿尔戈英雄们将它偷走。

绵羊在民间传说中也扮演了核心角色。现存最著名的一则希腊神话讲述了一个名叫伊阿宋的年轻人及其水手团队——阿尔戈英雄的故事，他们被神派去进行一场史诗般的冒险，从有翅膀的公羊身上取回金羊毛。考古学家发现的证据表明，羊绒确实可用于在河中淘取黄金颗粒，或许这也是该著名故事的来源。或者可能是羊绒和黄金的交易促发了这个传说，因为羊毛是用以易货、交换和贸易的完美商品。羊毛轻便，易于携带，不容易贬值并且在服装上具有无尽的实用价值。

绵羊对中世纪欧洲经济是极为重要的。修道院圣职起源于法国和意大利，并在诺曼征服之后在公元1066年传到英国。森林被西多会的僧侣砍伐后提供了可以用于放牧绵羊的牧场。由于罗马教皇免除这些僧侣的税负，于是收益颇丰的贸易市场得以建立：在英国收获羊毛，于欧洲大陆的市场进行交易，并在佛兰德[1]和意大利北部进行纺制。从11世

1 中世纪欧洲的地名，位于荷兰、比利时和卢森堡三个低地国家的西南部，包括现在的比利时东、西佛兰德二省和法国诺尔省及荷兰部分地区。中世纪时期曾是强大的公国。

纪起，羊毛成为与伊斯兰教贸易中最重要的国际货币，与伊阿宋的冒险故事如出一辙，它在香槟市场（现位于法国北部）上被用来交换撒哈拉沙漠以南地区的黄金。

佛罗伦萨的美第奇家族是名门望族，他们资助艺术家并促进了历史上著名的意大利文艺复兴。同时，西多会僧侣的金库因从羊毛贸易中获取的黄金利润而变得充盈，这些僧侣非常富有。直到16世纪时，英国国王亨利八世以其婚姻问题为借口与罗马教皇发生纠纷，并借此机会解散了修道院并夺取其财产[1]，为其建立英国第一支强大的海军舰队提供了资金——这是迈向强大的大英帝国的第一步，这个帝国在其鼎盛时期占领了全球陆地面积的35%。

当西班牙君主费尔南多和伊莎贝拉在1492年将西班牙南部从北非阿拉伯摩尔人手中夺过来时，他们也继承了被称为美利奴羊的珍贵绵羊品种，这是12世纪被阿拉伯部落从近东引入的一个品种。美利奴羊的羊毛相当细软，它已成为世界上最成功的品种，在澳大利亚和新西兰的羊群中占主导地位。

美利奴羊华丽的羊毛为西班牙君王提供了巨额财富，他们小心翼翼地保护着羊群，以防止它们被走私到敌对国家，而偷羊也被定为一项死罪。从细羊毛交易中获得的资金被用于远征海外寻找香料丰富的东方市场的开支，这同时也促进了新大陆的发现。西班牙殖民者将他们的羊带到了美洲。因此，阿根廷成了美洲绵羊数量最多的国家，其羊群数量在20世纪中期达到巅峰，约有6 000万只。

与此同时，以美利奴绵羊为首的受驯化绵羊“统治”了全球并一直蓬勃发展。1765年，西班牙国王费尔南多六世（Fernando VI）[2]给他的表亲——萨克森州的选帝侯泽维尔王子分派了一群羊后，德意志最终得到了宝贵的绵羊品种。这些品种与萨克森绵羊杂交后，可以产生更细的羊毛。因此，德国羊毛成了世界上又一个最受欢迎的羊毛品种。

萨克森的美利奴绵羊的吸引力过于强大，一位名叫伊丽莎·福隆（Eliza Forlong，1784—1859）的女人甚至用其一生的大部分时间徒步从苏格兰穿越德国，去选购她能找到的最好的绵羊，然后出口到澳大利亚和新西兰这些英国的新殖民地。在一定程度上要归功于她的努力，澳大利亚绵羊群才能拥有世界上最好的羊毛，甚至超过了德国的品种。在第一批英国囚犯抵达后的50年内，驯养的绵羊已经成为澳大利亚和新西兰的经济支柱。1830年，仅澳大利亚就有超过200万只的羊。如今，这片大陆上有超过1亿只羊。新西兰有相对较少的4 000万只，但考虑到人口较少，这就代表着平均每1个人竟有10只羊。在英国，这个比例目前是大约每2人有1只羊。

绵羊对英国主导的工业世界产生了巨大的现代经济影响。寻求加快和自动化生产羊

1　亨利八世为了休妻而另娶新王后，与当时的罗马教皇反目，推行英格兰宗教改革（16世纪至17世纪欧洲宗教改革的一部分，以1534年《至尊法案》的颁布为开始的标志），允许自己另娶，使英格兰教会脱离罗马教廷，自己成为英格兰最高宗教领袖，并解散教廷在国内的修道院。

2　此处存疑，1765年费尔南多六世已去世，此时的西班牙国王为卡洛斯三世。

毛的方式，推动了工业革命一些最有影响力的发明的出现。约翰·凯（John Kay）的织布技术——飞梭（于1733年首创）激发了如詹姆斯·哈格里夫斯（James Hargreaves）这样的发明家寻找能生产更多纺线的纺纱机的方法。他的珍妮纺纱机（1764年发明）比原始纺车的纺纱速度快10倍。18世纪末，一些具有独创性的想法开始产生，人们利用水力，后来还使用蒸汽动力进行自动化织布。人们在自然条件最合适的地方开设工厂——通常位于水流湍急的河流边，将英国的奔宁山脉变为全球的织物制造业中心。随着原料的需求超过了供给，苏格兰高地摆脱了传统的地主统治，取而代之的是常年不在这里的英国贵族，他们将自己空旷的土地用于永久饲养数以百万计的羊群。18世纪末，清除高地佃户运动[1]为苏格兰人民大规模移民到美洲、澳大利亚和新西兰铺平了道路，要求苏格兰政治独立的人们仍未遗忘这一历史。

到19世纪末，托马斯·哈代所在的英国正经历一场不可逆的转变——从主要建立在牧羊之上的游牧社会转变为一系列相连的都市。来自印度、澳大利亚和新西兰的羊毛填补了英国蒸汽驱动的“撒旦”工厂不断增长的需求。

持久、防水、绝缘的羊毛纤维如今已不如从前那般重要了，这要归功于过去60年来人造纤维的日益普及。现代材料世界中，尼龙、腈纶和涤纶取代了羊毛、棉花和亚麻。但绵羊有多种基因。它们之所以被人类饲养至今，更多的是由于它们的肉而不是羊毛，而且人类对羊肉的热情持续升温中。绵羊是唯一没有屈服于集约农业规模经济的驯化物种。这些生物非常易于饲养，全世界的家庭都能够通过出售羊毛和羊肉勉强糊口，只要他们的羊群有足够的粗饲料和现成的牧场。

绵羊是人类文明过去、现在和未来崛起和维持的基础。这就是为何在悬崖边缘追逐加布里埃尔·奥克的羊群的狗会因为它十恶不赦的过度行为在第二天中午12时被立即处死。哈代说：

> ……这是狗经常遭到厄运的又一个例证；另有一些哲学家总是爱根据一连串的推理得出合乎逻辑的结论，并试图在一个主要由中庸精神构成的世界上完全按照逻辑推理行事，其下场也无非如此而已。

1　在18—19世纪期间，英国为了开拓羊的繁养地域，对苏格兰高地居民施行的强制迁居政策。

牛

科：牛科（Bovidae）
种：原牛（*Bos primigenius*）
排名：17

对许多文明发展都十分重要的全能型动物，现在却对全球环境构成严重威胁。

当杰克告知母亲其最新最重要的交易时，他的母亲怒火中烧。原来在前往集市的途中，男孩被旅行者说服，卖掉了自家最宝贵的奶牛以换取一把豆子。他的妈妈完全有理由发脾气。奶牛是他们的主要收入来源，应该卖个好价钱。她哪里知道这些豆子后来会长成巨大的豆茎，还帮助勇敢的杰克找回了位于云层之上悲惨巨人的宝藏?

这则19世纪的英国童话故事揭示了人类和奶牛之间演化出的亲密关系。这一关系可以追溯到至少8 000年前，人们开始在近东地区驯养约200万年前起源于印度的原牛。驯化野牛这样的野兽绝非易事。这些动物在野外聚集成群以逃避狼群的攻击，它们发现靠近的捕食者的第一反应就是逃跑。与此形成鲜明对比的是牧民挤奶的场景，牧民带着她的三角凳安心地靠近奶牛，她拍打着牛背，将三角凳放在巨大的牛乳下，然后有节奏地挤压它们，直到顺从的奶牛流出奶水装满她的桶为止。

没有人真正知道这种动物行为的非凡转变是如何实现的。家养奶牛与野牛是同一物种，但这些生物与人类世代生活在一起，证明它们具有足够的可塑性，可以为人类提供比任何其他生物更多样的产品和服务。牛的成功反映在了它们的现存种群之中，其数量目前约有13亿头，都是有史以来保存最为完好、繁殖能力强且数量众多的家养农场物种。

“牛”这个词来源于拉丁语的头部（caput），原意是动产。现代词“资本”（capital）和中世纪的词“动产”（chattel）是密切相关的，二者的意思都是财产。因此，牛与个人财富之间的联系揭示了为何这些动物对许多早期人类文明（尤其是欧洲、亚洲和非洲文明）的发展如此重要。

人们认为首批驯化的牛出现在美索不达米亚地区。饲养它们的人与为获取羊毛和羊奶而率先饲养绵羊的牧民是同一拨人，或许他们将附近的盐和水作为诱饵，引诱野牛接近他们的居住区。当这些动物吃盐时，新石器时代的人类可能会接近并抚摸它们，教会它们不需要害怕人类的存在。查尔斯·达尔文揭示了本能是一种遗传特征，一旦恐惧在其系统中被孕育出来，牛的顺从心理也就产生了。

驯化导致了较小品种的出现，因为对农民来说，当他们的牛所处室外环境太冷或太危险时，圈养显得更容易。然而，豢养的牛在晚上也需要喂食。总而言之，正如任何现代农民证明的那样，养牛比养羊更加麻烦。

牛变得对某些社会的幸福至关重要，比如在印度，它们被视为神圣的动物，是由神提供的奶源和劳动力，它们十分珍贵，不应作为肉类来源而被宰杀。数千年来在亚洲，被阉割的驼峰牛是用于拉车和犁地的主要劳动力。20 世纪初的印度独立领袖圣雄甘地（Mahatma Gandhi）宣称“保护牛，即是保护所有无声的神灵造物”。印度教、耆那教和佛教的不杀生教义在很大程度上都源于家养奶牛的神圣地位，也是其最有力的象征。

不同品种的牛在其他文化中也具有重大的意义。从历史上看，中国人主要依赖大米生存，而能养活如此庞大的人口，还要归功于耐心温顺的水牛群的肌肉力量以及他们先进的轮式金属犁的创新性发展。如今，中国仍有超过 1.45 亿头水牛与人类协作耕地。西藏文化在很大程度上依赖于品种单一的具有蓬松厚毛的家养牛，俗称牦牛。据估计，有 500 万头这样的驮畜可以提供牛奶、肉类、生皮、毛、粪便（用作燃料）和血液，血液可以用来作为蛋白质的来源而饮用。用牦牛奶制作而成的黄油甚至可以用作佛灯的燃料。藏民绝不会故意杀死牦牛，尽管他们很擅长处理因年老死去的牦牛尸体，且不会造成任何浪费。牦牛的毛和皮可以制成绳索、鞍囊、毯子、袋子、帐篷、鞋袜、水壶和船只。

这里描绘的圣牛是世界之母，她的身体上镶嵌着各种神灵。

在中东、欧洲和非洲，从来没有吃牛肉的禁忌。牛是完美的多功能家养牲畜，可以在任何干燥的土地上进行运输。在英国，欧洲野牛在罗马时代之前就大多被驯化品种取代了，最后一头纯种欧洲野牛在1627年死于波兰。

大约公元前5000年，看似无法阻挡的牛群从近东地区辐射开来，传播到亚洲和欧洲，但突然终止于中非。一种叫作布氏锥虫的微型寄生虫，通过一种叫作舌蝇的吸血飞虫的唾液传播，会导致对牛极其致命的那加那病。横跨中非的舌蝇区就像一条5 000年来阻止牧牛业进一步向南传播的腰带，直到一个被称为恩达玛（N'dama）的品种终于产生了免疫力。最终，在约公元前400年，不断发展的牧民超过了大部分剩余的狩猎采集者，最后沿着赞比西河沿岸建立起了大津巴布韦等王国。

班图牧民掌握了用自己特有的奶牛语言挤奶的艺术，这是由各种尖叫声、呼喊声和响亮的口哨声伴随着温柔的赞美声组成的。数千年来，非洲部落的首领会挑选具有特定皮肤、皮毛和标记的品种来进行繁殖，仿佛它们是欧洲骑士家族的纹章标志。丁冈（Dingane，1795—1840）是祖鲁部落联盟的一位首领，凭借2 424只白背牛的牛群闯出一番天地。

在美洲和澳大利亚被欧洲殖民的时期，牛被充分开发为世界其他地区的财富来源。哥伦布在1493年进行了第二次跨大西洋航行，从加那利群岛带上了牛。1555年，抵达乌拉圭的葡萄牙殖民者携带了1头公牛和5头母牛，南美的牛群由此逐渐发展壮大。到了18世纪，有太多的牛群遍布阿根廷，政府公开宣布每个人至多可以饲养12 000头牛。

18世纪，由英国人罗伯特·贝克韦尔（Robert Bakewell，1725—1795）开创的专业育种技术开始革新牛群。贝克韦尔有意将动物进行近亲交配以增加牛肉和牛脂（用于制造蜡烛）的产量，而不是培育适合特定地区或生活方式的品种。他选择较早成熟且可以长出足够脂肪的短腿个体，其目的是繁育一个"可以在最小的体积中产生最大价值"的品种。于是贝克韦尔开启了饲养动物以实现商业利润最大化的发展模式。这一做法很快就获得了成功。由于该技术，在1700—1786年之间，被阉割的英国公牛在屠宰前的平均重量增加了一倍多，从170千克增加到380千克。

20世纪下半叶，培育牛科动物超级品种的技术得到了更大的发展。由于现代牛群几乎都会使用的人工授精技术，一头纯种公牛可以在没有任何身体接触的情况下产生成千上万头的后代。农民不再需要饲养公牛，他们只需要进口精子即可保证牛群的纯种。

在这个对食物需求日益增加的世界上，以盈利为目的的农业倾向于培育数量更少、更高产的物种。现在，家养的牛也发生了与小麦相同的演化趋势。数千年来被人类选择的数百个品种适应了特定习惯和生活方式，现在处于灭绝的边缘，而由少数超级品种所代表的牛，其全球总量伴随着人口的增长而呈现指数增长态势。

多年来，地球上生活有13亿头牛的环境后果显而易见，比如乱砍滥伐。然而，直到最近的40年专家们才意识到牛群对全球变暖的巨大"贡献"。联合国2006年11月发布的一份报告显示，18%的温室气体排放直接来自家畜的腹部，比从全球运输系统中（公路、铁路、海洋和天空）产生的世界总排量还要多 5%。牛是迄今为止最大的罪魁祸首，因为它们数量庞大，而且更倾向于产生一氧化二氮和甲烷，这些是比人类工业产生的二氧化碳影响更大的温室气体。

为了满足全球食物的需求，到 2050 年，肉和奶的产量将增加一倍以上。肉类在 2000 年的产量是 2.3 亿吨，到 2050 年将会上升到 4.65 亿吨。牛奶产量也将在一个相近的时间范围内增加一倍以上。如何使牲畜产出的食物和汁液总量翻倍的同时减少温室气体的排放，到目前为止，科学家和政府面对这一窘境束手无策。谁会站出来说服人们少吃肉或少喝奶呢？什么政府会大胆到通过对水果和蔬菜减税而增加生态上不可持续的肉类的税收来奖励素食者呢？

那个关于名叫杰克的男孩将自家的牛换来了少量豆子的古老故事有了一种现代寓意，变为素食主义者或许是在当今对抗全球变暖的战斗中每个人可以作出的最大的个人贡献了。人类 12 000 年来痴迷于家养牛带来的财富、美食、陪伴和劳动力，现在它们却成了导致世界迅速变得更加脆弱、不稳定且炎热的罪魁祸首。

鸡

科：雉科（Phasianidae）
种：原鸡（*Gallus gallus*）
排名：61

起源于远东地区的公鸡和母鸡是如何完美地适用于现代快餐的。

鸟类并没有在我们100种改变世界的生物名录上取得高分。始祖鸟被广泛认为是有羽飞行的祖先，具有重大的演化影响——其后代之后主宰了天空。鸟类也是6 550万年前灾难性陨石撞击事件的卓越幸存者，而其余的恐龙则完全灭绝。如今只有一个鸟纲幸存了下来（估计始祖鸟出现之后又演化出了8个类别），人们称之为今鸟亚纲。所有的鸟都属于这个单一的纲，从鸵鸟到鸭子，从鹰到燕子，但没有一个像原鸡即驯化的鸡这样对地球、生命和人们产生了如此大的影响。

最近的遗传研究表明，今天的鸡至少是两种野生原鸡（红色品种和灰色品种）的后代，而不是像曾经认为的从单一的野生祖先演化而来。当两个不同的动物品种进行繁殖（比如马和驴）时，它们的后代通常是不育的（就像骡子）。然而，正如鸡的遗传祖先所显示的，跨品种交配有时会产生新的可育种类，尤其是当不同的野生品种被人们关在一起时。对远古驯化过程的这一新认知支持了通过"后天"基因组进行遗传的概念。

鸡主导地位的兴起开始于大约8 000年前的远东地区。最初，人们在印度等地繁育鸡，用于斗鸡，也是为了它们的肉和蛋。的确，如今最受欢迎的肉鸡品种源于英国斗鸡，主要是其宽大的胸肌和强壮的大腿使它们成为优秀的斗士。拳击术语"最轻量级"（bantamweight）和"次轻量级"（featherweight）便是由此产生的。早在公元前4世纪，亚历山大大帝的军队就在与印度的战役中把斗鸡带回了欧洲，不过鸡成为西方饮食重要组成部分的第一个证据要追溯到罗马人，他们用牛奶和面包喂养鸡。

然后罗马军团把鸡带到了英国。它们很快就成了盎格鲁－撒克逊定居点的首选鸟类，主要是作为农场产蛋的最佳品种。与此同时，波利尼西亚探险家——长江流域中国农民的后裔，向东穿过太平洋将这种鸟带到复活节岛，甚至远至美洲海岸。最近发现的可以追溯到前哥伦布美洲时期的鸡骨头为泛太平洋扩张提供了新的线索，来自夏威夷和复活节岛划独木舟的波利尼西亚人，早在西班牙冒险家到达美洲西海岸的几十年前就踏上了这段非凡的旅程。对来自智利埃尔阿雷纳尔的古老的鸡骨的DNA分析显示，它们可以追溯到14世纪，即在欧洲人抵达这里之前就已经在此生长了。早在哥伦布扬帆起航前，东方的维京人和西方的波利尼西亚人似乎才是美洲的真正发现者（此处的东方和西方是相对于美洲而言的）。

至少直到19世纪中叶，鸡在英国传统上都是被作为斗鸡饲养的。那时这项运动就像如今的足球那么受欢迎。小公鸡被送到一个它们将战斗至死的坑里，正如打地鼠那样，参与者会下注赌哪只鸡成为冠军。从19世纪40年代起，随着中国与世界其他国家开始贸易往来，鸡成为更受欢迎的食物和营养来源。欧洲的“母鸡热”正是由维多利亚女王对鸡的喜爱而引发的，她甚至建了专门用来安置中国交趾鸡的鸡棚。因它们的外表而饲养和繁育的外来鸡种以及它们有时产下的奇特褐色鸡蛋，都得到了皇室的认可。鸡的时代已然到来。

但直到20世纪，鸡的数量才达到那些改变世界的物种的规模，成了迄今为止世界上数量最多的鸟类。如今全世界估计有240亿只鸡，即地球上每个人拥有3只以上的鸡。人们养鸡大多数是为了它们的肉，同时蛋产量也是一笔大生意。鸡肉现在是世界上最便宜的肉类来源，并且在从中国到加勒比所有人类文化的美食中一直占据着重要地位。

这并非一个令人愉快的故事。根据布里斯托尔大学的约翰·韦伯斯特（John Webster）教授在1992年所写的动物福利报告显示，现代鸡的饲养“在量级和严重程度上，是人类对待另一种有知觉的动物最严重、最全方位的不人道的例子”。问题是在家鸡基因库的深处存在一组已经被证明非常适合现代农民大规模生产需求的属性。

第一个突破性进展纯属偶然。1923年，特拉华州一名经营小规模养殖的养鸡妇人塞西尔·斯蒂尔（Cecile Steele）从当地销售商那里订购了50只小鸡，但却错误地收到了500只。她发现，她可以在室内特制的棚屋内成功饲养母鸡，当它们几周大的时候，就杀了卖肉。这种趋势极具感染力。到1929年，特拉华州每年都可以产出大约300万只小鸡。

由美国人伊莱·惠特尼（Eli Whitney，1765—1825）在他的水力兵工厂所开创的大规模生产技术，被证明是快速发展的集约化养鸡业的理想选择。肉鸡传送带可以自动将鸡

斗鸡，19世纪最吸引观众的运动。

进行宰杀和拔毛，以便它们可以作为半成品生鲜在遥远的市场上出售。人们发现，当适当补充维生素 D 后，小鸡就可以一天 24 小时被饲养在室内，圈养在专门建造的没有自然光的工厂里，这是在 20 世纪 20 年代晚期产生的第二个突破性进展。鸡移动得越少，它们所需要投喂的食物就越少，它们生长得也就越快。像这些发明于美国的技术不久便传到了英国等地。随着“二战”期间牛肉和猪肉的定量配给，家养鸡肉和鸡蛋成为西方人最喜欢且最廉价的食物。

不过，直到战后，当美国大规模生产技术首次抵达英国，鸡才真正走向了它们的巅峰。集中于家鸡基因库的选择性育种，为实现鸡肉廉价且有效的大规模生产提供了合适的条件。自 20 世纪 70 年代以来，小鸡成长为大到无法站立的成年鸡所花费的时间从 12 周减少到短短 6 周，大大降低了饲养成本。在拥挤的鸡舍里，最初用于预防疾病的抗生素通过抑制妨碍生长的“坏”细菌而加快了鸡的成熟速度。与从未见过阳光的笼养鸡只有 6 周的生命周期相比，天然生长的鸡可以在户外活动，也无须为了肉而被过早宰杀，其生命周期可达 12 年。

下蛋鸡的转变则没有那么引人注目。自然生长的鸡一窝大概可以产 12 枚蛋，而后母鸡就坐在蛋上等待 21 天才能孵化出小鸡。平均每年产蛋 300 枚的现代下蛋鸡被选择性地进行繁育，这通常是由于人工照明刺激母鸡可以不间断地产蛋。这些鸡是地球上最为多产的生物，每年的产蛋总量是其体重的 8 倍。

在经济、高效的集约型农业环境中，家鸡非凡的产肉和下蛋能力为发达国家快餐行业的发展提供了必备条件。1954 年，H. 桑德斯“上校”（‘Colonel’ H Sanders，这是一个自封的头衔，他从未在军队中服役）在盐湖城开了第一个肯德基门店。在征服了美国西部之后，廉价的鸡肉快餐店在 1964 年抵达英国之前就遍布整个美国。即食鸡革命相当成功，到 1983 年，麦当劳汉堡连锁店推出了麦乐鸡形式的手抓食物。自那以后，麦当劳在全球范围内的分店从 6 000 家增加到 30 000 家。

不断增加的肉类消费意味着对鸡肉需求的增加。大豆（*Glycine max*）如今成为种植最为广泛的作物之一，这在很大程度上要归功于喂养世界上 240 亿只鸡的饲料需求。供应牲畜的饲料如今占据世界整个农产品产量的一半，其中用于喂鸡的饲料占了最大的份额。

尽管鸡是将植物中的糖类转换为动物蛋白最有效的生物之一，但它们每消耗 1 克蛋白质，其肉只能产生 0.33 克可食用蛋白质。这正是人们爱上大量食用肉类的问题所在。欠发达国家的人们，比如非洲的许多国家，每个人平均每年只消费 30 千克的肉；而在更富裕的社会，吃肉已经从奢侈和

肯德基——图片上这个自封上校的人宣称一天要售出100万份鸡类餐食。

地位的象征转变为大众的消费习惯，他们平均每年要消费接近80千克的肉。肉类消费的增长主要归功于廉价生产的鸡肉。

对地球的影响与维持这种食肉趋势所需的农业支持规模有关。应对不断增加人口的可持续发展对策，就是每个人减少其平均肉类消耗量，而政府应该鼓励这样的行为。然而如今的现实却恰恰相反，越富裕的人对肉——生命中最不环保的基础蛋白质的来源——的渴望就越大。

如果没有家鸡高度易变的基因，现代集约型农业永远不可能实现，因为鸡不会屈服于大容量、低成本的工业生产方法。如果没有人类，鸡将永远不必忍受在不超过A4纸大的垫子上生存，在一个容纳了20 000只同类的鸡棚里度过6周的一生，而自然条件下其生命周期大约是现在的100倍。

无论是动物福利（在美国仍然没有制定与农场鸡福利有关的法律规定）还是环境问题，都聚焦于未来几代之中。毫无疑问，原鸡代表了人类驯化动物的巅峰。这一曾经是外来的野生亚洲珍珠鸡，如今已成为地球上数量最多的驯化物种。

稻

科：禾本科（Poaceae）
种：水稻（*Oryza sativa*）
排名：27

养活了数十亿人的农业奇迹，但似乎它能解决多少问题，就会产生多少问题。

在菲律宾一个偏远闭塞的山区，距首都马尼拉有10个小时的汽车车程，坐落着许多人眼中的世界第八大奇迹。古老的部落居民建造了这一奇迹，一排排巨大的农业梯田从陡峭的山坡上向两侧伸出。每一块平坦的田地都是由他们手工建造以种植庄稼的，他们只使用了沙砾和岩石来铺平地面，并用干燥的石墙来控制水流。

修建于大约2 000年前的梯田所覆盖的区域总计超过了10 000平方千米。山上高高的人工洞穴可以储存雨水。在农作物生长周期中的适当时期，由竹子制作而成的错综复杂的水坝、水闸、水槽和管道网络会将农田淹没。这是大规模的人造建筑，是旨在利用和控制自然力量的古代工程壮举，与传说中的巴比伦空中花园或亚历山大灯塔同样举世瞩目。1995年，菲律宾科迪勒拉山水稻梯田正式被收入联合国教科文组织世界文化遗产名录，使其与古埃及的吉萨金字塔群齐名。

这些人付出如此巨大的努力在山上修建田地的原因，可以用一个词来概括：稻。岛屿环境在情况最好的时候也是不稳定的。当来自台湾地区的远古人类居民到达这里时，他们清楚自己是否能够安居乐业完全取决于他们带来的作物。水稻最初是在中国南方长江流域耕种的，曾经是，甚至现在仍然是人类已知最有营养的粮食。如今，超过23亿的亚洲人——世界近一半的人口都依靠这种单一作物来提供他们日常饮食中80%的热量摄入。

中国人是在8 000—5 000年前首先开始种植水稻的，大约在同一时期，新石器时代的农民在美索不达米亚开始驯化他们的第一批绵羊并种植小麦和大麦。像二粒小麦一样，野生稻从基因角度而言并不适于农业生产。它的种子在成熟时会破碎，并在风中尽可能地散布到更远的地方，这使得人们几乎无法将其收集为食物。谷粒如砂砾般坚硬，大自然将它们设计为能够以休眠的方式在地面上长期生存，并为它们配备了坚硬的外壳，以保护它们直到环境足够潮湿时才开始发芽。

不过，如其他一些被挑选的物种一样，野生稻拥有足够多样的基因库，可以最终以满足人类的方式适应环境。早期中国农民精心地选择和种植的品种，其种子紧紧依附于茎秆，柔软的谷粒可以被水渗透。这些谷粒可以在沸

水中被煮熟，并迅速释放可食用的丰富碳水化合物和蛋白质。

世界第八大奇迹？水稻生长在菲律宾科迪勒拉山水稻梯田中，最初由来自中国的古代居民从山坡上开辟出来。

这种作物营养丰富，亚洲人很快学会了如何种植它们以获得最好的收成。他们还开发出精心制造的灌溉系统。他们发现浸满水的稻田可以防止害虫和杂草的侵害，在规划好的行列中播种植株可以更容易地管理和收割庄稼，从而提高产量。先进的农业种植水稻技术在很大程度上解释了为什么直到 18 世纪，中国人在农业科学和创新知识方面一直领先于世界。公元 31 年，朝廷官员和发明家杜诗将传统鼓风装置改造成了带水力风箱的水力鼓风机[1]，带来了一系列新农业工具的产生，包括锄头和可调节犁铧，这些农具可以使重黏土土壤适于水稻种植。

炼铁和水稻种植促使居住在中国北方的人们向南迁徙，以开发该地区的肥沃土地。由于对水稻这种物质财富的追逐而引发的冲突最终将中国战国时期的诸国统一为一个强大的帝国。从公元前 221 年开始，稳固坚定的中央集权成为中国的传统，除了偶有内战和农民起义。

依靠大米生活的人往往多于依靠小麦或橄榄的人，这是因为水稻种植是高度劳动密集型的。就像甘蔗，每株植物都必须每年单独播种，而且田地还必须被妥善犁过并在最佳时间进行灌溉，以确保获得好收成。直到新品种“奇迹稻”在 20 世纪 60 年代被科学家们培育出来，每公顷水稻可以提供 5.63 人一年的口粮，这与西方世界小麦每公顷只能供养 3.67 人形成对比。1750 年，亚洲总人口达到 5.02 亿人，是欧洲人口的三倍多，充分

1 又称水排，以水力转动机械，使皮制的鼓风囊连续开合，将空气送入冶铁炉，铸造农具，用力少而见效多。

显示出水稻和非水稻文化对人口增长的不同影响。

人口众多，意味着更大型的政府和更庞大的军队，这些也加快了亚洲水稻对土地的征服。在过去的5 000年中，森林被连根拔起，变成了稻田，新的水稻品种被培育出来，它们需要的水分更少，并且可以生长在高海拔地区。2 000年前，一些水稻种植者带着他们珍贵的谷物从亚洲大陆迁徙到台湾地区和菲律宾等太平洋岛屿。

随着伊斯兰教自8世纪以来的兴起，亚洲大米伴随着火药、纸、手推车、指南针、雨伞、马镫、火柴、纸牌、风筝和象棋等其他重要的中国发明传播到了欧洲和北非。中东人的口味也被影响，适应了这个丰富的全新营养来源。西班牙海鲜饭、意大利烩饭和法国卡马格的稻田都是延续至今的传统，但都是起源于古代中国而后被传播到欧洲的。由于水稻的普遍吸引力、穆斯林贸易商的不懈热情以及他们与基督教十字军持久的冲突，后者甚至将水稻种植带到更远的西部地区。

与此同时，在西非，出现了一个相关但不同的水稻品种——非洲栽培稻（*Oryza glaberrima*），是由生活在冈比亚和尼日尔河地区的当地人种植的。非洲人开发了其在水稻种植方面的专业技术，类似于古代中国的灌溉技术。15世纪，葡萄牙水手首次探索了西非海岸，对他们发现的农业财富感到非常惊讶。名为“卡坚都”（kajandu）的专业长柄铲子被当地人用来翻耕泥土和开垦稻田。欧洲探险家带来了亚洲的稻种——亚洲栽培稻(*Oryza sativa*)，现在已经在很大程度上取代了非洲稻。

水稻栽培的专业技术被非洲奴隶乘船穿越大西洋带到了查尔斯顿，这些奴隶从17世纪开始便在美洲的甘蔗、烟草和棉花种植园中被奴役。那些懂得如何种植水稻的人在拍卖中获得了最高的价格。直到美国南北战争（1861—1865）废除了奴隶制，亚洲水稻才在美国南部成为最有利可图和广泛种植的作物。如今它仍然生长在密西西河沿岸。在淘金热（1848—1855）时期，当中国劳工在那里做工时，他们带来的水稻种植技术使水稻在加

远东地区的稻田，一幅19世纪的日本画。

利福尼亚也变得流行。到那时，该作物已经完成了环球旅行。

“二战”后，世界上许多地方似乎都面临着饥饿的危机，正是水稻（与小麦一起）为科学家提供了避免马尔萨斯[1]饥荒的方法。专家在国际水稻研究所（International Rice Research Institute，简称 IRRI，位于菲律宾）经过苦心钻研开创了杂交水稻技术，并研发了具有矮秆特征的新品种——IR8，它可以在人工肥料的作用下获得高产量。当这一品种于 20 世纪 60 年代早期在全世界推广时，它有充分的理由被称作“奇迹稻”。一些地方将传统品种更换为新品种后，产量直线上升，从平均每公顷 1 吨上升到每公顷 10.3 吨。更重要的是，IR8 只要短短 130 天就成熟了，而不是以往的 170 天。后来的改进品种（IR36）的成熟时间减少到 105 天，这让许多农场每年可以培育两季稻，是它们原来产量的两倍多。

结果就是，过去的 50 年已经见证了水稻的热潮，促进了人口数量从 1950 年的 25 亿增长到如今的 70 亿，而非预言所说的饥荒和人口减少。迄今为止最大的人口增长发生在以大米为主食的亚洲地区，在这期间，人口从 14 亿上升到 39 亿。

这一切给当今世界带来了一道难解之题。正如诺曼·布劳格所预测的那样，要养活日益增长的人口，农业将需要一个跨越式变化。因为几乎没有尚未开垦的土地可用于新的生产，所以若要增加供给，就必须提高产量。不幸的是，无论向田地中投入多少氮肥，现代水稻品种的产量正迅速接近其生物极限。

然而，至少有一个基因遗留在这个基因魔法灯之中。用于亚洲栽培稻中的光合作用类型是更为原始的 C3 技术。如果科学家能通过更为有效的 C4 方法（正如玉米和甘蔗这些作物所使用的）来重新改造水稻植株，则会获得更多的产量。在专家看来这一追求相当重要，所以它在作物科学中被称为“下一个科学前沿”，预计至少需要另一个 10 年，或许是两个 10 年。有的人说，这项技术的成功将会是“迄今为止最大胆的基因工程壮举……”

我们确实需要基因“改良”的植物以保护未来的人类免受饥饿的威胁。但是，如果没有对出生率细致审慎的政治管理，这些品种可能也会延续前几代水稻的传统，成功播种下使人口以数十亿速度增长的种子。

1　马尔萨斯（Thomas Robert Malthus，1766—1834）在其代表作《人口原则》和《政治经济学原理》中提出了“马尔萨斯人口论”，他认为人类必须控制人口的增长，否则贫穷是人类不可改变的命运。

玉 米

科：禾本科（Poaceae）

种：玉蜀黍（*Zea mays*）

排名：35

一种经过高度改良的超级光合作用的禾草类，
维持了人类社会发展，但常常具有危险的副作用。

活人献祭、食人、吸血鬼和肥胖症都是好莱坞恐怖“三流影片”的首选元素。不幸的是，对人类和其他动物而言，这些恐怖并不仅限于虚构的范畴，它们还与一种草联系在一起，这种草分布于美洲大部分地区，直到大约500年前，它突然传播到了世界上其他大部分地区。从那时起，这种作物已成为地球上种植最广泛也是最可能致命的三个物种之一。美洲的农民称它为corn（玉米），世界上其他地区的人们更习惯称之为maize（玉米）。

生活在中美洲和南美洲的大部分土著人将玉蜀黍属的野草培育成了具有“大耳朵”（玉米穗轴）的品种，其中包含了多达300颗营养丰富、可食用的种子（玉米粒），这个品种令人十分困惑。尽管无数考古学家进行了大量的研究、基因测序和详细的审查，但仍没有一个令人信服的理论可以说明快速增长的墨西哥类蜀黍是如何从仅有5到10颗不可食用种子的有穗野草演变为极为多汁且可以很容易被消化的玉米的。当然，这个过程花费了数千年。早期种植的证据至少可以追溯至5 000年前的墨西哥中部巴尔萨斯河谷附近，在那里，野生的墨西哥类蜀黍生长至今。人工和自然选择的结合，完美地解释了杂交品种是如何融合成具有高度复杂遗传结构的超级玉蜀黍新品种的。玉米的基因数量是人类的两倍多。

从大约公元前1500年起，玉米种植开始改变居住在中美洲和南美洲人们的生活。新的文明出现了，他们发展了自己的政府、文字、工艺品和商品交换系统。因为这些地方缺乏非洲和欧亚大陆的驯化动物（见绵羊、牛、狗和猪），他们几乎完全依赖于玉米等农作物。16世纪西班牙传教士摘抄的古老文本《波波尔·乌》（*Popol Vuh*）[1]的一个创世故事，描述了神是如何试图创造人类来陪伴他们。第一次他们用了泥浆，但是失

1 中美洲印第安民族史诗，印第安民族古典文学中最早的重要作品之一。拉丁美洲人民称它是“我们玉米的儿女们的圣经”“拉丁美洲的圣经”。

败了；第二次用了木头；只有第三次用玉米尝试后，他们才创造出了真正的人：

> 他们（神）一起在黑暗中思考和反思。这就是他们决定如何选择正确的材料来创造人类的方式……他们的肉身用白色和黄色的玉米做成。胳膊和腿……用玉米粉做成。

对任何一种食物来源的依赖都会使文明受到自然或神灵的摆布，这取决于文化信仰。奥梅克、玛雅、印加和阿兹特克文明都是主要依靠玉米作为他们的营养来源。恳求神灵确保丰收并祈求充足的雨水以灌溉农作物，成为他们生活方式的核心。在连续三年干旱之后，所有剩余的玉米库存都将腐烂。在没有动物作为备用食物的情况下，只能通过祭祀人类的献祭活动，安抚众神以带来更多的降水，而这也从偶尔的仪式转变为宗教常规。尽管阿兹特克时期（1248—1521）的记录并不完整，但据估计，在1487年特诺奇提特兰城大金字塔的献祭中有4 000—40 000名牺牲者。15世纪开始发起的荣冠战争期间，阿兹特克战士为了确保牺牲者的稳定供应而与邻国作战。这种做法具有重大的政治影响。阿兹特克的许多敌人都寻求报复，他们支持由埃尔南·科尔特斯在16世纪20年代领导的西班牙征服者，这也加速了印第安土著文化的灭亡。

在干旱时期，通常要向阿兹特克的水神和雨神特拉洛克献祭。妇女和儿童是主要的受害者，他们的眼泪象征着充沛的雨水，特拉洛克肯定会为这些绝望的人们的玉米地带来丰富的降水。

对玉米的依赖也解释了生活在北美洲南部依靠玉米为生的美洲土著人为何会出现同类相食的现象。玉米不能提供健康人类生活所需的所有蛋白质、维生素和糖（不像土豆），肉是重要的补充。公元600—1150年，阿纳萨齐人将玉米种植的做法传播到整个北美洲南部。从公元1130年开始，过度的森林砍伐（为了种植玉米作物）和长期干旱导致了他们的衰亡，公元1170年后不久，他们就放弃了其圣城查科峡谷。在缺乏驯化动物、只剩下珍稀小家禽的土地上，吃人肉的决定可能是出于获取营养的必要性。但从长远来看，这是不可持续的，因为一般来说，人类并不情愿让自己像驯化家畜那样供人食用。

在非雨季储存墨西哥玉米，正如16世纪佛罗伦萨药典中所刻画的那样，这本书由早期西班牙移民撰写和绘制。

继克里斯托弗·哥伦布的航行之后，16世纪早期欧洲殖民者的到来帮助玉米传播到了世界各地。早在1550年，中国山坡上的树木就被清除以种植这种生长迅速的作物，它们繁盛于更干、更高且不适合水稻种植的向阳山坡上。玉米的产量迅速增加。到18世纪时，欧洲农民越来越多地将玉米作为牲畜的饲料以及人类的主要食物。20 世纪早期出现的波伦塔（polenta）——一种用煮沸的玉米粉制作而成的食物——是意大利北部饮食中的高端食品。

玉米对欧洲的征服进一步波及了政治层面。巴尔干半岛的农民学会了在高海拔地区种植作物，将秘密的农业财富隐藏于高山群落中，从而摆脱奥斯曼帝国侵略者的掌控。至少有一个权威人士认为，此类事件“将希腊、塞尔维亚和罗马尼亚的未来政治独立从大山里解放了出来。在这个欧洲的角落里，来自美洲的产物确实培育了自由。”

19 世纪，越来越依赖于这一神奇作物的欧洲人和西班牙殖民者像那些由于古代美洲习俗而被献祭的人一样成了受害者。他们得了糙皮病，这是一种维生素缺乏症，会导致慢性失眠、皮肤病、痴呆以及对光极其敏感。美洲的古人将石灰加入庄稼中以避免这种情况的发生，但欧洲人却不清楚这样的处理方式。饮食几乎完全依赖于玉米的西班牙、意大利和美国南部的人们受到的影响尤其严重。许多人都深受该病的困扰，成千上万的人因此死去。受害者都被蒙在鼓里，他们不成型的脸加固了人们对吸血鬼的恐惧。这种疾病一直持续到 20 世纪 20 年代中期，最终由西方科学家发现了新的治疗方法：通过一种简单的膳食补充剂来提高体内维生素 B_3（烟酸）的水平。

如今玉米又处于另一个争论的中心。美国种植了比世界上任何地方都多的玉米，每年大约 2.7 亿吨，超过全世界总量的四分之一。其中大部分都用来喂养牲畜，因此对全球的碳排放量产生较大的影响，而且大量玉米被用于制作流行的现代食物中的廉价甜味剂。首次在 1970 年合成的高果糖玉米糖浆（high fructose corn syrup，简称 HFCS）是使用玉米进行加工生产的，现在已成为美国最常见的甜味剂，用于从碳酸饮料到饼干等许多食品之中。自从它被用于食品中以来，4—19 岁的儿童肥胖率就从 4% 上升到 15.3%，他们正是这些商品的主要消费者。现在有超过 600 万的美国儿童在临床上被归入超重、肥胖的行列，导致 2 型糖尿病的风险增加，这也是美国现在最大的健康问题。最近的报告表明，玉米糖浆正是“这一问题的主要症结所在”。

使现代经济摆脱对化石燃料依赖的较量现在正在推动人类和玉米的关系向另一个方向发展。人们正在加快生产“碳平衡”生物燃料，该过程通常涉及玉米的集约化种植，这可能为解决全球变暖问题提供一个新的解决方案（另见藻类和酵母），因为该过程仅仅释放了与其从大气中吸收的等量二氧化碳。与化石燃料的燃烧不同，生物燃料产生的二氧化碳没有净增长。但为了使玉米适应这一新用途，需要付出巨大的政治和经济代价。2007 年，造成全球粮食价格飙升的部分原因就是：政府给予农民补贴，让他们种植玉米，这些玉米不是作为食物，而是作为发酵生产乙醇的原料。政治和玉米之间古老的历史性联系，似乎将持续到无法预见的未来。

物质财富

一些物种是如何完美地为人类更加舒适的生活提供必需财富的。

人们往往希望自己的生活变得尽可能的舒适，也希望尽可能活得长久。自大约6 000年前文明首次诞生以来，这两个愿望已成为每个社会的同一个梦想。虽然有些人比其他人在获得财富方面更为成功，但个人财富就像国家的兴衰一样，总是随着岁月的流逝来去匆匆。让-雅克·卢梭（Jean-Jacques Rousseau，1712—1778）在其《论人类不平等的起源和基础》（*On the Origin of Inequality*）一书中的第二部分描述了如何区分人类文明与史前人类文化：

> 圈一块地并自己说“这是我的”，然后其他人很单纯相信了他，第一个这样做的人就是文明社会真正的创始人……

物质财富、财产所有权和尽可能多挣钱的自由正是现代生活方式的核心。私有制提供了工作的动机和奖励，通常是以金钱的形式作为劳动的回报。房子、汽车和时髦的衣服都是西方世界最受欢迎的一些物质财富。珠宝、陶器和牛在其他文化中也同样珍贵。

数千年来，私有制的激励力量可见一斑。可能是有史以来最德高望重的哲学家亚里士多德在2 000多年前曾这样写道：

> 凡是属于多数人的公共事物常常是最少受人照顾的事物，人们关注自己的所有，而忽视公共的事物；对于公共的一切，他至多只留心到其中对他个人多少有些相关的事物……

通常被称为“全球公有物”的海洋和空气是世界上从未被个人或国家所独

有的部分。因此，这二者便成为这个地球上人类最不关心的部分。随着海洋生物被破坏以及污染物和温室气体的不断增加，海洋和天空成为亚里士多德古老智慧的有力证明。

私有制

个人财产所有制的概念可以追溯到有记录的历史开端。首个文明的出现可以追溯到6 000年前的古代苏美尔，为了支持商业，人们建立了书写体系。小麦、大麦和山羊、绵羊、牛等驯化动物都是很有价值的商品，因此，他们在石头上刻记号来记录交易账目，产生了被称为楔形文字的书面语言。制定私人财产继承的法律是一项创新之举，很快便被效仿，并从此在整个人类社会中无处不在。

法律、财产权和所有权在今天变得更加神圣。美国宪法是建立在这样一个原则之上的，这个原则来源于英国人约翰·洛克（John Locke）的哲学，即从种植作物的土地中获得利润是自然自由的基石。即便是国家也不能合法地干涉某个人的私有财产。这种信念为美国在18世纪中叶反抗英国的殖民统治铺平了道路。如今，联合国《世界人权宣言》（1948）第17条明确指出了当前私有制的全球性地位："人人得有单独的财产所有权以及同他人合有的所有权。"

财产所有权的概念并不仅仅从获得易于储存的可消费食品和温顺的农场动物（见农业）而来，私有财产还取决于拥有强于其他人的体能，即通过交易、威胁或武力以保护、运输或获得财产的能力。

畜力

驯化马和骆驼不是为供人类食用（肉或奶）的，而是因为它们给予了拥有之人凌驾于那些尚未拥有它们的人之上的权力。

马及其与驴子杂交产生的骡子，都为古老、中世纪和近代早期的不同文明之间运送和交易财富提供了必不可少的运输工具。它们被逐渐培育成更大型的生物，可以拉动战车、发动战争或载着人们参加战斗。骑兵比步兵具有更大的优势，这要归功于马匹和人类骑手在力量、速度和高度上的结合。传统上，拥有马的人通常比没有马的人更富裕。如今，马仍然是地位的象征，是人类社会权威的标志，就像蚂蚁的巢穴一样，随着种族数量的增长变得更加等级森严。

对生活在沙漠里的人来说，类似的力量是由骆驼提供的，这是一种很好地适应了干旱环境的动物，而在北极地区具有类似重要意义的物种就是驯鹿。这些动物满足了人类在任何情况下对物质的渴望。作为得到食物、水和保护的回报，它们以运输工具和军事力量的形式为人类提供服务。因此，这些生物取得了巨大的成功，在人类文明这几千年的历史中，数量急剧增加。

最初，基于这些动物所有权的权力和不平等只体现在它们居住的地方。在澳大利亚和美洲的许多地区不存在可以被驯化的大型动物。当这些土著文化与饲养马和骆驼的欧亚社会之间最终建立起联系时，人与人之间的不平等就转变为文化与民族之间的不平等了。这在一定程度上解释了为何16世纪早期少数几个西班牙征服者只花了不到10年就征服了成千上万的土著印第安人。其力量来自马匹的军事优势，也包括来自家养动物的疾病的传入。

骆驼和马的祖先最初都是在美洲演化的，但随着猎人在13 000年前的到来而灭绝了。多亏了通过阿拉斯加陆桥进入亚洲的早期移民者，这些物种幸存了下来。如果这些生物没有进行长途跋涉，那么人类历史的进程究竟会有多么不同呢？

人类文明的崛起与马和骆驼的成功密不可分。在欧洲人成功征服新大陆后，马在美洲重新获得了存在感。如今，它们与人类共同生活在世界上每一个有人居住的大陆上。相比之下，它们的近亲斑马，这一濒危物种只生活在非洲丛林的一小片区域。马的这种表亲从没有被驯化过，这表明斑马过度的地盘本能对它们近期的成功繁殖造成了相当大的影响。

物质享受

随着人类文明的崛起，其他非消耗性物种也成了大赢家。正如现代经济学的开创者亚当·斯密（Adam Smith，1723—1790）所定义的：财富是“满足人们需求和欲望的土地和劳动的创造物”。

生活在大型社会群落中的人们一直都有物质需求和欲望。最能有效满足人类这些需求的物种包括亚麻和棉花——种植这些作物通常不是为了食用，而是为了其多毛的部分。将棉花植株的果实纤维纺成线以制作衣服的技术首先是由5 000年前居住在印度河流域的人们创造的，其中心位于现在的印度北部和巴基斯坦。

但在植物界中没有哪个物种可以与无脊椎动物纺出的纤维的美丽和神奇相媲美。当中国传说中的黄帝的妻子嫘祖不小心将一只蛾子的茧掉入她的茶杯时，她不会意识到这会对家蚕（*Bombyx mori*）的基因产生如此长远的影响。

中国商人从他们掌握的关于蚕茧纺丝的独门知识中获得了巨额财富，蚕茧是天生用于保护生长中的蚕蛾幼虫的。亚洲人掌握了养蚕技术和将丝织成昂贵闪亮布料的技艺，他们便创造了有史以来最有价值的古老非消耗品。制丝技术一直是古代中国的最高机密，直到6世纪两个拜占庭僧侣用竹竿将一些桑蚕卵走私到了君士坦丁堡（今伊斯坦布尔）。

一个西班牙征服者刺杀了一个印加人，正是利用了从马背上获得的军事优势。

丝绸闪亮的外观和异国情调以及神秘的来历让生活在欧洲、北非和中东地区的消费者产生了更浓厚的兴趣。事实证明，人类社会精英使用亮闪闪的装饰材料（金子或丝绸）是其成功的象征。与此类似，在17世纪的荷兰，人们对由马铃薯Y病毒造成的具有奇异图案的郁金香的狂热也是出于同一目的。

从树木中提取的原材料是利润和权力的其他来源。橡胶最先由奥尔梅克人（Olmec，意思是“橡胶”）从中美洲和南美洲的棕榈树中提取出来，起初是为了制造运动器材。在19世纪，它被用作提高蒸汽发动机功率的密封剂而获得了新生，然后在20世纪初，它作为一种使自行车、汽车和巴士这些交通工具变得更为舒适的材料而蓬勃发展。欧洲统治者，如比利时的利奥波德二世（Leopold II of Belgium，1835—1909）在非洲的大批私人庄园中种植了用于生产乳胶的植株，使他成为世界上最富有的人之一。

种树还是不种

树木对于人类文明的发展至关重要。作为自然界中主要的建筑材料和燃料，还有什么商品会比木材更为珍贵呢？尽管如此，从古至今，人类社会在精心管理森林以确保子孙后代能有稳定的木材供应方面一直是失败的。

许多树种深受人类的折磨。早期农民砍伐森林来修建牧场，如今，因制造家具而不断增长的硬木需求使亚马孙热带雨林遭受的破坏逐年增加。日益加快的城市化进程、道路建设和人口的大量增加，都在威胁着未来热带雨林的生态安全。

相比之下，自19世纪欧洲人开始用木材造纸之后，松树这类快速生长的树种便迅速繁衍，它们柔软的树干很容易化成纸浆。其他如桉树这类可以快速生长、忍耐不良气候的树种被人们从其原产地（澳大利亚）运输到世界各地，为从非洲蒸汽火车的燃料到加利福尼亚淘金热中的家具等方方面面提供原材料。

人类交通工具

通过获取和交易私有财产产生的财富，对现代人的同情心来说，仿佛一根尾巴上的毒刺[1]。其中一个在人类历史中最常见的交易品种就是人类自己：智人。

奴隶制，是对人类劳动力的剥削并以牟利为目的违背其意愿进行贩卖，可能与对马和骆驼的驯化同时发生。在公元前1800年，古巴比伦的统治者汉谟拉比明确表示，奴隶制是被广泛接受的利润和贸易形式，这也被刻在了石板上，记载着他著名的民法典，共收录282条条文[2]。

古代世界的人们常常因负债或被俘而成为奴隶。一些社会沉迷于奴隶制，并将其作为统治阶级获得财富的一种手段。罗马帝国时期居住在意大利的人口中，多达40%的人是奴隶。几乎所有的人类文明都有繁荣的奴隶贸易，比如维京人将东欧奴隶贩卖到伊斯兰国家，而来自威尼斯和热那亚的意大利商人则定期购买和运送金帐汗国俘虏的奴隶，随后将他们出售至中东的阿拉伯市场。

骆驼是伊斯兰国家的人将数百万非洲奴隶经由蒙巴萨（Mombassa）向东运送的主要运输工具。16世纪开始，欧洲人也采取这种方式，向西运送了相近数量的奴隶到美洲。其实在那里，早在欧洲侵略者到来之前，奴隶制就已经不是什么新鲜事了。许多阿兹特克的人祭受害者正是因为被俘而沦为奴隶的。

---

1 原文为 a pernicious sting in the tail，意为起初看似有利的事物，其结局其实令人不快。

2 即《汉谟拉比法典》，被认为是世界上最早的一部比较具有系统的法典，约公元前1754年颁布。法典将人分为三种等级：有公民权的自由民（上等人）；无公民权的自由民（平民）；奴隶。

尽管19世纪发生了废奴运动，但奴隶贸易仍然在持续。2005年英国反对奴隶制协会的报告显示，全球仍有多达2 700万人像奴隶一样生活，其中大部分是儿童。

生态学影响

物种脱离它们的自然环境，为方便人类而被带到其他地方，不断地给环境造成了毁灭性的影响。这样的事例不胜枚举，从桉树种植园的有意引入到欧洲蚯蚓的不经意蔓延。

少数这样广泛栽培的物种的优势也增加了通常在野外不会出现的大规模灭绝的风险。自然界中无数种生物的演化是一项生物保险政策，以保证无论未来地球环境发生怎样的变化，至少某些生物类型极有可能幸存，灾难性的二叠纪大灭绝就是一个很好的例子（见水龙兽）。有性生殖是同一系统的一个缩影，在一个广泛的物种基因库中赋予多样性，以应对意外威胁。

但是，人类文明的崛起及少数创造财富的物种颠覆了这个史前公式。近来，大规模无性繁殖的单一品种作物的生长愈加依赖农药，这也导致毁灭性打击变得更可能发生。成功演化出一种避免常规化学控制的感染可能会席卷整个克隆作物的种群，而不会遇到野生有性生殖物种的自然抗性。

因此，今天的科学家们正致力于将南美洲野生马铃薯自然产生的抗晚疫病基因转移到他们最新栽培的品种中，以便进行大规模生产。如今，从棉花到小麦等超级农作物的兴起迫使人们进一步探索基因工程学，他们不顾一切地想要走在自然的前面，以生产出足以养活70亿人的粮食。

私有财产、社会不公、人口增长和生物多样性减少，源于几千年前开始的人类和少数顺从物种之间的共生关系。长远看来，有意培育某一物种是创新之举，这仅发生在人类整个250万年历史中最后1%的时间里。

让－雅克·卢梭认为，人类痛苦、嫉妒、不公平和不平等现象的起源可以追溯到第一个在一片围起来的土地上声称“这是我的”的那个人身上：

> 假如有人拔掉木桩或者填平沟壕，并向他的同类大声疾呼：“不要听信这个骗子的话，如果你们忘记土地的果实是大家所有的，土地是不属于任何人的，那你们就要遭殃了！”这个人该会使人类免去多少罪行、战争和杀害，免去多少苦难和恐怖啊！[1]

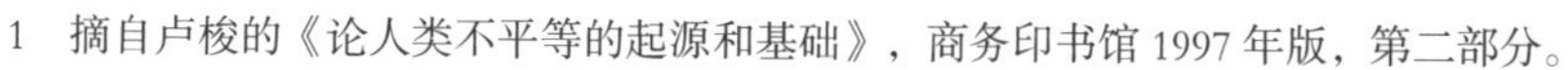

1　摘自卢梭的《论人类不平等的起源和基础》，商务印书馆1997年版，第二部分。

马

科：马科（Equidae）
种：家马（*Equus caballus*）
排名：58

人类忠诚、勤奋、学习能力很强的仆人，
比地球上的其他任何生物都承受了更多的战争和暴力。

据说先知穆罕默德曾下令7天里不给一群马喝水。当它们被释放后就跑向了绿洲，但在它们抵达之前，先知发出了召唤马匹进行战斗的号角。5匹母马没有选择绿洲，而是响应了号声。传说所有纯种的阿拉伯马都是这5匹忠诚的母马的后代。

人类历史不可避免地与马的驯化联系在一起。如今的矮种马俱乐部、无障碍德比赛马，甚至是奥运会综合全能马术比赛都极大地反映了马对人类历史的影响，反之亦然。马在动物中上升到了杰出的地位，它们学会与人类一起生活，是因为它们提供了迅速的运输方式和田地中的劳动力。只是在20世纪上半叶，汽车成为普遍的替代性选择，马才退居二线，用于满足人们异想天开的休闲需求和竞技体育。

现代马科，包括马、斑马和驴，起源于大约4 000万年前的北美地区，它们都是从一种狐狸大小、栖息于林地的被称为始祖马的祖先演化而来。当地球气候变冷后，草地取代了林地，要在更易暴露身形的地形中躲避狮子和剑齿虎这类捕食者，意味着只有腿最长、跑得最快的动物才有更好的生存机会。这些特征世代相传。约500万年前，在一系列曲折的演化之后，出现了一种被称为波拿马（*Plesippus*）的野生动物，看起来就像小型的现代马。在冰河时代（始于约250万年前）的某个时刻，这个物种越过阿拉斯加陆桥进入了亚洲，在广袤的欧亚大草原上安家落户。

大约6 000年前，在黑海及其周围，野马和人类的命运开始融合并产生了惊人的效果。在那之前，马很可能被人类猎杀以获取肉食（法国南部拉斯科洞穴里16 000年前的壁画中有描绘，这被认为是萨满仪式的一部分，用来帮助确定野兽的位置）。驯服这些生物的恐惧本能可能是饲养小马驹作为肉食来源的附带影响。而后，到公元前3500年左右，有证据表明游牧民族在尝试驯化成年马——大多仍是矮种马大小时，发现这些动物经过训练后活着比死了更有用。

新石器时代，波泰人（Botai）居住在现在的哈萨克斯坦，他们可能是第一批驯服野马的人。英国埃克塞特大学的研究人员研究的马齿遗骸表明，早在5 500年前人们就开始使用马嚼子和马具。他们还发现残留在陶制容器中的食物和饮料，这表明马奶可供饮用甚至是发酵成马奶酒（koumiss）——一种酒精饮料。

可以肯定的是，在公元前 2600 年，被驯化的杂交马种存在于中东的苏美尔文明中。20 世纪 20 年代，英国考古学家伦纳德·伍利（Leonard Woolley）挖掘出的乌尔之旗（Royal Standard of Ur）是一件马赛克艺术品，清楚地证明了这一事实。在其中一面饰板中，这种动物拉着战车，士兵们站在平台上正准备向敌人发射箭。

公元前 2100 到公元前 700 年间，一波又一波被马拉着的战车从南边的埃及向东边的印度进攻（喜克索斯王朝侵略）。史诗级的卡叠什战役（公元前 1274）发生在拉美西斯二世时期的埃及和土耳其的赫梯帝国之间，约有 6 000 辆马拉战车参战。赫梯人擅长近距离格斗以打败敌人，而埃及人则习惯在一定距离之外向敌人不间断地射箭。这场战争打成了平局，并达成了一项折中协议，两个帝国约定了其势力范围，而这些土地后来被犹太人占领，因为他们宣称是由上帝赐予的。

军事力量最初因战车作战而产生，也给整个欧洲、非洲和亚洲带来了巨大的文化变革。崇拜农业丰收的女神（母亲神）且以贸易为主的社会（比如米诺斯文明和印度河流域的文明），在公元前 2000 年左右被起源于黑海附近的马背上的草原文明取代了。壁画上描绘了对动物的热爱（跳跃的海豚之类的形象）的米诺斯文明，被坟墓中满是为战争而制物件的迈锡尼入侵者取代了。印度河流域平等主义社会的贸易、工艺品和商业消失了，取而代之的是吠陀文中描述的驾着战车的入侵者，这或许可以追溯到公元前 1700 年。

埃及法老拉美西斯二世在卡叠什战役中正在瞄准——一幅由 19 世纪中叶法国籍埃及学家阿喀琉斯·普里斯·德埃文内斯（Achille Prisse d'Avennes）雕刻的版画。

最初划分为 4 个等级的阶级差别，将士兵和祭司置于社会顶层，而农民和“贱民”位于底层。

喜克索斯（Hyksos）王朝的战车从北方席卷而下入侵了尼罗河下游（约公元前 1674 年），引发了埃及人对帝国战略的深刻反思。当涉及埋葬他们的人类神——法老时，那些标榜着埋藏宝藏的雄伟金字塔被隐蔽的地下室取代，以保护其免遭抢劫和盗窃。在欧洲，一种新的流行趋势——为获胜的侵略者建造单独的坟墓——取代了公葬的习俗，这些侵略者经常与他们的战争武器（包括马）一起埋葬。新的社会等级制度的诞生也意味着，为了确保最佳保护和防御，定居点会建设在山顶上，而不是在土壤最肥沃的郁郁葱葱的山谷中。

这一切都归因于马提供的军事力量。公元前 700 年，人和马的联盟更加紧密地联合在了一起。选择性繁殖增大了动物的体形，因此人们不再需要在不稳定又难以操纵的战车上与极其脆弱的车夫一起作战了。以放牧动物（绵羊、牛、山羊）为生的游牧民将马作为维持生命的完整系统，他们可以生活（甚至是睡）在马鞍上。马也会携带口粮，有时这些游牧民甚至会在迁移中使用皮革袋盛装鲜奶，鲜奶在里面发酵凝固成奶酪（以避免鲜奶不耐受的不良影响）。年迈的马的肉会被制成肉干放在马鞍之下。在极端条件下，他们甚至会割开马脖子饮用马血以补充蛋白质。

这样的草原游牧民族可以选择平静的生活，在定居的社区之间运输货物，也可以选择突袭脆弱的城镇和定居点。有时，他们两者都做。

生活在马背上的斯基泰人是从黑海附近迁徙来的游牧民族，他们在大约公元前 700 年时强势崛起。他们的骑兵使用复合弓，在击中要害之前可以射出多达 6 支箭，同时他们骑马时不用马镫或缰绳控制。在 19 世纪晚期机枪出现之前，马、人和弓的致命组合是世界上最强大的武器系统。当古代波斯军队试图一劳永逸地摆脱斯基泰人的威胁而向北进发时，反复无常的游牧民族便消失了，他们骑马远走，只是为了在最适合的时间和地点重返战场。

当斯基泰国王伊丹提卢斯（Idanthyrus）向波斯皇帝大流士（Darius）解释为何他不参加战斗时，他揭示了其人民与马共享生命所获得的内在力量：“如果你想知道为何我不参加战斗，那我就告诉你。我们的国家没有城镇和耕地：害怕失去城镇和耕地或是亲眼看到它们遭受破坏可能会使我们陷入仓促的战斗。”

经过两年对抗游牧民族徒劳无果的努力之后，大流士也撤退了。

如果不是一系列骑马游牧民族的入侵，亚洲和欧洲的历史将会完全不同，这很可能是由气候变化和人口增长导致的。由著名领袖匈人王阿提拉所领导的匈人骑兵，与东西罗马帝国不断交战，间接导致了公元 5 世纪日渐衰弱的西罗马帝国的灭亡，在那之后的几百年里，中欧的政权统治彻底崩塌了。

直到 20 世纪，骑兵仍然是人类战争中的中流砥柱。穆斯林骑兵是挑选和培育轻巧灵活和高度顺从的马的品种的专家（以穆罕默德为例），他们于 7 世纪的中东冲出，征服了亚洲、非洲和欧洲的定居文明。由于骑马作战，士兵的速度、侦察和出其不意成为他们的制胜法宝。

蒙古大汗成吉思汗出生于公元 1162 年，他编组了有史以来最有杀伤力的游牧军队，其继任者建立了从当今中国延伸至匈牙利的世界上幅员最为辽阔的帝国。蒙古帝国的孩子 3 岁时就被他们的母亲教会骑马了，5 岁就可以在马背上用弓箭射击。这种与马的完全共生关系即是他们军事成功的秘诀，至少在火药被广泛使用之前，定居社会对此几乎没有任何防御手段。

蒙古人征服人类城镇和村庄的战术与狩猎野生动物的策略相同。多达 10 万名蒙古骑兵延伸为长 60 英里的队列，在严格的训练下，两端的骑手会逐渐向前移动，直到军队形成一个不断缩小的圆圈，死死围住圈中的所有生物并将其捕获。“猎物”一旦被包围就无法逃脱，要么投降，要么受死。

即使在以滑膛枪、来复枪和手枪为武器的步兵防御系统（比如在美国内战期间）出现之后，骑兵冲锋仍然是最强大的军事力量。与此同时，马匹的拉力使大规模军用大炮的部署成为可能，从 17 世纪开始，欧洲军队开始广泛使用这种大炮。铁丝网、战壕和机枪最终从第一次世界大战（那时估计有 800 万匹马死亡）开始打破了马对杀戮战场的控制，尽管此时步兵比骑兵更加危险。第二次世界大战期间，坦克和吉普车等机动装甲运

公元前 4 世纪，斯基泰人的金梳子显示了其骑马的武装斗争。

输工具的出现，才使马匹最终离开了战场，而马匹仍然用于运送弹药和物资。从那时起，马继续在警察部队中为控制人群发挥着作用，并在许多国家礼仪性的军事传统中保持着核心地位。

相比之下，印第安帝国（如玛雅、印加和阿兹特克）的文明直到16世纪欧洲侵略者到来之前都没有利用马匹的历史，在缺席了大约12 000年后，欧洲侵略者重新将马引入了美洲。这些人没有固若金汤的定居点，也没有轮子、车子、青铜或铁质武器，游牧民族和定居社会之间也没有战争。这并不是说他们没有自己内部的暴力史，但是没有马或其他任何大型驯化动物，他们的结局的确大有不同。

马对人类文明产生如此深刻的影响主要有两个原因。第一个便是其遗传多样性。

穆罕默德关于饲养战马对满足特定人类需求有益的直觉，在人–马关系的每一个阶段都持续且成功地发挥着作用。小型野马被驯化成可以在战斗中支援战士的品种，那些与游牧部落在严酷生活中幸存下来的个体是最适合这项任务的。蒙古人入侵时，草原游牧民族拥有世界上最活跃、健壮、听话和灵活的品种。

9世纪，来自波斯伊斯兰的贝都因骑士可能是第一个仅通过单系母马的后代繁殖将育马知识和技能提升到一个更准确的新系统层面的人。中东缺乏牧草，需要严格控制牧群，因此他们特别挑剔，只照顾那些能够最好地服务主人的马匹。他们的战斗更注重速度和突袭，于是会选择相应的敏捷而“热血”的品种。

15世纪，基督教征服了伊斯兰格拉纳达之后，从卡图哈岛的修道院引进种马以满足几个欧洲国家的骑兵需求，比如奥地利哈布斯堡家族拥有技艺精湛的利比扎马，这是勇敢的安达卢西亚马的后代。其他品种，如今天的英国纯种马，都是在查理二世复辟（1660）之后确立的，他本人就十分热衷于养马。它们的血统主要来自三种波斯马：一种是在与土耳其人的战争中捕获的，一种是在叙利亚购买的，还有一种是突尼斯国王的礼物。从18世纪开始，波斯血统的马匹对英国骑兵部队至关重要，它们在猎狐、马球、赛马和综合全能马术比赛等运动中也十分有用，这些运动是为了让骑兵军官的马术在和平时期也可以得到很好的锻炼，这比非战时维持大规模部队更便宜且更为有趣。

在遗传谱系的另一端是大型、矮壮、性格沉稳的“冷酷”品种，事实证明，这种马非常适合在北欧的重黏土土壤上耕犁。项圈马具是亚洲骆驼交易商使用的驮运行李的改进工具，大大增加了能够用于农业生产的土地量，为中世纪早期陷入困境的欧洲经济增加了财富。这些“夏尔”品种后来被用于战争时期（牵引火炮）和和平时期（牵引有轨电车）的重型运输工作。

马对人类历史产生重大影响的第二个原因是其高度敏感的天性。传统上，马的智力并不高。维多利亚时代，训练马的方法包括对其进行“磨合”，直到它完全屈服，当然只有愚蠢的动物才会屈服于这样的待遇吧？最近，更古老的训练方法又开始流行起来，这是由古希腊马学专家色诺芬（Xenothon，公元前400年）最初提出的。正如色诺芬所说，马的学习方式与人类相同，不是通过恐惧而是通过温和的沟通和奖励来学习："因为马在强迫之下所做的事……是在没有理解的情况下完成的，这也毫无美感，仿佛一个人在用鞭打的方式来鞭策一个舞者一样……"

其实，马是地球上最敏感的生物之一。当一只苍蝇落在它们的背上时，它们可以即刻分辨出来，这种能力使它们可以感觉到骑手最轻微的动作，这也正是使蒙古骑兵解放双手控制马的原因所在。如果没有这样的敏感性，这些突袭者就不可能射出时速 30 英里的箭并无声地射向他们的敌人。关于马只是服从传统"统治阶层"的简单生物及其雌性领导者被人类取代的传闻正在被揭穿。最近的研究表明，马是一种天生高度社会化的生物，具有复杂的群体动力，可以缓和任何个体的攻击性特征，从而提供社会凝聚力。正是这种理性的存在，使马能够控制自己的本能，忍受从战场到嘈杂的城市街道这样极不自然的可怕环境，与此同时，它们还要努力服从要求很高的两足猿类——人类的命令。马是被捕食者，它们的本能是逃避威胁和危险，因此，它们在 6 000 年内与人类之间的关系显示了其非凡的适应性以及特殊的学习和理解能力。

结果，如今的马成了现代世界数量最多的物种之一，据估计，中国有 800 万匹马，墨西哥有 620 万匹，巴西有 590 万匹，美国有 530 万匹。相比之下，其古老的野生亲戚斑马的全球数量只有数十万匹，而且有几个品种都处于灭绝的边缘。毫无疑问，人与马之间坚固的伙伴关系极大地改变了人类历史的进程。

贝尔福特（Barefoot）是迪克·古迪逊的坐骑，1823 年大圣莱杰争夺赛的赢家，该争夺赛是 1776 年以来每年都在唐卡斯特赛马场举办的一项久负盛名的赛事。

骆驼

科：骆驼科（Camelidae）
种：单峰驼（*Camelus dromedarius*）
排名：87

一种适应力极强的驮兽，通过黄金、香料、盐和奴隶贸易使商人致富。

曼萨·穆萨（Mansa Musa）是一位中世纪的西非君主，他曾冒险穿越撒哈拉沙漠前往麦加进行一生一次的朝圣。他于1324年出发，由6 000名臣民和12 000名奴隶组成的随从们陪同，途径开罗时因“零售疗法”而大肆购物。他的寻访过程非常令人难忘，其后12年仍然一直被探讨着，同一时期的阿拉伯历史学家艾尔－乌马里（Al-Umari）写道：

> 这个人的恩惠传遍开罗。他给每一个埃米尔[1]和王室官员都留下一堆金子作为礼物。开罗人从他及其随从的买卖、给予和索取中创造了不可估量的利润。他们交易黄金，直到压低黄金在埃及的价值并导致其价格下跌。

穆萨的财富来自西非一个叫作班布克的山区，坐落在马里帝国[2]的中心位置。在那时，这个地区的三座金矿为北非、欧洲和亚洲供应了所有黄金交易总量的一半以上。这些财富完全依赖陆路运输，穿过荒凉的沙漠抵达阿拉伯和基督教世界的地中海市场。如果没有穆萨的八头骆驼组成的商队，携带了超过两吨的黄金，地中海历史上最著名的购物探险将永远不可能发生。

骆驼像马一样，大约4 000万年前在北美洲演化而来。人类猎手的抵达很快导致它们的祖先在12 000年前灭绝。幸运的是，那时它们通过跨越阿拉斯加陆桥进行了各种迁移并分布于整个亚洲地区，最远抵达中东地区。双峰品种（即双峰驼）在中亚的较潮湿气候区繁衍，而现在最成功的单峰驼则生活在干旱炎热的阿拉伯灌木丛林地，整个中东栖息地的气候从公元前5000年以来变得越来越干旱。

由于一系列出色的演化适应，骆驼才能在其他哺乳动物不敢涉足的区域生存下去。与大众观点不同，它们驼峰里储存的并非水，而是可以帮助骆驼在长期没有进食的情况下生存的脂肪。这样的驼峰通过巩固远离大部分身体的脂肪的隔热性能以帮助保存体内的水分，骆驼还可以在不出汗的情况下忍受大范围的体温变化（从34℃到41℃）。其他

1　穆斯林酋长等的称号。

2　强大的伊斯兰教帝国，是北部非洲以南的广阔内陆中历史最悠久的国家，古代最重要的伊斯兰文化与财富中心之一。

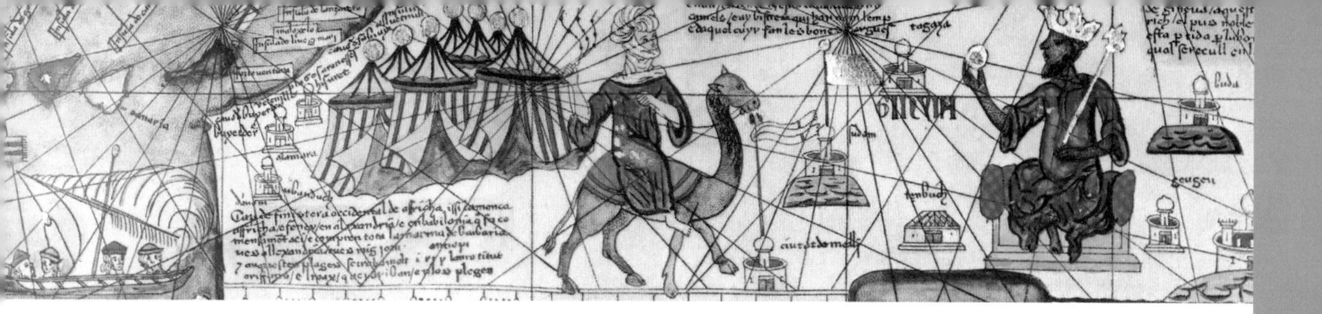

黄金奇迹：马里国王曼萨·穆萨坐在黄金王座上，面前走来一名骑着骆驼的旅行者。图为1375年的卡塔兰地图的一部分。

的节水生存技术包括：可以帮助它们远离灼热的沙漠地面的长腿；即便是在脱水情况下也能维持正常血液流动的椭圆形血细胞；以及可以从它们呼出的蒸汽中收集水分并将其返回血液中的鼻孔。

这是人类历史中最幸运的意外之一，唯一很好地适应了沙漠迁徙的生物也恰好可以忍受与人类近距离生活。生活在大约4 000年前也门海岸的部落被认为是第一批驯化野生骆驼的人，当时这些骆驼徘徊在内陆的沙漠地区。

这些部落以海鲜为生（尤其是海牛，一道美味佳肴），他们定期航行穿过阿拉伯海到非洲东海岸（现在的索马里）。当地的香料制造业使他们有足够的理由从陆路前往近东的市场。事实证明，若是没有骆驼作为驮兽携带饮用水，带着货物穿过阿拉伯沙漠前往市场的旅途就无法实现。可能也因为骆驼缺乏天敌，使得这些动物天生就不太害怕人类，在一定程度上使驯化过程变得更加容易。沙丁鱼这样的海鲜被证明是引诱骆驼接近的完美诱饵。

到2 000年前，香料之路孕育了许多富有的贸易城市，包括佩特拉（现在的约旦）和麦加（在沙特阿拉伯）。骆驼的繁殖和鞍具的发展使大量商品（包括人在内）可以被放置在骆驼的背上进行运输。骆驼成了中东地区的主要运输工具，穿过叙利亚和阿拉伯沙漠，帮助商人们建立起了连接地中海和南部、东部市场的陆路贸易路线。它们也会从阿拉伯通过海路出口到索马里，骆驼在这片干旱的东非土地上繁衍壮大，最终给北非柏柏尔的商人提供了强有力的驮运助力，将他们的商品——盐、奴隶和黄金穿越广阔的撒哈拉沙漠运输出去。

公元前4000年左右，人类发明了车轮，而在那些将驯养的骆驼作为一种替代交通工具的地方，车轮几乎完全多余，这正证明了骆驼非凡的影响。与由马（或骆驼）牵引的车辆截然不同，亚瑟·格林·伦纳德少校（Major Arthur Glyn Leonard）简洁地概括了使用这种多用途驮畜的益处，他是在1894年提出将骆驼引入南非的英国军事运输官。

让我们总结骆驼在运输上优于牛的特殊优势：

1. 可以多运载或拖拉两倍的东西；

2. 更快，而且每天可以走更多的路；

3. 一口气可以走20至25英里；

4. 在一年中可以进行多次旅行；

5. 可以穿越马车会深陷的地面；

6. 在用马车运输时必须卸载货物的河流处也可以涉水而过；

7. 寿命和工作时间是马的四倍；

8. 在缺乏食物和水的情况下具有强大的生命力；

9. 具有更强的韧性和耐力；

10. 马车更容易折断、翻倒或困住；

11. 我想，马车的附加自重至少是一吨。

17—18 世纪伊斯兰侵略了中东和北非后不久，由于对陆路贸易路线的掌控，穆斯林商人比基督教欧洲人具有更大的战略优势，这也是“腿”战胜了“车轮”的缘故。这样的网络将地中海地区与撒哈拉以南的黄金中心以及东亚的丝绸和香料市场连接在了一起。

在公元 800—1450 年间，世界上最富有的贸易城市就是伊斯兰国家的首都科尔多瓦、开罗、巴格达和大马士革，所有这些城市都是依靠骆驼的力量壮大的。这些城市的旧城区提醒着我们，与车轮比起来，“四条腿”的优势——它们狭窄蜿蜒的街道并不是为了马车而设计的。

这些拥挤的伊斯兰城市提供了众多财富，而这些财富源源不断地涌入 14 世纪文艺复兴时期的意大利。这些财富主要来自驼队的交易，他们穿过非洲和亚洲的沙漠，运输并售卖香料、丝绸、盐、奴隶和黄金，以换取欧洲的羊毛、木材和布料。

曼萨·穆萨在开罗引人注目的探险引起了欧洲商人的注意。实际上，正是由于他的访问，地图制作者才开始将他的帝国画在地图上，不久后葡萄牙航海员利用这地图来寻找规避骆驼商人陆路垄断的方式。因此，从约 1450 年起，他们建立起了自己的海上贸易路线，打破了撒哈拉沙漠驼队和穆斯林中间商的垄断地位。

一头阿拉伯本土的单峰驼，出口到了非洲和澳大利亚。

一直到 20 世纪 30 年代吉普车和越野车等机动车问世之前，骆驼一直是世界各地沙漠上重要的交通工具。19 世纪 60 年代以来，骆驼连同它们的阿富汗驯养员甚至被运送到澳大利亚内陆地区，这充分证明了骆驼对渴望用深埋于澳大利亚干旱内陆的矿藏来交易黄金和其他原材料的欧洲定居者的价值。

在加利福尼亚淘金热期间，甚至还有过一次将骆驼引入美洲的尝试。然而，这次实践受到了阻碍，因为欧洲定居者担心给美洲原住民配备这种万能、有经济效用的动物会对自己不利。

然而，尽管骆驼作为运输工具的价值堪比有轮的车，但其在全球范围内从未像驯化的马那样成功。毕竟，历史上最有价值的驯养动物是在战时以及和平时期都同样有用的动物。据记载，骆驼第一次出现在战争中时取得了惊人的成功。波斯皇帝居鲁士大帝

（Cyrus the Great）充分利用了马对骆驼的外观和气味感到厌恶这个巨大优势。因此，当居鲁士在公元前 547 年的锡姆伯拉战役中面对他的大敌吕底亚的克里萨斯王（Croesus）时，他清楚自己的军队在数量上只有对方的三分之一，于是他将驮行李的骆驼放在自己的部队前线。希腊历史学家和马学专家色诺芬讲述了这种战术是如何导致吕底亚骑兵逃跑，从而使其溃不成军的。

居鲁士的成功使波斯人攻占了安纳托利亚，将希腊的爱奥尼亚纳入其日渐壮大的帝国之中。骆驼骑兵胜利的历史影响巨大。居鲁士后又将注意力转向南方，他攻占了巴比伦，释放了被奴役的犹太人，将他们送回故乡耶路撒冷。当他们在旧都重新定居下来，希伯来文士们写下了《摩西五经》(或基督教的《旧约》)，将其作为再也不会被驱逐出他们的应许之地[1]的誓言之一。

可以根据其两个驼峰加以识别的双峰驼，比它们的单峰表亲更好地适应了潮湿的气候和更高的海拔。

尽管有这样一个充满希望的开端，但骆驼却永远无法作为一个作战系统真正与马竞争。骆驼太不稳定，无法成为可以射箭的稳固平台。尽管这些生物可以持续以每小时 25 英里的速度奔跑，骆驼骑兵并不能像马匹冲锋那样从声音和视觉上造成心理恐惧。尽管骆驼相当适应沙漠的环境，但它在战争中缺乏足够的机动性与马战斗。

第二个限制是单峰驼只能在干旱的沙漠地区繁衍，而双峰驼品种可以在更潮湿、更高的地区生长，南美的美洲驼甚至可以在山坡上安家。虽然马最终变得更加万能，但它们在穿越沙漠时就没那么有效了。

终于，在驯养的骆驼风光了长达 3 000 年后，内燃机重新赋予了有轮运输工具新的生机。不过，骆驼牧人如今仍然存在着，尤其是在索马里和埃塞俄比亚地区，全球的骆驼牧人（1400 万）有一半都在那里。虽然双峰驼的数量正在减少（140 万），但在澳大利亚，单峰驼的野生种群数量在中部内陆地区多达 70 万头，它们是从其阿富汗驯养员那里逃脱的骆驼的后代。它们种群的数量以每年 11% 的速率增长，这些生物像猪一样，很容易重新适应野外生活。

或许有一天，当机动交通时代结束的时候，骆驼种群将会恢复它们曾经作为重要驮畜的角色。只要想想它们所有的优点就行了：不需要建造或保养道路，几乎从来没听过它们会发生故障，以及即便在最严酷的环境中，“车辆”也会自动规划寻找燃料……

1 即耶路撒冷。

棉 花

科：锦葵科（Malvaceae）
种：陆地棉（*Gossypium hirsutum*）
排名：39

一种符合环保需求的天然纤维，引发了一场对工业和资本霸权的现代竞争。

全球化是建立在全球原材料贸易之上的经济体系，由国际金融支持，地球一侧的产品的工业生产依赖于其在地球另一边作为成品的消费。这种现代人类行为模式，是由人类与一种叫作棉花的植物之间强大又古老的关系所开创的。

人类对棉花的痴迷可以追溯到有记录的历史初期，棉花将果实封装在缠绕着白色纤维的厚球中，这样就可以被路过的动物粘在皮毛上。关于其地理起源，目前尚无科学共识。古印度河流域的人们在 4 500 多年前就开始培育棉花了，他们学会了将纤维纺成纱线并织成布。种植、收获和加工棉花以制成细布的贸易成了他们的经济支柱。不久后，世界另一端的美洲原住民也忙着用不同类型的棉花做同样的事情。尽管原产于中南美洲的棉花与生长在印度和非洲的棉花并不相同，但从基因上来看它们的关系非常紧密，因此必然在某时某地拥有共同的祖先。

人类演化出现之前的这种遗传融合是由风带来的史前自然怪事吗？或者在人类历史开始有记录之前，棉花在全世界的分布证明了南美洲和亚洲人们之间的史前接触？关于人类文化的传播，至今仍存在着类似的争论。奇琴伊察[1]的祭祀金字塔与巴比伦通天塔是如此相似，这些是否就是文化融合的例子呢？正如大自然独立设计的飞行系统在演化史上至少进行了 4 次那样。或者在古代亚洲人和美洲人之间存在一次未被记录的碰面，可以解释这样的建筑模仿以及世界两端出现具有遗传相关性的棉花植株的的原因？来自亚洲和中南美洲的人们熟练地使用同样的纺锤，并在同样的双杠织布机上纺织他们的布料，这也引发了人们更多的好奇。如果这样的史前接触确实曾经存在，棉花的故事便揭露出全球化最古老的根源。

棉花神秘的起源也误导了在远离棉花原始热带核心区居住的中世纪欧洲人的思想。那时的人们普遍认为棉花来自印度一种被称为“植物羊”（Vegetable Lamb）的奇异树的果实，14 世纪很受欢迎的旅行作家约翰·曼德维尔爵士（Sir John Mandeville）写道：“其树枝的末端会长出小羊羔……”人们认为这种生物是通过一根脐带从树上连接到地面的，这样它们就可以吃到周围的草。

1　玛雅古城遗址。

一根棉花树枝上的棉铃。大自然为它们设计出可以粘在动物皮毛上的能力，但随着文明的兴起，这种传播方式以棉花进入人类历史而告终。

棉花、蚕丝、羊毛和亚麻是 4 种用来给全球人类文明制作衣物的传统天然纤维。但在过去的几百年里，某些不寻常的事件使棉花成为对人类历史影响最大的物种。

棉花的现代征服始于 17 世纪初，当时对天花免疫的欧洲人成功占领了美洲。欧洲殖民者迫切希望找到一种可以交易以使殖民统治在经济上可行的作物，新世界的开拓者对种植棉花、烟草和甘蔗进行了试验。1607 年，殖民者沿着弗吉尼亚州的詹姆斯河播种了第一批棉花种子。这种作物很快便成为美国南部经济收入的最大来源。

但是在英国的殖民地，将未加工的棉布制成成品是严格禁止的。帝国官员更愿意将制造出的成品（比如衣服）的利润保持在靠近家乡的地方，在这些地方，与印度的贸易也带来了额外的棉花原料供应。

在英国国际贸易的十字路口，如果能找到一种将原棉转变成物质财富的廉价方法——将一捆捆的棉纤维批量生产成床单、衬衫和裤子，就能带来潜在的财富。因此，自动化纺纱、织布和染色的业务依赖于英国企业家理性解决问题的能力，他们将棉花的短白纤维转变为长而结实的纺线，这种纺线可以轻松且廉价地被织成布。

这种商业契机意味着在 1738—1800 年之间一连串巧妙的发明改变了人类利用棉花创造财富的能力。约翰·凯的飞梭（1733），路易斯·保罗（Lewis Paul）的纺纱机（1738），詹姆斯·哈格里夫斯的珍妮纺纱机（1764），理查德·阿克赖特（Richard Arkwright）的水力纺纱机（1769）促成了大规模布料生产加工系统的建立。到1788年，兰开夏郡[1]湍急的河流之上出现了210多家纺织厂，其源头位于附近的奔宁山脉。被称为“棉都”的曼彻斯特城处于这场工业革命的核心，将在美洲和印度殖民地生长的棉花加工成可售卖的衣服（通常会在该殖民地贩售），为英国的公司创造了巨额财富。如果将棉花比喻为绕线筒，全球贸易体系就是缠绕在上面的线，因而可以说棉花是全球化贸易体系最初的经济支柱。

棉花在英国工业创新的爆发，得益于该国能源供应的转换：从木材到煤炭，从水能到蒸汽动能。据估算，截至1889年，在兰开夏郡东部500平方英里[2]的区域（超过该郡面积的四分之一）里，棉花相关工业带动了近500万人就业。工厂操作人员仅占这个机械化“麦加”全部雇佣人员的一小部分，工程师、木工、煤炭工人、漂白工、织染工人、蜡烛制作工和蒸汽机供应商，则是以将棉花原材料转换为成品布的新兴商业为生的其他从业人员。

日本的产业转型同样是由棉花引发的。1853年以来，随着全球贸易经济的进一步开放，兰开夏郡的工业化逐渐转移到了日本大阪府。从印度进口的大量原棉都在日本进行加工，日本工人开始使用英国提供的机器生产棉花成品，将其出口到中国或是销回印度。

在1885年到1955年间，这种新的棉花产业将日本自给自足的手工业经济彻底转变为国际工厂的模式。到1919年，棉花加工占日本国内生产总值的13%以上，据估计，共有超过50万家棉花产业相关的工厂。因此，通过证券交易所进行公司融资和资本流动的新型管理体制迅速发展，日本从此逐渐成为日益全球化的世界中的主要经济力量。

像开发利用对人类有吸引力的其他作物（比如甘蔗和水稻）一样，收获棉花是劳动密集型的工作。在欧洲近代殖民时期利益至上的环境里，只有那些可以高效集中管理的作物，才有可能占据经济主导地位。因此，采摘棉花的需求使得对奴隶的需求急剧增加。数百万被奴役的非洲人为棉花这一物质财富的发展付出了巨大的代价，他们被欧洲商人买卖，以交换棉织品、弹药和武器。

伊莱·惠特尼的轧棉机（1793）等发明使分离出棉花的速度提升到原先使用马力时的50倍。这样的科学进步带来的是对棉田需求量的激增。到1803年，每年有超过20 000名的非洲奴隶被运至美国，他们被卖到棉花种植园工作。1860年，美国每年生产多达300万捆原棉，均是由当地奴隶手工采摘并出口至英国的。

棉花作为全球化贸易的主角，导致了非洲人民的不幸。美国内战期间，美国原棉供应减少，英国和法国的贸易商便转向埃及，将其作为棉花这种珍贵纤维的原产地。因此，

1　位于英格兰西北部。

2　约1294.99平方千米，1平方英里约为2.59平方千米。

埃及政府拿出大量贷款投资新的种植园。然而，当美国内战结束，欧洲贸易商便放弃了埃及，重新进口更廉价的美洲货源，这在 1876 年导致了埃及的破产。

印度的不公平现象也同样严重。采摘棉花的劳工挣的工资少得可怜，最终导致了民族主义者的愤慨，这体现在他们的独立领袖“圣雄甘地”身上。甘地说，印度原棉输出到英国进行加工，然后作为成品卖给印度贵族，这是由英属印度政府支持的丑行，而他们买得起这些成品。同时，运输、制造和销售在印度种植的棉织品获取的利润被英国独资企业独吞。这种基于棉花生长和加工中不平等的“自由贸易”促使印度于 1947 年脱离英国的殖民统治，取得了独立。

棉花最新的遗留问题，至少在与现代人类文明的关系上，是生态方面的。这种灌木不会平白产生神奇的纤维。与豆科植物不同，它没有根瘤菌这种可以自给自足并滋养土壤的共生菌。产棉的棉花在很大程度上依赖充足的肥料和水，且易受棉铃象甲这样的虫害和疾病影响。因此，为了满足人类的需求，棉花成为有史以来最依赖人类的作物。杀虫剂、人工肥料和大规模水利工程毒害了生态系统也破坏了海洋资源。在 1989 年，苏联解体前不久，一部由苏联导演德米特里·斯维托扎罗夫（Dmitry Svetozarov）导演的名为《狗》(*Psy*）的电影，向全世界揭示了俄罗斯渴求棉花（被称为“白金”）种植和加工的自给自足所造成的可怕后果。

俄罗斯的棉花产业始于 19 世纪 70 年代，但是在 1976 年才达到巅峰。其棉花种植园是由早先注入咸海的两条河流改道进行灌溉的，而咸海原是世界上第四大湖泊（68 000 平方千米）。在 1960 年到 1998 年间，用以供应俄罗斯棉田的水量增加了一倍，导致进入湖泊的水流量缩减了惊人的 80%。曾经供养了 40 000 名俄罗斯渔民的充满活力的湖泊生态系统，如今只不过是一个干涸的咸水坑。这个湖泊多达 90% 的面积已经变为沙漠。

曾经是一片翠蓝的内陆生态系统的咸海，由于过度灌溉，现在几乎完全消失了。

因此，棉花就是现代世界工业化和全球化的同义词。尽管人造材料从 20 世纪 50 年代开始就在不断发展（比如聚酯纤维、尼龙、丙烯酸纤维），棉花仍然是现在全世界种植和加工范围最广、生态要求和环境破坏最大且产量最高的天然纤维。

橡胶树

科：大戟科（Euphorbiaceae）
种：橡胶树（*Hevea brasiliensis*）
排名：76

一种出现相对较晚的对人类最具影响力的作物，
但它所产生的巨大影响为其弥补了失去的时间。

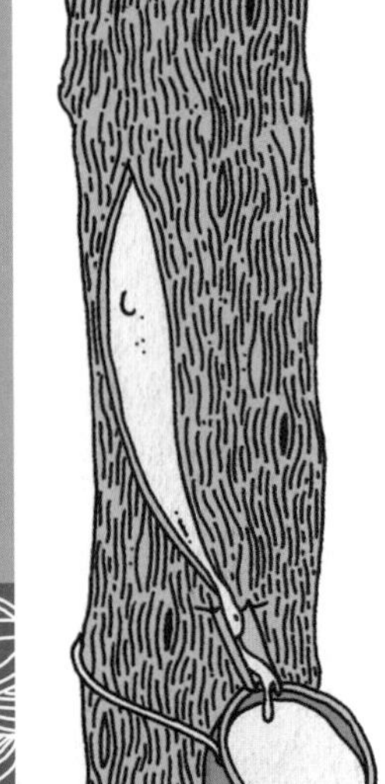

邱园[1]是享誉世界的卓越园艺中心之一。花园由英国王室在18世纪中期建立，当时是为王室的孩子们提供一处玩耍之地，从约1840年开始，这个花园被用作国家植物园。华丽的温室里满是来自世界各地的奇花异草。为了完成新的目标，这个花园在伦敦西部泰晤士河沿岸的黄金地段扩大了面积，占地120英亩。令人惊讶的是，这座看起来天真无辜并热爱植物的园林曾处于一场国际阴谋的中心——结果成了史上最赚钱的抢劫案之一。

这场阴谋并没有涉及太多的金钱。至少在邱园参与阶段并没有。确切地说，它所涉及的东西对19世纪许多贪婪的英国王室官员而言更有价值。他们把目光投向了一种生长在地球另一边的新宝藏。他们在寻找种子，不仅是任何古老的种子，还有一种特殊的秘鲁树木种子，常见于汹涌的亚马孙河南岸。

大约从1740年开始，当时欧洲开拓者对新世界的探索仍处于鼎盛时期，两名法国人沿着亚马孙河开始了一场探险。当查尔斯·马里·德·拉·孔达米纳（Charles Marie de la Condamine）和弗朗索瓦·福瑞斯纽（François Fresneau）在秘鲁境内探索时，最令他们印象深刻的是居住在亚马孙河沿岸的当地人是如何在某种树上“挤奶”的。这种黏稠的白色物质被法国人称为“乳胶”（来自拉丁语“牛奶”），他们在临时的熏制房中进行加工，将黏稠的胶状物加工成有弹性的薄片，这就是我们如今所知的一种橡胶。法国人将样品带回了他们的祖国，在那里他们着手进行了一系列尝试，来判断这种神秘物质可能的商业用途。

实际上，亚马孙原住民只是遵循了早在1 000多年前就已确立的古老传统。居住在中美洲的奥梅克人（意思是“橡胶人”），是已知的第一个使用卡斯提橡胶树（*Castilla elastica*）的汁液制造橡胶的文明。他们将乳胶与一种牵牛花植物（*Ipomoea alba*）的汁液相混合，晾干并将其切成条，围绕坚实的核心做成有弹性的橡胶球。这种球被用于一种被称为乌理玛（ulama）的神圣游戏。参赛选手在不使用手和脚的前提下将球推过

1 Kew Gardens，英国皇家植物园。

一个建在高耸石墙上的圈。失败者通常会被献祭给神灵，而他们的头有时会被用作下一代神圣橡皮球的核心。

18 世纪由法国探险家观察到的亚马孙当地人所利用的乳胶来自另一个品种——帕拉橡胶树或称巴西橡胶树。法国人发现，这种材料可以非常成功地用于制作防水衣物，只需要将织物浸在乳胶和松节油溶液中。接下来的数百年里，少量橡胶被当作珍品出口，从亚马孙地区运往欧洲和北美洲，主要被用来制作防水鞋面——俗称胶鞋。

在快速商业化和工业化的欧洲国家，橡胶并没有一夜爆红，因为它有两个严重的缺陷：太冷时它会变脆，失去所有的弹性；太热时它会变得柔软且胶黏。

而橡胶树在生长 6 年后才会开始产生牛奶状汁液，这阻碍了人们尝试培育寒冷时不会变脆、炎热时不会变黏的品种。因此，对于自然遗传在人类可接受的时间范围内无法解决的缺陷，就得靠人类的好奇心和创造力来找到弥补的方法了。幸运的是，后来人们发现将掺有硫黄的乳胶在 170℃下加热 10 分钟便可以解决这一问题。两个截然不同的企业家在 1835 年到 1843 年间发现了这个被称为橡胶硫化的过程：他们是经常破产且特立独行的美国商人查尔斯·古德伊尔（Charles Goodyear）和精明的英国新教徒商人托马斯·汉考克（Thomas Hancock）。

硫化橡胶改变了全世界对橡胶的需求，该发现的出现时机无可挑剔。由康沃尔郡人理查德·特里维西克（Richard Trevithick）在 1801 年发明的高压蒸汽机，此时正应用于自行推进式轮船和有轨火车，彻底改变了整个殖民世界的运输方式。有弹性的硫化橡胶可以用于制作蒸汽发动机的封条。密封汽缸的老办法是用浸过油的皮革，但在承受高压时效率低下，导致蒸汽逸出，从而使发动机的功率和效率降低。而硫化橡胶则不然，即使在高温下也能保持弹性，使得装有橡胶密封圈的汽缸不会泄漏蒸汽。硫化橡胶封条使发动机变得更为强大，可以应用到棉花厂到发电站的各个领域。

查尔斯·古德伊尔向同事们展示他是如何偶然地用乳胶在炉子上做实验，然后才学会橡胶硫化的。来自 1871 年出版的一幅版画。

橡胶弹簧被用于制作铁路车厢、马拉车厢和有轨电车悬架，使旅途变得更为舒适。随着自行车和不久后 19 世纪内燃机的发明，橡胶在充气轮胎的生产中得到了新的应用（1885 年由约翰·邓洛普［John Dunlop］将其商业化）。此时橡胶的需求量变得非常巨大，亚马孙当地人从野生树木中获取的橡胶也已经供不应求，尽管南美橡胶出口从 19 世纪 30 年代的每年 200 吨增长到了 1890 年的每年 20 000 吨。

帝国的推崇者，如比利时国王利奥波德二世（1865—1909 在位）希望利用橡

胶这种大宗商品的繁荣来赚钱，这类人自然没有错过机会。利奥波德在刚果自由邦，也就是现在的刚果民主共和国建立了自己的橡胶种植帝国。传统上，这一地区的人们用采集的乳胶将箭头黏在其狩猎矛上，但与亚马孙地区的乳胶不同，它来自一种名为卷枝藤（*Landolphia*）的野生藤蔓植物。

1898 年至 1905 年间，利奥波德的私人军队强迫劳工开采了价值约 1 400 万英镑的橡胶。当地人付出的代价是惨痛的：如果没有开采出足够量的橡胶，很多人的手和阴茎就会被切掉。刚果自由邦的人口在利奥波德的暴政期间减少了 1 000 万。有些人死于神经系统非洲锥虫病的并发症（见舌蝇），但大多数人都死于难以想象的暴行。1906 年，英国海员爱德华·莫雷尔（Edward Morel）和罗杰·凯斯门特爵士（Sir Roger Casement）最终揭露了利奥波德在人道主义项目的支持下被掩盖的种族灭绝事件。

逍遥骑士：到 19 世纪末期，全球对橡胶的需求已经远远超出了其供应量。

19 世纪的最后 25 年，国际上对硫化橡胶的需求不断增长，促使邱园雇用一名叫作亨利·威克姆（Henry Wickham）的苦苦挣扎的英国自由探险家为其服务，此人在 20 岁时探访过南美洲。1875 年，作为邱园园长的约瑟夫·胡克爵士（Sir Joseph Hooker）答应给威克姆提供一份奖励，只要他能从亚马孙盆地收集橡胶种子并运回伦敦，每带回 1 000 颗种子，就奖励他 10 英镑。

带着无限的热情（以及从贿赂当地人那里得到的大量帮助），威克姆收集到了 70 000 颗种子并将它们带回了伦敦，这为他挣得了可观的 700 英镑（后来他成了骑士）。当巴西当权者发现事情的真相后，他们将这个伦敦人视为卑劣的小偷，因为他实施了“在国际法里很难站得住脚的剥削”。但是，严格说起来，那时在出口种子方面不存在任何官方禁令。

威克姆的橡胶树种子是在 1876 年 6 月抵达邱园的。大约有 10% 的种子在花园的温室中发芽，其中约 2 000 棵几乎立即出口到了锡兰——即现在的斯里兰卡。他们计划由英国在远离橡胶树产地 10 000 英里之外的地方建立可以与竞争对手匹敌的橡胶种植园。经过几次失败的培育尝试（并继续从邱园装运幼苗）后，最终有 22 棵健康的植株从锡兰运至新加坡（当时是英国殖民地）的植物花园中。园长亨利·里德利爵士（Sir Henry Ridley）

完全没有预料到橡胶种植园的潜在价值。1898 年，在他的领导下，幼苗被送往马来西亚，在那里建立了一片占地 2 000 英亩的种植园。到 1920 年，马来西亚（当时是英国殖民地）新引入的橡胶树覆盖了曾是热带雨林的 200 多万英亩土地，并满足了大英帝国对硫化橡胶不断增长的需求。

主要由于汽车从 20 世纪 30 年代开始普及，对橡胶的需求持续增长。在两次世界大战期间，科学家们开始寻找以石油为原料制造人工橡胶的方法。合成橡胶逐渐开始弥补天然橡胶的不足，特别是在第二次世界大战期间（1939—1945）来自东南亚的天然乳胶来源被中断的情况下。如今，世界上每年生产的 1 600 万吨橡胶中，大约 40% 是从自然的橡胶树中提取的，其余则是由石油合成的。

然而，似乎只有天然乳胶才能满足人类对橡胶的长期需求，而非合成乳胶。合成品在制造过程中至少消耗天然橡胶三倍的能源。此外，橡胶树生长过程中会吸收二氧化碳，因此天然橡胶比建立在有限化石燃料上的人工替代品更为环保且更具可持续性。同样，一旦橡胶树达到其有效产胶的寿命（大概 25 年），其木材便可成为制作家具的极佳原料，该趋势在 21 世纪初变得越来越流行。

但即便是使用天然橡胶也有其不利之处：一旦被人类制成硫化橡胶形式，就不能被轻易处理掉了。当橡胶产品达到使用寿命时需要被回收处理（最终它会氧化并变脆或因过度使用而磨损），但目前并不存在经济可行的大规模回收方法。因此，现在使用的所有橡胶有 90% 以上都是被焚化或丢弃在填埋场的，这两种方式都造成了严重的环境破坏（另见假单胞菌）。据估计，在每年丢弃的超过 10 亿个废弃车胎中，只有 10% 以其他形式进行了回收再利用，而欧洲和美国的垃圾堆分别有 30 亿和 60 亿个废弃轮胎。更重要的是，消费者通常在只使用了汽车轮胎可用寿命的一半时就遗弃了它们，因为即便只有一两个轮子磨损，他们也会频繁地更换四个轮子。

通过有机过程产生的物质可以被真菌、蚯蚓、蜣螂和细菌这样的天然回收者分解掉，但人类纯粹为了自身需求而生产的材料却不能被自然分解。现代橡胶的用途变得越来越广泛（从浴缸里的橡皮鸭到避孕套再到机场行李传送带），但人类还不能像自然界那般对自己的所作所为负责。

亨利·威克姆雇佣亚马孙地区的妇女为他编织运输橡胶种子返回邱园的篮子。

蚕

科：蚕蛾科（Bombycidae）
种：家蚕（*Bombyx mori*）
排名：86

一种高度驯化的飞蛾，数千年来丰富了人类文明，却鲜有长大的机会。

有性生殖通常确保没有两个人是完全相同的，无论是外表还是个人品味。然而某些天然材料，尤其是那些闪亮耀眼的稀有材料，似乎对所有人都有着难以抗拒的吸引力。自有历史记载以来，人类就一直垂涎着黄金白银或宝石（比如钻石），它们无处不在的吸引力为文明的繁荣奠定了基础。并非所有这些财富都由缓慢的地质过程形成。在世界上最杰出的材料中排名首位的是某种匪夷所思的毛毛虫的分泌物，它们通过将唾液混合物纺成一种难以穿透的茧来保护自己。这种丝被全世界的人们誉为地球上最奢华的材料之一。

很多无脊椎动物都会自然生产纯天然的丝，这是它们野外生存策略的重要组成部分。蜘蛛用丝织网是为了捕捉飞虫，蜜蜂有时产生丝状物质是为了帮助建筑巢穴。但至少在过去 6 000 年里，丝绸一直吸引着所有人的注意力，它来自一种蛾——家蚕，其毛虫幼虫多以桑树的叶子为食。在大快朵颐了一个月并经历了 4 次蜕皮之后，这些六足的毛毛虫开始以“8”字形左右摇晃自己的脑袋。毛虫下颚附近的两个腺体会释放一种液体，当其接触空气时便会硬化为细丝线。同时，毛虫会排出一种被称为丝胶的胶状体，将两根丝线粘在一起。这样，蠕虫状的生物构造出高强度的茧并在其中生活 3 周，从幼虫变为飞蛾。世界上几乎所有的丝绸贸易都来自对这种单一物种的培育。

传说中国古代轩辕黄帝的妻子嫘祖是第一个发现家蚕茧潜在价值的人。她的丈夫让她调查为何他的桑树园变得病恹恹的，当她在调查过程中休息时，一个虫茧掉进了她的茶杯。她低头看时，发现蚕茧正慢慢散开。嫘祖作为“创业家”的好奇心占据了上风，她探明了如何将这种材料纺成织物。

嫘祖发现将虫茧浸入热水中时，蚕茧的纤维会散开，形成单根丝线，有时可以延伸至 1 000 米长。这一特点使丝完全不同于羊毛和棉花，后两者只能产生最多延伸几厘米的短纤维，且必须经过复杂的纺织过程才能变为可用的长丝线。用蚕丝制作织物则简单得多。首先，将蚕茧浸入沸水中以杀死毛虫（避免它因孵化而切断丝线），然后将数个蚕茧中取出的长丝线缠绕成线筒，以制成结实、用途广泛且适合织布的材料。

丝的便利不只是因为它很长且不易断，它也被认为是世界上自然存在的最坚韧的物质之一，其最初的演化目的是坚固的“更衣室”。当人类发现了蚕产丝的秘密，很快就将这种宝贵的材料投入了生产。历史上最早期的一些战衣是编织紧密的中国丝绸背心，为人类提供了一定程度的保护以抵御射来的箭。成吉思汗将这些战衣发给他的蒙古骑兵，敌人射出的击中目标的箭会嵌入皮肉，但因为周围包裹着丝线而不容易破碎，这便使箭头很容易被取出，士兵因中箭受到的伤害也会较小。即便是19世纪晚期，美国的防弹背心也是由丝绸做成的，并提供了有效保护，以防被黑火药手枪击中。

但丝绸最大的吸引力还是在于对人类感官的刺激。由于其三角形的分子排列，丝绸能够对光线进行反射，产生彩虹般的光泽。与它轻盈、保暖和有弹性（防止它被压折）的特征一起，使蚕丝成为制作衣物的理想材料。最终，蚕丝染色后制成的布料外观层次丰富，使穿着它的人无论是外观还是感觉都非常特别。

家蚕很少有机会成年，但当它成年时，看起来就像是这样的。

这也是为何国王、皇帝、教皇和贵族传统上都选择丝绸作为其衣物首选材料的原因。考古证据表明，居住在中国黄河流域的人们在公元前6000—前3000年就首次开始尝试养蚕了。丝绸深受古代中国社会的推崇，政府甚至颁布了严禁农民穿着这种织物的禁奢令，该禁令一直持续到明朝（1368—1644）。生丝直到大约公元100年才从中国出口到印度，那时印度人学会了养蚕的技术。专业工匠将这种材料制成充满活力的彩色纱丽，来装点富裕的高种姓阶级人士，而贫穷的底层种姓的人只能穿棉花或羊毛制品。

自丝绸最早被制造以来，从北京到开罗，它就一直作为人类社会财富、地位和特权的象征。从一具埃及木乃伊（公元前1070年）的头发中发现的丝线碎片表明，在东亚和地中海地区存在着建立在中国丝绸基础上的已知最早的贸易往来。丝绸服装成了罗马上层社会最受欢迎的衣物，提比里乌斯皇帝（公元前42—公元37年）颁布了一项法令，试图防止大量黄金流入中国。很显然，这是一种对罗马女性极具吸引力的材料，因为它能使更多的人注意到她们。

自公元5世纪初，拜占庭的希腊人接管了罗马帝国东部的废墟后，丝绸成为帝国军械库中重建法律和秩序的重要武器。查士丁尼一世想出了一个恢复帝国权威的三管齐下的方法：军事再征服、法律复兴和本土丝绸生产的建立。

对查士丁尼而言，他的首要任务是建立自己的私人丝绸织造产业。传言他将两名基督教僧侣作为间谍派去中国，他们成功将一批蚕种（藏在中空的手杖之中）偷运回了君士坦丁堡。在那之前，丝绸织造技术一直是严格保守的机密，且其生产仅限于亚洲东部。日本从公元300年开始生产丝绸，这可能也是在他们绑架了四名中国丝绸女工后学会的。查士丁尼在科林斯和底比斯等希腊城市中种植了桑树林并建造了帝国丝绸工厂。在拜占庭帝国的首都君士坦丁堡，其他文明的部落首领和大使感受到了皇室的奢华，并接受了华丽的丝绸礼物以达成政治联盟。这表明，一个社会可以通过外交手腕和军事力量生存下来——至少可以存在一段时间。

然而，这样的富裕最终导致了帝国毁于基督教十字军之手。1204 年，当十字军本该在耶路撒冷驱逐穆斯林“异教徒”时，他们却洗劫了帝国的丝绸织造城市。由于这次袭击，家蚕及其饲养者通过诺曼西西里向东深入，扩散到基督教欧洲地区。到意大利文艺复兴时期，蚕丝业已经成为威尼斯、热那亚、卢卡和佛罗伦萨等地富有的统治家族的财富来源。许多工匠从拜占庭帝国迁居到意大利，到 1472 年，仅在意大利城邦佛罗伦萨就有 84 家工作坊以及多达 7 000 名丝绸工匠。

欧洲人对色彩艳丽、闪闪发光织物的渴望在 15 世纪的法国达到了顶峰。法国国王路易十一（1461—1483 在位）采用了与查士丁尼同样的策略，尽管是在将近 1 000 年之后。在 1480 年，为了避免向意大利商人支付高昂的费用，并减少该国急剧增长的贸易逆差，他将整个蚕丝制造和加工厂迁移到了法国城市图尔。该政策在弗朗索瓦一世（1515—1547 在位）统治下得到了加强，他授予里昂城对丝绸生产的垄断权。到 1560 年，这个城市的丝织业雇用了超过 12 000 名员工。

约瑟夫 - 马里 · 雅卡尔（Joseph-Marie Jacquard，1752—1834）就是在这里发明了一种新型织布机，可以用丝绸织出画一般的肖像图。它通过使用一系列穿孔卡片进行工作（类似于自动钢琴卷轴），在织每片单独的布时，这些卡片可以单独控制每条线。就像版画一样，一旦设计好卡片，就可以反复使用。在雅卡尔过世 5 年后，这种机械化的丝绸编织形式使英国发明家查尔斯 · 巴贝奇（Charles Babbage）受到了启发，他使用穿孔卡片设计出著名的“计算机”，这是世界上第一台可编程的计算机。

另一个从丝绸产生的财富中获利的国家就是伊朗。波斯，位于连接亚洲和欧洲古代内陆贸易路线的核心位置，长期以来，那里的人们一直成功地将闪闪发光的面料转变成奢侈的丝绸纺织品，增加了中国生丝的价值。萨非王朝（Safavid dynasty，1501—1736）通过信奉基督教的亚美尼亚商人将丝绸地毯卖给欧洲强国，其获得的财富都用于重新装备和训练其军队以火药为基础的武器，而这种武器的使用开始改变中世纪传统的战争形式。今天，伊斯兰教的什叶派仍然在中东地区占据主导地位，这在很大程度上要归功于萨非王朝的丝绸伟业。

虽然家蚕毛虫从未达到全球主导性物种的地位，但是它们的劳动产物——丝织品做到了。英国国王詹姆斯一世试图在其位于伦敦的汉普顿宫附近种植 10 万棵桑树，以期复制拜占庭和法国的成功。但由于一些原因，他的毛虫从未到过这个新家，而是在肯特一座名为拉凌斯通的城堡里进行了有限的生产且取得了成功，并一直持续到 20 世纪中期。

这些毛虫在北美洲殖民者那里也没有引起什么大轰动。19 世纪，小规模的丝绸生产在新泽西州取得了成功，但当时廉价的日本丝织品出口贸易随该国棉花业的增长而繁荣，抑制了美国的大规模丝绸生产经济。到 20 世纪中期，由于第二次世界大战而造成的生丝供应中断，人工替代品应运而生。1935 年尼龙首次被合成，其成为丝绸的替代品并很快应用于从降落伞到女士丝袜等各种产品。此后，塑料纤维同样取代了其他诸如羊毛和棉花等天然纤维，特别是用于生产床单、衣物和其他消费类织物。

但是，即使蚕丝已不再是 21 世纪物质财富的中流砥柱，人类仍无法抗拒这种家蚕分泌物的吸引力。这些毛虫很容易饲养，而且它们的丝产量相当丰富，于是遗传学家最近正尝试在实验中用它们制造其他可能对人类有用的化学物质和纤维。日本的一个团队成功将负责制造胶原蛋白的基因引入蚕卵的 DNA 中，这些家蚕品种经过基因修改所产的丝，也许可以被用于制造半人造皮肤。

家蚕或许是所有主要驯化物种中最不幸的一个。经过数千年的人工选择，这些飞蛾现在在基因角度上已经完全脱离野外生活，即便是在成虫阶段（当它们被允许从茧中孵化以产下新鲜的卵时），它们也无法飞行和在没有人类的帮助下觅食了。同时，绝大部分个体都在它们成熟之前被杀死，以此保证其长达 1 000 米的丝线。

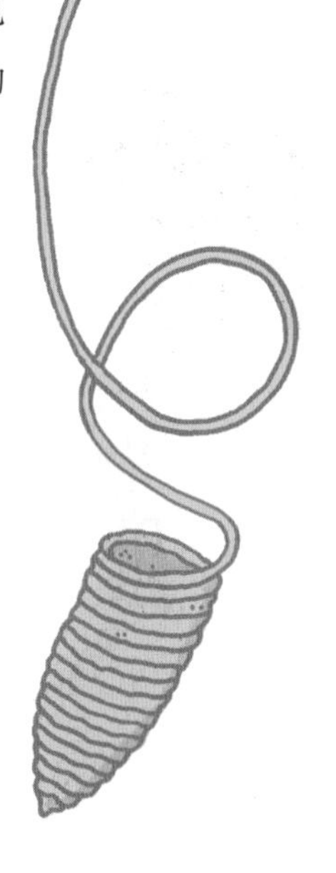

桉树

科：桃金娘科（Myrtaceae）
种：蓝桉（*Eucalyptus globulus*）
排名：16

一种极具入侵性的物种，欧洲殖民者发现了其潜在的利用价值。

学校和慈善机构是当今倡导植树造林的众多组织之一。这种想法可能吸引了那些生活在城市中的人们，他们仍希望可以做一些改善地球环境的事情。下面是一家林地慈善机构的宣传广告，在其网站上推广“送一棵树作为礼物”的理念：

> 我们专有的植树礼物，可能是你能买到最环保也是最独特的礼物了！它是一份不会“给地球造成损失”且适用于各种场合的礼物，是一种回报地球的特殊方式。它绝对可以作为一生的礼物！

听起来似乎很吸引人，但是在弄不清楚“这是什么树，应该种植在哪里，它可能引起什么生态副作用”这些问题的情况下随意植树，有时对环境的影响弊大于利。桉树的故事很好地说明了谨慎植树的必要性。

这个极为成功的有花植物家族拥有大约 700 个物种。桉树几乎都起源于澳大利亚，直到英国探险家詹姆斯·库克船长这位来自欧洲的开拓者开始其太平洋航行（1768—1779）之前，它们在那里隔绝于世界上的其他植物。在这些奇异的物种中，首先被随行的植物学家约瑟夫·班克斯（Joseph Banks，1743—1820）发现的就是桉树，这是外地人从未见到过的品种。

桉树起源于 5 000 万—3 500 万年之前，气候变化和澳大利亚的地质情况在很大程度上解释了这些被子植物今天的表现。澳大利亚曾经是冈瓦纳古陆的一部分，而冈瓦纳古陆位于泛大陆的南端，于 2.5 亿年前分裂出来。自从那时起就没有与任何其他大陆发生过碰撞，因此，该地区拥有一些地球上最古老、遭受破坏最少的地形结构。在缺乏良好的地质扰动（通常由板块碰撞所引发的火山活动产生）的情况下，维持生命的矿物质和营养物质被吸干了。幸存下来的物种是在获取生命所需原材料上竞争力极强的物种。

在过去的 3 500 万年中，澳大利亚的气候也变得越来越干燥。因此，寻找水源成为在这片土地上另一项至关重要的生存技能，这也成为生存还是灭亡的关键所在。就像哺乳动物在恐龙的阴影下发展出其重要的生存适应

工具一样，桉树也学会了如何在现在澳大利亚这片营养匮乏的干旱陆地上生存。

它们生存技能的范围十分惊人。首先，它们生长得极快，6 年就可以完全成熟。在竞争激烈的环境中，树木生长得越快，树冠越可能吸收更多的阳光，也就越利于生存。其次，桉树有高超的寻找水源的能力，即使水源深埋地下。桉树长长的根系以及与菌根真菌之间丰富而复杂的联系，为其生存提供了强有力的解决方案。最后，正是如今以其杀菌、抗菌、抗真菌和抗虫的特性而著称的桉树油，构成了该植物家族的终极武器。腐烂的树叶和黏稠的树胶（从桉树的根部和树皮上流出）杀死了微生物并毒害了周围的土壤，从而阻碍了可能影响附近重要营养元素供应的其他物种。

如果发生雷击引发森林大火，生长茂密的桉树则会发出胜利的欢呼。由于其高挥发性的可燃油，整个森林在火焰中全部燃烧殆尽。然后，正如凤凰涅槃，这些濒死的桉树重新从烧焦的树桩中生长出来，这要归功于埋在树皮保护层之下的块茎和嫩芽。所有剩余的竞争者被大火一并清除后，阴燃的灰烬提供了完美的营养物质层，桉树森林得以重新生长。

在首批欧洲殖民者抵达之前，澳大利亚土著人与桉树林共存了数万年。桉树油是传统的药物，用于治疗身体疼痛、鼻窦阻塞、发烧和感冒。蓝桉树是现在生长范围最广的一种桉树，其树油仍然用于制作止咳糖浆和防腐剂。

18 世纪末，库克船长及其船员开始熟悉这些极为成功的物种，他们并没有错过获取物质财富的机会。作为国王乔治三世的植物顾问，班克斯在确保桉树种子被带回英国并种植于邱园这样的植物花园中起到了重要作用。在 50 年里，这种植物不断快速生长的属性使它转变为人类历史上种植和全球运输最为广泛的树木类群之一。随着高压蒸汽机、铁路建设和矿山开发所需木材量的飙升，桉树品种（尤其是赤桉［*Eucalyptus camaldulensis*］和蓝桉）对于雄心勃勃的欧洲工业家来说就是天赐之物。

19 世纪的欧洲殖民者在全球范围内追求物质财富，而桉树则一直紧随他们的脚步。1850 年，这种树在淘金热时期被引入了加利福尼亚州以满足大幅增长的能源需求，这是由移民人口的激增导致的，短短 3 年里，移民数量就多达 30 万人。桉树对人类的砍伐作业反应良好，它们在被砍倒后可以快速复苏还要归功于其埋藏得好的嫩芽，这是在应对火灾破坏中发展出来的。

埃德蒙多·纳瓦罗·安德雷德（Edmundo Navarro de Andrade，1881—1941）是一位巴西的农学家，他在种植园中种植了 2 400 多万棵桉树，一直沿着其国家快速扩张的铁路网络向周围延伸。作为一种快速生长的硬木，它为蒸汽机提供了丰富的燃料来源，也为铁轨枕木、通信系统的电线杆和保护动物的围栏提供了充足的材料。到 1925 年，为了制造高品质的特亮白纸，安德雷德将桉树作为造纸木浆的实验材料引进美国。由于现代激光打印机和复印机的出现，这种纸浆也是如今最受欢迎的。

英国当局在 1902 年将桉树引入肯尼亚，为肯尼亚到乌干达的铁路提供燃料。南非也引入了相同的树，作为支撑金矿竖井的支柱；同时，西班牙和葡萄牙当局批准开建大量的桉树种植园，增加木质纸浆业的收入来源。桉树仍在伊比利亚半岛西部埃斯特雷马杜拉的森林中占据主导地位。桉树对亚洲的征服则没有那么壮观。中国、泰国和印度是过去 200 年来建立起庞大种植园的东道国，旨在满足纸浆的出口、柴火的需求以及对桉树油治疗特性的需求，其中的 70% 都来自中国。

但在最近的 25 年中，一些国家开始认识到，他们维多利亚时代的祖先不顾一切地急于种植快速生长的外来树种，并没有事先调查其对本土物种的生态影响，这实在是不太明智。由于桉树是在自然条件最苛刻的环境中演化出来的，因此当将它们移植到更潮湿、更肥沃的温带地区时，它们在所有其他生命形式中占主导地位的能力将其变成了破坏生态的媒介。快速生长的常绿桉树对当地水资源的需求巨大，因此，附近的湿地常常会退化为沙漠，当地的植被类型也会退化为干燥的灌木丛。

在南非，澳大利亚桉树比抗旱的非洲本土金合欢吸收的水分多 70%。其导致的结果与咸海附近的棉花生长同样是灾难性的：来自河流系统的水流减少了四分之三。这样干旱的条件也将栖息地变为了易燃物，频繁的森林大火更有益于适应性更强的桉树生长。

20 世纪 80 年代中期，桉树种植园的利弊在印度引发了一场激烈的辩论，想获得更多桉树的地主与想要减少桉树数量的当地人之间发生了对峙。地主们宣称他们可以通过出口快速增长的木材纸浆而为大家（当然包括他们自己在内）创造财富；而当地人则说他们再也不能种植蔬菜或放牧，因为种植园让土地变得干燥且有毒。新种植园的资金来自旨在支持当地社区的社会林业项目，而这只会使争论加剧。

泰国的赤桉种植园始建于 20 世纪 50 年代。20 世纪 90 年代，在泰国政府慷慨的税收补贴支持下，芬兰投资者支持进一步发展桉树作物，以纸浆木材的形式出口。同时，本地的环保人士大力游说，声称当地的生计被酸化的土壤破坏，由于长期缺水，已经无法继续种植水稻了。

在一些地方人们产生了强烈的担忧，于是，当局开始通过逐步清除这些高度入侵性的树木，试图让时光倒流。“致力于水资源”（Working for Water，简称WfW）是1995年启动的南非项目，计划每年清理20万公顷的桉树种植园，以期尽早恢复急需的供水。与此同时，由于人们对野生动物的关注，西班牙当局宣布将特鲁希略附近的蒙弗拉格周遭的森林作为自然野生动物公园，以保护欧洲最稀有的鹳、秃鹫和鹰以及几乎灭绝的伊比利亚猞猁。该公园最近建立了一个项目，有计划地移除桉树种植园并用栓皮栎和圣栎替代，目的是恢复当地的生态系统并提高地下水位。栎树与桉树不同，作为本地树种，其生存策略与本地野生动物共同演化形成，这一演化系统中还包括大量食用其种子的黑野猪。

关于桉树的争论仍在继续。经济增长水平最高的国家往往是以桉树种植园为主的国家。遗传学家最近发现进一步帮助这些物种成功的方法，即克隆那些生长最快并提供最好木材的树种。这样的桉树种植项目在巴西、印度和肯尼亚蓬勃发展。如今，多达2 000万公顷的桉树种植园遍布地球上所有可居住的大陆。在过去200年中，这一植物家族所取得的成功令人印象深刻，以至于在其历史巅峰时期，它在世界范围内的覆盖面积几乎与英国国土面积相同。这是单一树种非凡的征服之旅，仅由少数几种树种（如蓝桉）主导。

在21世纪这个环保意识觉醒的时代，我们应该如何看待这个兴盛物种的成功案例呢？一些人认为，这一类群是帮助吸收大气中高浓度的二氧化碳并持续供应木材、纸张和能源的最佳选择；其他人则认为，由于人类日益增长的人口以及对物质财富的贪婪，这些物种已处于生态灭绝的边缘。

无论有关桉树的争论最终走向何方，请记住，比起送一棵树作为一生的礼物，显然还有更多值得考虑的问题。

11 药 物

某些植物和真菌是如何通过让人上瘾的方式来改变人类文明发展方向的。

我是一名药物成瘾者（drug addict）。我从未谈论过这个事，实际上，到现在为止我都还没思考过。因为我所提及的药物并不是非法的。它们是如此深入地融入过去和现在人类的日常生活之中，以至于现在任何试图取缔它们的行为要么听起来很荒谬，要么已经尝试过并且失败了。

药物，是可以引起特定生理或心理行为变化的化学物质，它们也是在不同程度上诱使某人想要继续或增加使用的物质。我所使用的药物是司空见惯的茶、咖啡和巧克力。茶和咖啡中含有咖啡因，而巧克力也含有可可碱和苯乙胺，药物可以触发大脑中影响人类行为的神经通路。大多数人发现这些药物（无论是兴奋剂、镇静剂还是温和的催情药）触发的感觉非常有吸引力，即使这并不是他们日常生活的必需品。

我的手边就有一杯咖啡。现在是上午7:45，如果我不喝咖啡，对我来说将是很不寻常的。那是否意味着没有咖啡我就无法生存了呢？我并不那么认为。那是否意味着我是药物滥用者呢？嗯，或许确实如此。如果上瘾需要建立和养成一种固定的习惯，那么我相信我可以戒掉咖啡，但我不得不承认，自己在一定程度上依赖咖啡。

虽非生存必需品，但人们仍然想要获得或是无法抗拒，并能引起行为上的变化的物质，就可以被归为药物。葡萄酒、啤酒和烈酒含有酒精，香烟则含有尼古丁。如今，相比于含有咖啡因的茶、咖啡和巧克力，这些酒是处于合法边缘的药物。烈酒有时是合法的，有时不是，这取决于你所生活的国家和你的年龄。大麻、可卡因（见古柯）和鸦片（见罂粟）这类药性强烈的药物大多被归为违禁品，因为其成瘾性和引发的行为变化具有很大威胁性。所有这些物质，无论合法与否，都在人类大脑中产生了某种程度的渴望或欲望。它们也都来自某些植物和真菌，这些生物由于其中化学物质的精神控制和易成瘾特性而获得了巨大的成功。

毒品文化

人类对植物和真菌中化学物质成瘾的历史和人类本身一样古老。人们对农业社会前的狩猎采集社会中圣人或萨满的宗教仪式知之甚少，因为直到 6 000 年前在中东、北非和亚洲出现首批文明之后，才建立起历史记录的系统（如书写）。然而，考古学证据明确证实了人类与强效精神药物之间的史前共生关系。

如今，某些植物和真菌因其致幻的效用而闻名，尤其是金合欢属、含羞草属、维罗蔻木和仙人球属这些有花植物科的。从寄生于黑麦草的粉末状麦角菌到过分鲜艳的红顶捕蝇蕈（*Amanita muscaria*）伞菌，都在《爱丽丝梦游仙境》和《格林童话》的故事中出现过，自史前时代以来，它们就被用于各种神性仪式。麦角菌会感染大麦，是一种致幻真菌，现代药物 LSD[1] 就是从中提取出来的。这种具有精神活性的化学物质在大脑中干扰神经传导通路，从而影响个体的情绪、知觉、认知和行为。通过使用这些药物，萨满相信他们能够接触神灵的世界，并踏上与死者交流的精神之旅。

由于这类植物和真菌的稀缺性以及将它们制作成足以令人陶醉的药剂所需的专业知识，萨满被认为是人类和神界之间唯一的中介。正是这种古老的习俗产生了神职这一角色——一群被选中与神灵世界接触的人。

这些神职人员也被他们的群落视为医师。为治疗疾病而设计的仪式包括念咒，演奏音乐，服用某种草药、花朵和真菌（比如大麻或鸦片），许多人认为这些药物具有治疗或缓解痛苦的效果。一些东方文化习惯上会使用天然刺激剂（比如人参和凉茶）以促进幸福感。传说古代中国一位名为神农的帝王会用各种矿物质、植物和动物来调制 365 种不同的药物，他被认为是中药学的奠基人，而中药至今仍广泛应用于世界各地。

这些就相当于现代的专业医生和药理学家，至少在发达国家是这样。尽管现在许多药物都是合成的，但最重要的仍然是那些从天然产物中提取的，包括有抑菌作用的青霉菌、抗疟疾药物奎宁（见金鸡纳）和止痛的阿司匹林（源于柳树的树皮和绣线菊属植物的叶片）。

小爱丽丝惊讶地凝视着一只吞云吐雾的毛虫，它坐在一棵伞菌上，正在给小爱丽丝提供建议。

1　麦角酸二乙基酰胺，英文 Lysergic acid diethylamide，简称 LSD，是一种强烈的半人工致幻剂。

古老的成瘾行为

一旦人们开始定居在城市中并发展出复杂的社会，他们对药物的欲望会愈加强烈。地球上的每个文明都有自己独特的植物和真菌混合物，并通过它们了解这个世界。实际上，人类、宗教、艺术和文化之间的关系会如此密不可分，还要感谢少数几种有时会产生惊人效果的植物和真菌。

古埃及的宗教仪式是以使用蓝色和白色的莲花（蓝睡莲［*Nymphaea caerulea*］以及齿叶睡莲［*Nymphaea lotus*］）为核心的，这些睡莲品种生长在尼罗河沿岸。最近的研究表明，这些植物中含有大量名为阿扑吗啡的物质，会刺激大脑中多巴胺的分泌，从而引起欣快感和性兴奋。著名的埃及著作《亡灵书》（*Book of the Dead*）提到了在神圣仪式中对这些花朵的使用。由霍华德·卡特（Howard Carter）在 1922 年挖掘的图坦卡蒙的墓中，一个镀金的神龛上描绘了法老手持一朵巨大的齿叶睡莲。在卢克索陵墓中发现的其他壁画则显示出一种葬礼仪式中的舞蹈，壁画中的妇女戴着蓝睡莲制成的花环起舞，正在恳求男人饮用花瓶中的神秘药水。

古希腊的神秘仪式从公元前 1600 年开始被正式确立，在一年一度举办的厄琉息斯秘仪中进行。这个仪式围绕着农神得墨忒耳和她的女儿珀耳塞福涅展开，后者一年中有几个月要被囚禁在冥府之中。当珀耳塞福涅返回地面时（在春季雨水来临后万物复苏之时），紧跟着便是 10 天的庆祝活动。在此期间，人们可以与神灵世界进行接触。于是，在节日达到高潮之前便准备好一种由大麦发酵制成的叫作 kykeon 的特殊药水。新加入者饮用这种药水以打破斋戒，随即他们在得墨忒耳神庙的礼堂参加绝密的活动。任何泄露神庙内部秘密的人都将面临死亡。

保存在雅典考古博物馆的尼尼翁陶板（the Ninnion Tablet）描述了这场盛宴，女祭司会将其掌管的容器中的致幻剂 kykeon 提供给新加入者。专家认为，这种精神活性药物可能含有麦角菌。尽管药剂的确切成分尚有争议，但几乎可以肯定的是，致幻剂的使用让这些人接触到了一个看起来确实不同的世界。

在遥远的东方，含有裸盖菇素的蘑菇和一种叫作大麻的植物被认为可能用于制造一种烈性酒，这种酒是公元前 1700 年左右入侵印度北部的中亚民族的神圣饮品。备受推崇的印度教经典《梨俱吠陀》（*Rigveda*）中整整一个章节都致力于赞颂一种叫作苏摩的饮品，正如索罗亚斯德教《波斯古经》（*Avesta*）中的许多诗篇对前伊斯兰教时期的波斯人来说尤为神圣一样。人们认为神灵也会饮用这种饮品，因此饮用它之后就可以与神灵直接接触。“我们喝了苏摩而变得不朽，我们获得了光，众神发现了……”

在世界的另一边，人们也尝试使用改变思想的植物和真菌来进行试验。美洲原住民对一种名为佩奥特掌（*Lophophora williamsii*）的仙人掌情有独钟（现在仍然如此），该物种原产于得克萨斯州南部和整个墨西哥。佩奥特掌含有高浓度的致幻物质，被称为麦司卡林，可引发“超脱尘世”的强烈视觉冲击和听觉体验。

使用佩奥特掌的证据可以追溯到至少公元前 3600 年（发现于得克萨斯州的一个考古遗址中）。这种仙人掌的种子在阿兹特克文明晚期（约 1440—1521）通常会

与牵牛花这类令人兴奋的植物混合在一起。在《佛罗伦萨手抄本》的第十一本书中，至少鉴定出5种神圣的植物和真菌，其中描述了牧师拜访大使和贵族并饮用的一种圣酒。迷幻药也会在宗教节日期间使用，在祭祀神灵之前，让被献祭的活人服用。

人们每天都会频繁地使用令人兴奋的植物和真菌。根据16世纪西班牙开拓者的描述，阿兹特克的祭祀仪式中会将含有裸盖菇素的蘑菇与巧克力和蜂蜜混合，当地人喝下之后"整夜都在跳舞和哭泣"。

咀嚼烟叶和具有精神活性的药草墨西哥鼠尾草（*Salvia divinorum*）在美洲原住民中也很受欢迎。在印加帝国（其中心位于现在的秘鲁），来自"太阳女神之家"的年轻妇女通过咀嚼玉米来帮助发酵一种被称为"奇奇"（chichi）的圣酒，这是由玉米和古柯叶片（现代可卡因也是源自同一种植物）制作的。在他们的宗教节日期间，国家规定人们必须喝醉，这样众神就可以俯视他们的人民，看到他们是幸福的。

现代习惯

随着犹太教、基督教和伊斯兰教等一神论类宗教的兴起，用致幻蘑菇和植物令自己沉醉的自然古老传统几乎变成了普遍的禁忌。对基督徒来说，上帝不再需要通过幻觉和异象直接接触，相反，他以"人"的形式来到人间，即耶稣基督。这位神圣的使者说，通过祷告、忏悔或是简单的赞歌或赞美诗，就可以获得最好的启示。

从公元15世纪开始，那些总是沉迷于制作植物药水（欧洲常见的由天仙子、曼陀罗和颠茄构成的混合物）的人们，都被当作巫师驱逐了出去。这些药物引起的幻觉让人产生这样的想法：女巫们制作了某种飞行药膏，用一根杆状物（通常是扫帚）涂抹于阴道或其他黏膜之上——显然这是飞行扫帚的起源。与颁布法特瓦[1]（fatwa）的行为类似，基督教教皇英诺森八世（1432—1492）宣布将女巫绑在木桩上烧死，因为她们被魔鬼附身了。

然而，即使基督教会竭力消除了异教徒和凯尔特人的传统，也无法完全摆脱令人沉迷的物质的超凡影响，比如庆祝圣餐中的酒精。将纯正的葡萄汁变为醉人的酒精的真菌——酵母，在基督教崇拜中也发挥了作用。葡萄酒奇迹般地转化为基督的血（如天主教信仰中的圣餐变体论），或更简单地，作为一种象征（新教同体论）。耶稣本身对饮酒也很有兴致，这可以由其第一个有记载的奇迹证明：他在一个朋友的婚宴上将水罐中所盛的清水变成了葡萄酒。

伊斯兰教的先知穆罕默德的圣书《古兰经》则严厉谴责了酗酒的行为，尽管这在许多（但不是全部）基督教教派中是可以接受的：

> 他们问你（穆罕默德）对喝酒和赌博的看法。他说"这里有很大的罪，也有（一些）益处，但罪要比益处大得多"。

尽管基督教和伊斯兰教在过去的2 000年中得到了广泛的普及，但教会和国家为控制兴奋和刺激性物质的广泛使用所做的努力大多以失败告终。只有最严苛的伊斯兰国家，比如沙特阿拉伯，仍然禁止卖酒

1 穆斯林宗教领袖发布的敕令。

在英属印度售卖、交易和吸食毒品，是中国 19 世纪创伤的源头。

的行为。

从 17 世纪开始，欧洲循道宗教徒和清教徒就竭尽全力开展禁酒运动。美洲在 1919 年也短暂地加入过禁止卖酒和饮酒的斗争。最后，事实证明，强制执行该条例是天方夜谭，导致了 14 年后酒精的重新合法化。

与此同时，从 18 世纪中期开始，一种与众不同的超自然逃避方法开始控制西方文化。从塞缪尔·泰勒·柯勒律治（Samuel Taylor Coleridge，1772—1834）的诗到《绿野仙踪》（*The Wizard of Oz*）的幻想故事（当桃乐茜在一片罂粟花丛中睡着时），从英国到中国的上流社会，重新使用了一种从新石器时代就开始使用的药物，甚至可以追溯到史前时代，那时被用于缓解疼痛。

鸦片是一类极易成瘾的药物，会使人产生欣快感，来源于从未成熟的罂粟种子粉碎物中提取的乳胶。当与烟草混合后，便产生了一种新型吸烟形式。对鸦片烟馆的跨文化热情极大地改变了现代世界的政治、经济和文化历史。从 1769 年开始，中国试图控制人们吸食鸦片，却以失败告终；在西方世界，阻止其现代衍生物海洛因的使用也同样没有成功。尽管阿富汗自 2001 年以来就被英军和美军占领，但其如今仍是世界上最大的罂粟生产国，因为这一作物掌控了这个国家的经济命脉。

近代早期欧洲海外征服的其他战利品还包括咖啡、茶叶和巧克力，在 19 世纪中期的欧洲殖民者首都，这些已经成为消费者的必备品。尽管它们与高度成瘾性的鸦片相比较为温和，但它们渗透到经济、社会和人们的起居室的非凡能力超越了社会、种族和经济所有形式的鸿沟。在现代后工业化国家中出现的高科技和人们日益忙碌的生活节奏，这些只会加速对刺激性植物不断的培育。

“温和”但成瘾的物质永远无法满足一些人的欲望，他们的习惯让我们联想到遥远的狩猎采集社会中的萨满巫医。有些人说，海洛因、LSD 和可卡因的兴盛得益于 20 世纪早期开始施行的禁令。另一种不是很容易上瘾的植物——大麻，其叶片可以生产迄今为止最受欢迎的精神药物，俗称为“marijuana”“ganga”“hashish”或“pot”。从古老的宗教仪式到现代流行的节日，大麻被认为是如今美国种植的最赚钱的经济作物，超过了玉米和大豆。如果不是被认定为非法种植，这种经济价值对一种植物来说也不错。

意识的开端

为何某些植物和真菌在被人类咽下、喝下或吸入时会具有如此深刻的行为影响？最简单的解释就是：这是一次演化事故。植物和真菌对微生物、昆虫或食草动物所做出的最初自然反应，由于某种原因，会对人脑带来奇异的迷幻效果，从欣快感到头晕、恶心或抑郁。毕竟，如果吃下、喝下或吸入大自然本打算用作杀虫剂、农药和抗生素的物质，人们还能期待些什么呢？

但是一些专家认为，人类对药物刺激的欲望以及对成瘾的敏感性相当古老，并且在我们的生理和生活方式中根深蒂固，因此必然存在一个更有逻辑的解释。

致幻的植物和真菌以其拓展人类知觉范围的能力而闻名。一个有趣的理论提出，当早期人类用令人沉迷的植物和真菌做实验时，他们对自己和周围环境的意识越来越强烈（见大麻和麦角菌）。大脑只负责生物的机能运作和生存（体内平衡机制），相比之下，药物对其精神产生了影响，开始赋予他们对过去、现在和将来的自我感觉，我们现在称之为意识。

这些特质赋予了那些早期智人多么强大的力量啊！就像在人类原始的伊甸园中偷吃传说中智慧树上被禁食的果实一样，药物使用者现在可以更轻松地胜过那些自我意识淡薄或完全没有的人。这样明显的生存优势可以自然选择出那些对有利于拓展思维和增强生存能力的物质更敏感的人类，不久之后，人类可能就被成瘾倾向远大于以前的人所占据。在此过程中，这些植物也从中受益：最初是成为对人类有价值并受人崇拜的对象，但最终是因为被选为少数几个可供人类培育的物种。

人类的意识本身源于某些植物和真菌之间古老的共生关系的观点看起来很荒诞？这样一种理论解释了人类是如何变得如此容易成瘾的（或许甚至可以帮助解释现代人类其他成瘾习惯的演化起源，比如不断检查电子邮件或股市价格……）。它还为我们所谓的意识发展提供了神经机制。这种共生关系是共同演化力量的典型，是共同造就有花植物如此成功的标志（以其授粉和受精策略的发展为例，见生物多样性）。

无论这种对人类意识起源的新颖理论有何优点，高度成瘾性的植物和真菌的宏观历史影响都毋庸置疑。这些物种在各个民族和文明的人类历史的发展中都发挥着举足轻重的作用，无论是宗教、医药还是娱乐。因此，其中许多确实处于改变世界的物种之列。

可 可

科：锦葵科（Malvaceae）
种：可可（*Theobroma cacao*）
排名：81

南美洲一种树的治疗魅力是如何被现代世界对速食甜品的沉迷所控制的。

很难想象就在几百年前，美洲以外没有人听说过巧克力，更不用说品尝了。大约在 1 500 年前，只有首次培育可可树果实的中南美洲的部落和文明，才了解其美妙芳香的滋味和治疗的功效。然而今天，在西班牙征服者入侵美洲的 500 年后（这在人类 250 万年的历史中不过是一瞬），这些种子，通常被称为可可豆，已经牢牢抓住了全世界数以百万计的男人、女人和儿童的心和胃。

如今，可可，尤其是由可可树的种子生产而成的巧克力，已经成为一项大生意了。价值 100 多亿英镑的可可产品，从糖果棒到甜味饮料，每年都在全球范围内售卖。巧克力在多数西方文化里随处可见，无论是成年人在情人节时送出的浪漫礼物，还是孩子们幻想着赢得参观一家神秘糖果工厂的奖励同时还能得到足够吃一辈子的巧克力的故事。自 1964 年英国小说家罗尔德·达尔（Roald Dahl）写下《查理和巧克力工厂》的故事以来，在超美味的旺卡巧克力棒里偶然发现了金券的五位“幸运”的孩子的命运吸引了众多读者和观众。

为何人们会如此疯狂地痴迷巧克力呢？人们总是这么容易受到美味的诱惑吗？这种源于不起眼的南美树木的种子，对我们过去和现在明显的成瘾现象产生了什么样的影响？

当 18 世纪著名的瑞典植物学家卡尔·林奈第一次描述这种树时，他为之起了个特别好的名字。可可属（*Theobroma*），拉丁语的意思是“上帝的食物”，而 cacao 源于 cacahuatl，玛雅人和后来的阿兹特克人使用过这个名字，前哥伦比亚时代，他们在如今的墨西哥种植了这些树。然而，遗传证据清楚地显示，可可树并非起源于墨西哥，只是 1519 年在阿兹特克国王蒙特祖玛的宫殿中，欧洲人不请自来，并在那里第一次接触了这种由可可豆制成的温热、浓郁、芳香的饮品。

可可树源于亚马孙河低地，即现在的巴西和秘鲁，如今最高档的巧克力由名为克里奥罗的可可品种制成，这种可可就产于此地。[1]这个品种豆荚中的种子数量最多，果肉最为香甜，并且其豆子所需的发酵时间最短。这些典型特征

1 此处存疑，一说克里奥罗原产于委内瑞拉。

是人类精心挑选的结果，于是产生了对人类大有裨益的种植作物。

可可树一旦开花，就会结出被称为豆荚的果实，每个通常含有30到50个较大的杏仁状种子或豆子，其周围包裹着厚厚的香甜果肉。将豆子和果肉从豆荚中切下来，晾晒在阳光下使其自然发酵，干燥后就可以将其加工成巧克力，以供饮用或食用。

人类种植可可的第一个考古学证据可追溯到公元前1100年左右。在中美洲的洪都拉斯工作的考古学家发现了该时期的广口瓶，残留有加工可可豆的化学痕迹。因为洪都拉斯离可可树的起源中心——亚马孙河低地相距很远，因此该发现表明，早在公元前1100年之前可可树的栽培和相关交易就已经广泛存在。

南美和中美洲的原住民高度重视可可豆的贸易和消费。到阿兹特克帝国晚期，邻国以成堆的可可豆作为贡品。当埃尔南·科尔特斯和他的西班牙入侵者随从第一次遇到阿兹特克的国王蒙特祖玛时，这种神秘的热饮激起了他们强烈的好奇心。根据他们的描述，蒙特祖玛每天要喝满满50杯金质高脚杯盛装的热巧克力，他身边的贵族们每天也会饮用多达200杯的热饮。

每个可可豆荚里都有30到50颗杏仁状的种子，包裹在厚厚的香甜果肉中。

根据大部分人的估算，饮用如此大量的热巧克力实际上就达到了上瘾的状态。可可豆的全球效应进一步证明了巧克力的成瘾性，从16世纪晚期开始，美洲的西班牙殖民者就开始种植、运输和交易可可豆。

可可豆中的天然活性成分包括可可碱和苯乙胺。前者会使血管扩张，增加通过身体和大脑的血流量，导致一种身心愉悦感；后者则是苯丙胺类药物的同系物，会影响大脑中的神经通路，可能导致满足感和欣快感。正是这种化学物质的影响赋予了可可传奇的催情特性。然而，最近的医学研究表明，可可豆的浪漫力量可能更多地源于传统而非化学，因为在它产生性刺激之前，大多数人的肝脏就会代谢掉该化学物质。

但可可的治疗功效，尤其是未经加工的天然形式，已广为人知。美国医学研究人员最近进行的一项研究表明，来自巴拿马的被称为库纳的原住民罹患心脏

一百年前吉百利公司是如何推广其牛奶巧克力的美味的。

病、癌症和糖尿病的风险大大低于发达社会的人群。人们认为这与他们惊人的可可摄入量密不可分，他们普通成人每周饮用40杯他们自己制作的巧克力。可可对呼吸刺激（苯乙胺）和血管松弛（可可碱）的独特组合被认为可以使血压下降，从而延长人们的寿命。

因此，当欧洲探险者在征服美洲期间发现可可时，其美味、“感觉良好”的要素和有益健康的功能本该对人类产生十分积极的影响。但不幸的是，事实并非如此。

可可豆在欧洲最初的传播十分单纯。像蒙特祖玛一样，西班牙王室及其贵族采用了同样的方式，享受着饮用巧克力的快乐，但常会加入香草（而不是美洲原住民所青睐的红辣椒）来迎合欧洲人的口味。1615年，打扮得像西班牙人的奥地利哈布斯堡公主安妮嫁给了法国国王路易十三。安妮把这种喝巧克力的习惯带到法国，在那里，巧克力对贵族的吸引力进一步传播开来。因此，在接下来的200年里，近代早期欧洲的古老政权中上流社会的人们接受了这种巧克力饮料及其功效。

但在19世纪上半叶，一切都变了。当巧克力最终进入大众市场时，它所带来的影响与阿兹特克原住民甚至西班牙和法国贵族之前所经历的完全不同。在工业化和水力发电厂大规模生产的推动下，巧克力有益健康的特点经历了戏剧性的大转折。当荷兰巧克力制造商康拉德·约翰尼斯·范·豪滕（Conrad Johannes van Houten，1801—1887）开创了磨制可可粉的冲压工艺时，为了使得到的巧克力更易被消化，他去除了可可豆的胚芽部分。这也使巧克力更容易与其他物质（比如与牛奶和糖）相结合，从而获取更高的商业利益。

范·豪滕液压机产生的直接结果是现在也能将巧克力制作成可以直接食用的固体了，而不是只能溶解成热饮的浓缩块。加入牛奶和糖制成的固体巧克力棒消除了其天然的苦味（这也就消除了其中大部分健康的化学成分），将一种奇异的健康饮品转变成一种富含蔗糖的甜食。与许多其他现代快餐食品一样，大量生产的巧克力大大增加了蛀牙发生的概率，并在加速糖尿病和肥胖症这些流行病的进程中发挥了重要作用，而这些病正困扰着现代发达国家的人们。

范·豪滕的专利在1838年到期，此后，维多利亚时代一群热情的巧克力企业家加入到了巧克力制作的潮流之中。英国人约翰·弗莱伊（John Fry）在1847年推出了他的第一批巧克力棒，两年后吉百利兄弟（Cadbury brothers）也推出了自己的巧克力。随着蒸汽动力开始取代水车，对现代巧克力工厂威利旺卡（Willy wonka）式的崇拜就此诞生了。

不幸的是，罗尔德·达尔描写的关于想要找到诚实的人来继承巧克力工厂的故事，却揭示了自从19世纪50年代巧克力棒出现以来可可在全球范围内传播的阴暗面。有人说，威利旺卡工厂的神秘侏儒员工——长得像孩子的“奥帕－伦帕人”很像非洲侏儒，这反映了当今人类为可可的大规模生产付出的可怕代价。很少有消费者知道，当他们在翘首期盼情人节的黑巧克力礼物时，世界上最大的位于西非的可可种植园中工人的居住和工作条件是怎样的。

科特迪瓦（即过去所说的象牙海岸）出口了全世界可可豆总产量的近一半（46%）。其种植园由法国殖民者于1890到1960年间建立，他们试图通过种植咖啡树和可可树等经济作物从新占领的领土上获益。因此，这个饱受战争蹂躏的国家仍然要依赖伦敦商品交易所将可可豆出口到瑞士、英国和荷兰的巧克力加工企业来获得收入。

为生存挣扎的家庭以采摘可可豆谋生，而他们会利用家庭里的每一位成员，包括儿童。甚至有儿童被当作奴隶出售，从马里等邻国贩卖到科特迪瓦，因为使用免费劳动力是保持国际市场价格足够低廉的唯一途径。“自由市场”不会为人类的巧克力成瘾买单，于是这个贫困的西非国家需要多达20万个童工在种植园中劳作，才能以较实惠的价格提供原料。

美国国务院于2005年发布的一份研究报告，对维持现代全球巧克力习惯会对人类产生的影响做出了悲观的解读，在关于科特迪瓦的人权报告中提到：“大约有10.9万名童工以最糟糕的童工形式在该国各地可可农场的危险环境中工作。”

全球巧克力公司在2001年做出的国际承诺应该在2005年之前就解决这个问题，即清除“最糟糕的童工形式”，尽管到今天，根据国际劳工权益论坛人权监督机构的报告，一些承诺仍未兑现。但是，在2009年3月，英国吉百利糖果公司承诺，其最受欢迎的巧克力棒中的可可来源于公平贸易的种植园。吉百利每年在英国售出超过1亿根吉百利牛奶巧克力棒。

中南美洲的原住民曾用于治疗的药物和皇室美味的天然产物，现在却成为全球的健康威胁，主要由贫困的非洲农民（其中大部分是儿童）种植。巧克力产业压榨了非洲的劳动力，也使后工业化国家的人们变得肥胖多病。

咖 啡

科：茜草科（Rubiaceae）
种：小果咖啡（*Coffea arabica*）
排名：85

一种亚热带植物，以其对人类身心的刺激作用而促进了现代社会的商业化。

卡尔迪（Kaldi）是生活在10世纪埃塞俄比亚的流浪牧羊人。据说，有一天他的山羊在咀嚼了一种未知的野生灌丛中的红色浆果后就发疯了。也许是出于好奇或无聊，卡尔迪自己也吃了一些这种果子。没多久，一些恰巧路过的住在附近的修道士发现他在羊群中欢快地跳舞。他们摘下浆果，连同种子一起将它们碾碎成厚实的糊状物，再加入热水，他们便是最早品尝我们现在称之为咖啡这一高刺激性美食的人。他们喜欢这种饮品是因为它可以帮助他们在通宵祈祷中保持清醒。

任何在短短数百年间就改变了世界的植物都应该有一个生动有趣的起源，即便卡尔迪、山羊和修道士的故事更可能是传说而非事实。可以肯定的是，直到10世纪都没有人类食用咖啡植物果实或种子的记录。但是，在其刺激性的本质被发现之后，咖啡逐渐成为最受欢迎的成瘾物质之一。

咖啡的提神作用来自咖啡因——一种天然的化学杀虫剂。小果咖啡（以及其另一个被普遍种植的近亲中果咖啡［*Coffea canephora*］）是种子中咖啡因含量相当高的植物。这种化学物质会酸化土壤，阻止其他植物生长得太近而争夺有限的资源。世界上最受欢迎的人类饮品在其自然状态下是抑制生长的杀虫剂，这真是非常奇怪。

现在知道，咖啡因对人类产生效果是因为其抑制了大脑中各种受体，从而使化学物质累积，引起持续数小时的身体和精神兴奋状态。如果定期摄入咖啡因，大脑会建立更多的受体来补偿，因此咖啡因的刺激效果会降低。然而，一旦停止摄入，过量的受体会导致精神行为调节系统失衡，引发头痛、恶心和兴奋。这种耐受性和戒断反应是成瘾药物产生的典型症状，人类的大脑似乎特别容易受这些药物的影响。

除了其成瘾的倾向，没有医学证据表明咖啡因是一种特别危险的药物。最近的研究显示出其各种有利于身体健康的方面，包括降低患帕金森病的风险，增强短期记忆功能和降低心力衰竭的概率。尽管非洲人和阿拉伯人不知道这样的医学诊断，但咖啡自公元1000年起的全球性征服与咖啡因的刺激效果有很大关系。

与通常会使人感到眩晕、迷失方向和昏昏欲睡的葡萄酒、啤酒和烈酒不同，咖啡的作用恰恰相反——可以提神，提高警觉性和思维精准度。这种特质使得咖啡在穆斯林中成了最受喜爱的饮品，因为他们的先知穆罕默德禁止饮酒。

关于咖啡具有提神效果的消息从埃塞俄比亚传到了阿拉伯半岛最南端的也门，那里的阿拉伯－非洲贸易已经相当成熟（见骆驼）。然后，这种饮品传到了一年一度前往麦加朝圣的穆斯林那里，他们将之称为“阿拉伯半岛的葡萄酒”，用于促进会谈、贸易和商业发展。咖啡馆在大马士革、开罗、巴格达和伊斯坦布尔等伊斯兰贸易城市不断兴起。到 15 世纪，这类场所成为穆斯林和欧洲商人贸易和交流的中心。咖啡磨炼了商人讨价还价的技巧，以确保每个交易者都能达成最佳交易。

欧洲咖啡馆使咖啡与商业之间的联系更加紧密。直到约 1650 年，欧洲人都依赖啤酒作为饮品。在英国，平均每个家庭每人每天要喝大约 3 升啤酒(包括儿童在内)，而传统上，商人会在其上午的休息时间饮用 1 品脱[1]的啤酒。

但到了 17 世纪中期，咖啡馆首先出现在伦敦时，戏剧性的变革开始发生，正如英国历史学家詹姆斯·豪威尔（James Howell）在 1660 年所记录的那样：

> 目前已经发现这种咖啡饮品在各国引起了更清醒的意识。早先的学徒和职员都会和其他人在早晨饮用麦芽酒、啤酒或葡萄酒，这使他们头昏眼花，对工作产生了许多不良影响，而现在，他们也开始饮用这种令人清醒的国民饮品了。

咖啡的刺激性和令人清醒的效果很快与 17 世纪开始席卷整个近代欧洲的海外探险的创业精神相融合。据估计，到 1700 年，仅伦敦就有惊人的 3 000 家咖啡馆，相当于那时居住在这个城市里的每 200 人就拥有一家咖啡馆。喝咖啡在中产阶级中变成一种上瘾的习惯，这令想要巴结权贵者或是进一步发展事业的人无法抗拒。

1688 年，爱德华·劳埃德（Edward Lloyd）在伦敦塔街开了自己的一家咖啡馆，他几乎完全没有想到它会发展成为水手、船长、商人和保险经纪人的充满活力的聚集点。到 1774 年，这家简陋咖啡馆发展成为世界著名的伦敦劳埃德大厦（Lloyd's of London），现在仍然经营着全球最大的保险经纪业务。与此同时，乔纳森·迈尔斯（Jonathan Miles）的咖啡馆从 1689 年开始营业，这里发布的股票和商品价格进一步巩固了咖啡和商业之间的关系。活跃在这家咖啡馆的股票经纪人们最终在 1773 年建造了自己的经营场所，最初被

1　约为 568.26 毫升。

称为“新乔纳森”，后来变成了著名的伦敦证券交易所。

新闻业是另一个诞生于咖啡馆中的行业，而喝咖啡的习惯给人以精神上的刺激功不可没。人们热情洋溢地在伦敦的咖啡馆中讨论着政治和文学的话题，因此，《闲谈者》（*Tatler*，发行于 1709 年）这类周刊正是为了发布他们听到的八卦新闻而创立的。这份刊物甚至将一家咖啡馆作为其编辑室。同时，伏尔泰、狄德罗和卢梭等启蒙运动时期的文学和哲学巨匠也在法国的咖啡馆中度过了大部分谈论和写作的时光。

18 世纪初期，欧洲人对咖啡的浓厚兴趣显然为海外探险者和殖民者提供了巨大商机，只要他们能找到足够廉价的地方来种植这种作物。荷兰商人是第一批在海外建立咖啡种植园的欧洲人。尽管伊斯兰国家严令禁止出口树苗，荷兰布匹商皮耶特·范·登·布洛克（Pieter van den Broeck，1586—1640）还是于 1616 年从也门的穆哈港走私了活咖啡树苗。他用这些幼苗在爪哇岛的荷兰殖民地建立了第一个种植园。1683 年土耳其军队在维也纳城墙之外兵败之后，咖啡在整个欧洲的受欢迎程度呈指数级增长。波兰士兵发现了被逃跑的土耳其军队遗弃的装满咖啡豆的麻袋，这为维也纳城内解放的人民带来了繁荣的咖啡馆革命。

人类的欺骗、竞争和狡猾在将起源于阿拉伯和非洲的咖啡变为全球超级经济作物的过程中发挥了作用，如今这些作物的交易额估计可达 330 亿美元。该作物最大的突破发生在 1720 年左右，法国海军军官加布里埃尔·德克利（Gabriel DeClieu）暗中非法砍下国王路易十四植物园中的皇家灌木后将咖啡运往美洲。在穿越了风雨如磐的大西洋后（据说他牺牲了自己最后的水源以维持植物的存活），德克利抵达了法国在加勒比的马提尼克殖民地。在他砍伐并运走了咖啡作物后不久，种植园就在整个加勒比地区以及巴西北部的南美洲大陆（法属圭亚那）建立了起来。

巴西的葡萄牙殖民者当局迫切希望染指这种有利可图的作物。他们派遣了弗朗西斯科·梅洛·帕赫塔（Francisco de Mello Palheta）将军前往法属圭亚那，目的是向岛上的总督采购咖啡种子。但将军并非通过谈判获得其战利品，而是迷住了总督的妻子，她赠送了他一束漂亮的花作为告别礼物。花里藏着珍贵的咖啡种子，正是有了这些种子，巴西的种植园才在他返回后不久建立起来。到 18 世纪末，来自巴西的咖啡又重新被引入肯尼亚和坦桑尼亚，完成了其不到 1 000 年的环球旅行。

咖啡是迄今为止世界上最受欢迎的化学兴奋剂，据估计，人类每年要消耗 5 000 亿杯。为了支持如此巨大的消耗量，每年需要培育 780 万吨的咖啡豆，而巴西约占全球供应量的 40%。仅在该国，咖啡的生长和收获就动用了多达 500 万人去养护 300 万棵咖啡植株。

这样的规模之所以成为可能，是因为咖啡的价格一直很低，足以使消费者负担得起固有的日常咖啡因需求。非洲奴隶劳工（主要在南美洲和加勒比的种植园）提供了必不可少的商业动力，使这种劳动密集型作物迎合了欧洲市场所需的经济性。而近年来，提高咖啡豆产量的方法重心转移到了改变咖啡的生长方式上。20 世纪 70 年代，美国国际开发署向南美洲咖啡种植者捐助了 8 000 万美元，条件是他们要将灌木丛在阳光充足的条件下成排种植，而不是种在树荫之下（传统种植方式）。全日照会使咖啡灌丛更快成熟并收获更多的浆果，但这些种植技术会产生灾难性的生态副作用，比如大规模的森林砍伐和栖息地的破坏。由于这些因素的共同影响，栖息于当地原始森林冠层的野生鸟类的生存环境遭到了破坏。

全日照的咖啡品种对杀虫剂和化肥也有很高的要求（大部分由美国公司提供），且需要大量的水来尽可能提高产量。根据最近的一项估算，种植和加工咖啡所需水量惊人，生产 1 千克咖啡需要消耗 2 万升水，也就是每杯咖啡竟需要 140 升水。从印度到越南，缺资金的咖啡生产商几乎要榨干地下含水层中补充缓慢的“化石水”，由于种植者之间激烈的国际竞争，他们无法在负责的生产情况下仍然保证获利。因此，他们耕种的土地变为荒漠，生态灾难正在地下酝酿，这与棉花种植对咸海的萎缩产生的影响相类似。

1969 年 7 月 20 日至 21 日晚，历史性的阿波罗 11 号太空飞行任务生动地捕捉到了咖啡对人类文化的控制。鹰号登月舱降落后不久，指挥舱飞行员迈克尔·柯林斯（Michael Collins）中断了为尼尔·阿姆斯特朗（Neil Armstrong）第一次踏上月球表面所做的准备工作，他用无线电广播对休斯敦的约翰逊航天中心说道：“不好意思请稍等，我要去喝杯咖啡。”

具有刺激作用的咖啡树浆果，这显然就是让卡尔迪和他的山羊欢呼雀跃的原因。

茶

科：山茶科（Theaceae）
种：野茶树（*Camellia sinensis*）
排名：71

叶片具有广泛用途的一种植物，可以制作饮品、用于占卜甚至可能对艾滋病有疗效。

如果要举办一场竞赛来寻找人类文明史中扎根最深的植物物种，茶叶将会是有力的竞争者之一。虽然野茶树叶片（现在通常用小排穿孔袋运输）的全球化是相对近期的事件，但这种植物药用价值的发现及其对人类精神文化需求的重要性则始于数千年前。茶叶起源于中国，正如其种名“*sinensis*”[1]所显示的，但今天，无论是从身体、精神、政治还是经济角度而言，它的影响都真正国际化了。

世界上所有的茶叶都来自一种植物，它被认为起源于中国西南部。在这里，世界上最古老的茶叶种植园依然存在，比如云南景迈，那里的人们依然以 1 000 多年前的传统方式采摘茶叶。

对中国人来说，喝茶正如他们 5 000 年的历史文明，是非常古老的。根据中国古代的传说，神农氏首先在公元前 2737 年左右发现了将茶叶的叶片浸泡在沸水中的冲泡窍门。一天，神农氏正在喝一碗热水，突然一阵狂风将附近灌木丛的几片树叶吹到了他的杯中。当他低头看时，发现水的颜色开始发生改变。充满好奇心的神农氏便喝了一口，正是这样，他发现了喝茶令人愉悦和滋补的作用。

尽管我们的现代饮茶习惯被视为一种日常舒缓身心的方法，但数千年来，它一直都是中医和亚洲唯心论最具象征意义的天然成分。对生活在公元前 6 世纪（大约与佛陀同一时代）的精神领袖和哲学家老子来说，茶叶就是灵丹妙药。据说春秋时期老子在周游列国的途中，函谷关令尹喜[2]为老子奉上了一杯茶，于是他们在喝茶时聊了起来。尹喜完全被这位哲学家的言论折服，他恳求老子写下自己的想法并汇集成书，以便后人学习。因此，得益于茶叶，一本收录了老子最著名语录（比如“知足者富”）的《道德经》流传了下来，并成为中国文化中最有影响力的著作之一。

众所周知，茶树的种植在公元 800 年的中国相当普遍，而这都要归功于《茶经》，一本关于茶的专著，由曾经在戏班扮演丑角的陆羽于公元 760—780 年所著。这本书详细地论述了有关茶叶的起源、培育、加工、冲泡、奉茶和饮用的各个方

1　拉丁语里 *sina* 表示中国，*sinensis* 表示中国的、中国人。

2　尹喜，字文公，号文始先生、文始真人、关尹。道教祖师之一。

面，这表明小小的一叶茶，已经深入到中国文化的核心，这种植物也由此传播到了更远的东方。

历史记录显示，茶叶是在 9 世纪早期抵达日本的，僧侣会在宗教仪式中使用。一位名叫荣西的禅宗和尚（1141—1215）周游中国各地，并将绿茶带回了日本。在 1211 年，他撰写了一本极具影响力的书——《吃茶养生记》，该书分为上下两卷，大力推广饮茶的习惯。这本书开头便说："茶也，养生之仙药也，延龄之妙术也。"详细介绍了茶叶的许多药用价值，并对如何培育、冲泡和奉上这一珍贵的饮品提供了实用的建议。

16 世纪，当西方航海家开拓亚洲市场时，茶叶就是他们最先运到欧洲的产品。被称为"快船"的圆滑帆船成为海上贸易的支柱，将中国种植的茶叶运至阿姆斯特丹和伦敦。

1660 年，一家伦敦茶屋的广告总结了欧洲新发现的这一饮品对潜在顾客的益处：

> 它使身体变得活跃和警觉；可以缓解剧烈的头痛和眩晕……可以清洁重要的血液和肝脏。它健胃消食，促进消化……有助于防止噩梦，放松大脑、增强记忆……泡一杯就足以让人们通宵工作，而不会对身体造成伤害。

不仅仅是茶的药用效果，其包含的纯粹的传统中华文化更是令人沉醉，于是这种"补药"逐渐变成我们的日常饮品之一。在茶中加入牛奶和糖的饮用方法，不仅使其更适合敏感的欧洲口味，而且还促进了来自地球另一边的加勒比和美洲地区欧洲殖民地的糖等产品的商业发展。

在 1700 年到 1950 年间，香甜的热奶茶超越了阶级和性别的障碍，成为英国最受欢迎的饮品。安娜·玛利亚·拉塞尔（Anna Maria Russell）公爵夫人（1783—1857）开创了维多利亚时代贵族饮用下午茶的风气，然后约瑟夫·莱昂斯公司（1894 年成立）建立了全国范围的茶室网络，成为英国中产阶级和工薪阶层的人们在两次世界大战期间的精神支持。1700 年左右开始，饮茶的习惯传播到了美洲，甚至引发了"波士顿倾茶事件"——为了抗议英国商人免税进口茶叶，示威者们将东印度公司运输的一整船茶叶倾入波士顿湾。

茶叶在英国国内和海外殖民地的市场需求相当大，因此，向中国种植者支付珍贵的银条开始严重破坏帝国的收支平衡。18 世纪晚期，英国东印度公司的董事为此提出了两种解决方案。

第一个解决方案是，东印度公司将其在印度孟加拉地区大量农业资源的一部分转移到罂粟种植田，并从中提取鸦

片。随后便在此建立了非法的三角贸易，英国茶叶交易商可以在广州使用信用单据购买中国的茶叶，而这一单据可以兑换从印度走私到中国边境的鸦片。通过这一方式，英国人使用受压迫的印度当地人种植的毒品来购买茶叶，而中国人则开始沉迷于鸦片（见罂粟）。

第二个解决方案是将野茶树植株走私到英国控制的印度，从而建立竞争性的茶叶种植园。英国皇家园艺学会的园艺师和兰花专家罗伯特·福琼（Robert Fortune，1812—1880）受东印度公司董事的指派，在中国寻找茶树并将幼苗送回印度（这在当时是死罪）。1848年，35岁的福琼化名鲜花（Sing-Wa），剃了头发、留起辫子伪装成中国人前往中国。他在长江流域游历，并深入武夷山茶叶生长区，发现并运走了许多茶树。他利用自己的园艺专业知识，将茶树包装在一层层的泥土之中，将其像松糕一样装在玻璃盒中秘密送往印度。在新建立的以大吉岭为中心的印度茶园中，其种植的茶叶在数量和质量上都超过了中国。

尽管茶叶在全球都受到欢迎，但直到最近才开始出现科学解释：在大约80个山茶品种中，为何只有野茶树叶在由人类主导的世界中取得了如此大的成功。

正如咖啡一样，茶叶也包含了刺激性的化学物质——咖啡因。因此，咖啡刺激、提神的成瘾效果也存在于茶叶之中。但是，茶叶还有更多的效果，这可能也有助于解释为何数千年前，其自然野外生长地——远东地区的人们会如此热衷于培育它们。

早期中草药文献声称，喝茶可以辅助治疗肿瘤、脓肿、膀胱感染和嗜睡。在最近的

印度大吉岭的茶叶种植园，19世纪60年代拍摄，在英国“幸运”引种之后不久。

几年中，科学家们发现茶叶确实可以在多种癌症的治疗过程中提供重要帮助。日本西南部九州大学研究人员的一项研究发现，一种名为表没食子儿茶素没食子酸酯[1]（epigallocatechin gallate，简称 EGCG）的抗氧化剂可以与恶性肿瘤细胞上的受体相结合，显著延缓其生长。美国加利福尼亚大学对老鼠的另一项研究显示，喝绿茶与标准药物治疗相结合，也可以抑制乳腺癌的扩散。

艾滋病患者也正在试用同样的抗氧化剂 EGCG。科学家们相信，其结合特性有助于阻止 HIV 病毒破坏人体免疫细胞。英国谢菲尔德大学的研究人员迈克·威廉姆斯（Mike Williams）表示，喝绿茶甚至可以“降低感染 HIV 的风险”。

茶叶有益健康的秘密也通过另一项关于茶氨酸的研究得到了解释，这种物质仅存在于茶树和某些蘑菇之中。在 2007 年进行的一项医学实验表明，茶氨酸通过血液进入大脑的神经通路，增加阿尔法脑电波的活动，诱发一种更为平静且更加机敏的精神状态。当茶氨酸与咖啡因结合时，正如在茶叶中那样，对人类认知产生的影响要比咖啡因本身大得多（比如在咖啡中）。改良的视觉、数字和语言信息处理及执行能力只是其中一些明显的益处。

德国科学家最近发现，为什么西方的饮茶者可能无法像亚洲人一样通过饮茶获得相同的功效，因为亚洲人与茶叶有关的生活方式和文化在远东地区已有数千年的历史。当在茶中加入牛奶时，茶叶的许多治疗功效都会受到阻碍。被称为酪蛋白的化合物抵消了茶叶增加人体血液流动的能力，并抑制了 EGCG 与癌细胞结合产生的抑制疾病的能力。

无论是否在茶中加入牛奶，茶叶的成功都是一个非比寻常的故事。如今，茶叶已经成为世界上消费最广泛的三大饮品之一。每年茶叶的产量多达 350 万吨，世界茶叶作物的重量大约与可可相当，是咖啡的一半。现在再加上古老的读茶叶艺术（用茶叶进行占卜的活动），其未来在人类历史中的地位看起来会更加确定……

1　绿茶茶多酚的主要成分。

大 麻

大麻科：（Cannabaceae）
种：大麻（*Cannabis sativa*）
排名：54

有精神效用的一种野草，早在有历史记录以前就已出现。

还有什么比年幼的孩子在操场上打旋子这种疯狂更天真无邪的呢？几年后，他们可能会寻求高速过山车的刺激，将他们从扭曲的轨道组成的巨大螺旋上抛掷下去；成年后，又被从吊桥上蹦极或从 3 000 米的飞机上跳伞这样的快感吸引。似乎各个年龄段的人都会自然而然地被吸引——甚至沉迷于其身体超越自然极限的感觉。

人类对于超脱意识正常范围的欲望也有助于解释一种生长极其快速的野草是如何在人类社会中肆虐的，并可能成为有史以来最古老的“娱乐性毒品”。四氢大麻酚（THC）是一种由植物性大麻产生的精神类化学物质[1]，人类文明也由此产生了各种大麻制品。

大麻这类被子植物出现在白垩纪，在化学攻击和防御的过程中发展成为自然界最杰出的主角。演化学家认为，四氢大麻酚最初是为了抵御细菌、昆虫和过于狂热的食草动物而合成的。其策略远不止产生致命毒素那么简单。大麻不会直接毒杀其对手，而是使潜在的捕食者迷失方向、失去行动能力或被欺骗而忘记最初啃咬的植物在何处。这样做的另一个好处是可以防止食草动物对大麻毒素产生天然免疫力（有性繁殖提供了这种可能性），从而减少植物种群的数量。

当石器时代的人类尝试食用大麻的雌花时，他们亲身经历了四氢大麻酚对人类大脑产生的晕眩效果。现代医学研究者发现，四氢大麻酚大量激活了人类大脑中被称为 CB1 的受体。1992 年，两位以色列科学家发现这些受体被一种叫作大麻素的化学物质利用，而这些化学物质是在大脑中天然产生的。大麻素可以调节短期记忆，其作用是刺激健忘，这对使人从分娩痛苦或严重身体创伤等不愉快的回忆中解放出来尤为重要。通常，它会在很短的时间内实现其目标，并在短短几秒钟内被身体代谢。

而四氢大麻酚会扰乱这种自然的精神状态。它不仅入侵了大麻素正常通过的神经通路，还可以在大脑中停留数小时，而非几秒钟。其结果是匪夷所思地夸大了个人对当前发生事情的认知，并暂时阻断对过去的记忆。

这就解释了为何吸食大麻可以让其使用者感觉仿佛时间停止，并且似乎每种感觉都异常特别。据说，他们听到的音乐也仿佛会瞬间分离出每种声音和乐器，呈现独奏的效

1　四氢大麻酚是大麻中的主要精神活性物质，也是导致成瘾的主要成分。

果；平常很普通的日常物品也变得更有意义：味觉和触觉仿佛同样在时间上静止了，就好像数字化的慢动作，在暂时延缓的时间中被逐帧感受。这种感官上的“愉悦”导致对未来的焦虑和对过去的担忧都消失在无意义的“幸福”中……至少在这种野草的效用消失之前[1]。

当前心理意识的增强，有助于解释为什么大麻提取物成为人们广泛使用的毒品。大麻中的四氢大麻酚最初可能是作为一种保护机制而演化出现的，可以让食草动物忘记植物的生长位置，但在现代人类出现的某个时期，人类为了获得极强的感官副作用，其高度愉悦的感官能力几乎不可避免地导致人类开始主动种植这种植物。

众所周知，史前狩猎采集时期的萨满巫师在草药中使用大麻，为诱发类似于联系精神世界的恍惚状态。考古学家在中国发现了一袋大麻叶，被埋在 3 000 年前的一具干尸旁边。从最早有记载的宗教（如印度教）到在 20 世纪建立的美洲教会，大麻几乎始终以某种形式发挥仪式性的作用。

印度教神灵中最重要的湿婆神的崇拜仪式在印度北部已经有 1 000 多年的历史，人们会在仪式上饮用大麻（bhang），这是一种由被碾碎的大麻的花制作而成的强效乳制饮品，也是锡克人的最爱。北欧文化中也有大麻的踪迹，据认为，他们会在纪念其生育女神芙蕾雅（Freya）的节日中使用大麻。如今，甚至是犹太教的《摩西五经》(《圣经·旧约》)也被广泛认为允许“kaneh-bosm”（大麻）作为圣膏油的重要成分，并将其用于涂油礼（这是上帝规定的希伯来人的祭司和国王的入会仪式［见《出埃及记》，第 30 章第 22—23 节］）。

尽管伊斯兰教禁止使用这种兴奋剂，但苏菲派穆斯林的回旋舞传统上被认为与大麻带来的意识状态有关。对一些基督教教派来说，例如 20 世纪 30 年代在牙买加创立的拉斯特法里运动，吸食大麻是将物质世界与神性维度相结合的精神体验的基本要素。

世俗社会也深受大麻在全球范围内吸引力的影响。尽管在 20 世纪初大麻被禁止使用（与其他很多“娱乐性毒品”一样），但是从现代爵士和披头士乐队开始，大麻与流行文化的联系在 20 世纪 60 年代达到高潮。自从 20 世纪 80 年代初开始，由美国政府推行了“毒品战争”的活动，然而，大麻依然是美国利润最高的经济作物之一，估计每年可以获得

1 使用大麻后可能会产生快感和兴奋感，食欲增强，情绪欣快。其短期副作用包括：短期记忆力下降，运动机能受损，产生偏执或焦虑感。长期使用会导致成瘾，有研究称使用大麻与患神经系统疾病风险有较强关联，但其因果关系尚有争议。

大约 360 亿美元的收入[1]。

现在，多达 172 个国家和地区种植大麻，大多是在灯光明亮的室内进行种植以躲避侦查。禁令带来的意外后果是克隆品种的出现，其四氢大麻酚含量高达 25%，而不是传统上种植在室外大麻的 2%—3%。当今毒品市场充斥着大量“臭鼬”、“北极光”和“加州橙”等强效大麻，医学研究人员认为，这会对使用者造成更严重的长期健康问题，尤其是对那些本身就存在精神健康问题的人。

印度湿婆神准备饮用一杯由大麻花碾碎制成的大麻饮品。

1 美国的 9 个州和华盛顿哥伦比亚特区规定娱乐性大麻是合法的，31 个州和华盛顿特区已将医疗用大麻合法化，但联邦政府仍禁止将大麻用于任何目的。

烟草

科：茄科（Solanaceae）
种：烟草（*Nicotiana tabacum*）
排名：67

一种令人极为讨厌的植物，尽管有明确的证据表明吸烟有害健康，
但仍然持续迫害成千上万的人。

人类历史上最值得庆贺的时刻之一就是一名欧洲水手在1492年意外发现了美洲大陆，克里斯托弗·哥伦布在试图寻找通往中国的新贸易路线时碰上了这片未知的大陆。他正试图比葡萄牙竞争对手更早地完成自己的航行，葡萄牙人以相同的目的地向东航行，抵达了非洲最南端。

哥伦布对与中国的实际距离的巨大误判对全球历史产生了重大影响。欧洲的马匹、火药和疾病使美洲原住民人口急剧减少，导致了欧洲机会主义者对南、中和北美洲的成功征服和殖民，紧接着则是非洲奴隶贸易。据估计，有多达2 000万的美洲原住民因此死亡，其中大部分都死于天花。如今，只有极少数的后裔在小型的特别管理保护区内仍然保持着美洲传统的生活方式。

大多数有关美洲历史的记载经常会忽略这样一个事实：当地人在无意中使入侵的欧洲人遭受了更大的屠杀。当16世纪的殖民者开始在北美洲定居并通过耕种土地和海外贸易来谋生时，他们完全不知道自己为全世界上亿人的过早死亡埋下伏笔。在过去的500年中，美洲印第安人带给人类的礼物是与土豆属于同科植物的烟草，但它让人类付出的真正代价也一直困扰着现代世界。自那以来，全球范围内种植和吸食烟草（美洲原住民的习惯），已经导致数十亿人的死亡。

如今有关吸烟的统计数据说明了一切：全世界有12亿人吸烟，占全球成年人口的33%；每年由与烟草相关的原因所导致的540万死亡人口中，70%发生在发展中国家；10万名儿童养成了每天吸烟的习惯，其中一半生活在亚洲；其中50%的人尝试戒烟，却因无法控制自己而在一周内复吸；在英国，每周用于护理患有与烟草有关疾病的患者的费用总计超过1亿英镑。

烟草是人类历史中最具影响力的植物之一，因为其具有高度成瘾性以及对人类健康的破坏性作用。其最重要的活性成分——尼古丁，是一种天然杀虫剂，尤其集中于烟草属的64个种。一旦吸入，该化合物只需要10秒钟就能通过血液然后进入大脑。在这里，它与各种受体结合，使人感到放松、满足甚至是心情愉快，同时能刺激葡萄糖的释放，提高能量水平，加快人体的新陈代谢，增强注意力并提高警觉性。

然而，正是这些效应的影响，吸烟者才会迫切地想要再来一根。尼古丁在两小时内就会被身体代谢掉，其成瘾性是受大脑需要恢复精神和生理作用的强烈欲望所驱动的。

对成瘾性的研究表明，人类意识的共同特征就是将时间分成易管理的部分。点燃烟斗或抽烟则可以满足这种自然倾向，在日常生活中插入一系列令人愉快的逗号。烟瘾者会觉得在缺乏尼古丁的情况下时间被无限拖延，使人陷入抑郁的深渊。大脑对大量尼古丁的反应是建立额外的化学受体，从而产生对药物的耐受性。但当不使用该药物时，所有这些神经元的敏感性会导致严重的戒断症状。这些额外的神经元或多或少是永久的。

尽管很令人上瘾，但尼古丁并不是致命的。如果从皮肤大剂量摄入可能会导致死亡，但与使用可卡因（古柯）或 LSD（见麦角菌）的情况不同，没有吸烟者是死于过量的尼古丁，因为烟草中的含量还不够高。据统计，吸烟者更容易患癌症、肺气肿或如心脏病和中风等心血管疾病，但与尼古丁无关。烟草中可以分离出多达 19 种不同的致癌化学物质，其中最致命的是铅和钋这两种放射性同位素，可以使活细胞裂开并将其从里面撕碎。

烟草植物毫不费力地跃升成为征服世界的物种，这充分说明了其掌控人类生活的力量。现在，全球至少有 97 个国家种植烟草——它是两种或以上烟草类植物的杂交品种。它源于美洲的某处，数千年来当地人使用一种略微不同的变种——黄花烟草（*N. rustica*），将其作为试图与神灵世界接触的方式。欧洲的这些记录显示，北美原住民对尼古丁上瘾的程度，正如传教士保罗·李杰尼（Paul le Jeune）在 1634 年所描述的：

> 他们对这种草药的喜爱超越了所有信仰……他们睡觉时嘴里还含着烟管，有时会半夜起来抽烟……我常常看到他们在没有更多烟草的情况下，啃食他们的烟斗管。我看到过他们刮擦并研磨一根木管来吸烟。让我们充满同情地说，他们在吞云吐雾中度过一生，并在死亡的时候堕入火海。

大多数欧洲人认为美洲原住民都是野蛮人，其习惯和文化包括从同类相食到“魔鬼崇拜”的种种。尽管存在这些偏见，在哥伦布发现烟草植物后的 150 年中，美洲原住民用烟管抽烟的习惯由欧洲探险者传播到了全世界。似乎其他文化也同样容易受到烟草的诱惑。1575 年，西班牙探险者将这种作物移植到菲律宾，从那里又迅速传到中国。同时，葡萄牙交易商将烟草带到了非洲、印度、爪哇和日本。1621 年，吸烟在波斯的街道和清真寺已经非常普遍，这是由巴格达的贸易商引进的。到 1700 年，波斯人产生了自己的烟草种植业，每年向印度吸烟者出口多达 4 000 根水烟管。到 17 世纪末，烟草已经成为全球性的作物，据一个历史学家所说，“就像碎石扔进池塘里激起的涟漪一般”。

烟草的传播势不可挡。即便是詹姆斯一世这样最具影响力的掌权者也无力阻止其扩散的步伐，他在其著名的《强烈反对烟草》（*A Counterblaste to Tobacco*，著于 1604 年）中谴责了吸烟的习惯：“眼睛觉得厌恶，鼻子觉得憎恨，大脑认为有害，肺觉得危险，恶臭

的黑烟仿佛无底深渊中的恐怖烟雾。”

与詹姆斯同时代的波斯皇帝阿巴斯一世（1587—1629在位）对其军队中吸烟行为的蔓延感到非常愤怒，他甚至威胁要割掉并烧掉违规者的鼻子和嘴唇，试图以此取缔这种习惯。但是这并没有起作用，因为当时和现在一样，人类对烟草的偏爱在政治和经济上是不可阻挡的。

诺福克郡的农民约翰·罗尔夫（John Rolfe）是这种植物的首要主角之一。1612年，他将甜味的烟草种子从加勒比地区带出，种植在弗吉尼亚州的詹姆斯河畔。弗吉尼亚的烟草很快变为世界上最受欢迎的混合烟草品种。17世纪初，英国每年从北美洲进口的烟草总量可达11.4万千克；100年后增至1 700万千克。

烟草的重大突破缘于一场比赛。直到1870年，熟练的操作工平均1分钟只能卷4根香烟。而此时，全世界对美国香烟的需求量过于庞大，于是，弗吉尼亚的艾伦和金特尔（Allen & Ginter）香烟生产公司提供了一笔巨额现金（75 000美元）奖励给能使该过程实现自动化的人。詹姆斯·邦萨克（James Bonsack），一个卑微的美国发明家，很少有人会把他编入历史书，但他的成就无疑与任何一位国王一样具有里程碑意义。

当邦萨克的自动卷烟机在1880年9月投入使用时，每小时可以加工惊人的12 000根香烟，与同样的时间内手工卷烟的平均240根形成鲜明对比。到了1895年，北美洲的香烟产量已经从每年1 600万增加到420亿。两次世界大战、大规模生产和一系列精心设计的有针对性的美化女性吸烟的营销活动，所有这些都促使了烟草在20世纪上半叶的普及率呈指数增长。

然后，在1950年的某一天，一名英国医药专家破坏了这一进程。英国政府花费了7年时间才彻底理解了理查德·多尔（Richard Doll）的结论性报告，该报告将吸烟与肺癌联系在一起。从1957年开始，政府开始告知公众，无论吸烟看似多么令人愉快，它都会对人类健康产生灾难性的潜在影响。

但随后，英国又用了50年时间才在公共场所实施禁烟，紧接着大部分其他欧洲国家都实行了类似的限制措施。烟草的原产地美洲，也逐渐认识到吸烟导致的健康问题（平均预期寿命至少减少10年）。正如废除奴隶制一样，这对许多人来说都极为困难。沉迷于商业利润（并非尼古丁）的公司曾与消费者和运动团体展开斗争以反驳这种联系，或者至少确保任何证据不是决定性的。一场名为“伯克希尔哈巴”的阴谋由美国最大的几家烟草公司联合策划，旨在阻止任何限制其业务范围的联邦立法。

当一家公司对多种烟草进行基因工程改造，使其尼古丁含量增加一倍，但降低了致癌的焦油的含量时，联邦当局才最终出手干预。他们发现，用被称为Y1的烟草田制成的香烟被当作超轻型香烟出售（据称伤害最小），但不为公众所知的是，由于其尼古丁含量更高，成瘾性也更高。1998年11月22日，《烟草大和解协议》迫使美国的烟草公司支付了3.65亿美元用于医疗保健项目，以换取对大部分追溯起诉的豁免。

政府干预和公共卫生意识的提高现已使许多发达国家的吸烟人数有下降趋势。如今在美国，吸烟的成年人口仅占21%，而这一数据在1965年则为42%。然而，在欠发达的国家（尤其是非洲和亚洲），政府很难加强民众的戒烟意识，或更容易被大型烟草公司控制，因此烟民的数量仍然每天都在增加。世界卫生组织于2002年发表的报告显示，发展中国家烟草消费的平均增速为每年3.4%。

该报告还显示，作为一种容易上瘾的杀虫剂，尽管大多数人都知道吸烟有害健康，烟草如今的影响依旧不减。其中包括以下令人不寒而栗的统计数据：全球范围内，每天每分钟售出1 000万根香烟；在英国，死于吸烟的人数是“二战”中丧生人数的12倍以上；在美国，每年与吸烟相关的医疗保健费用就高达1 500亿美元。

“我把香烟分发给我所有的朋友。”1952年，演员（和未来的总统）罗纳德·里根（Ronald Reagan）如此说道，就在首次证实吸烟和癌症之间的联系后不久。

酵母

科：酵母科（Saccharomycetaceae）
种：酿酒酵母（*Saccharomyces cerevisiae*）
排名：8

在整个人类历史中都具有宏观经济影响的一种微观真菌。

生物的大小与其对地球、生命和人类的潜在影响之间似乎存在着神奇的联系。一般来说，生命形式越小，其影响越大。卵菌纲的水霉、蓝藻和天花病毒都是很好的例子，一般被称为酵母的格外微小的真菌也是一样。1克酵母中大约有200亿个细胞。每个细胞都拥有完成类似于《圣经》里奇迹的能力——将含糖的果汁转变为葡萄酒，这种化学质变极大地影响了人类文明。

迄今为止，科学家已经发现了超过1 500种酵母品种，尽管有人认为这只占自然界中酵母菌总数的1%。这些微生物以糖为食，在各种环境中茁壮成长，包括陆地和海洋，必要时以孢子的形式在空气中传播。但是，还有一个特别的品种——酿酒酵母，在历史上起着举足轻重的作用。正是由于这种单细胞微型真菌的作用，人类才能享受从发酵面包到优质葡萄酒的乐趣。此外，未来可持续的工业化以及运输系统的最佳前景都来自与这种酵母有关的副产品。

酵母通过消化糖（比如葡萄糖、果糖和蔗糖）获得能量，以维持生命。这个被称为发酵过程的代谢产物是二氧化碳和一种被称为乙醇的液态化合物，而正是这些产物为人类创造了巨大的价值。

谁是第一个发现如何烘烤面包的人将永远是一个谜，但是象形文字表明，在古埃及文明中人们普遍使用了烘焙的方式。可能有人在一个温暖的日子里把面粉和水的混合物留在了室外，然后被酿酒酵母污染，这是一种经常生长在水果表面的天然酵母。当酵母开始分解面粉中的糖类时，这种面团状的混合物就会发酵，并随着二氧化碳气体的产生而膨胀。面包烤箱里的热量包裹了这种海绵状质地的软面团，使其变成我们日常生活中熟悉的蓬松面包。同时，乙醇会在烤箱的热量中蒸发，但会在新鲜出炉的面包上留下诱人的香味。

这种气味在人类历史中无处不在，始于古埃及的面包烘焙技术成为古埃及文明最珍贵的出口商品。不久，地中海周围的每个人都想要用谷物（在尼罗河沿岸种植）来烘焙面包。似乎每次都在烤箱中发生着奇迹，发酵过的生面团变成美味的酥脆面包。当然，以色列人似乎在被囚禁于埃及期间很喜欢发酵面包，因为《圣经》中提到，上帝在他们出埃及时嘱咐他们用未发酵的面包来庆祝释放。这永远提醒着他们，他们是如此急于离开，以至于没有时间等待面团的发酵。

酵母的另一个奇迹也同样引人注目。乙醇（酒精）是一种无色液体，用于制作各种类型的醉人饮料，其中最著名的就是啤酒、葡萄酒和烈酒（比如杜松子酒、威士忌或朗姆酒）。当酿酒酵母与酸性水果混合时会以某种方式发酵糖，这似乎会对人类的味觉产生令人愉悦的效果，因为它会产生一种叫作酯的芳香化学物质。其他酵母，如接合酵母（*Zygosaccharomyces*）或酒香酵母（*Brettanomyces*）则会产生令人不愉快的防腐剂味道。这些酵母有时会“偷偷”潜入发酵过程，尤其是使用旧酒桶时，这使那个时代的葡萄酒制造商非常苦恼。酿酒酵母（通常称为啤酒酵母或面包酵母）则没有如此讨厌的副作用，这也是这个酵母品种最常被用于生产几乎所有酒精饮品的原因。

就像烘烤发酵面包一样，没有人知道人类第一杯葡萄酒或啤酒出现在什么时候。最早的葡萄酒酿造证据可以追溯到中亚地区的格鲁吉亚，距今已有 6 500 年以上的历史（另见葡萄）。之后，它似乎遍布整个美索不达米亚地区和希腊北部。古代苏美尔人（公元前 5000 年）将全年收成中 40% 的谷物用于酿造啤酒（啤酒花仅仅是从中世纪才开始使用的）。在那之前，没有人真正知道以狩猎采集为生的人们是否曾经享用过这令人沉迷的酵母副产品。

可以肯定的是，饮酒的吸引力贯穿于整个人类历史，甚至更甚于吸食尼古丁，而且事实证明，酒精也同样具有成瘾性。乙醇，与四氢大麻酚一样，是一种精神活性物质。小剂量的酒精会使人产生放松和愉快的感觉且通常会引起行为的变化，例如失去自控力或者增强自信心；随着血液中的酒精含量上升，中枢神经系统被抑制，从而导致嗜睡感；高剂量的酒精摄入会引起混乱、晕眩、昏迷，有时甚至会导致死亡。大多数情况下，过量饮酒会导致丧失知觉，从某种角度而言这也是一种“优点”，因为与其他药物（见古柯）不同，这样可以停止继续摄入酒精，以免产生更加危险的情况。

从日本的米酒和非洲的棕榈酒到麦芽酒、苹果酒、传统的葡萄酒（见葡萄）和烈酒，大多数文化都用天然啤酒酵母发酵来制作酒。这种普遍的吸引力，至少在一定程度上是被人类的意识需求所驱动的，即将时间安排为可管理的差异化时段（另见烟草）。对于沉溺于酒精的人来说，这表现为在醉酒和清醒之间摇摆不定。现代饮酒文化反映了这种本能。

从文化意义上说，在一天中的某些时段是允许饮酒的（比如下午 6 点以后），而其他时间则不可以（在大多数国家里，早餐时通常忌酒）。诸如这样的惯例，即时间意识的基本要素是由大脑中的传感器加强的，传感器的数量因酒精的毒性作用而增加。一旦酒精的影响逐渐消退，随着时间的推移，身体不免想要再喝一口。

如今，酒精中毒导致的死亡人数虽不及尼古丁的多，但其对社会的影响同样具有毁灭性。世界卫生组织的《全球酒精现状报告》（2004）提供了一个发人深省的“快照”：饮酒会造成多达 60 种不同的疾病和伤痛，其中最致命的便是癌症、自杀和交通事故。每年将近 200 万起死亡案例与酒精有关（占全部死亡人数的 3.2%），其中三分之一是由药物令人昏沉的影响引起的，称为“意外伤害”。但是，全球的酒精消费格局是不平衡的。

20 世纪 30 年代英国最受喜爱的广告“为了健康和佳肴”。

在禁止售酒的一些伊斯兰教国家，酒精饮品消费率极低，超过 95% 的伊朗、沙特阿拉伯和埃及的成年人滴酒不沾。然而在其他国家中，尽管有人试图禁酒（比如 1919—1933 年的美国禁酒令），但情况恰恰相反。滴酒不沾的人在有些国家十分罕见，比如在英国（12%）、挪威（6%）和德国（5.1%）。这有助于解释为何每年有 55 000 名年龄在 19—29 岁的年轻欧洲人，死于酗酒产生的直接恶果。

然而，酿酒酵母发酵的副产物并非都与酒精有关。19 世纪，由德国化学家加斯特斯·冯·李比希（Justus von Liebig，1803—1873）率先采用的酵母提取工艺，利用啤酒酵母的残留沉淀物制造出营养丰富、富含维生素的可食用糊状物。马麦酱[1]（“甲之砒霜，乙之蜜糖”的食物）在英国颇受欢迎，自从 20 世纪初以来，英国一直在生产这种纯素食健康食品。

普遍存在的酿酒酵母副产物的其他可能用途还体现在最近人们对生物燃料的兴趣，生物燃料可作为为现代经济提供动力的潜在可持续手段。乙醇可用于驱动从汽车到发电站等各种事物，通常是通过发酵糖或玉米作物实现。巴西种植了超过 300 万公顷的甘蔗，专门用于生产乙醇燃料，政府规定其中乙醇含量为 25%，以此减少化石燃料的消耗。现在的巴西有多达 680 万辆汽车能够使用乙醇燃料，全国 35 000 家汽油站都可以供应。在不破坏热带雨林、不提高食物价格、不会在农业生产中使用过多燃料和化肥，以至于生物燃料的环境效益成为纯粹的政治和学术成就的前提下，这种做法在何种程度上可以真正实现可持续发展仍有待观察。

巴西在乙醇燃料领域的领先地位正迅速被美国等其他国家迎头赶上。这种微观的单细胞真菌改变了人类文明的饮食习惯，而乙醇燃料则使之在 21 世纪乃至更遥远的未来具有高度的象征意义。

1　马麦酱（Marmite）是一种使用啤酒酿造过程中最后沉淀堆积的酵母制作的酱料，主要在英国及新西兰生产。

葡萄

科：葡萄科（Vitaceae）

种：葡萄（酿酒葡萄[1]）（*Vitis vinifera*）

排名：73

得益于真菌和人类，将其汁液转变为供神灵饮用的饮料的物种。

显然，我喝的葡萄酒是白色的，而这完全是生物学上的意外。（现在是傍晚 6 点刚过，所以已经过了禁酒的时间。）遗传学家发现，在葡萄 1.5 亿年的演化史中，发生了不可思议的双重变异，使一些自然生长的红色果实变成了天然的绿色怪胎。

葡萄科是有大约 60 种开花植物的科。其中有几种会结出多汁、香甜的果实，也是天然酵母的来源。但只有酿酒葡萄对世界历史和人类文化产生了巨大的影响。

今天，超过 70% 的种植葡萄都是用来压榨并酿造葡萄酒的，这是欧洲、美洲、澳大利亚、新西兰和南非居民都十分钟爱的一种柔和的酒精饮品。酿酒葡萄的种植园现在遍布世界上每一块大陆（除了南极洲以外）。最新数据估计，世界范围内用于种植葡萄的面积约为 76 000 平方千米，几乎是瑞士国土面积的两倍，且种植速度每年都增长 2%。

在古埃及，采摘葡萄、压榨葡萄汁、装罐发酵用来制作葡萄酒——一种神圣饮品。

人类对葡萄的喜爱与天然产生的酿酒酵母有密切联系，这种酵母覆在水果表面，看起来就像涂抹了一层白色粉末。可以想象，就像发现烘焙面包的方法一样，有人将葡萄

1　葡萄（*Vitis vinifera L.*），原产亚洲西部，现世界各地均有栽培，为著名水果，可生食或制葡萄干，并酿酒，酿酒后的酒脚可提酒食酸，根和藤药用能止呕、安胎（中国科学院中国植物志编辑委员会．中国植物志．北京：科学出版社，2004.）。因文中提到的该种葡萄与泛指的“葡萄”用词相同，鉴于此节主要描述了该种葡萄在酿酒方面的作用，为防止语义混乱，此节中该种葡萄皆以“酿酒葡萄”代称。

汁放在阳光下，然后发酵开始了。在液体变成酸味的醋之前，一定有人喝过它，并发现了乙醇对身体、思想和精神的愉悦效果。葡萄园需要全天候的照料，葡萄的加工需要时间，防止葡萄酒变酸需要密闭容器，而这只能通过发明蜡封的不透水陶罐得以实现。诸如此类的创新随着开始于约 8 000 年前的首批定居社会出现在中亚和中东地区。

因此，酿酒葡萄的成功与人类文明的兴起是同步的。自然的反常可能为这种葡萄提供了一定的帮助。在大约 5 600 年前，来自地中海的海水冲破博斯普鲁斯海峡，淹没了数千平方英里的土地，使黑海的水平面上升至海平面的高度。这里被认为是第一批种植葡萄的人们可能居住过的地方，很接近酿酒葡萄的野外生长地。

酿酒葡萄：首次种植于黑海周围。

黑海洪水的幸存者向东部、南部和西部迁移，他们掌握了种植葡萄和将葡萄汁转变为葡萄酒的技术。这样一系列的事件也有助于解释为何“葡萄酒”这个词在各种语系中是如此惊人地相似，从赫梯语的“*wiyana*”、古希腊语的“*oinos*”、阿拉伯语的“*wayn*”到格鲁吉亚语的“*gvino*”和拉丁语的“*vinum*”。

公元前3000年左右，人们从埃及将酿酒葡萄的种子带到希腊，并在当地种植和栽培，甚至还将其传播到与印度接壤的“新月沃土”地区。酿酒的最早考古证据可追溯到位于高加索南部（靠近亚拉拉特山）的格鲁吉亚。考古学家在古老的陶瓷碎片上发现了极少量的酒石酸残留，这是一种葡萄酒的残留物。当霍华德·卡特在 1922 年打开了图坦卡蒙墓时，发现了许多用于储存葡萄酒的大型陶器。这些考古发现显示，在 3 300 年前，这种酒在埃及的统治精英阶层中很受欢迎，对任何一位自尊心强的法老而言，这都是绝对的“必备品”，可以在他的墓穴中保证其来世的生活。

但是，古代世界的顶级酒商和最沉迷饮酒及其文化的无疑都是希腊人，他们会在酒壶里涂上树脂作为天然防腐剂、抗生素和杀虫剂。一种名为热茜娜（retsina）的希腊葡萄酒一直保持着这种古老的风味。葡萄酒是众神之酒，古希腊人甚至还有自己的酒神——狄俄尼索斯。为了纪念他，人们举办了名为“会饮”的酒会，会上人们讨论每天的关键问题、策划政治阴谋或只是彻夜狂欢。一个被称为“双耳喷口罐”的巨大酒罐会放于房屋中间，其三面均是躺椅，而男人只能倚靠在躺椅上。饮酒游戏（比如古希腊称为 *kottabos* 的游戏，这个游戏是把空酒杯扔向墙上的目标）、同性恋和异性恋的联合活动都受到大量葡萄酒的刺激。

尽管把葡萄加工成葡萄酒以追求政治和享乐的理念最初是由古希腊的富人实践产生的，但正是罗马人将酿酒推广到其帝国疆土的各个地方，并在西班牙、法国和德国开建了首批葡萄园。罗马人也有他们的酒会模仿版，他们将其命名为“美筵（convivium）”，从中衍生出现代的“酒宴（convivial）”一词，用来描述一种用酒来放松的社交场合。他们也崇拜酒神狄俄尼索斯，并把他重命名为酒神巴克斯。

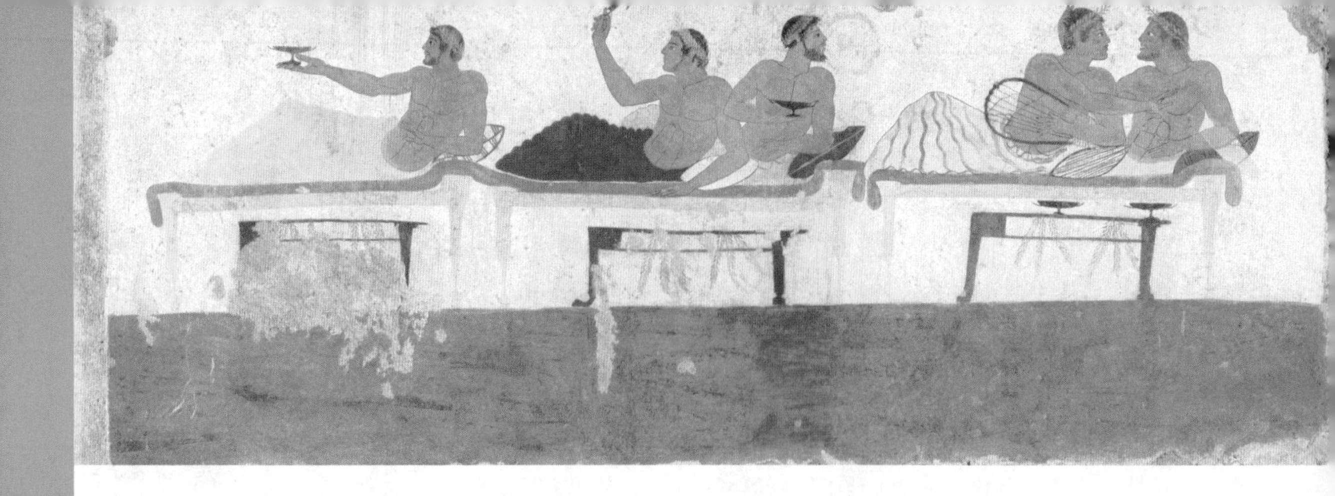

醉得一塌糊涂：一场希腊酒会，男人正享受着葡萄藤的果实。

神学、美酒和上流社会之间的文化融合反映在了地中海的新兴宗教之中。异教徒对葡萄酒的崇拜，在文化上与在天主教圣礼中将酒作为基督圣血的观念并没有太大区别。如今，在全球有数以亿计的基督徒举行的圣餐仪式中，仍需要通过饮酒来纪念被钉在十字架上的上帝之子耶稣基督，使徒保罗在给希腊人的《哥林多前书》中写道："我们所祝福的杯，岂不是同领基督的血吗？"

罗马帝国衰落之后，葡萄酒市场也随之崩溃，尽管葡萄酒和神学之间的联系仍然存在。从约公元 500 年到约 1000 年，欧洲主要的酒商大多是修道院。本笃会修道士必须维持葡萄藤的健康，以提供其圣餐所需的葡萄酒。葡萄园也是从与欧洲贵族贸易中赚取额外现金的便捷方法，从公元 9 世纪开始，在封建制度的支持下，这种贸易逐渐开始重新确立其地位。

到了 14 世纪，英格兰王室和贵族对葡萄酒的渴求已经无法得到满足了。1305 年至 1309 年间，近 30 万桶葡萄酒从法国的加斯科尼经海路出口到英格兰，相当于每年出口 9 亿升。从 16 世纪开始，当欧洲征服美洲并将其变为殖民地时，殖民者便带着他们的葡萄藤来到了这里。来自西班牙的耶稣会士建立了自己的葡萄园，以确保当地充足的"圣餐血液"供应。

人工选择不断地面临着与自然系统发生冲突的风险（见竞争对抗）。葡萄遗传多样性的缺乏，就像殖民者从新大陆带回来的土豆一样，这意味着基因上完全相同的葡萄园嫁接果实极易受到攻击。因此当捕食者到达时，后果将是毁灭性的。

博迪先生是一位法国葡萄酒商人，他在 1862 年进口了许多美洲葡萄藤，并种植在罗纳河沿岸的某处。他完全不知道的是，这些葡萄藤的根系被黄色的有毒蚜虫感染了，这些蚜虫在横渡大西洋的航程中幸存了下来，这可能是因为蒸汽船的新型运输方式大大减少了从美国到欧洲的航行时间。

这种葡萄根瘤蚜（*Daktulosphaira vitifoliae*）的繁殖能力很强，一只雌蚜在仅仅 8 个月的时间里就可以生产多达 256 亿只后代，而全程无须雄蚜参与。这些蚜虫可以从酿酒葡萄的根部吸出汁液，并用它们自己特殊的毒液代替。没有人知道这种导致葡萄死亡的神秘疾病是由葡萄根瘤蚜造成的，直到 1868 年的一天，法国生物学家朱尔斯 – 埃米尔 · 普朗邱（Jules-Emile Planchon）提出他的蚜虫感染理论，当时有人告诉普朗邱，说他们发现了这些昆虫正淡定地沿着藤蔓前行，“就像资产阶级手里拿着拐杖走进一家餐厅一样”。

尽管有普朗邱的发现，但依旧没有人知道该如何消除这种病虫害。法国政府绝望了，于是他们悬赏 32 万法郎，寻找可以消灭这种害虫的人。当有机化学家尝试每种可能的杀虫剂时，法国酿酒商则采取了从牛的尿液、烟草、老叶，再到溶解在硫酸中的碎骨等多种试验方法。似乎没有什么可以杀死这些蚜虫，这一虫害在 15 年内几乎摧毁了法国的葡萄酒行业，其规模跌至原来的一半。到 1875 年，超过 40% 的法国葡萄园被毁，面积约达 250 万英亩，另有 150 万英亩的葡萄园被感染。

如果没有杀虫方法，很难想象法国的葡萄酒业及与之相关的酿酒葡萄是如何彻底摆脱崩溃的危机的，一个几乎不可避免的结果就是如今将很少有人能品尝到葡萄酒。少数幸免于感染的地方之一便是智利（现在仍然如此）。由于供应十分短缺，令人望而却步的价格将除了超级富豪之外的所有人都拒之门外。在美洲生长的其他葡萄品种有类似“麝香”的味道，难以适应精制的西方葡萄酒饮用者的口味。

然而讽刺的是，正是由于这些美洲物种，才最终找到解决方案，使法国的葡萄酒业免于毁灭，并挽救了酿酒葡萄的命运。两名法国葡萄种植者利奥·拉李曼（Leo Laliman）和加斯顿·巴吉尔（Gaston Bazille）建议，将欧洲葡萄酒商的酿酒葡萄嫁接到对蚜虫免疫的美洲葡萄的根部，以此从某种程度上恢复遗传多样性。尽管法国的葡萄酒商执着地反对，他们偏执地认为这种天方夜谭般的嫁接技术会损害他们葡萄酒的高级口感，但这种杂交试验被证明是成功的。

从 19 世纪 70 年代中期开始，法国将所有葡萄藤连根拔起并嫁接、再植的艰巨任务开始了，该过程被称为“再造”。如今，除了智利以外，世界上几乎所有葡萄种植园里的葡萄根茎都是来自这个不同的美洲土著品种。因为根只是从地面吸收营养和水分，所以在这种无处不在的杂交品种中并不存在口味差异。由于将水转化为葡萄汁的化学反应仍然是由酿酒葡萄的基因决定的，因此它们可以安全地在地面上茁壮成长，免遭蚜虫侵害。

目前尚无彻底根除这些蚜虫的方法，因此，法国悬赏的奖金一直被锁在银行的保险库中，等待着有人去领取。有人认为，由拉李曼先生和巴吉尔先生开创的解决方案，严格地说，并没有消灭这些害虫。尽管这是一场 19 世纪栽培者的灾难，但酿酒葡萄现在已经成为全球性的成功故事。大约 70% 的葡萄被制成葡萄酒，其余的则作为新鲜果汁、水果或是果干（即通过各种加工过程形成的葡萄干、无核葡萄干和小葡萄干）以供食用。

古 柯

科：古柯科（Erythroxylaceae）
种：古柯（*Erythroxylum coca*）
排名：96

一种成瘾性极强的南美植物，有其味道的软饮在现代世界非常流行。

斯泰潘公司是一家成立于1932年的美国化工公司，坐落于纽约西部仅20英里的新泽西州，其业务是制造各种化合物，包括从肥皂到织物，从颜料到牙膏等方方面面。但它也存在一个没有列在公司网站的奇怪事实，这就是：它是唯一被允许合法进口古柯树叶到美国的公司。

每年，斯泰潘要进口超过100吨的古柯叶，其源自一种有花植物，它就生长在哥伦比亚、玻利维亚和秘鲁的林冠之下。通常，古柯叶的贸易是非法的，这是由于古柯叶中含有一种极具成瘾性的化合物，通常用于制造一种叫作可卡因的毒品。但斯泰潘的进口则是用于完全不同的方面。在其19英亩的工业地产上，大量树叶被加工并提取出一种不含可卡因的非麻醉性香精，添加到世界上最受欢迎的软饮配方中，这种饮料以该植物的名字命名：可口可乐（Coca-Cola）。

在15世纪晚期，欧洲探险家首次发现美洲之前的至少2 500年间，南美洲的人们一直很喜欢咀嚼古柯的叶片。由于其兴奋性和补充能量的效用，印加人（1438—1533）将这种植物视作神灵赐予的礼物。在传统的南美文化中，可以将一卷古柯叶夹在牙龈和脸颊之间，在嘴里轻轻吮吸咀嚼，每次最多3个小时。这个古老的传统使低剂量且持久的生物碱药物可卡因进入血液，像咖啡因一样起到兴奋作用，使血管收缩、提高心率并让身体为行动做好准备。古柯在现代的影响，如令人兴奋的欣快感、成瘾、戒断症状甚至偶尔的死亡，是由于注射或吸入了纯可卡因，导致高剂量的药物进入身体循环系统。

当西班牙征服者第一次遇到南美洲咀嚼古柯的原住民时，他们禁止了这种做法，并将其视为原始的不符合基督教教义的行为。但在当地人拒绝在银矿中工作时，他们改变了主意，比如从17世纪50年代开始，波托斯的银矿使许多欧洲人变得极为富有。欧洲人发现，支付古柯叶为奴隶们提供了充足的动力，这也使得他们被欧洲压迫者榨取了所有的金银财宝。

200多年来，南美洲以外的人仍然不知道古柯会对他们的意识产生什么影响。在1858年，意大利医生保罗·曼特加扎（Paolo Mantegazza，他定期与查尔斯·达尔文通信）从南美洲行医归来，在米兰一家先进的医院担任外科主治医生。他次年发表了论文《关于古柯的卫生和药用价值》（On the Hygienic and Medicinal Properties of

Coca），文中揭示了咀嚼古柯的欣快感，这是他花了一段时间与南美洲原住民一起生活后发现的。

他的文章引发了一场欧洲医学界的竞争——寻找这些奇妙叶片的秘密。不到一年，德国中部哥廷根大学的一名研究生阿尔伯特·尼曼（Albert Niemann）便写了一篇论文，解释了如何从古柯叶片中分离复合可卡因。3年后，一位名叫安吉洛·马里亚尼（Angelo Mariani）的科西嘉[1]药剂师为一项新的饮品申请了专利，这种饮料是用波尔多葡萄酒和古柯叶中的可卡因混合制作而成的。在接下来的20年中，他的鸡尾酒在国际社会大受欢迎，最终吸引了吗啡成瘾者约翰·彭伯顿（John Pemberton）的注意，此人在1885年开发了自己的美国古柯酒替代品——后来他称之为可口可乐。

MARIANI
WINE
MARIANI WINE Quickly Restores
HEALTH, STRENGTH,
ENERGY & VITALITY.
MARIANI WINE
FORTIFIES, STRENGTHENS,
STIMULATES & REFRESHES
THE BODY & BRAIN.
HASTENS
CONVALESCENCE
especially after
INFLUENZA.
His Holiness
THE POPE
writes that he has fully appreciated the beneficent effects of this Tonic Wine and has forwarded to Mr. Mariani as a token of his gratitude a gold medal bearing his august effigy.
MARIANI WINE
is delivered free to all parts of the United Kingdom by WILCOX & CO., 83, Mortimer Street, London, W., price 4/- per Single Bottle, 22 6 half-dozen, 45/- dozen, and is sold by Chemists and Stores.

教皇诏书：利奥十三世认可含可卡因酒的治疗功效。

如今，如果畅饮彭伯顿的原味法国古柯酒，就会感到异常兴奋，因为该酒最初的配方中每盎司[2]含有多达6毫克可卡因。彭伯顿还加入了可乐果中的咖啡因作为额外的兴奋剂，其综合效应必然符合他所声称的：他的古柯饮料会有益于“科学家、学者、诗人、牧师、律师、内科医生以及其他致力于极端精神活动的人”，以及作为“一种最为奇妙的春药”。

19世纪末期一些最著名的文学作品就是在古柯植物的作用下撰写的，比如罗伯特·路易斯·史蒂文森（Robert Louis Stevenson）于1889年创作的有关精神分裂症的中篇小说《化身博士》，他在6天的可卡因狂欢中完成了6万字的书稿。大约在同一时期，19世纪的性心理学和精神分析学教父西格蒙德·弗洛伊德（Sigmund Freud，1856—1939），在一本名为《论古柯树》（*On Coca*）的专著中夸大了使用可卡因的益处。他写道，古柯可以支持“长时间、密集的体力劳动而完全不会造成疲劳”。甚至是教皇本人，利奥十三世（1810—1903）也欣然接受了可卡因产生的愉快功效，并为安吉洛·马里亚尼授予了一块金牌来支持这种饮品，以奖励他“为人类造福”。

19世纪，人们对古柯植物的喜爱一直延续到可卡因滴牙剂的使用上，在美国市场上，这是一种适合家庭使用的治疗牙痛的药物。与此同时，1884年，德国外科医生卡尔·科勒（Carl Koller）率先采用了一项消除白内障的新技术，该技术用可卡因使角膜麻痹，在把白内障移除手术比作用一根灼热的针头穿过眼睛的时代里，这个技术为患者带来了福音。直到1916年，注射器作为生活的附属品开始在伦敦哈罗德百货公司这样的上流社会

1　科西嘉岛（Corsica）位于地中海，为法国最大、地中海第四大岛屿。

2　1盎司约为29.57毫升。

牙齿问题：可卡因的早期使用者并没有意识到可能的后果。

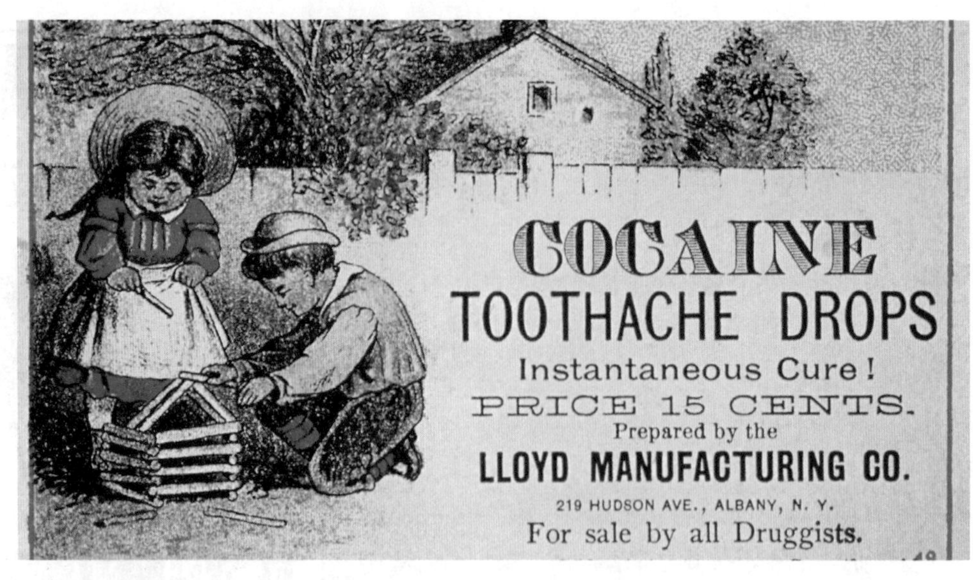

商店中出售，就像亚瑟·柯南·道尔（Arthur Conan Doyle）的侦探小说故事中虚构的超级侦探夏洛克·福尔摩斯（Sherlock Holmes）所使用的一样。

但是到了20世纪早期，西方政府因其军队吸毒成瘾，最终意识到可卡因（和海洛因）的流行正席卷美洲和欧洲社会。1912年，《国际鸦片公约》发布了全面禁毒令，美国等国家紧随其后制定了自己的法律，比如1914年的《哈里森法案》，禁止了在未经许可的情况下销售海洛因或可卡因。

早在1903年，可口可乐的秘方被秘密降级以去除可口可乐的精神活性成分。从那时起，尽管依然保留了咖啡因含量和某些可卡因分子，但只有去除了大量活性成分的古柯叶才能被用于饮料之中。虽然清除了其主要的精神成分，但这种能量丰富的甜味饮料仍在全球范围内广受欢迎，该公司的首席执行官罗伯特·伍德拉夫（Robert Woodruff，1889—1985）采取了一些特别的营销策略，他请漫画家创作了红脸蛋、略显肥胖的圣诞老人拿着可口可乐瓶痛饮的形象，这一形象在每年圣诞季的广告中都会出现。

20世纪70年代，西方政府为清除作为毒品的可卡因而做出的努力付诸东流。从那以后，这种植物就经历了戏剧性的复兴，成为世界上使用最广泛的毒品之一。如今，在哥伦比亚、秘鲁和玻利维亚的森林深处种植了超过15万公顷的古柯，据估计，供应了全球1 400万瘾君子。尽管在秘鲁合法种植了3万公顷的药用古柯，但大部分古柯都是非法种植并在一些临时小型工厂里被制成可卡因粉末，这些工厂的重建速度与警方定位并销毁它们的速度一样快。而政府正试图振兴传统的古柯茶，利用其天然药性，为患高原反应的游客提供安全的解药。

可卡因的现代复兴始于美国的中上层阶级。1974年，《纽约时报》杂志称它为“毒品香槟”。10年后，有人发现将可卡因粉末与碳酸氢钠混合，便可以被吸入，从而带来更快速、更容易上瘾的快感。这种毒品因其在制造过程中发出的声音而被称为“crack”[1]，在南美洲经济的严重混乱、贩毒集团的诞生以及美国庞大的社会下层阶级在内陆城市的不断扩张等因素的共同作用下日益流行，这些下层阶级成为毒品在城市的销售重心。

古柯以全新的形式传播到欧洲，其最大的消费群在西班牙、意大利和英国，也在其他欧洲国家和西非地区不断开拓新市场。

古柯植物泛滥的故事还有一个后记——无论是作为高成瘾性的娱乐性毒品，还是作为碳酸饮料的调味剂。请看下面的地图：在西半球种植的主要是兴奋剂（比如尼古丁和可卡因），而在东半球占主导地位的则是镇静剂类毒品（海洛因和吗啡等麻醉剂，见罂粟）。请注意，东西方的毒品特征对比鲜明，这也与二者的传统文化背景相契合：西方国家激进、暴力的消费主义以及对物质和商业的征服渴望与东方文化传统上的自我满足和唯心论（比如佛教在整个亚洲的传播和吸引力）形成了鲜明对比。

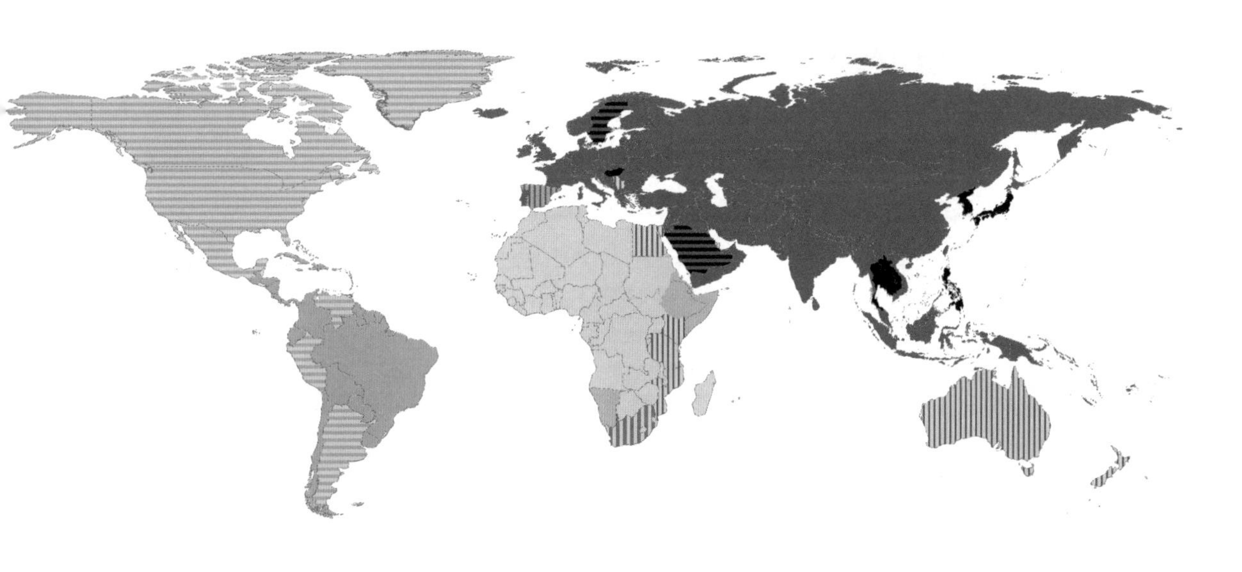

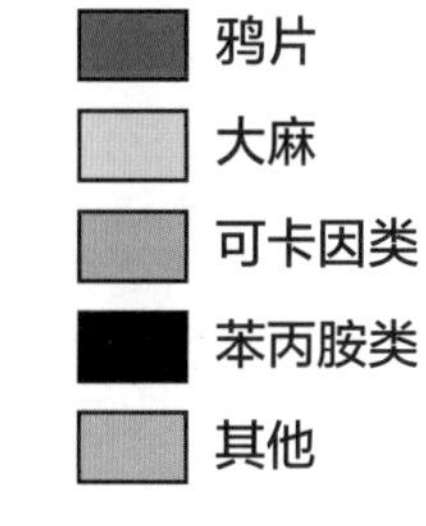

人类历史上的“习惯”

可卡因这类兴奋剂在西方文化中占据主导地位，而麻痹精神的鸦片在东方则更典型。

1 音译为克拉克或克勒克，意即爆裂声。

麦角菌

科：麦角菌科（*Clavicipitaceae*）
种：麦角菌（*Claviceps purpurea*）
排名：69

一种致幻寄生真菌，对从古希腊到披头士时期的人类文明都有着深刻影响。

艾伯特·霍夫曼（Albert Hofmann）非常幸运，没有在1943年4月的一个晚上从自行车上摔下来。这位来自巴塞尔的瑞士化学家在日记中描述了与一位同事一起回家的情形。这是他人生中最可怕的一次骑行经历：

> 我们是骑自行车过去的，因为战时会限制对汽车的使用。在回家的路上……我视野中的一切都摇晃起来，就像在弯曲的镜子里看到的扭曲影像一样，我也有种无法离开现场的感觉。不过，我的助手后来告诉我，我们的速度非常快。最终，我们平安到家，我几乎都无法要求我的同伴叫来家庭医生，或者去向邻居借牛奶……

霍夫曼于2008年逝世，享年102岁，他描述的是自己摄入一种在寻找新药过程中合成的药物的经历。他称之为麦角酸二乙基酰胺，现在通常称为LSD。霍夫曼后来写道，在他的骑行之后，他经历了至少6小时的"非凡之旅"，甚至连他房间里的桌椅也开始威胁他："房间里的一切都在旋转，熟悉的物品和家具……都是奇形怪状的，不断运动，活生生的，好像受到内心不安的驱使。"

他感觉自己的身体被控制了："恶魔入侵了我，占据了我的身体、心灵和灵魂。我跳起来，尖叫着，试图使自己摆脱他，但随后又再次失败，无助地躺在沙发上。"

然后他就有了"灵魂出窍"的体验："有时我相信自己位于身体之外，很明显，我作为外部观察者清楚地意识到自己悲剧般的处境。"

最终，恐惧的感觉让步于解脱，色彩缤纷的幻觉使他不知所措：

> 现在，慢慢地，我可以开始享受闭眼后持续存在的前所未有的色彩和场景。千变万化、神奇的影像在我头脑中涌现、交替、斑驳，它们以圆圈和螺旋的形式打开又闭合，在彩色喷泉中爆炸，又重新排列并混合到恒定的变化之中。

LSD中会引发这些怪异幻觉的成分来自一种自古以来就存在的特定寄生真菌——麦角菌。

麦角菌以黑麦、大麦和小麦为食。当孢子落到穗花上时，会向下萌发出芽管，以模拟花粉的行为，并在底部入侵花朵的子房，像病毒一样劫持其种子工厂来生产自己的硬壳繁殖器官——菌核。这种麦粒状的菌核最终会掉落在地面，在合适的条件下会结出一系列微小的蘑菇状子实体，这些子实体又会产生新的孢子，产生的孢子可以随风吹散，再次开始其整个生命历程。

瑞士化学家艾伯特·霍夫曼在服用了源自麦角菌合成的LSD后进行了一趟自行车之旅。

在麦角菌的硬化囊壳中藏着一系列由麦角菌制造的化学物质，以阻止食草动物干扰麦角菌破坏草坪的活动。这些被称为麦角胺的物质，会让动物（包括人类）暂时发狂。它们也是霍夫曼用来制造LSD的基本成分。

人类和动物食用被麦角菌感染的黑麦、大麦或小麦所引发的副作用很多，从不受抑制的惊厥到危及生命的坏疽等。所有家畜（尤其是牛）都很容易受到感染。自从发现LSD后，包括霍夫曼在内的很多学者和医生，都开始通过更好地了解麦角胺药物来重新诠释重要的历史事件。

例如，人们认为麦角菌加速了古希腊著名的厄琉息斯秘仪的高潮，这是夏末时分在雅典附近厄琉息斯的神庙中庆祝生育女神得墨忒耳的节日。在这一年一度的仪式中，多达3 000名朝圣者会饮用一种叫作kykeon的神秘饮料，由一系列草药、发酵酒和大麦调制而成。专家认为，附近被感染田地中的麦角菌很可能是这种饮料中存在臭名昭著的LSD类致幻作用的原因。参与者相信，人类可以通过圣礼进入神的世界，这种信仰被认为源于大约公元前1600年米诺斯文明的克里特岛，并一直持续到公元3世纪。在后来的人类历史中，这个信仰也被证实是十分强大的，至今仍然存在于许多宗教之中。

寄生真菌似乎也迷住了更北部的欧洲人民。1950年，在丹麦的泥炭沼泽中发现了图伦男子（Tollund Man）保存完好的遗体，这是个大约公元前400年被吊死在树上的约40岁的人。研究人员检查了他胃内残留物后发现，他的最后一餐是充满了麦角菌的粥。这个发现使一些学者认为，这个人可能是使用致幻剂的某种祭祀仪式的祭品。

麦角菌对人类历史的影响（尤其是对巫术和撒旦崇拜）可能比现存的历史记录所显示的重要得多。在中世纪时期，一种名为“ignis sacer”（圣火）[1]的疾病引发了在英格兰、

1 即麦角中毒，由于食用过量麦角生物碱引起以中枢神经系统紊乱和末梢组织坏死为主要症状的中毒病。

法国和德国人中的疯狂行为。在14—18世纪的欧洲已经有多次这样的记录，成千上万的人不明原因地疯狂跳舞和尖叫。据记载，1374年6月23日在德国亚琛，人们走上街头，以一种疯狂、无法控制的方式扭动着他们的身体。1518年7月，法国的斯特拉斯堡暴发了一场“舞蹈瘟疫”，多达400名舞者走上街头长达一个月之久，其中的一些人死于过度疲劳或心脏病发作。当时的医生排除了超自然原因，认为这是某种“自然疾病”。

1693年5月，在美国早期清教徒的马萨诸塞殖民地，14名女性和5名男性的绞刑事件也被认为是由于摄入麦角菌的影响。在塞勒姆女巫审判之后，这些人的行为包括尖叫、扭曲身体和投掷物品，因而被认为“超越了癫痫病或自然疾病”而被判死刑。从此之后，当地村医认为该类行为是超自然力量造成的，就将其与麦角菌中毒联系在了一起。

从19世纪50年代中期医护人员首次了解这种真菌对人类大脑和身体的影响以来，这种疾病的暴发就变得罕见了。到19世纪末，越来越多的农民意识到麦角菌寄生感染的危险，并开始使用硫酸铜溶液的杀菌剂来管理农作物（见波尔多液）、轮作（麦角菌在土壤中只能存活大约一年）和谷物清洁技术。

然而，由于霍夫曼发现了如何合成LSD，麦角菌在20世纪中期戏剧性地卷土重来。自此，它对现代西方流行文化的发展产生了深远的影响。

直到2008年4月去世之前，霍夫曼都相信LSD会对有精神健康问题的患者产生强大的治疗功效，也可作为治疗酗酒的潜在疗法，甚至还可以帮助与自然失去联系的城市居民重新与宇宙建立联系。实际上，LSD在20世纪60年代后期之前一直都是合法药物。在此期间，美国和英国的医生、研究学者甚至是美国情报机构都进行了广泛的医学试验。

20世纪50年代中期，美国中央情报局（CIA）进行了一系列秘密实验，将其称为大脑控制（MK-ULTRA），他们希望能寻找一种“真相”的药物来控制人的思想。曾经有一段时间，LSD被认为是可能的答案。未经训练的人员、妓女和其他志愿者参与了一系列秘密试验，他们在不知情的情况下喝下含LSD的饮料，以观察药物会对其行为的影响。

正在出芽的真菌：麦角菌准备传播它的孢子了。

尽管与该项目有关的所有记录已经在1973年被销毁了，但一份国会报告从证人证词中重建了证据，揭露了该机构在1976年的活动。因此，政府让美国公民在没有事先征得他们同意的情况下就让他们参与药物试验，是绝对违法的。

与此同时，LSD在20世纪60年代以迷幻“旅行”的解放效应为基础，开创了新的文化表现形式 。例如，肯·克西（Ken Kesey）的《飞越疯人院》（出版于1962年）是关于美国精神病院病人命运的故事，正是在LSD的影响下撰写的[1]。从披头士乐队的流行歌

1　肯·克西曾自愿参与政府在复员军人医院进行的药物试验，服用精神控制药物并汇报其药效。

曲（*Lucy in the Sky with Diamonds*）到忧郁蓝调乐队都成为拒绝一切当权派政治的象征，涉及从核裁军到同性恋和种族歧视等各个方面。精神病学界的人广泛使用LSD，这似乎激发了普通人的新信心，使他们有勇气（或胆量）向那些当权者竖起两根手指[1]。

20世纪60年代，美国政府急于消除这种颠覆性的行为，但这些颠覆性行为得到了哈佛大学的教授蒂姆·利里博士（Dr Tim Leary，1920—1996）的支持。使LSD成为非法药物的理由并不像人们想象的那么简单。LSD不是典型的药物。首先，几乎不存在其有毒性的证据，而且也不会明显成瘾。如果采取有效的控制方式，LSD只会让人们感到快乐，而这又有什么罪呢？至少，这是利里的观点。

1970年，LSD被美国政府列为一级管控药物，其"英雄人物"蒂姆·利里被理查德·尼克松（Richard Nixon）称为"美国最危险的人"。一年后，《联合国精神药物公约》签订，禁止LSD和其他几乎所有致幻物质的合法使用。娱乐性LSD转至"地下"，迷幻摇滚和譬如平克·弗洛伊德（Pink Floyd）和谁人乐队（The Who）的兴起点燃了人们抵制国家对私生活进行政治干预这一行为的热情。迷幻药嗑食群体成了持续的青年抗议运动的中心。

但是，自20世纪80年代以来，源自麦角菌的LSD与其他更易生产的致幻剂结合，比如摇头丸（由黄樟木的干燥根皮制成，这是一种自然生长在北美和东亚地区的落叶被子植物）。它对人类的影响是相似的，政治问题也是如此。2009年2月，英国非法毒品分类咨询机构主席大卫·纳特（David Nutt）称：就健康风险而言，"骑马与摇头丸之间并没有多大区别"。纳特表示，这两种行为每年都会导致大约10人死亡，远低于海洛因或可卡因高度成瘾者的死亡数字，更不用说尼古丁和酒精等合法物质了。纳特关于"为什么现代社会允许人们去从事那些'有害的体育运动，但禁止使用相对无害的药物'"的问题遭到了英国政府的强烈抗议，并立即驳回了对该药物重新分类的建议。

致幻药影响人类认知潜能的能力表明，麦角菌等物种也可能在史前时期对人类心智的发展中发挥了重要的作用。然而不幸的是，除非我们的无用DNA中隐藏着线索，否则我们可能永远都不会知道。

1 竖起食指和中指摆出"V"的姿势且掌心向内，有侮辱、冒犯之意。

罂粟

科：罂粟科（Papaveracea）

种：罂粟（*Papaver somniferum*）

排名：79

自然界中最容易让人上瘾的麻醉品，缓解痛苦的同时更给人类带来了痛苦。

马地臣（James Matheson）是一名19世纪的毒贩，他在所从事的非法毒品交易中获得了巨额财富，46岁退休后，他为自己购置了苏格兰西海岸附近的一座巨大岛屿。在那里，他为其加拿大新娘玛丽－简（Mary–Jane）建造了一座童话般的豪宅。卢斯堡如今依然屹立在路易斯岛上，尽管它已经空置了将近20年，而且年久失修。该建筑物的受托人目前正在为一些迫切需要修复的地方筹集资金。

不过，由马地臣和他的商业伙伴渣甸（William Jardine）共同创立的香港公司的情况则要好得多。这家繁荣的公司成立于1832年，在中国与西方之间运输和贸易业务方面仍然处于高位。如今，它是香港最大的私人雇主之一。

如果没有罂粟，无论是马地臣的巨额财富还是其贸易企业的长期成功都不太可能发生。事实上，这些看起来很有吸引力的艳丽花朵的影响确实是巨大的。在过去的300多年中，罂粟不仅掌握了世界西半球和东半球之间的政治和经济关系命脉，而且使全世界无数人摆脱了最大的苦难根源之一——剧痛。

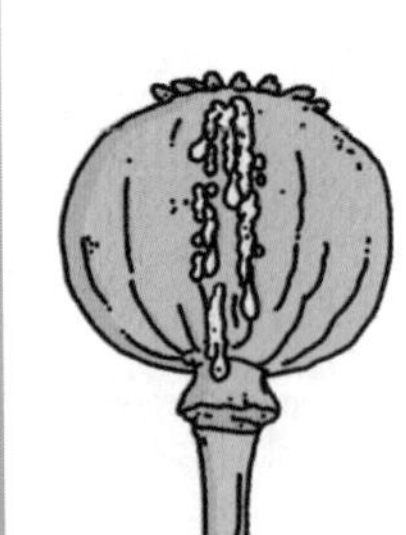

鸦片，是罂粟种荚的干燥提取物，其治疗效果为居住在地中海及其周边地区的人们所知至少有6 000年。在西班牙的一个洞穴里发现了罂粟花头，其历史可追溯至公元前4200年，专家指出这可能是新石器时代的人们用来进行麻醉的。罂粟的止痛功效被古希腊医生希波克拉底（Hippocrates，公元前460—前370年）、古罗马医生伽林（Galen，129—200）和波斯数学家阿维森纳（Avicenna，980—1037）注意到了，他们都描述了使用罂粟种荚中的白色乳胶以减轻疼痛和痛苦。

罂粟的乳胶中发现的两种活性化合物——可待因和吗啡，在有效阻断大脑中的痛觉感受器方面有出色的表现。即便在今天，它们也是世界上最常用的药物之一，对缓解牙疼和为晚期癌症患者提供安慰和缓解疼痛都至关重要。

尽管罂粟的医学效用毋庸置疑，但其作为高度成瘾、增强快感的娱乐性麻醉药品所产生的政治和经济后果则是不可估量的。鸦片及其半合成衍生物海洛因的使用是不信任和怨恨的根源，仍然在东西方文化之间的关系表象之下弥漫着险恶的气息。

英国的小学生很少听说过19世纪的鸦片战争，他们更加没有听说过林则徐——中国最著名的民族英雄之一。同样的，驻香港的英国企业高管可能也不知道，如今英国最成

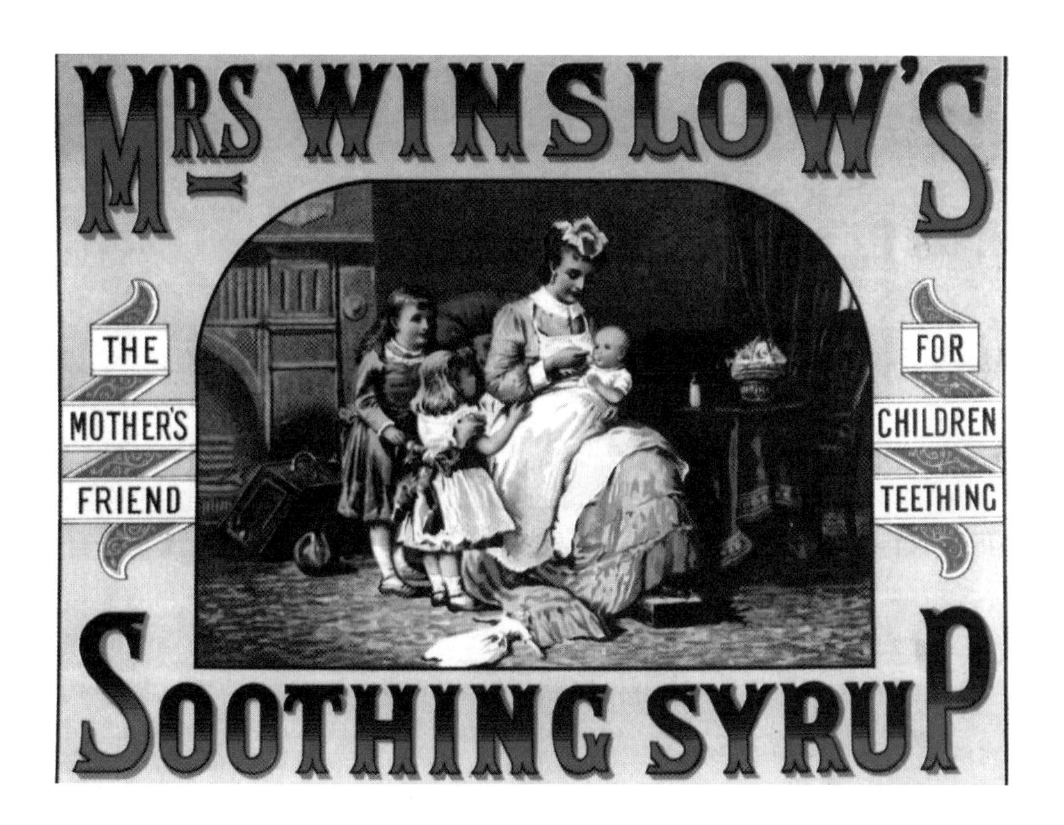

止痛疗法：温斯洛夫人的舒缓糖浆（Mrs Winslow's Soothing Syrup）于1849年上市，母亲会给正在长牙的孩子服用，该药物每盎司含有一格令（65毫克）鸦片。

功的贸易公司之一怡和集团，最初是由一群苏格兰毒品走私犯成立的。但是，当在非人类物种（如罂粟）的背景下观察历史时，可以免受民族自豪感和偏见的干扰。

直到19世纪，罂粟与人类之间的关系对二者而言都是积极的。该药物特别适合帮助定居者应对其日益文明的城市生活方式。医务人员发现，从焦虑、无聊、疲劳、失眠到哭闹的婴儿和腹泻等由不卫生所导致的各种情况，都可以用鸦片来进行更好的管理和控制。因此，公元8世纪，阿拉伯征服者将罂粟种子带到了亚洲各地，罂粟干燥提取物的治疗和止痛特性便传播到了印度和远东地区。在伊斯兰文化中，更倾向于使用鸦片作为酒精的替代品，因为酒精是先知穆罕默德所禁止的。

一位名叫帕拉塞尔索斯（Paracelsus，1493—1541）的瑞士－德国炼金术士是第一个发现罂粟乳胶的干燥提取物（鸦片）可以溶于酒精的欧洲人。他把这种混合物称为鸦片酊（laudanum，由拉丁语 laudeo 变化而来，意为"我赞美"），因为它似乎对大脑产生了令人满意的效果。英国医生托马斯·西德纳姆（Thomas Sydenham，1624—1689）获得了帕拉塞尔索斯的药水，他将其描述为"最美味、最特别的提神剂"，并将其与"那种因谦虚而无法名扬的愉悦……"相提并论。从那时起，这种名为鸦片酊的混合物被越来越多的人用于日常生活的方方面面，从增强愉悦感到缓解疼痛以及作为安眠药。甚至到19世纪晚期，英国药剂师都在推广各种外来鸦片类的非处方药物，比如"温斯洛夫人的舒缓糖浆"，它被誉为缓解婴儿牙疼的理想解决方案。

两项技术的发展打乱了鸦片作为一种流行的口服药剂被使用。第一项是由苏格兰内科医生亚历山大·伍德（Alexander Wood）在1849年所发明的皮下注射器。直接注射的药物绕过人体的消化系统，而消化过程通常可以在有害化学物质到达血液和大脑并产生破坏之前，尽可能地将其代谢成危害较小的衍生物。因此，直接进入静脉的药物注射比口服产生的效果要强得多，它在几秒之内就可以穿过最重要的血脑屏障并产生高药效。人类演化了数百万年的身体可以有效地处理摄入的毒素（呕吐和腹泻是演化出的两种防御疾病的方式），而身体尚未有时间演化出应对突然注射的方式。

第二项技术是意外合成了乙酰化吗啡，其药效至少是吗啡的两倍。这种物质因其"英雄效应"（heroic）而被称为"海洛因"（heroin），1898年，德国拜耳制药公司将其作为一种治疗吗啡成瘾的非成瘾物质而向大众推广。但12年后，海洛因被证明是一种更强大且更容易上瘾的毒品。到1910年，由于这个预料之外的后果，名为海洛因的魔盒已被打开，整个欧洲和美洲都受到毒瘾的肆虐。情况是如此糟糕，以至于1912年1月，13个国家在海牙签署了全世界第一个禁止使用某些麻醉品（主要是鸦片和可卡因）的协调性条约[1]。国家禁止个人合法或非法消费毒品的国际合作的历史便从此开始。

人类与罂粟在西方社会的关系曾一度让人感到同情，但这种技术上的"进步"使得这种关系更加"一边倒"。全世界依赖毒品生活的民众正日益形成一种犯罪的亚文化，这种文化依靠罂粟种植和鸦片交易以满足他们不断增长的毒瘾。

与此同时，远东地区爆发了更加严重的罂粟问题。中国在注射器和海洛因方面的缺乏，却在19世纪以其民众吸食鸦片的方式得到了充分的"补偿"。他们鸦片成瘾的原因是印度罂粟种植园刺激了供应的大幅增加，这是大英帝国当局为平衡与中国之间不平等贸易关系而采取的应对方式。

自从欧洲探险家在好望角附近发现了一条通往远东地区的海上通道之后，他们面对的一个根本问题是：茶叶、瓷器、丝绸和香料等理想产品都来自远东地区，但是欧洲能提供什么商品呢？正如中国乾隆皇帝在1793年写给英国国王乔治三世的信中所言，中国对西方世界的产品需求甚少："然从不贵奇巧，并更无需尔国置办物件。"

像詹姆斯·马地臣这样的英国商人，于1818年首次冒险来到远东地区时就敏锐地意识到了这个问题。1836年，他写了一篇论文，认为上帝赐福于中国人，让他们拥有了地球上最令人向往的地方，但他们却试图将外国人排除在贸易伙伴之外，这是"违反自然法则"的。

在没有其他产品可提供的情况下，白银成了用来交换茶叶的主要货币，对那时大不列颠的人民来说，茶叶是一种必不可少的成瘾兴奋剂。而中国几乎垄断了茶叶市场。直到19世纪中叶，英国人开始在印度种植茶叶并对日本开放市场（1853年海军准将佩里访

1　即《国际鸦片公约》，第一份国际禁毒条约。

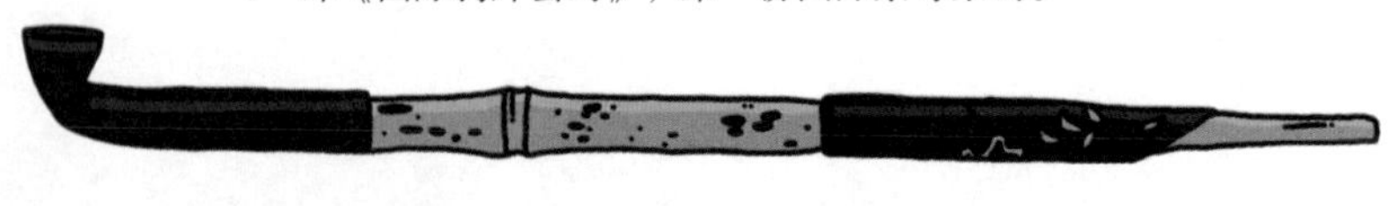

日之后），中国对茶叶的垄断最终被打破了。如果中国不愿意购买欧洲产品作为回报，那么欧洲国家应该如何为这些商品买单呢？到 18 世纪晚期，作为唯一被中国接受的货币，银锭的大量流失严重威胁着英国的经济命脉。

马地臣这样的英国商业天才，其工作就是在中国的贸易港口广州经营业务，以刺激中国大众吸食高度成瘾性的鸦片。这一策略一举解决了西方贸易不平衡的问题。只要他们愿意，英国商人可以出售由在印度附近殖民地种植的罂粟制成的鸦片，以换取中国的茶叶，而不需要另付银币。

据估计，在 1767 年到 1850 年之间，从印度出口到中国的鸦片数量增加了 70 倍。到 1799 年，中国政府对鸦片大规模供给的增加（及价格的下降）及其对中国人民的影响变得警觉，于是完全禁止了鸦片的进口，若有违者可以判处绞刑。但由于罂粟的诱惑力和英国商人的野心，注定这一禁令的实施是失败的。英国商人通过贿赂当地官员（他们自己也上瘾了）进一步增加了鸦片的进口量，而完全不受禁令的约束。

鸦片的猖獗对 19 世纪的中国造成的社会后果在多大程度上直接导致了清政府政治掌控的崩溃，仍然是一个热议的话题。英国发动的两次鸦片战争（1839—1842 和 1856—1860）极大地削弱了清政府的权威。

中国官员林则徐（1785—1850）是英国宣战的导火索，在现代中国，他越来越被视为民族英雄。1838 年，林则徐被皇帝委以抵抗英国走私犯并彻底消除国家对毒品依赖的重任。在不到一年的时间里，林则徐从一个英国走私犯及其当地代理商处查获了 120 万千克鸦片。查获的非法毒品如此之多，据说 500 个工人用了 22 天的时间才将这些毒品中和掉（与石灰和盐混合）并投入海洋。林则徐暂押了一些重要的英国官员（包括马地臣），甚至还写了一份公开信，警告英国政府：允许商人行事不道德的行为，公然破坏了另一个主权帝国的完整性。

> 该国夷商欲图长久贸易，必当懔遵宪典，将鸦片永断来源，切勿以身试法。王其诘奸除慝，以保乂尔有邦……

林则徐的言论被置若罔闻。1839 年 8 月 23 日，英国占领了香港，并将其作为供应站和贸易桥头堡。在不到一年的时间里，从新加坡运抵了新造的蒸汽动力炮舰；1842 年，中国战败。林则徐被流放，中国则被迫向西方开放通商口岸，并签订一系列不平等条约，这些条约也使英国拥有了香港未来 100 年的治权。1860 年，在第二次鸦片战争中，西方列强烧毁了位于北京的圆明园，迫使中国正式宣布鸦片贸易合法化。到 1879 年，英国商人每年向中国出口 103 000 箱鸦片，相当于 5 300 吨。

有影响力的伦敦人对大英帝国的道德伪善并非熟视无睹。后来的英国首相威廉·格莱斯顿（William Gladstone，1809—1898）在 1840 年的下议院演讲中宣称："我从没见过这样一场起源不公正的战争，它使这个国家永远蒙羞……”

甚至早在1750年，东印度公司总干事沃伦·黑斯廷斯（Warren Hastings）曾警告过人们使用鸦片的危害，他说鸦片可出于贸易目的推销给外国人，但不应该鼓励英国人自己使用：“鸦片并非必需品，而是有害的奢侈品，不应被允许销售，而应只用于对外贸易，而且政府定会控制其消费。”

西方的伪善行为对数百万株种植在孟加拉（印度北部）的罂粟来说却是个好消息。随后，为了满足亚洲吸毒者的需求，罂粟种植向东蔓延至中国西南地区、缅甸和泰国北部。太平天国运动期间，成千上万受饥饿折磨、对鸦片成瘾的中国人被贩卖，这进一步加速了罂粟的传播。许多人被西方殖民国家当作苦力，因为那时公然实行奴隶制基本是违法的。因此，从伦敦到纽约，鸦片走私和毒品贩卖在城市内部变得根深蒂固，其对外开放似乎是为了报复曾经在中国发生过的事情。20世纪早期，当罂粟种植园在墨西哥和南美洲兴起时，这种植物的全球征服就完成了。

到20世纪初，受到鸦片泛滥控制的西方国家政府仍然深受其害。战争，尤其是越南战争（1955—1975）增加了其吸引力、使用和成瘾程度，这些服役士兵都试图借助海洛因从丛林斗争的创伤中解脱出来。

如今的海洛因成瘾者（据估计全世界有超过1 100万人）很少能够负担得起这一癖好所需的费用，据估计，平均每年花费16 000英镑。严格执行禁毒令后，特别是美国尼克松总统在20世纪70年代实行“毒品战争”以来，现代瘾君子和毒贩通过采取城市暴力、盗窃和黑社会枪击事件来满足他们的毒瘾，甚至是在伯尔尼、伦敦、纽约、罗马这样富裕的西方城市也已不足为奇。

罂粟甚至可以与由“9·11”恐怖袭击引发的现代“反恐战争”联系在一起。目前，全球92%的海洛因来自阿富汗的罂粟田，由于其他势力（英国，然后是苏联，现在是北

19世纪英国的鸦片船。

大西洋公约组织）持续不断的入侵，其经济发展中断了两百多年。除了种植罂粟和交易用于生产海洛因的鸦片，阿富汗的经济几乎无法提供生活必需品，无论是武器还是食物。联合国毒品调查报告显示，2007 年，全球海洛因的产量达到了历史新高的 606 吨。

罂粟的全球化造就了成功者的同时也注定会产生无数的失败者。海洛因成瘾者靠犯罪满足毒瘾，他们在街头绝望地游荡，或者被关在监狱里以免伤害自己和社会，也有人通过世界上最有效的罂粟类止痛药——吗啡来减轻痛苦。与此同时，19 世纪的中国政府和人民输给了西方的奸商，诸如东印度公司这样的企业变得十分富有。马地臣，这个鸦片走私商花费了其部分财产（19 万英镑）买下了苏格兰的一座小岛，又花了 50 多万英镑创建了一座有雉堞的仿都铎式风格的建筑。他显然是罂粟“彩票”中最引人注目的中奖者之一。

青霉菌

科：发菌科（Trichocomaceae）
种：产黄青霉（*Penicillium chrysogenum*）
排名：10

一种天然抗生素，改变了现代医学并使人口数量显著增加。

一个没有清洗的培养皿，一个开着的窗户和3周异常寒冷的天气，这样一种随机而混乱的状况，却使亚历山大·弗莱明（Alexander Fleming）发现了一种叫作青霉菌的有抗菌特性的真菌。1928年的夏天，这位苏格兰微生物学家在伦敦圣玛丽医院地下实验室的研究暂停了3周。在他回来时，他开始漫不经心地清理实验器皿，这本应该在他离开之前就清洗掉的。在一个培养皿中，他注意到霉菌污染了之前培养的常见传染性链球菌，这种霉菌周围有着清晰的“光环”。弗莱明指着他的实验室助理梅林·普莱斯（Merlin Pryce）说道：“这很有趣……”

虽然运气无疑是霉菌污染的原因，但正是由于弗莱明敏锐的眼睛和作为微生物学家的丰富经验，才能确定这个“光环”效应的巨大意义。弗莱明意识到，这种霉菌一定在分泌一种可以杀死细菌的化合物。弗莱明的发现就像生物炸药一样，因为有很多传染病和折磨动物（包括人类）的疾病都是由一种被归类为“革兰氏阳性”的细菌导致的，比如培养皿中的链球菌。弗莱明继续撰写关于真菌抗菌特性的论文，他将这种真菌称为点青霉（*Penicillium notatum*），其产生的抗生素化合物称为青霉素。

然而，弗莱明并没有将青霉菌强大抗菌特性的发现推广到全世界。这也是他与另外两个人分享了1945年诺贝尔奖的原因，他们分别是澳大利亚科学家霍华德·弗洛里（Howard Florey，1898—1968）和德国出生的生物化学家恩斯特·钱恩（Ernst Chain，1906—1979）。

弗洛里和钱恩是英国牛津大学微生物研究小组的成员。钱恩偶然发现了弗莱明在20世纪30年代所写的科学论文，该论文建议使用青霉素作为抗生素。在第二次世界大战期间，伤员的伤口常被严重感染，通常只有截肢处理才是拯救伤员生命的唯一办法。即便在那时，成功也只是碰巧的事情，人们害怕感染就像现在担心癌症一样。

1940年5月25日，星期六，霍华德和钱恩对8只老鼠进行了注射致命剂量链球菌的实验。4只用青霉素治疗，作为对照，其余4只没有得到治疗。第二天早上，当弗洛里和钱恩到达他们的实验室时，他们发现4只没有得到治疗的老鼠死了，而得到治疗的4只小鼠恢复了健康。从此人类试验便开始了。

主要障碍之一是如何培养足够数量的真菌来治疗人类，而不是小鼠。这个团队最初使用的一个鲜为人所知的（也不太健康的）生产技术——收集医院便盆并用其种植霉菌。含青霉素的液体从生长中的霉菌下方流出，并通过降落伞绸过滤到附近书架上的牛奶瓶中。这样的临时技术永远无法产生足够的青霉素以满足战争中受伤士兵的治疗需求。

得益于跨大西洋合作的迅速发展，一个最不可能的物种提供了帮助。美洲香瓜最初由哥伦布在其第二次旅程中于 1494 年带到新大陆。人们发现，美洲香瓜是产黄青霉的最佳培养基，其产生的青霉素是弗莱明发现的点青霉的 200 多倍。玛丽·亨特（Mary Hunt，也被称为“发霉的玛丽”）发现了这个令人惊讶的霉菌生长栖息地。1943 年，在玛丽用 X 射线照射霉菌的一系列实验中，产生了一种突变的青霉菌变种，使抗生素化合物的产量进一步增加到了弗莱明培养物的 1 000 多倍。容量为 87 000 升的巨型充气金属罐（不是牛奶瓶）被用来种植这种霉菌，到 1945 年，每年生产的青霉素足以治疗多达 700 万名患者。

对于青霉菌属的基因而言，与现代人类之间的合作关系是非常有利的。据估计，如今每年的抗生素销售额超过 60 亿英镑。当感染遇到青霉素，对细菌来说就像是一场大屠杀，尤其是在定期注射抗生素的家畜中。现在，人工培育的各种抗生素产生菌和天然细菌的超高速演化之间，存在着持续的战争状态。这些微生物的繁殖时间很短，因此它们以极快的速度演化着。到目前为止，人类及其真菌伙伴通常占据优势，尽管由于抗生素的滥用，耐药菌感染（比如耐甲氧西林金黄色葡萄球菌[1]）甚至成了一种流行病。

在过去的 60 年中，青霉素在很大程度上使人类摆脱了死神的威胁，数以百万的生命从致命的感染中被拯救了出来。在全球范围内，青霉素的发展可能更像是一把双刃剑。据估计，由于它的广泛使用而增加的人口超过 2 亿，虽不及人工化肥联盟或诺曼·布劳格的农林 10 号对人口增加的影响，但仍相当可观。

弗洛里被视为澳大利亚最重要的科学家之一，他非常了解这种市场化的神奇药物对全球的影响。“我现在被指控，”他在 1967 年说，“要对人口爆炸负部分责任……这是在本世纪余下的时间里全世界必须面对的最具毁灭性的事件之一。”弗洛里对这个问题变得十分敏感，因此他后来的大部分研究都致力于开发和改良避孕方法。

亚历山大·弗莱明爵士正在检查一个培养皿，1945 年他因发现青霉菌的抗菌特性而获得诺贝尔奖。

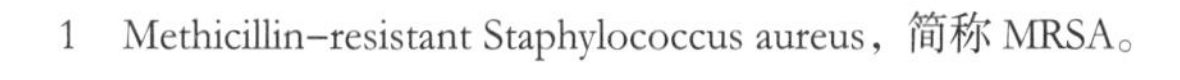

1 Methicillin-resistant Staphylococcus aureus，简称 MRSA。

金鸡纳

科：茜草科（Rubiaceae）
种：正鸡纳树（*Cinchona officinalis*）
排名：84

可以为人类提供对疟疾最有效防御的一种树木。

植物和人类一样，是人类歧视和偏见的受害者。猜疑一般通过宗教传统传播，例如穆罕默德不能容忍植物发酵成酒精，又或者基督教会把大麻、毒芹或颠茄等真菌和草药视为“女巫”调制药物的原料。今天作为主食的食物，比如营养丰富的土豆，在成为欧洲的美味佳肴之前遭受了数百年的歧视。即使植物为人类提供了奇迹般的治疗方法，可以使人从不可控制的发烧中死里逃生，偏见仍然存在。

1658年，英国内战（1642—1651）期间篡夺英国王室权力的军官克伦威尔（Oliver Cromwell）倒在了病床上，许多历史学家认为他病倒的原因与当时爱尔兰盛行的疟疾有关。一位威尼斯医生为他提供了一种可能的治疗方法——使用原产于南美洲的一种树皮粉末。然而，尽管克伦威尔高烧不退，但他认为这种药剂是天主教精心设计的阴谋而没有服用。结果，他因放血而流血不止，此后病情进一步恶化，不久便去世了。因此，我们不禁思考，如果克伦威尔摈弃了其新教徒的偏见，英国的历史会有怎样的不同。

“耶稣会的树皮”：秘鲁金鸡纳树可以预防疟疾。

没有人知道金鸡纳树皮粉末中的活性成分奎宁被人们用来抵御恶性疟原虫的致命影响有多长时间了。在西班牙侵略者于15世纪晚期到达美洲之前，尚无使用金鸡纳的明确证据，或许这是因为疟疾与天花一样，是从欧洲和亚洲传播过来的。但是，一旦这种疾病通过吸血蚊子的传播在南美洲暴发，当地原住民很快将他们的草药知识付诸实践。

17世纪20年代，在安第斯山森林里工作的耶稣会传教士从南美洲原住民那里得知了金鸡纳树皮的治疗效果。其首次成功是在1630年，繁荣的秘鲁城市雷萨的地方长官饮用了一种由金鸡纳树皮制成的冲剂之后，其危及生命的发烧竟然被治愈了。在南美洲工作的耶稣会教士将这神奇的树皮带回了欧洲，意大利和西班牙的疟疾患者也惊人地康复了。正是这种联系，导致天主教徒和新教徒之间就使用一种名为“耶稣会的树皮”（Jesuit's bark）的教皇治疗法的利弊争论了数十年。

一位十分狡猾却又极具创业天赋的医生打破了这个偏见，并最终说服新教国家相信这确实是一种治疗最致命疾病的有效方法。罗伯特·塔尔博尔（Robert Talbor）医生生于1642年，来自英国剑桥郡，因调制了一种治疗高烧的秘方而闻名。塔尔博尔意识到英国人对“耶稣会的树皮”的使用感到担忧，于是在他的书中极力劝阻人们不要接受这种疗法：“……小心所有治标不治本的疗法，尤其是以耶稣会命名的粉末，因为它出自笨拙之人的手。”

塔尔博尔消除发热的特殊疗法非常著名，1672 年，英国国王查尔斯二世（1660—1685 在位）任命他为皇家医生，并在 1678 年封他为爵士。第二年，查尔斯因高烧病倒，但被塔尔博尔的秘方治愈了；同样被治愈的还有法国国王路易十四的儿子，塔尔博尔因挽救了法国王储的性命而获得了 3 000 个金币。当 1681 年塔尔博尔去世时，他的神秘药方才终于被曝光——鸦片、酒精、柠檬汁和某种物质的溶液，你猜怎么着？这个某种物质就是金鸡纳树皮的粉末。

然而，欧洲人却一直难以培育这种植物。1735 年，当法国自然学家和史诗探险家查尔斯·马里·德·拉·孔达米纳沿着亚马孙河向下游旅行时（另见橡胶树），他克服一切困难去收集他认为非常有价值的金鸡纳幼苗，并将其种在装有泥土的盒子里，在八个月穿过丛林、沼泽和急流的旅途中，他精心呵护着这些幼苗。就在他即将达到海岸时（已经看到可以将他极其珍贵的货物运回巴黎的船只），他的小船却被海浪淹没，金鸡纳的幼苗也随之被冲走了。

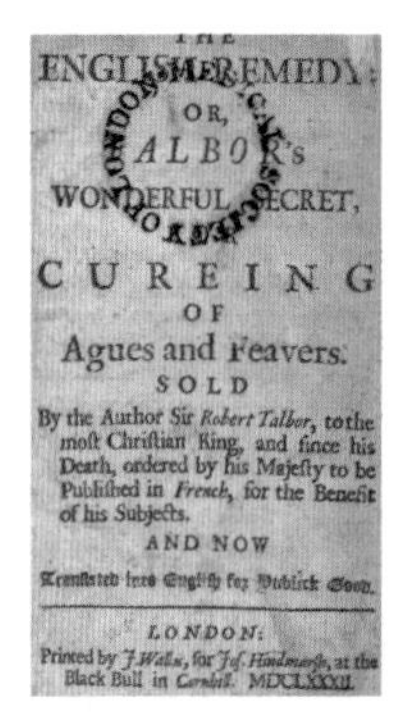
ENGLISH REMEDY:
OR,
ALBO R's
WONDERFUL ECRET,
CUREING
OF
Agues and Feavers.
SOLD
By the Author Sir Robert Talbor, to the most Christian King, and since his Death, ordered by his Majesty to be Published in French, for the Benefit of his Subjects.
AND NOW
LONDON:
Black Bull in Cornhill. MDCLXXXII.

出于“公共利益”，塔尔博尔的神秘药方在他去世后一年公之于众。

其他欧洲国家随后的“种子绑架”努力都未能成功将金鸡纳树从南美洲带出，直到 1865 年，英国人查尔斯·莱杰（Charles Ledger）最终成功打破了秘鲁的垄断。他花了约 20 美元，从自己当地的随从曼纽尔·英卡·马马尼（Manuel Incra Mamani）手中获得了 7 千克种子。莱杰将种子卖给了荷兰殖民者，后者在世界另一端的爪哇的种植园中种植。英国和德国的殖民者也纷纷效仿，他们把这种树一直推广到印度和锡兰。

1822 年，法国科学家成功地从金鸡纳树中分离出活性化合物——现在被称为奎宁。由于亚洲新种植园的出现，金鸡纳树皮在全球范围的供应量大幅增长，这场人类与携带疟原虫的蚊子之间的战役开始转向对人类有利的一面。19 世纪晚期，奎宁的大规模使用使得欧洲人对疟疾肆虐的非洲赤道地区的殖民成为可能。因此，由柏林国会在 1884—1885 年批准的瓜分非洲计划，至少说明了奎宁的全球传播与欧洲的贪欲、工业化、蒸汽动力及大规模生产的武器同样重要。

目前尚无疟疾疫苗，因此疟疾仍是最厉害的人类杀手之一，尤其是在非洲地区。人造奎宁替代天然奎宁的尝试仅获得部分成功。疟原虫已经成功演化出对抗氯喹、乙胺嘧啶和甲氟喹等化学替代品的能力，使天然奎宁成为迄今为止最有效的治疗方法。金鸡纳树在过去的 500 年里战胜了人类的偏见，在人类的帮助下传播到了全世界。在此过程中，得益于其树皮的治疗功能，金鸡纳树种群得以持续增长，而我们人类在未来很长一段时间里都将继续依赖它。

12 伴侣动物

一些动物以作为人类伴侣的方式在生存竞争中获得了成功，
然而最近又引发了道德难题。

第欧根尼（Diogenes）是一名古希腊哲学家，也是一名乞丐，他喜欢动物胜于人类，宣称“狗和哲学家做得最好，得到的却最少”。

他和一只狗住在通往雅典法院的台阶下方的桶中。第欧根尼的哲学，就像他的生活方式一样，尽情嘲笑了人类社会及其对地位、财富和社会声望的渴求。相反，他说人们应该像狗一样生活，在野外自给自足，使自己摆脱社会腐败的恶习。

早在古希腊兴盛之前，人们就开始驯化动物，经过数千年的驯化，人类与狗一起住在桶里也不难理解了。至少在 12 000 年前，人类学会了如何驯服、捕捉和繁殖那些曾经是狼的动物，最初是为了用来帮助人们捕猎和放牧绵羊等动物。

到第欧根尼的时代（公元前 412—前 323 年），人类与狗共住的习惯已得到了公认。不太为人知的是，在过去的 2 500 年里第欧根尼的狗这样的宠物可能对人类哲学和道德发展产生的影响。今天，在有关动物权利的辩论中，这段几乎不成文的历史正在逐步发挥作用，而主张动物权利从根本上质疑了人类与所有非人类生命以及地球本身的道德关系。

驯化动物

在动物的世界里将灰狼变成家犬这个

这是一只狗的生活：古希腊哲学家第欧根尼嘲笑人类的社会价值观。

戏剧性的驯化过程，就像植物界中将墨西哥类蜀黍培育成玉米这样的转变一样惊人。人类取得的成功不仅仅是驯服了好斗的食肉动物使它们成为值得信赖的伙伴，还使单一物种的狼变成多个品种。如今，全世界一年一度最大的犬展——克鲁夫茨犬展在英国伯明翰举行，证明经过许多代的选择性繁育，这一物种的基因库包含了各种可能的尺寸、颜色、形状和皮毛纹理的基因，犬的尺寸从茶杯大小的吉娃娃到一米高的爱尔兰猎狼犬都有。

一些狗是为了看起来可爱或表演杂技（为了犬展）或成为良好的伴侣犬（适合孩子、家庭或独居者）而进行繁育的；也有的则是为了特殊用途而进行培育的，比如协助人类打猎和射击或寻找毒品的犬，还有作为导盲犬或保护财产的护卫犬。

猫、金丝雀、兔子、仓鼠和金鱼以及其他生物也与人类生活在了一起。在每一种情况下，它们的基因已经对人类的幻想做出了回应，或者通过身体改造（比如金丝雀或金鱼的明亮颜色），或者通过行为调节抑制了逃离捕食者（比如兔子）或进攻（比如猫）的自然本能，这使得它们成为顺从的人类伴侣。哺乳类宠物也展示出了一定的智力水平和学习能力（参见理智的崛起），以便被人类接受，就好比它们就是孩子或家庭成员，人们教会它们各种简单的呼叫和指令。

人们通常会给这些宠物起名字，定时给它们喂食，与它们共住一个屋檐下。这种共生关系的起源通常是古老的（如驯化猫和狗），尽管有时是现代的（金仓鼠）。不过，将动物作为家庭宠物进行饲养的现代习惯是大约400年前在欧洲兴起的，特别是在英格兰。自那时起，这个习惯就在全世界范围内传播开来，并产生了举世瞩目的影响。

宠物的力量

直到约公元1600年，基督教、犹太教和伊斯兰教文化里，人们普遍认为，人类是上帝任命统治其他所有生物的。尽管人类从伊甸园堕入到尘世中，但犹太 – 基督教的《圣经》都毫不含糊地教导人类在伟大的等级体系中找到自己的位置。顶层是上帝，被天堂的天使包围着，底层是无生命的大地和岩石。二者之间存在着生命，包括植物、昆虫和动物，但人类处于超越其他生物的特殊位置，因为在最后审判日，只有他们才具有被救赎的灵魂，能与神和天上的天使同在。

从大约400年前开始，这个被中世纪教会称为“伟大的生命之链”的共识开始崩溃。

古怪的作家兼剧作家，纽卡斯尔公爵夫人玛格丽特·卡文迪许（Margaret Cavendish，1623—1673）是最早挑战犹太 – 基督教创世秩序的欧洲人之一，该秩序认为，从斗鸡到捉獾游戏等一切事物在道德上都是可以接受的。

卡文迪许说，人类对其他生物的无知，正是人类的残忍和所谓的优越感的核心：

> 人类如何知道鱼是否更了解水的性质、潮起潮落和海水的咸度？鸟是否更了解空气的性质和温度，或者造成风暴的原因？虫子是否更了解土地的性质、植物如何生长？……人类或许只有一种认识世界的方法……而其他生物则有另一种方式。

她在《鸟间对话》（*Dialogue Betwixt Birds*，1653）中问道：是什么赋予了人类权利，为了吃樱桃去射杀麻雀？

动物权利

从 17 世纪最早的动物保护倡导者（如卡文迪许），到今天的现代动物权益保护激进分子，他们似乎都有一个共同点，那就是对宠物的过度喜爱。

哲学家、政治家和博物学家中不乏喜爱狗、猫和兔子的人，他们带头反对有关人类在世界上地位的传统观点，挑战了中世纪关于人类基本优越性的假设。

杰里米·边沁（Jeremy Bentham，1748—1832）是英国启蒙运动时期最杰出的道德哲学家之一，他既没有孩子，也没有妻子。他的爱都倾注给了宠物猫约翰·郎本河 D. D. 爵士（Sir John Langbourne D. D.，D. D. 代表神学博士）。

我们无法确切地知道，边沁提出关于动物与人一样拥有自然权利的道德论点在多大程度上是出于他对猫的喜爱。很难不去想象，在他认为残酷对待有感情的生物的行为在道德上应该受到谴责的过程中，个人经历一定发挥了一定作用。

> 可能有一天，其余动物生灵终会获得除非暴君使然就绝不可能不给它们的那些权利……问题并非它们能否作理性思考，亦非它们能否谈话，而是它们能否忍受。[1]

让－雅克·卢梭也提出了类似的道德观点，这位哲学家对他的宠物狗“苏丹”（Sultan）感情十分深厚，他拒绝在没有“苏丹”的情况下出国。他关于儿童最佳教育方式的著名理论源于他对年轻人和宠物之间行为相似性的仔细观察：

> 看看猫第一次进入房间时，他会观察，环顾四周，到处嗅闻，在检查并熟悉所有一切之前，一刻也不放松，什么也不相信。这也正是刚开始学会走路的孩子会做的事情。除了孩子和猫都具有视觉外，前者拥有大自然所赋予帮助观察的双手，而后者则具有敏锐的嗅觉。这种能力发展得是好是坏，决定了孩子是机敏还是笨拙，迟钝还是警觉，轻浮还是谨慎……

早在 1822 年，得益于英国国会议员理查德·马丁（Richard Martin）和威廉·威尔伯福斯（William Wilberforce）这两位动物爱好者坚持不懈的努力，旨在防止人类虐待动物的法律在英国首次被写入法典。许多生物生活在肯辛顿戈尔，居住在此的威尔伯福斯曾这么描写其宠爱的兔子：“如

1　选自边沁的《道德与立法原理导论》第十七章“刑法的界限”。

果‘爱屋及乌’是公理，那么在这个房子里，‘爱屋及兔’同样成立……”

1824年6月16日，包括马丁和威尔伯福斯在内的国会议员在伦敦圣马丁巷的老屠夫咖啡馆的激进环境中相遇，他们在那里建立了“防止虐待动物”的协会。

彼时，由于英国君主维多利亚女王对宠物的喜爱，被欧洲城市化进程提振的养宠物的热情在上流社会蔓延开去。维多利亚很喜欢在她忠诚的西班牙猎犬查理士王（King Charles）、达什（Dash）和灵缇犬厄俄斯（Eos）陪伴下画肖像画，她甚至在温莎为厄俄斯树立了一座纪念碑。女王坚决反对活体解剖，甚至在1887年，她登基的50周年纪念上向她的国民发表讲话，表示她已经“非常高兴”地注意到，启蒙思想在她的臣民中传播的一个迹象就是“人们对低等动物的感情越来越人性化……”

得益于维多利亚女王对宠物的宠爱，威尔伯福斯和马丁的特殊协会才能在1840年被授予英国皇家宪章，成为英国皇家防止虐待动物协会（Royal Society for the Prevention of Cruelty to Animals，简称RSPCA）。这个组织也是目前世界上历史最悠久、规模最大的志愿者团队，致力于保护动物免受人类的忽视或伤害。

即使是关于人与其他生物关系的科学观点，也受到了维多利亚时期人们饲养宠物的嗜好的深刻影响。查尔斯·达尔文带着他的狗萨夫（Sappho）每天在肯特郡家附近的“沙之小路”（Sandwalk）散步时，他从未停止过思考所有生物之间的关联性问题。“难道狗没有良心吗？”他在自己的书《人类的由来》中问道：“它们对主人深深的爱难道不类似于人类对宗教的虔诚吗？”

理查德·马丁议员在竞选活动中为一头被忽视的驴争辩。

德国哲学家亚瑟·叔本华（Arthur Schopenhauer，生于1788年）被普遍认为是现代动物权利运动的主要倡导者，他把感情完全投入到宠物贵宾犬阿特玛（Atma）和巴茨（Butz）身上。从1833年到1860年叔本华去世时，它们是他仅有的伴侣。

这样的同情心只能加剧叔本华对犹太教、基督教和伊斯兰教传统的厌恶，他指责这种传统是人类与自然界历史上野蛮的道德关系的罪魁祸首：

> 基督教的道德学并不曾考虑到动物……它们被哲学道德学剥夺了合法权利；它们被认为只不过是为了达到某些目的而存在的“事物”。因此可以用它们来进行活体解剖、狩猎、追逐游戏、斗牛、赛马，也可以在与沉重的石头车较量中被鞭打致死。这种

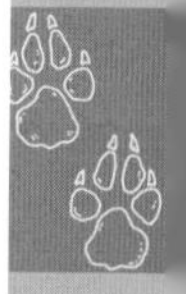

> 理应遭鄙视的道德是可耻的……他们没有认识到存在于所有生物中的永恒本质……

澳大利亚哲学家彼得·辛格（Peter Singer）的书《动物的解放》（*Animal Liberation*，1975年出版）试图通过为动物和人类提出同等权利的方式来削弱“伟大的生命之链”的最后联系。他的主要活动“类人猿计划”（the Great Ape Project）在1993年建立，并持续游说联合国给予包括黑猩猩、倭黑猩猩、大猩猩和猩猩在内的所有除人类之外的类人猿的合法权利。

是非对错

尽管与宠物同住一个屋檐下的习惯无疑在很多方面改变了西方国家与一些生物的关系，但几乎没有解决这些潜在的道德矛盾——有些动物被视为害虫或适合残酷的集约化农业养殖，而有些则被当作宠物保护起来。

直到1900年左右，很少有生物被用于科学实验，而如今，全世界范围内有250万只动物被关在实验室中被用于科学研究以造福人类（而非动物）。在过去的几百年里，道德困境变得更为尖锐。当宠物主人在提升动物福利的同时，现代科学和农业研究则通常需要利用这些被认为没有感情的动物。自20世纪初以来，实验室里的动物实验被以科学需要的名义合法化，工厂化养殖被认为是当代人类（非人道的）生活的必然特征，“神人同形同性论”（或“拟人主义”）则是评论家（主要是历史学家和科学家）给那些将人类情感投射到非人类生命上的动物爱好者们贴上的标签。

与此同时，一些远东地区的文化也几乎没有关于保护动物权利的传统。比如，中国目前没有反对虐待动物的法律[1]，也不存在吃狗肉的禁忌，那么养宠物的制度没有在世界的这一区域很好地建立起来也就不足为奇了。中国每年在宠物食品方面的花费不到10亿美元，而美国则高达430亿美元，但前者的人口是后者的四倍以上。[2]

但在过去的10年里，家养狗、猫、兔子、仓鼠和豚鼠已经开始成为中国人接受的生活方式。因此，东方文化开始改变他们对动物权利的态度，这将会进一步强调广泛的宠物所有权和人类与非人类生物之间不断变化的道德关系之间的联系。

人类通过人工选择将野狗、野猫等物种的本性、外形和形态改变为家养宠物，充其量只能捕捉到更复杂的传奇故事的一半。宠物自身也对人类文化具有重要的影响。因此饲养宠物的人们和动物世界在法律、道德和情感的关系上已经发生了深刻变化，尽管距离使动物权利获得全球范围内完全认可的最终胜利还有一段路要走。

1　2010年《中华人民共和国反虐待动物法》（专家建议稿）发布，截至2021年底，尚未立法。

2　原书引用数据较早，根据2019年最新调查结果显示，中国人在2019年宠物消费或达2020亿元人民币，猫狗数量全球第一。根据欧睿国际的数据，中国现在拥有的宠物猫狗数量位居全球第一，在2018年首次超过美国。

狗

科：犬科（Canidae）
种：家犬（*Canis lupus familiaris*）
排名：42

因其忠诚、擅长学习、敏感性和多样性而成功成为人类最好朋友的一种生物。

格伦特（Gelert）是一只爱尔兰猎狼犬，在13世纪由英国国王约翰送给中世纪威尔士王子罗埃林大帝（Welsh prince Llywelyn the Great）。一天晚上，罗埃林从狩猎地返回家中，却发现他年幼的继承人不见了，婴儿的摇篮也被推翻了，而旁边的格伦特正舔着它嘴边的血渍。暴怒之下，罗埃林用他的剑刺向了狗，但过了一会儿，他便听到了摇篮后面婴儿的哭声，孩子并没有受到伤害。婴儿的旁边躺着一只巨大的狼的尸体。据说罗埃林因杀死了拯救自己儿子生命的狗而悲痛不已，此后再也没有笑过。后来，他为这只忠犬建立了一座纪念碑，至今仍然可以在威尔士村庄贝德格勒特中看到（"格伦特之墓"）。

没有确凿证据表明格伦特的故事是真是假。但它告诉我们，在整个历史中，直至今日，家犬都被视为人类忠诚的奴仆。流行文化中有很多表现犬类勇气和智慧的故事，从菲多（Fido）到虚构的牧羊犬莱西（Lassie），正是这些故事将这个物种与所有其他的家养或野生物种区分开来。

狗为何会在人类主导的世界中获得如此令人难以置信的成功，其最初线索出现在距今大约1.5万年前，是它们被驯化的最早证据。尽管导致狗与人类共同生活的确切事件现在仍然存在争议，但如今人们普遍认为，今天的家犬都属于灰狼（*Canis lupus*）的一个亚种。

遗传多样性表明，东亚是它们最初被驯化的地方。人们的猜想是，最初人们带走并照顾狼崽，是想用它们在极端寒冷的世界里帮助人类拉雪橇。大约1.3万年前，亚洲人之所以可以越过冰冻的白令海峡迁徙到北美地区定居，可能是因为如今哈士奇犬的祖先把物资从冰雪之上运输过去。大约在同一时间，犬类的陪伴对生活在近东地区的早期农学家来说更是相当珍贵，以至于在人类的坟墓里发现，主人尸体旁躺着的正是他们的爱犬的遗骸。

人类繁衍了无数代，在此过程中，演化出了许多不同品种的狗。

在主人罗埃林大帝到达家中之前，格伦特已经杀死了旁边的狼。

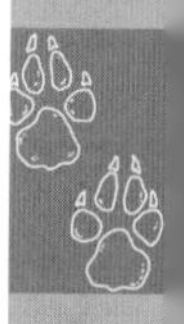

一些成了牧羊犬（柯利牧羊犬），有的则用于捕捉害虫（㹴犬）、运输货物（哈士奇）或玩拾取游戏（寻回犬和波音达猎犬）。到中世纪时，狗被公认为人类最好的朋友。富有的欧洲贵族和士兵的脚边总是跟着一条狗，这是骑士精神、勇气和能力的象征。

忠诚通常被认为是家犬在一个由人类所主宰的世界里成功建立自己地位的原因之一，在这个世界，人口已经从1.2万年前的500万增加到如今的近70亿。当许多其他物种正濒临灭绝时，狗却从看似自然的奉献、无私和自我牺牲的倾向中获益匪浅。然而，现代科学家则不以为然，他们认为任何动物都不会自愿帮助其他物种而不从中获得好处。达尔文说，如果这样的现象真的在自然界中存在，就会破坏自然选择的理论基础，因为该理论是建立在生存竞争的基础之上。

毫无疑问，这种忠诚行为证明了在日益以人为主导的世界里，家犬的生存之道非常成功。据估计，目前家犬在全世界的数量达到了4亿只（相比之下，尽管野生狼是世界上分布最为广泛的动物之一，但数量也缩减到了约20万）。

惊人的学习能力是促使家犬在人类世界中取得成功的另一个因素。目前尚无确定或标准的方法来测量狗（或人）的智力，但它们有理解、反应和服从人类要求的能力已是不争的事实。动物心理学家朱莉安娜·卡明斯基（Juliane Kaminski）最近进行的一次实验显示，边境牧羊犬里科（Rico）可以理解200多个不同物品的词汇，包括可以明白诸如"取回袜子"的指令，并将它送到某个人的手中。狗学习人类世界以及理解人类命令的能力，就像马服从命令一样，是它们成为重要驯化物种的重要原因。

和马一样，狗也是非常敏感的。它们的听力范围在40—60 000赫兹之间，这些生物的听觉范围远远超过人类能听到的频率范围。它们的耳朵中有多达18块可以聚焦声音的肌肉，使其能够探测和定位的声音比人类远4倍。尽管它们的视力和人类的一样好（虽然它们不具备看到许多颜色的能力），但非凡的嗅觉让人和犬的所有比较都显得荒谬。相对于脑容量的大小，狗大脑中的嗅觉皮层是人类大脑中相应嗅觉处理中心的40倍，而将信息传送到狗大脑的嗅觉感受器总数达2.2亿个，人类只有大约500万个，这使狗的嗅觉变得异常敏感。

这种惊人的嗅觉源自家犬的野生祖先灰狼的习性：通过留下尿液作为气味记号来圈定狩猎领地范围。而人类是通过视觉来识别彼此的，狗和狼一样，则是通过尾巴根部、脚趾之间、生殖器和皮肤上的腺体分泌的个体信息素。通过气味进行个体识别解释了为何狗在第一次遇到彼此时通常都会通过相互嗅探对方身体下部来了解对方。在有记载的历史中，随处可见人类利用狗来弥补自身嗅觉不足的事例，从捕猎老鼠和狐狸到现代执法（侦查毒品），甚至是在地震和恐怖袭击等灾难造成的废墟中寻找人类幸存者。

遗传可塑性对狗的巨大成功至关重要。尽管几千年来人们已经成功培育了几个品种以满足人类的特殊需求，但今天300多种纯种狗中的大多数是在过去150年里才开始出现的。1850年以后，一些宠物主人为引人注意或参加比赛，开始尝试将狗培育成某种特殊的造型和形态。哈巴狗成为维多利亚时代女士的社交配饰，而斗牛犬则成了英国人英勇作战的象征。克鲁夫茨犬展（创建于 1886 年）和犬业俱乐部（Kennel Club，在 1938 年接管了克鲁夫茨犬展）等组织在英国成立，但此后这些组织成为全球现代犬类优生学的催化剂——为了在未来几代获得有理想特征的犬类而选择性育种。经过数代淘汰或让不符合某一繁育规则（比如大小、毛的蓬松度、雄性化程度等）的个体不育，新的品种被创造出来，而主人要确保那些符合要求的个体能生存下去。

不幸的是，近亲繁殖虽然夸大了特定的遗传特征，但也导致了如今一些最珍贵品种（比如英国斗牛犬和国王查理士犬）健康状况不佳。2008 年 8 月，英国广播公司（BBC）播放的一个电视节目调查了现代养狗方法的影响，并引起了公众的广泛关注。BBC 随后取消了对 2009 年 3 月克鲁夫茨犬展的报道，犬展的几家顶级赞助商也撤回了对犬展的赞助。此后，犬业俱乐部也开始对其制定的 209 种公认犬种规则进行了重大审查。

得益于约 1850 年以后维多利亚时代的犬类饲养者取得的巨大成功，查尔斯·达尔文的表弟弗朗西斯·高尔顿（Francis Galton，1822—1911）受到启发，提出将类似的繁育技术用在人类身上。高尔顿的《人类才能及其发展的研究》（*Inquiries into Human Faculty and its Development*）一书（发表于 1883 年）提出，人类未来的婚姻应该以具有良好特质（比如智力或诚实）的人为基础，并且应该鼓励这些人结婚生子。《不能说在哪里》（*Kantsaywhere*）是高尔顿写的关于乌托邦社会的小说，在这里，宗教秩序使更聪明、适应力更强的人类繁衍壮大。但是，因为高尔顿的侄女对里面的爱情场面描写感到不满，她烧毁了大部分作品，只有一点碎片残存了下来。

听好！在狗的驯化过程中，培养其野生本能和确保狗狗看起来可爱一样重要。

高尔顿为选择性人类繁育的科学创造了“优生学”一词。作为一个可能解决种族区分的方案，它在美国（正如 1916 年由麦迪逊·格兰特［Madison Grant］等作家所提出的）迅速成为热门的政治话题。后来在第二次世界大战期间，优生学被纳粹德国以毁灭性的热情采纳。阿道夫·希特勒（Adolf Hitler）试图通过淘汰“劣等”生物（主要是犹太人）并对数千名其他“不良分子”进行强制性绝育，以复兴神话中的人类优等种族（雅利安人）。希特勒的优生学理想得到了一种错误的动物权利信仰的支持，这种信仰认为狼是自然界中地位

爱国主义的宣传：第一次世界大战的明信片促进了英国人对斗牛犬的喜爱。

仅次于雅利安人的生物。而其他人种，比如犹太人，是比狗低级的。留给历史学家的思考是：希特勒的“理想”在多大程度上受到他对其德国牧羊犬布隆迪（Blondi）的喜爱的影响，这条狗是其秘书在 1941 年给他的。

因此，家犬对人类文化的影响远远超出了它们对人类的广泛用途。从动物权利运动的兴起到现代“优生学”的黑暗实验，这些生物像马一样，是人类文明动荡历史中的真正主角。

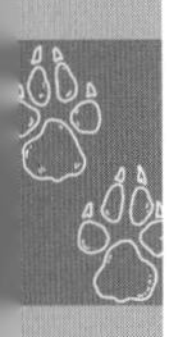

猫

科：猫科（Felidae）
种：家猫（*Felis silvestris catus*）
排名：46

农民与小型食肉动物之间达成的一项不太可能的协议，
使得这种动物成为世界上数量最多的宠物。

在人类文明的历史上，很少有动物能够像猫这样受到如此盛情的款待。在古埃及，它们被认为是神圣的。猫神芭斯苔特（Bastet）拥有属于自己的精致神龛，而猫像人类一样，死后经常被防腐处理，使它们可以在来世重返世间。1888 年，一位农民在尼罗河沿岸发现了一个古老的墓地，里面有 8 万具猫木乃伊。根据公元前 450 年访问埃及的希腊历史学家希罗多德所说，猫在当地非常受人尊敬，猫死后，其主人就会“陷入深深的忧伤之中”，而且还会“剃掉眉毛”以表达悲痛。

在伊斯兰教中，先知穆罕默德就是著名的猫类爱好者，他认为猫与狗不同，是非常干净的动物。传说穆罕默德在一次祈祷时，发现其宠物猫穆耶扎（Muezza）在他的大衣上睡着了。为了不打扰猫咪的好梦，穆罕默德竟把袖子剪掉了。他对其猫类朋友传奇般的喜爱意味着对猫的高度重视一直贯穿于伊斯兰文化之中。

据说有一只猫向路过的日本贵族挥了挥爪子。当这个人转身走向它时，一道闪电击中了他刚才所在的位置[1]。自那以后，这只拯救了贵族生命的招手猫，成为日本最广为人知的吉祥标志。即便是在今天，招财猫玩偶也遍布日本大街小巷的各个商店和家庭，欢迎人们的到来。

在欧洲，公元前 31 年，猫在罗马人征服埃及之后成为常见的家庭动物。它们由近代早期的欧洲海上探险者带往美洲和澳大利亚，这些地方以前都没有猫的踪迹。这样的文化联盟和全球运输的结果是家猫的数量最近甚至超越了狗，据估计，目前全世界有 6 亿只家猫。

猫的非凡成功却带来了一个难题，因为它们不是由人类为了给自己提供任何服务去训练或驯化而来的生物。它们不会像狗、马和骆驼那样运输东西，也不会像牛、羊和猪那样成为人类的食物。即便成为社会地位的象征，猫大多也无法像纯种狗或优秀的赛马那样打动其他人。那么，是什么原因使家猫获得了过去和现在的

1 关于招财猫，日本民间有多种版本的传说，本文中提及的为“豪德寺说”：相传彦根藩第二代藩主井伊直孝在猎鹰归途中路过豪德寺，跟随猫入寺休息。而后雷雨倾盆，正巧躲过一场雷雨。其他还有“今户烧说”“自性院说”“伏见稻荷说”等。

成功呢？为什么全世界和整个文明历史中会有成千上万的人欢迎食肉的猫进入他们的家庭呢？

关于家猫最早的考古学证据可以追溯到大约 9 500 多年前的塞浦路斯的墓穴，在那里人们发现了与人类共同埋葬的猫的遗骸。最近对 979 只家猫的基因分析表明，它们都是野猫（*F. silvestris*）的一个亚种，而野猫本身就是从大约 23 万年前的共同祖先演化而来。人们认为，如今的家猫都源自 12 000 年前人类开始尝试以农耕为基础的生活方式时近东地区的 5 只雌性野猫。

埃及猫神芭斯苔特的铜像，可以追溯到公元前 600 年。

与其他驯化的农场动物不同，猫似乎并不是为了人类的任何特殊目的而被“选择”的。事实上，很可能是猫选择与人类一同生活的，这一过程被称为“自我驯化”。专家们相信，一旦人们开始在近东地区耕种，变得不那么害怕人类对猫来说就是生存优势，因为谷物和其他农产品的储存对这种动物最爱的猎物——老鼠来说有持久的吸引力。在人类的粮仓和田地里，猫可以过上舒心愉快的日子——因为可以玩猫捉老鼠的“游戏”。

人类最初欢迎这些长相奇特的物种进入他们生活区的原因之一，可能是由于一次奇怪的古代遗传事故。在野猫的起源和它们最近的驯化之间的某时，猫失去了品尝甜味的功能（或许是一种变异或病毒感染）。结果家猫就演化成了“专门”的食肉动物，它们只以肉类为食。此后，它们的牙齿和消化系统已经完全适应了这种专门性的饮食，因此与狗或人不同，它们无法食用或消化谷物、蔬菜或水果。

猫不能吃水果或种子必然给早期农民带来了足够的安全感，因为这些生物不会损害他们珍贵的农产品储备。相反，它们会将其先进的、隐秘的捕猎技能应用到任何入侵的有害动物上。这种人猫“自我驯化”的共生性似乎是从古代的产粮区埃及开始的。猫咪可以容忍人类，变得温顺友好，而人类则把猫作为他们主要的食物守护者。

新石器时代的人类有意通过选择性繁育驯化猫的想法是不切实际的，也是不可能的。雌猫允许占主导性地位的公猫与之交配，但之后经常鼓励其他几只公猫迅速效仿。当一窝中的每只小猫都可能拥有不同的父亲时，选择性繁育就不会是一件简单的事情了！

不再关注选择性繁育，人类与家猫的关系变得如此密切也就十分引人注目了，因为与家犬不同，猫大多是独居、自给自足的。虽然猫有时会群居（如今在罗马有多达 30 万只野生的猫），但它们基本上总是独自狩猎，并誓死捍卫自己的领地。这样的行为通常被认为与人类生活所要求的特征完全相反。

但是猫的行为方式与人类的习惯惊人地相似，或许这可以解释为何它们在过去的 12 000 年中可以与人们相处得如此融洽。猫像人类一样，会为了娱乐而猎捕其他动物（我们称之为运动），它们会得意扬扬地将死去的鸟或老鼠等战利品带回家中，向它们的人类“养父母”炫耀。而且，和许多人一样，猫也喜欢精神药物，它们最喜欢一种叫作猫薄荷（*Nepeta cataria*）的可以咀嚼的常见草药，这会让它们进入长达两个小时的欣快状态。猫也不像人类那样，可以适应被奴役的生活，它们更喜欢一定程度的个体自由，过着半独立的生活，来去自由——有时在室内，有时在室外，像创业者或单一民族的国家，建立并保卫自己的领土。

猫的生理机能也以其他惊人的方式反映在了人类身上。猫的遗传和免疫缺陷疾病为科学家提供了现实的模型，以帮助提出人类疾病的解决方案。猫免疫性缺陷病毒（Feline Immunodeficiency Virus，简称 FIV）与 HIV 类似，因此在寻找治疗 FIV 实验的基础上对 HIV 疫苗的研究也正在进行之中。人体解剖结构（尤其是眼睛）的力学模型正是建立在对猫的研究之上。通过对猫的研究来破译人类神经系统内部工作原理的科学家们，分别获得了 8 项诺贝尔生理学奖。

在有记载的历史中，猫是否会带来好运的问题一直困扰着人类。虽然埃及、伊斯兰和日本文化普遍崇敬猫，但在中世纪欧洲，它们的形象因为与吉卜赛人和巫术联系在一起而受到了严厉的抨击。猫经常被人认为是魔鬼的帮凶，因为其夜间捕猎的习性，常常显得与人类格格不入。

在维多利亚时代，“理性时代”胜过巫术，猫终于摆脱了这些邪恶的联想。人们通过育种项目改善它们的外表，使大多数品种不再看起来像与女巫有联系的黑猫。从 19 世纪中期开始，猫成为家家户户都喜爱的宠物，从爱宠物的孩子到维多利亚时代的作家托马斯 · 哈代这样的孤独成年人。哈代在他的诗歌《致沉默寡言的朋友的最后一封信》（*Last Words to a Dumb Friend*，1904）中悼念了他心爱的宠物猫：

> 我无需另一个宠物！
> 让曾有你的地方空着；
> 宁愿空虚度日
> 总好过同伴的离去。

兔子

科：兔科（Leporidae）
种：家兔（*Oryctolagus cuniculus*）
排名：28

一种因人类而分布全球化的驯化物种，
近来随着其数量急剧增长失去控制而被屠杀。

其他驯化的哺乳动物都没有像家兔那样经历过如此跌宕起伏的命运。尽管它们有可爱的外表且缺乏侵略性，但由于 2 000 年来与人类的联系，它们经历了从突飞猛进的成功到灾难性的失败。

兔子是属于兔科的啮齿类哺乳动物，兔科另外还包括野兔和鼠兔。尽管已知的野兔种类有 20 多个，但家兔全都属于欧洲兔的一个种，原产于伊比利亚半岛。

在它们的大部分历史中，驯化的兔子都是作为食物而不是宠物饲养的。罗马人因为让从葡萄到猫的各个物种遍布整个帝国而声名狼藉，在大约 2 200 年前，他们又将兔子从西班牙带到了意大利，将这些快速繁殖的食草动物视为易于饲养的食用肉类的优质来源。人们普遍认为，多层露天剧场、三层沟渠和长直的道路，是这一曾经强大的欧洲文明留下的最持久的影响。但是，在现代世界的许多地方，最初把兔子运送到欧洲各地的影响远远超过了这些残留的古老工程学奇迹所带来的影响。

公元前 36 年，意大利人开始饲养西班牙兔子，这要归功于古罗马作家瓦罗（Varro）撰写的一本关于农业的书：

> 最近有一种养肥兔子的普遍做法是将它们从养兔场里牵出来，关在封闭的笼子里……一个品种是西班牙本土的，在某方面就像我们的野兔，但腿较短，被称为可妮（cony）。这种兔子的名字源自它们具有在田野里挖地道（cuniculus）藏身的能力……

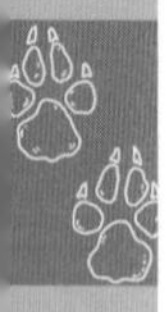

欧洲兔子的造穴习性在很大程度上解释了与仅生活在地上的野兔和其他品种的兔子（比如棉短尾兔）相比，这个品种会如此成功的原因。雌兔会挖掘隧道和地下洞穴，在那里生产幼崽，这样幼兔就可以在它们生命的前几周从有遮蔽的环境中受益。欧洲兔优秀的掘穴能力也让它们成了逃跑专家，它们不仅可以用强壮的后肢跳过高墙，还可以在栅栏和其他人工围墙下方挖出通道。因此，无论兔子是不是因为农业才被人类运输的，它们都成功逃到野外繁殖出了野生种群。

兔子取得成功的第二个原因是其惊人的繁殖率。不同于其他哺乳动物，雌性欧洲兔的排卵是由交配触发的，这意味着几乎可以保证即刻受精。兔子的妊娠期仅有 31 天，一次生产幼崽的数量最多可达12只，因此兔子是自然界繁殖能力最强的物种之一（另见鸡）。

兔子从意大利传播到了整个中世纪的欧洲，并在诺曼征服后不久到达了英国。全英国的农民建立了户外养兔场，他们渴望从兔肉及其皮毛的销售中获利。人们用网封住兔子洞穴的入口以捕获它们，并将雪貂等捕食性动物放入隧道般的迷宫中，将兔子驱赶出来（在离海岸更近的地区会使用龙虾和螃蟹）。尽管随着越来越多的兔子从养兔场逃出导致欧洲的野生兔日益增多，但狐狸、白鼬和猞猁等天然捕食者却可以合理地控制它们的数量。到 19 世纪，射杀兔子成为英国人流行的消遣方式，控制其种群数量演变为激烈的鲜血竞技。

然而，19 世纪时，把兔子运输到其他栖息地的行为被证明是一场环境灾难。引进澳大利亚桉树这样的物种造成了欧洲和亚洲部分地区的生态灭绝，与之十分相似，引进欧洲兔子对生态系统的破坏也无法估量，尤其是在没有食肉动物来控制兔子数量的地方。从兰迪岛到马尔维纳斯群岛，兔子都泛滥成灾，因为欧洲水手将这些地方作为它们的繁殖地——兔子不会游泳无法逃跑。与此同时，1859年10月，最臭名昭著的生物入侵发生了，当时思乡心切的澳大利亚移民托马斯·奥斯汀（Thomas Austin）让他在英国的侄子寄 24 只育种兔到他位于澳大利亚南部维多利亚州 1.2 万英亩的土地上。在这些生物抵达后不久，

兔子与人类有着爱恨交织的关系。

奥斯汀就把它们放归了野外，并向他的朋友宣称："……引入少量的兔子不会造成多少伤害，除了可以狩猎外，还能带来家的温暖……"

由于没有天敌的威胁，兔子凭借其非凡的繁殖能力，以每年 110 千米的速度在澳大利亚各地扩张。到 1865 年，奥斯汀仅在其自己的庄园内就杀死了 20 000 只兔子。到 1883 年，新南威尔士州政府花费了 361 492 英镑去杀死 780 万只兔子。到 1950 年，澳大利亚的兔子数量已达到 6 亿只。它们是世界上记录在册的哺乳动物中繁殖得最快的。

这对该国的栖息地产生了毁灭性的影响，直接后果有水土流失（由于兔子挖的地洞）、森林破坏（兔子会吃树的幼苗）以及原生物种的减少（比如兔耳袋狸，一种耳朵似兔的有袋类动物）。然而，兔子对农作物的破坏则更加令人担忧。1901 年，英国成立了皇家委员会，试图寻求解决方案。1907 年，他们竖起了一道世界上最长的篱笆，横跨澳大利亚西部，全长 1 700 多千米，用于阻挡兔子的入侵。

当然，它从未真正起过作用。篱笆、陷阱、射击、毒药，都不能对擅长掘穴和繁殖的那些逃脱家养并生活在缺乏天然捕食者世界的欧洲兔产生任何实质性的障碍。讽刺的是，在这段时间里，作为所有麻烦源头的家兔又回到了欧洲，成了那里最珍贵的家养宠物之一。维多利亚时代人们对宠物的喜爱，促使形成了基于兔子皮毛的颜色和耳朵长度的多达 150 个不同"美容品种"。自 1975 年以来，宠物兔甚至被饲养用于竞技运动——瑞典和英国在世界兔子"场地障碍赛"中名列前茅。

直到 1950 年，地球对家兔的基因都很友好。在南半球，这个物种破坏了生态系统，而在它的原生地北半球，它作为一种受欢迎的家养宠物受到了额外的保护。随着西方宠物饲养热潮发展，在 20 世纪，吃兔肉或穿兔毛的传统习惯甚至在英国等国家成为禁忌。

无论是自然还是人类都不能保证一个物种的永久繁荣。澳大利亚病毒学家弗兰克·芬纳（Frank Fenner，生于 1914 年）为人类提供了第一个真正机会给予兔子反击。芬纳发现黏液瘤病毒会专门感染家兔，引发多发黏液瘤病，致死率高达 99%。1950 年夏天，在将该病毒投放到澳大利亚之前，芬纳通过给自己注射这种病毒的方式证明该病毒对人类是绝对安全的。

其结果是毁灭性的。这个疾病很快便通过跳蚤和蚊子的叮咬传播到了野生种群中，

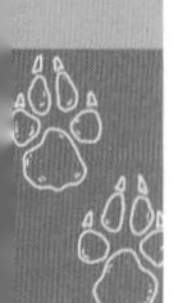

并在两年内杀死了超过5亿只澳大利亚兔子。随着兔子数量的减少，死亡率也随之降低（这种病毒的演化策略可以确保宿主数量不会太过稀少，以致寄生其上的病毒都无法繁衍下去）。当然，有些兔子具有天然免疫力（由于有性生殖这个保障体系），这样就不会面临完全灭绝的危险。1952年，由于该病毒在法国的释放，这种疾病在欧洲蔓延开来了。类似的毁灭性后果也发生了，这次死去的兔子数量众多，导致以兔子为食的其他野生动物（比如伊比利亚猞猁和西班牙帝雕）如今已处于灭绝的边缘。

自从20世纪50年代以来，关于继续使用黏液瘤病毒的道德争论在不断升温。死于黏液瘤病毒的兔子要经历漫长且极为痛苦的过程。首先是急性结膜炎导致的失明，接下来它们会高烧不止，在此期间常会发生肺炎，之后它们会在大约13天后痛苦地死去。与此同时，由于另一种病——兔病毒性出血症（rabbit haemorrhagic disease，简称RHD）于1984年首次在野生兔子种群中出现，欧洲兔在它们的故乡西班牙、葡萄牙和北非的数量下降了95%。它们现在已经被列为世界自然保护联盟红色名录（2008）的“近危”物种。

最近随着针对多发黏液瘤病和RHD病毒有效疫苗的开发，有意试图消灭兔子等哺乳动物的是非对错也变得越来越复杂。一种非活性病毒——肖普纤维瘤（*Shope fibroma*）为兔子提供了有效免疫力，但必须通过口服或注射的方式进行，因此不适用于大规模的野生种群。然而，西班牙的病毒学家最近分离出了一种黏液瘤病毒变种（称为MV6918）的活株，可以让兔子对这些疾病产生免疫。一旦释放，其保护性将会通过跳蚤和蚊子的叮咬传播，与传播疾病的方式相同，从而可能使野生种群摆脱这种由人类引起的瘟疫。今天，对兔子种群进行有效免疫的可能性与20世纪50年代兔子种群被大量消灭一样，是人类管理生态系统方面的重大难题。目前，在澳大利亚，接种疫苗或其活病毒替代品都是非法的。

家兔的历史表明，人们与其他物种之间的关系会变得多么混乱，尤其是当理性的人类为了自身目的而试图利用其他物种时。喜欢的时候作为宠物，厌恶的时候则作为有害动物，依赖的时候又作为食用的肉类以及皮毛的来源，兔子使人类的矛盾心理暴露无遗。然而我们可以说，兔子已证明了其生存能力，即使是面对最具毁灭性的命运转折。

仓 鼠

科：仓鼠科（Cricetidae）
种：金仓鼠（*Mesocricetus auratus*）
排名：90

战时的无名英雄，后来成为世界上最受欢迎的宠物之一。

1930 年，当索尔・阿德勒（Saul Adler）和他的犹太动物学家朋友伊斯雷尔・阿哈罗尼（Israel Aharoni）去叙利亚沙漠进行一场挑战时，他完全没有想到这次挑战的结果是多么非同寻常。阿德勒是一位出生在俄国的热带疾病研究人员，他迫切地希望找到一种治疗由吸血沙蝇传播的寄生虫疾病——利什曼病的方法。他的研究依赖于一种新型沙漠仓鼠的发现。

有关这种有时会致命的疾病的记录至少可以追溯到 2 500 年前。由考古学家奥斯汀・莱亚德（Austen Layard）在亚述王亚述巴尼帕（Assyrian King Ashurbanipal，公元前 627 年去世）的皇家宫殿中所发现的石碑，几乎完美地描述了这种疾病引起的症状，包括皮肤上的水疱、溃疡。穆斯林医生阿维森纳也在 10 世纪的巴格达寻找治疗方法。在前印加南美洲地区所制作的罐子上描绘的满身斑点的人显示出这种原生动物寄生虫的全球传播范围。每年有数十万人感染利什曼病，甚至蔓延至哥伦比亚和阿富汗等地。利什曼原虫通过沙蝇的唾液侵入人体后通过血液传播，感染多种组织，最终导致肝脏和脾脏的严重炎症。皮肤溃疡通常会在最初的感染后持续几周或几个月，如果不及时进行治疗，这种疾病就会导致十分痛苦的死亡。

索尔・阿德勒抱着一只珍贵的叙利亚金仓鼠。

在过去的 80 年里，由于阿哈罗尼在叙利亚进行的考察，能够杀死这种寄生虫的药物已经被开发出来。阿德勒一直在他的耶路撒冷实验室里使用中国仓鼠来进行治疗利什曼病药物的研究。通过反复感染，这些仓鼠终于产生免疫，不再受这种疾病的折磨了。不过阿德勒需要的是一种体形相对较小并可以快速繁殖的仓鼠品种，可以独自在密闭环境中生存，以便他可以继续进行研究。但这个品种必须是没有免疫力的品种。

促成医学突破性进展的无名英雄最终帮助人类

找到了一种治疗古代利什曼病的方法，它们是阿哈罗尼偶然发现的一只单独的野生雌性金仓鼠及其一窝11只幼崽，就居住在阿勒颇[1]附近的沙漠洞穴中。这是一个从未接触过这种疾病的新品种，研究人员可以用它们继续实验。在回去耶路撒冷的路上母鼠死亡了，把抚育和照顾幼鼠的任务留给了阿哈罗尼。当他回到阿德勒的实验室时，其中4只幸存了下来。最近的DNA分析证实，如今关在笼子里的所有金仓鼠都是这4只个体的后代，它们还在全世界的宠物店进行售卖。

第二次世界大战期间，在西西里岛上，大量盟军士兵因被沙蝇叮咬感染了利什曼病而面临死亡威胁。治疗迫在眉睫。1943年，英国疾病专家伦纳德·古德温（Leonard Goodwin，1915—2008）与以色列的研究人员取得联系，希望得到一些叙利亚金仓鼠，用以检测新研制的药物。由于它们缺乏对利什曼原虫的免疫力，古德温可以据此计算出人类用药的准确剂量，而不会有治疗本身的副作用造成人员死亡的风险。一年内，葡萄糖酸锑就被批准用于治疗军队士兵。

叙利亚金仓鼠一直到20世纪30年代之前都生活在野外，现在则是世界上最受欢迎的宠物之一。

战后，古德温将他位于伦敦尤斯顿路附近的实验室里的研究动物捐赠给了一些宠物爱好者。这种快速繁殖、易于饲养、独居且漂亮的金黄色动物很快成了最受孩子们喜爱的宠物。从这个原始种群中进行的选择性繁育引入了大量具有不同毛色的其他品种，为人们增加了如今可以在宠物店找到的仓鼠品种的选择范围。

今天，无数被关在世界各地家庭中的生物产生的影响，比战时它们祖先的英勇贡献更难以量化。通常，这些温顺的啮齿动物都是城市儿童首次亲密接触到的动物。这样的经历可能会产生深远的影响——古德温正是受其祖父的启发而从事生物学事业的，他的祖父是一位猎场看守人，会在节假日将他带出伦敦，来到位于东密德兰兹的拉特兰郡去接触大自然。

在野外，由于栖息地的丧失，金仓鼠被定为“易危”物种。但多亏了1930年一名男子在阿勒颇附近执行任务时的偶然发现，这种迷人、温顺、金色皮毛的叙利亚品种仓鼠变种才成为现代世界最成功的家养物种之一。

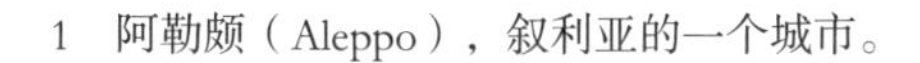

1　阿勒颇（Aleppo），叙利亚的一个城市。

13 美丽生灵

一些物种的美丽外观、强烈气味和浓郁风味让人类难以抗拒。

确定对人类统治世界影响最大的物种时，就不可能忽视那些刺激我们感官的物种。迄今为止，最重要的是引起我们视觉、嗅觉和味觉愉悦感的生物。

女性香水的芬芳、刚割过青草后的美丽条纹以及鲜榨橙汁的清爽味道都是随机产生的，而这让许多人觉得很有吸引力，便提高了某些生物的生存前景。

但是，哪种感官品质在最大程度上帮助了物种在人类的世界中茁壮成长呢？如果古老的谚语“情人眼里出西施”是真理，那么就意味着成功不过是偶然的。

视觉享受

美，至少对人类来说，似乎主要是视觉现象——的确是“情人眼里出西施”。声音、触觉甚至香味，在最初判断某样东西是好看（或难看）时都没有那么重要。因此，好看的物种在人类的世界有重要的生存优势。

但人类对视觉美感的痴迷是很奇怪的。大多数哺乳动物，从捕食到选择配偶，使用的主要感官都是嗅觉。嗅觉系统在从老鼠到狗的各种生物中都有着惊人的力量，证明了气味和香味在帮助哺乳动物感知世界的过程中起到关键作用。

实际上，哺乳动物为了避免近亲繁殖的默认方式是基于信息素，这是一种通常存在于汗液和尿液中的化学物质，它们会产生影响异性行为的气味。当狗标记自己的领地范围时，它们会在其尿液中留下特定的化学特征来表明它们的基因构成，使它们的气味对与自己基因完全不同的潜在配偶产生吸引力。它们的后代将从这种配对中获益，产生更强的疾病免疫力，这种免疫力来自更复杂的遗传多样性。

从大约2亿年前开始，嗅觉就是哺乳动物生存装备的重要组成部分。嗅觉能力的增强可能是寻找食物和识别配偶时的重要优势，这在黑暗的掩护下是最安全的做法。

既然人类也是哺乳动物，那么人类女性为何不在判断潜在恋人是不是最佳选择之前去嗅闻其尿液呢？尽管这个想法对我们来说很荒谬，但用化妆品涂抹女性脸部的观念对狗来说同样也很奇怪。

色彩缤纷的山魈：非洲灵长类动物生动的视觉特征可能帮助它们弥补了嗅觉较弱的不足。

嗅觉减退

最近的遗传学研究表明，在人类演化的历史中至少发生了两次事件，让“外表”成为我们所有属性中最重要的。

线索来自人类基因组工程所发现的“无用DNA”。第一次事件大约发生在3 000万—2 500万年前的灵长类演化期间，远远早于人类的出现。由于尚不十分清楚的原因，旧大陆的猴（狭鼻猴亚目的早期成员）约在此时嗅觉能力明显减弱。一些负责嗅觉系统的基因无法工作。大约在同一时间，这些灵长类动物的基因也发生突变，它们产生了可以看到各种颜色的三色视觉能力。

嗅觉能力丧失但彩色视觉能力提高，这些变化彻底改变了灵长类动物的生活习性。人们认为，当它们在树上觅食浆果和可食用的叶子时，优秀的视觉可以帮助它们更清楚地区分红色和绿色，而不是通过嗅闻判断出最好的食物；当寻找伴侣时，色彩缤纷的面部和漂亮的臀部（这些猴子的特征），都是弥补其探测信息素能力下降的适应方式。通过手势和面部表情进行视觉交流是狭鼻猴亚目（比如长臂猿、猩猩和大猩猩等）的另一项创新，这些可以弥补它们嗅觉能力的不足。

对人类基因组的最新研究表明，第二次事件发生在人科动物与黑猩猩分道扬镳之时（700万—400万年前）。这进一步降低了人类嗅闻信息素的能力。这种基因感染或基因变异十分严重，给人类留下了实质性的嗅觉障碍。结果是人类大脑中嗅觉上皮细胞的大小平均约为2平方厘米。而兔子大脑中的等效区域通常是9平方厘米，并含有超过人类100倍的嗅觉感受器。遗传学家最近发现，负责嗅觉的人类基因中多达60%都是功能失调的。

丧失探测信息素等化学气味的能力所带来的影响是深远的，不仅是对人类的演化，对接触人类世界的其他物种也是如此。

因此，听觉和视觉而非嗅觉成为人类沟通的主要机制。此外，由于解读视觉线索和面部表情需要比识别气味更多的心智处理能力，所以人类差劲的嗅觉可能部分解释了导致新的心智能力发展的某些自然选择压力。这是一个有趣的推测：视觉处理、模式识别、联想学习以及最终人类语言、文字、艺术和文化的演化，可能都与我们相对糟糕的嗅觉有关。

当一张图片叠加在另一张图片上时，高尔顿画的罪犯面孔看起来似乎不那么具有威胁性，因为合成肖像看起来更为“正常”。

因此，具有吸引人类先进视觉系统特征的物种，特别适合在人类社会时代生存。漂亮的鲜花，包括郁金香、玫瑰、鸢尾花和牡丹以及具有鲜艳颜色的柠檬、橘子和猩猩最爱的香蕉等水果，在当今世界蓬勃生长。

为什么平均是最好的

但人类如何在一个由视觉主导的世界里判断另一种生物是否好吃或者一名异性是否适合交配？人类没有足够灵敏的鼻子，那么可以用什么作为遗传标记（相当于狗的尿液）呢？

看起来部分答案似乎是与视觉的对称现象有关。查尔斯·达尔文的表弟弗朗西斯·高尔顿，他对邪恶是如何从人性中滋生的这一问题非常着迷，他是近代第一个提出美并非如古谚语所言是纯粹主观的人。

高尔顿试图对面部特征进行分类，用于识别某人是否可能是犯罪分子。在他努力寻找终极“邪恶面容”的过程中，他使用了一系列曾被定罪的囚犯照片，将一张叠加在另一张之上，以制作合成肖像。结果令他大吃一惊，因为出现了这样一张图像……

> ……比单张照片看起来更漂亮……因为许多人的平均肖像没有不规则的地方，而正是这些不规则使每个人的外表都有些瑕疵……

最近，人们也进行了类似的实验，通过将一系列真实的面孔数字化分层，将一张图叠加在另一张图上，从而创建了一张“平均”的脸。当研究人员要人们选择最具吸引力的面孔时，他们发现合成图像的选

择率高于真实的单个面孔的图像。

因此，个人的美貌与否似乎与其视觉形象有多接近某一特定人群的平均水平有关。人类用无瑕疵的外表和缺乏明显的不对称特征，来形成对生物适应性的初始价值判断。偏离这个标准（疣、胎记、皮肤缺陷等）是存在基因异常、压力性分娩或易患疾病的标志。

看着不错

在超市买水果和蔬菜的人通常不会在购买之前嗅闻每一件产品，而是会拿起来，并根据其与对应的理想样本的相似程度来判断其是否适合食用。挑剔的消费者会拒绝歪斜的胡萝卜、弯曲的香蕉和有疙瘩的苹果，人类通常以这种标准判断一个物品是否适合食用。

因此，具有精确的对称性和明亮迷人的颜色这样完美遗传特征的物种，在人工选择的世界里常常会受到青睐。

向日葵通过使用数学上的斐波那契序

列（即 0、1、1、2、3、5、8、13、21、34、55 等等，每一个数字都是前两个数字之和）优雅地证明了这一点，向日葵小花形成对称的螺线，其常见数目为 34 组和 55 组。类似的情况还出现在了菠萝的果实和松果的螺线上。

莲花以其美丽而闻名，这归功于其高度对称展开的花瓣，2 000 多年来，这种特质一直吸引着东方文化。

现在想象一下，每个翅膀上都具有不同图案的蝴蝶，尾羽向一侧倾斜的孔雀，或只有一只眼睛的人。这些都代表着基因突变，即基因缺陷的外在表现。

对称性是自然界证明生命实体接近完美基因的最古老方式之一。它的生物学起源可以追溯到最早的脊椎动物和无脊椎动物身体结构，这是由数亿年前的同源异型基因（又称 Hox 基因）建立的，这些基因决定了从家蝇到人类每种生物的对称性。

在整个文明的历史中，外表是否完美一直是衡量事物的方式。有时以塑造自然的形式符合人类对视觉美感的追求。从这个角度看，从凡尔赛宫到汉普顿宫等完美对称的花园，可以解释为皇家或贵族政府对生物适应性的表达方式。

与此同时，高尔夫球手（就像我的父亲一样）往往会将自动浇水的球道和果岭修剪整齐，从而为完美的下旋高球提供了恒定的基准。

从古埃及的吉萨金字塔到印度阿格拉的泰姬陵，这些建筑瑰宝都是基于古希腊人所称的“黄金比例”的自然对称原则建造的，“黄金比例”公式是在公元前 300 年由希腊几何学家欧几里得首次提出的。由该比例产生的矩形在如今人类文化中几乎无处不在，从壁画和广告牌，到电视屏幕、壁炉和信用卡的形状。

卡尔·林奈根据自然世界的外观组织，将生物分成不同的界、科、种，设计出了他的综合分类学体系。他遵循了古希腊哲学家亚里士多德的传统，即基于相对外观确立生物之间的关系。直到查尔斯·达尔文提出基于遗传和共同祖先确立生物之间关系的概念被接受之后，生物的分类体系才开始发生变化。因此，当今的物种分类（分类学）已经变成了完整的混合系统。

不要以貌取人……

尽管外观是人类用来组织、排列和选择理想对象（有机物或其他物体）的主要标准，但在选择配偶时，该标准却是相当低效的。与大多数哺乳动物在选择伴侣时使用信息素不同，外表本身并不能指示某个个体的遗传信息是否与另一个个体存在足够的不同以产生具有抗病能力的后代。事实上，期望达到平均水平的对称性有掩饰个体遗传差异的倾向，从而增加了近亲繁殖的风险。

或许这就是人类文化的生物学起源所在？语言、音乐和表演艺术可能是作为一种认知系统的补偿而发展形成的，因为认知系统本身是视觉性的，不善于揭示遗传多样性。因此，当女性在考虑男性伴侣时，除了外表之外还会考虑其他因素也就不足为奇了。兴趣、习惯和家庭背景通常是人们在建立长期的伴侣关系之前就会考虑的因素，由此产生的持久人际关系便是人们常说的“异性相吸”。这种文化上的严格评估，可能会增加后代携带人类基因图谱不同部分基因的机会。

但是，人们对外表、香气和味道的痴迷仍然很重要，因为这些感官刺激有助于

改善最初基于外表的选择。自古以来，人们就使用香水和香薰来掩盖体味或营造鼓舞人心的氛围。玫瑰、薰衣草、茉莉花和檀香等植物都是因其强烈的气味通过人类选择而繁荣的物种。

味觉也会加强或抑制最初的视觉选择。可以产生甜、咸、苦、酸和辣五种味道的令人愉悦刺激的物种，在人类社会的影响下繁衍生息并遍布全球。苹果、柑橘、柠檬和橄榄，与黑胡椒、香草、薄荷和姜等气味强烈的香料一同取得了成功，其他物种也从人类烹饪美味中获益，当将蘑菇、辣椒、洋葱和大蒜等放在滋滋作响的火炉上时，它们便会散发香味并软化。

一些敏感的结论

因此，“情人眼里出西施”的俗语似乎有一半是正确的。漂亮的外表最初是在人类主导的世界里让物种兴旺的原因，而味道和气味是不可替代的次要原因。

然而，与传统观点相背离，美丽似乎并不是主观的异想天开。虽然个人喜好有所不同（因为有性生殖带来了基因的多样性），但是人们对通过色彩、形状和形态来表达适应性的其他生物，也表现出了自然偏好。对称、年轻、无瑕疵的面孔会使人联想到深红色玫瑰最完美的形状、形态和活力，两者都包含了我们在视觉上常常称为美的本质。

玫瑰

科：蔷薇科（Rosaceae）
属：蔷薇（*Rosa*）
排名：62

爱与浪漫的古老象征，最近取得了不可持续的成功。

纳瓦沙湖是一片 130 平方千米的非洲水域，在人类历史上，这里一直是野生动植物的天堂。坐落于内罗毕以北 100 千米处肯尼亚的核心地带，这个湖泊横跨东非大裂谷，富含火山土壤，20 世纪 70 年代，人们在这里发现了一些最早的人科动物化石。大量的鱼类、狮子、羚羊、豹子、河马以及 350 多种野生鸟类栖息在此。直到 20 世纪 70 年代，大约有 7 000 人居住在湖岸边，其中许多是马赛人，他们是随西非班图游牧人扩张而来的定居者，在其牛群对携带疾病的舌蝇产生免疫后不久迁徙到此。

但在过去的 30 年里，该地区发生了翻天覆地的变化，仿佛有人在淘金。现在，有超过 30 万人在湖岸边新建的农场之中居住或工作。这里的人们经常使用破坏当地生态系统的有害农药（如 DDT），湖泊的水位已降至低于最低安全水位 3 米。莱斯特大学的生物学家大卫·哈珀博士（Dr David Harper）表示，如果当前的趋势继续下去，这个湖泊将会变成一个“浮肿、臭气熏天的池塘，一贫如洗的人们在光秃秃的岸边谋生”。

哈珀说，随着湖泊面积的缩小，湖水越来越浅，这里将变得更加温暖，从而促进微型藻类的生长。“湖水变得有毒只是时间问题。”水量的急剧下降已经对野生动物产生了

影响。2004 年到 2006 年期间，生活在湖中的河马数量减少了 25%。

即将到来的生态崩溃的原因违反了常识。世界上最干旱地区之一的肯尼亚，却将其珍贵的水资源大量出口到欧洲一些最潮湿的国家。总而言之，主要原因就是玫瑰，一种数千年来一直因其美丽和芬芳被人们赞美的花卉。

水分约占切花质量的 90%。过去的 30 年中，纳瓦沙湖附近涌现的商业鲜花农场培育了数以百万计的玫瑰。捆扎结实、水分充沛的花束通过空运的方式出口到欧洲，然后由花店和超市进行售卖。肯尼亚的鲜花业之所以具备商业优势，是因为该国大量廉价的劳动力，该产业每年约产生 3.5 亿美元的宝贵收入，其中 74% 就来自玫瑰的种植和销售；印度企业所拥有的一座农场每年生产 6 亿朵玫瑰。因为人类痴迷于这些神话般的芬芳花朵，每年 365 天，每根茎干都将重要的商品——水，从干旱的非洲出口到雨水丰沛的欧洲。

玫瑰之所以受到人类的喜爱，是因为它们既能带来视觉盛宴，又能带来芬芳的香气。全世界销售香水的基本成分之一就是源自波斯的大马士革蔷薇油，这是 13 世纪时期随着阿拉伯石油蒸馏技术的发展被十字军战士带到欧洲的，而保加利亚和荷兰最终确立了种植玫瑰的习俗，则要归功于其湿润的土壤。

如今，保加利亚的玫瑰谷是世界上最大的玫瑰种植区，为香水产业提供精油。其 300 年玫瑰种植的历史以卡赞勒克镇为中心，得益于其多山的地形和潮湿的气候，在这里种植玫瑰不会产生生态问题。这个传统一直延续至今，而他们的农业方式抵制了会破坏生态的现代集约化农业。当地人会在 6 月的第一个周末穿着传统服装参加一年一度的鲜花节，活动的亮点是选美比赛，在众人中选出一名女孩加冕为“玫瑰女王”。

玫瑰在波斯、希腊和罗马的古文明中一直是美丽的象征。在希腊神话中，爱神阿芙洛狄特赠给她的儿子厄洛斯一朵玫瑰，然后厄洛斯又将花送给了沉默之神哈波奎迪斯，试图说服他不要传播关于阿芙洛狄特不道德行为的流言蜚语。玫瑰作为美丽、爱情、秘密和自由的传统象征，存在于每年情人节的传统中。在英国，每年情人节和母亲节，平均有 1 万吨玫瑰作为送给所爱之人的礼物被出售。

玫瑰有五瓣花瓣，可以展开成各种形状和颜色，有的香气扑鼻，有的则不会，这是玫瑰取得持久成功的另一个重要秘诀。这些花与橡树一样很容易进行杂交，因此使用更广义的“属”

的概念比狭义的“种”更为合适。植物爱好者可以培育出在颜色、形态、样式或气味方面符合人类想象的几乎所有差别细微的品种。一旦人们种植出一种理想品种，园艺家们就会通过嫁接（克隆）的方式将亲本植物移植到另一种植物的根茎上，来无限复制它的遗传基因（见苹果）。19 世纪时期，全年都能开花的玫瑰品种从中国传入欧洲，引发了用玫瑰基因进行园艺实验的热潮，此后这种热潮就从未停止过。这样的遗传可塑性为植物学家提供了广泛的可能性，以适应人们审美、风格和时尚的变化。

我们喜爱这些花朵的代价是肯尼亚的生态系统受到了威胁。随着纳瓦沙湖水的干涸，大型切花生产商就一直忙于在附近的其他廉价劳动力市场（比如埃塞俄比亚，一个同样长期缺水的国家）购买土地，同时获得了 10 年的税收减免。尽管带来了严重的生态后果，非洲农民仍持续种植玫瑰，欧洲消费者也继续购买它们，玫瑰这样的吸引力可以持续多久？短期收益与长期痛苦的矛盾似乎也和玫瑰本身一样持久。

苹果

科：蔷薇科（Rosaceae）
种：苹果（*Malus domestica*）
排名：53

一种营养价值颇高的水果，
其高于平均水平的基因多样性因人类对视觉完美的追求而减少。

约翰·查普曼（John Chapman）是美国最古老、最著名的标志性英雄之一。这位18世纪的开拓者（1774—1845）之所以拥有“苹果核约翰尼”（Johnny Appleseed）的昵称，是因为他对种植苹果树的痴迷。他总会抢先到达移民定居点，建立有围栏的苹果种植园，然后再迁往新的地区，把果园留给当地人管理。每隔几年，他就会回来收取一笔以实物或租金所支付的款项。因此，每次移民向西推进时，约翰这个流动的神职人员兼园艺师就会确保他们得到可靠的丰富多汁的水果供应。

随着独立战争取得成功，苹果对北美淘金者来说就代表了一切。纵观人类历史，大多受欢迎的甜味都主要来自水果。甘蔗很稀少，蜂蜜供应有限，而多亏了“约翰尼”这位深思熟虑的苹果种植者，俄亥俄州和印第安纳州的定居者才能得到基本的水果供应。

查普曼古怪的流浪生活方式（他从不穿鞋）以及远见卓识，使他的故事引人入胜。更令人注目的是他颠覆性的园艺风格，包容自然界的演化系统而非与之竞争：他总是从种子开始种植果园。

苹果因其遗传多样性而著称。苹果核内部的种子多达12颗，如果用这12颗种子种树，每一棵都会具有明显不同的特征。这就是有性生殖可以产生的最佳效果。无论苹果的种子被其目标运输者——哺乳动物带到哪里，这样的多样性都能够确保至少有一两个种子可以对当前的环境做出积极的反应。这项统计学的赌注帮助苹果树适应了其起源地——中亚地区以外的栖息地。

但是，在查普曼着手建立他的果园时，一种与之竞争的果树人工繁育体系也已经很成熟了。没有人知道是谁最先发现可以通过仔细地将树枝绑在一起进行嫁接，或将一棵正在生长的树砍断并嫁接到另一棵树的根或茎上。这项技术肯定曾在古希腊和罗马被广泛使用，当时，从亚洲通过丝绸之路运输过来的苹果被当作最受欢迎的水果。公元前323年，亚里士多德的学生希腊作家泰奥弗拉斯托斯（Theophrastus），一名敏锐的植物学家，撰写了一部包含嫁接树木最佳技术建议的综合性实用专著。

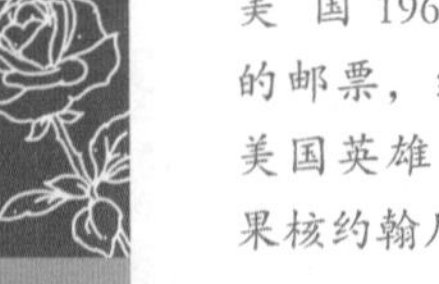

美国1966年的邮票，纪念美国英雄“苹果核约翰尼”。

以这种方式繁育的树木避免了有性生殖带来的基因混合与匹配。选择一个可以产生所需形状和味道的水果样本，然后把它的枝条嫁接到另一棵同种（或相似种）树的根部，然后，每次都可以重新长出与第一棵树相同的水果。这种繁殖技术适用于大多数长在藤蔓或树上的水果和花朵，从桃子和杏仁到苹果和梨（另见玫瑰和葡萄）均可。

尽管如此，查普曼还是坚持要用源自欧洲的种子种树。查普曼不妥协的好处在于，那些幸存下来的种子是最适合其美洲新家条件的个体。而不利的一面是，无法预测每棵树水果的质量、数量、大小、形状或形态：有的又小又酸，有的则又大又甜；有的易患病，而有的则大多具有免疫性。没有绝对的标准或一致性，就像自然界所希望的那样。

在这之后的一个多世纪，这些怪异之处并非那么重要，因为美国定居者从来不吃查普曼的苹果。相反，这些苹果被碾碎、发酵并做成一种叫作苹果酒的营养丰富的提神饮料，甚至比水还受欢迎（正如啤酒在早期的英国社会中那样），因为这是一种适合全家饮用的干净、健康、安全的饮料。

但是在 20 世纪初，苹果开始被当作食物消费，苹果树的现代命运发生了戏剧性的变化。市场营销活动号召美国人“一日一苹果，医生远离我”，而禁酒令的实施（禁酒令规定饮酒为非法）也削弱了苹果酒的吸引力。由于人类会从视觉对称、颜色和比例方面判断食物是否适合食用，不规则的大小、形状和多变的口味就不再能被接受了。可以预测果实形状的嫁接果树风靡一时，从此占据了苹果市场。

因此，美国各地（现在是全世界）种植苹果的品种数量急剧减少，违背了查普曼的最佳实践种植计划。在已知的 7 500 个苹果品种中，每年在世界各地种植的 5 500 万吨苹果几乎都来源于仅仅 6 个核心品种，这些品种是根据其外观、形状和甜味特别挑选的。

在 20 世纪 80 年代末期，火疫病席卷了整个北美的果园，这是由一种叫作梨火疫病菌（*Erwinia amylovora*）的细菌引发的，当时由于大规模种植的品种太少，导致苹果濒临灭绝。因此，许多种植者面临着一个多世纪以前法国葡萄酒商类似的崩溃。多亏了一种防治病害的革命性方法，使植物产生了对这种疾病的抵抗力。康奈尔大学的研究人员率先成功使用了基因枪技术，将一种巨型蚕蛾的抗菌基因转移到了一棵苹果树中，从这棵树上剪下的枝条使农民得以在他们的果园中种植对火疫病免疫的克隆个体。

对此类技术的需求恐怕会使美国英雄“苹果核约翰尼”兴奋到起舞。苹果成为世界第三大最广泛种植的水果（仅次于香蕉和橘子），但人工基因遗传干预已成为确保近交系作物生存的新的重要因素，这种农作物是为了满足人类对美丽、健康食物的需求而专门培育的。

香草

科：兰科（Orchidaceae）
种：香草（*Vanilla planifolia*）
排名：97

中美洲兰花的干瘪豆荚是如何成为现代世界中最受欢迎的调味料之一的。

11 岁的红发孤儿安妮·雪莉（Anne Shirley）决定绝不错过她主日学校的野餐茶会。但她还有一个问题：她的监护人玛丽拉（Marilla）认为安妮偷了一枚珍贵的紫水晶胸针。作为惩罚，安妮被关进了卧室直到她承认偷了东西。早熟的小安妮不顾一切地想去茶会，因此编了虚假的供词："不管你想怎么惩罚我都可以，"安妮对玛丽拉恳求道，"但请让我去参加野餐吧！想想冰激凌……你知道的，我可能再也没有机会品尝到冰激凌了。"

那天晚些时候，玛丽拉找到了她的胸针，她不小心放错了地方。安妮的忏悔是假的，她还是高兴地去野餐茶会了。"我无法用语言来描述冰激凌，"安妮返回绿山墙的家后告诉玛丽拉，"我向你保证它是独一无二的。"（来自《绿山墙的安妮》[*Anne of Green Gables*]，1908 年，露西·莫德·蒙哥马利［Lucy Maud Montgomery］著）

异域风味：香草兰，来自墨西哥，吸引了欧洲人的味觉。

这种凉爽、提神且完全不可抗拒的甜点相当受欢迎，它厚重的风味源于被称为香草的外来兰科植物的成熟豆荚。这种植物原产于墨西哥，在 16 世纪早期由埃尔南·科尔特斯带领的西班牙征服者到达这里之前，它们只被该地区的托托纳克人和后来的阿兹特克人所知。将香草与热巧克力混合，增添了这种皇家饮品的风味，非常符合君王和贵族的口味。15 世纪，人们用香草豆交税，进贡给日益强大的阿兹特克帝国，但只有住在周围山上的人懂得这种植物的复杂培育技术和提取其精华的方法。

在长达 300 年的时间里，欧洲人在世界的其他地方种植这种植物的尝试都以失败告终。即使这种植物开花了，但由于某种原因，它似乎从来没有在墨西哥本土以外的其他地方产生过美味的豆荚。因此，直到 19 世纪中期，其供应仅限于这种兰科植物自然生长的一小块区域，而欧洲人喜欢将香草添加到可可中，也仅限于贵族精英之中。

得益于两个相继出现的事件，香草兰神秘的生长方式最终被揭开。第一个是 1836 年，比利时植物学家查尔斯·莫伦（Charles Morren，1807—1858）在一株香草兰的周围发现一种特别的黑蜂在嗡嗡作响，这株兰花就位于他在墨西哥韦拉克鲁斯房子的露台上。通过近距离观察，他看到这些名为无刺蜂的授粉者寻找花蜜的过程，它们在采集花粉之前抬起了一个透明

的瓣状物（关于蜜蜂与兰花这种协同演化的另一个例子参见木蜂）。这种瓣状物被称为蕊喙，是一种为避免出现自花授粉和近亲繁殖风险而产生的自然方式，可以确保只有被这些蜜蜂带来的其他兰花的花粉才可以剐蹭到柱头上。香草兰只能在墨西哥产出芳香的豆荚，因为这是无刺蜂居住的地方。在其他地方种植的花没有办法进行受精，它们只能枯萎，且在死前都无法结出果实。

或许对香草冰激凌爱好者来说，更令人惊讶的是，他们能品尝到自己最喜欢的口味，都要归功于另一位开拓者——一位名为埃蒙德·阿尔比斯（Edmond Albius，1829—1880）的非洲奴隶的创意。在 12 岁的时候，这个孤儿就发明了用手为香草兰花授粉这种快速灵巧的方式，而不需要无刺蜂。阿尔比斯发现只需要使用一根细竹签并用拇指快速地轻轻一弹，每小时就可以为多达 1 000 株兰花进行人工授粉。香草兰的生产突然就变成一项大生意。阿尔比斯的授粉技术十分成功，至今仍然在使用。

印度洋的留尼旺岛（阿尔比斯居住的地方）和马达加斯加岛，以及南美洲和西印度群岛，后来成了香草兰种植和收获的新生境。到 1898 年，马达加斯加出口 200 多吨成熟的豆荚，那里至今仍是世界上最大的香草生产地。

鉴于当今对香草调味料的巨大需求，不仅仅是巧克力棒和冰激凌，它们还可以运用于香水和香薰疗法中，可以预料到今后对香草兰的培植也会遵循同样的集约型农业模式，与甘蔗、玫瑰和咖啡等作物一样。

但事实并非如此。兰花难以种植的基因所造成的持久影响在于激励了人类的科学事业，而非对现实世界的重塑。香草的味道在欧洲和美洲很受欢迎，以至于在阿尔比斯发现如何繁殖这种植物的仅仅 33 年后，德国科学家就研究出了如何重新创造其产生香味的化合物——香草醛的化学结构。如今，香草调味产品使用的 1.2 万吨香草香精中，只有大约 10% 来自真正天然的香草，其余的都是用木浆加工残留的树脂或一种从山毛榉的焦油中提取的叫作愈创木酚的化学物质人工生产的。

有时，培植的经济效益表现为人类更倾向于利用有机化学而非农业来满足大众的需求（见合成橡胶）。然而，如果人们没有体验过天然香草的味道和香气，他们就不会尝试更不用说复制自然界的化学过程了。尽管人工调味料的广泛使用可能对香草基因的传播不利，但对全球生态系统的健康来说可能有益，因为有这么多喜欢吃香草冰激凌的人控制着香草的种群数量。

薰衣草

科：唇形科（Lamiaceae）
种：薰衣草（*Lavandula angustifolia*）
排名：93

由于其极其强烈的气味而被载入史册的一种替代疗法兼安慰剂。

查尔斯·达尔文注意到了人类糟糕的嗅觉，他在《人类的由来》一书中写道：

> 嗅觉对大多数哺乳动物来说都是最重要的，对反刍动物来说，可以向它们发出危险警告；对食肉动物来说，可以帮助它们找到猎物……但嗅觉对人类来说，如果有的话，也是极微小的作用……人类从一些早期祖先那里继承了弱小且到目前为止仍在退化的嗅觉……

因此，只有气味最强烈的植物品种，才可能通过人类的嗅觉通道——鼻子来吸引人类的注意。生长在地中海地区的漂亮花朵数量众多却不值钱，但紫色薰衣草之类的植物与其他植物的真正区别是其令人难忘的香味。

生活在欧洲和北非的人们从古埃及时期到现在都拥有一个共同的信念，那就是像薰衣草这样芳香的物质必然具有治疗、药用等强大的功效。这种香草的用途及其功效极为多样。霍华德·卡特在1922年发现了图坦卡蒙的坟墓之后，考古学家在挖掘过程中发现

了薰衣草香水的踪迹。在埃及和腓尼基净化仪式中还使用了薰衣草油，并作为木乃伊制作过程中的重要油膏添加物。据说，埃及最后一位女法老、美丽绝伦的克里奥帕特拉七世，也是用了添加有薰衣草的香水来引诱罗马将军尤利乌斯·恺撒（Julius Caesar）和马克·安东尼（Mark Antony）的。

薰衣草名字源于古罗马人经常使用的这种具有浓郁清新香气的草本植物。他们在洗衣服或洗澡时添加这种香料，“lavare”在拉丁语的意思是“洗涤”。根据《路加福音》，耶稣基督的门徒之一抹大拉的玛丽亚（Mary Magdalene）涂抹在耶稣脚上的油就含有甘松香，有些学者认为这属于薰衣草的一种。

正如自然界的许多其他产品一样（从葡萄到兔子），罗马人将气味浓郁的薰衣草带到了整个帝国区域，并在整个西班牙、英国和法国扎根。到中世纪时，它被当作奇迹之药，可以治疗各种疾病，包括头虱和祛除魔鬼等。宾根的希尔德加德（Hildegard of Bingen, 1098—1179）是中世纪德国的一位作家、语言学家、科学家和哲学家，还在莱茵河上修建了一座修道院，她对这种草本植物的神秘力量不抱有任何幻想：“如果一个人身上有许多虱子，经常嗅闻薰衣草的味道，虱子就会死亡……它能治愈许多邪恶的事物，因为它，邪恶的灵魂被吓坏了……”

一直到19世纪70年代，用浸过薰衣草油的纸张作为治疗头虱的有效方法都非常流行。

芬芳的薰衣草从英国女王伊丽莎白一世时期开始就与王室联系在了一起，女王相信其药用价值帮助治愈了她经常出现的头痛问题。国王查理一世的妻子亨利埃塔·玛利亚（Henrietta Maria）从法国引进了薰衣草香皂和混合香料，正值法国香水业在弗朗西斯

2 000多年来，薰衣草一直是欧洲人喜爱的芳香植物，这是法国南部的薰衣草田。

20世纪20年代推出的极具魅力的香水。

二世、查理九世和亨利三世这三位法国国王的母亲凯瑟琳·美第奇（Catherine de Medici，1519—1589）的赞助下建立起来之时。意大利香水专家和凯瑟琳的私人顾问雷纳托·布兰科（Renato Blanco）是现代第一位专业香水制造师，他的实验室与凯瑟琳的宫殿通过一个秘密通道相连，防止其他人窃取其香水的具体成分。此后不久，清教徒前辈移民就带着薰衣草去了美洲，尽管那里冬天气候恶劣，但薰衣草仍蓬勃生长。

维多利亚女王时代，薰衣草成为王室的最爱，它被用于从淡香水到清洗宫殿地板和家具的消毒液等各个方面。她甚至任命萨拉·斯普鲁尔斯夫人（Lady Sarah Sprules）为女王的“薰衣草精华提供者”。

薰衣草的浓烈香味不仅仅满足了人们对香味的渴望，也有人认为如此的芬芳可以使人远离瘟疫、疾病和感染，这是一种源于古罗马的民间信仰，但在15世纪起席卷欧洲的瘟疫中复兴了。在大瘟疫期间（1665—1666）的伦敦，人们在手腕上绑上一束薰衣草，希望其气味可以防止感染。甚至在第一次世界大战期间，青霉素等药物问世前，薰衣草油就已经作为防腐剂被广泛使用了。

在现代，薰衣草不仅是香水的主要成分，而且也已成为全球替代医学市场中最重要的精油成分。香薰疗法（出现在20世纪上半叶）声称可以改善情绪和身心健康。

它是由专门生产香水的法国化学家雷内－莫里斯·盖特福斯（René-Maurice Gattefossé，1881—1950）发明的。当盖特福斯在实验室工作时，他不小心点燃了手，为减轻疼痛，他本能地把手伸入离他最近的液体桶中，而这个容器中装着薰衣草油。盖特福斯的手愈合速度十分惊人，于是激发了他更全面地探索天然存在的芳香族化合物的修复功效。他的著作《芳香疗法》（*Aromathérapie*，1937）成了现代替代医学发展的奠基石，如今该产业价值数十亿英镑。

至于薰衣草的药用功效，除了浓郁香味的特性外，现代西方科学证明其并无效用。然而，无可争辩的是，数千年来，这种芳香的草本植物一直使所有社会阶层的人们相信其强烈气味有益或有壮阳的药用效果。不可否认的是，薰衣草不论是作为安慰剂还是古代疗法，它之所以能在世界范围内获得成功，都要归功于人类迟钝的嗅觉系统。

黑胡椒

科：胡椒科（Piperaceae）
种：胡椒（*Piper nigrum*）
排名：91

一种长有干瘪丑陋浆果的藤蔓植物，人们相信它对个人健康至关重要。

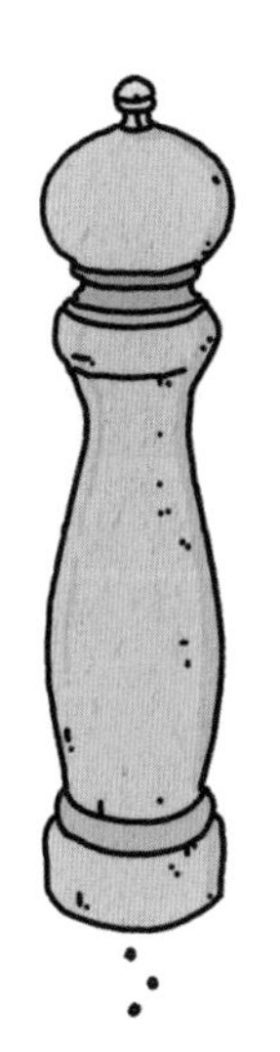

黑胡椒一度是世界上最受欢迎的天然产品之一，甚至比黄金还要珍贵，这实在是让人很奇怪。早在2 000多年前，古罗马人会花费大笔金钱购买香料，他们知道这种香料来自一个遥远、神秘、有异域风情的东方国度。公元71年，普林尼（Pliny）撰写了37卷的自然世界百科全书，根据书中记录，人们对胡椒的需求可见一斑："印度每年都要消耗罗马帝国的5 000万塞斯特斯（银币）"。

在1 500年的时间里，欧洲人对香料的热情丝毫没有减弱。到1496年，黑胡椒的需求量相当大，据说威尼斯商人从远东地区进口的香料多达400万磅，其中大多数是胡椒。在接下来的一年中，葡萄牙国王曼努埃尔一世资助了水手瓦斯科·达·伽马踏上"寻找香料"的危险之旅，这样曼努埃尔一世就可以不用高价向意大利卡特尔集团和穆斯林商人购买香料，因为他们牢牢控制着香料的陆路供应。他的赌注得到了回报。1498年，达·伽马找到了通过非洲南端的航线，首次成功开拓了在印度、中国和欧洲之间的海外贸易联系。与此同时，哥伦布也代表西班牙国王费尔南多和女王伊莎贝拉向西展开了类似的探索，试图寻找一条可以与之竞争的路线。

胡椒是一种木质攀援藤本植物，原产于印度西南部（喀拉拉邦）西南季风区。它的果实长在一簇红色浆果之中，一旦成熟，就会在太阳下枯萎并变成黑色。被压碎后，这些轻便、易于运输的胡椒籽便可以添加到任何食物之中，赋予食物辛辣的异域风味。

有关为何胡椒在古老的中世纪和近代早期欧洲时期会如此珍贵的一个普遍观点是：在没有冷藏技术的时代，人们需要一种方法来掩盖变质肉类的味道。但现代的评论家们已经把这种观点当作传说而抛弃了。腌肉不需要冰箱来防止其变质，因为古老的盐腌、酸渍、干燥和保存技巧已经足以推翻中世纪时期胡椒粉被用于掩盖霉菌的说法。

确切地说，胡椒在精神而非物质方面的重要程度最能说明黑胡椒在历史上的受欢迎度。古希腊哲学深受亚里士多德观念的影响，他认为保持人类健康的秘诀就在于构成自然世界的四种基本元素（土、气、火和水）的恰当混合。希波克拉底和伽林（129—200）等学者认为，这些元素在人体内表现为四种体液：黑胆汁（忧郁）、黄胆汁（暴躁）、黏液（冷淡）和血液（乐观）。直到17世纪末和18世纪初现代西方科学诞生时，医学实践主要关注的是如何在这些体液之间建立正确的平衡，以有助于人们的健康。

人们普遍认为，胡椒对这一过程是至关重要的。它是少数几种具有干辣效果的天然成分之一，可以调和多血（红）肉的饮食。现在人们食用牛排时撒胡椒是中世纪时对辛辣食物热爱的遗俗，早在 17 世纪糖出现后就被人们遗忘了。

人们认为，平衡各种食物对胃的影响对健康和平衡生活至关重要。因此，从僧侣到商人，从国王到朝臣，凡是买得起胡椒等香料的人都有对它的需求。一本中世纪食谱《简单药物》（*Circa Instans*）列出了 270 种帮助平衡这四种基本体液的物质。据说黑胡椒的辛辣特别有效，可以祛除胸部的湿痰，作为治疗哮喘的药物。当胡椒被磨成粉末时，它还可以用于治疗血疮。

这些体液不仅可以用来调节身体健康。根据由 11 世纪非洲本笃会修士康斯坦丁从阿拉伯语翻译成拉丁语的一部古希腊著作所述，使用香料还可以激发性欲。根据这部名为《论性交》（*De Coitu*）的作品所述，男人的阳痿正是由于体液（冷淡和抑郁）过多造成的，可以用胡椒、生姜和肉桂等辛辣香料进行纠正。

胡椒等辛辣香料，来自世界上一个几乎闻所未闻的角落，而这正增加了其神秘性。稀缺性和神秘性（可能是狂热的穆斯林商人所制造出来的）等额外的心理因素，似乎促使了这种辛辣的口味更加符合中世纪人的胃口。塞维利亚大主教圣依西多禄（Isidore of Seville，560—636）是另一本名为《词源》（*Etymologiae*）的自然百科全书的作者。书中解释了印度胡椒树是如何被毒蛇"保护"的：为了收获珍贵的浆果，当地人会在树间生火，以避开可怕的蛇。书中生动形象地说明了为何胡椒总是黑色和干瘪的。

13 世纪的环球旅行家马可·波罗（Marco Polo）描述了在爪哇香料岛上丰富的胡椒生产供应，这也增强了欧洲人直接获取胡椒的决心。他将其描述为富裕的岛屿："……生产

13 世纪广为流传的《马可·波罗游记》中描述的印度南部收获胡椒的景象。

胡椒……以及世界上所有珍贵的香料。这是世界市场上大多数香料的来源地。宝藏的数量……完全超出了可以计算的范围。”

哥伦布和达·伽马准备冒险寻找通往这些传说中土地的自由路线。当达·伽马最终在 1498 年 5 月抵达印度西海岸的卡利卡特时，他开始就香料贸易的权利进行谈判，即便他没有什么有价值的东西可以交换。他认真审视了自己的提议，于是在他 4 年后返回家乡前，他用大炮摧毁了这个印度城镇，将当地人关起来并活活烧死，之后他带着超过 100 万千克的胡椒返回了葡萄牙，这些香料的数量相当于威尼斯平均每年的收成。到了 1530 年，葡萄牙人在果阿建立了首府[1]，并沿着印度西海岸建立了 50 座堡垒和一支由 100 多艘船只组成的舰队。欧洲和东方国家之间的不平等“贸易”时代就此拉开帷幕。

由于这些冒险经历，现代历史学家认为胡椒在人类历史上取得了一些非凡成就。有人说：“欧洲从地中海和大西洋大陆架扩张出去的起始点，与宗教或资本主义的兴起无关，但却与胡椒有很大关系……”另一个关于胡椒是迄今为止最受欢迎香料的评价：“香料极大地影响了历史，因为它们使欧洲走上了海外征服的道路，而其成败影响了当今世界政治的方方面面。”

在过去的 500 年里，作为欧洲征服催化剂的黑胡椒已经隐退到默默无闻的状态。在 17 世纪，新医学知识的兴起和欧洲其他更容易上瘾物质的出现（比如鸦片、糖、茶、咖啡等）降低了人们对胡椒的需求和迷恋，其用途也从药用转变为烹饪调味料。但那时胡椒的影响已遍及全球，从美洲的发现到东亚的殖民化，由于胡椒的存在，世界历史更加风起云涌。

1　应指果阿旧城（Goa Velha），葡属印度的首府。

莲花

科：莲科（Nelumbonaceae）
种：莲花（*Nelumbo nucifera*）
排名：99

毗湿奴（Vishnu）的妻子，印度女神吉祥天女（Laksmi）抱着她的婴儿象头神从一朵莲花上徐徐升起（绘于1860年左右）。

能鼓舞亚洲人民追寻内心的平和，而现在又被西方科学视为典范的一种花。

3 000年来，远东地区的人们一直把神圣的莲花视为自然界完美的终极典范。佛教从这种花的形状、样式和功能中获得了巨大的灵感和力量，但请勿与另一种属于睡莲的埃及蓝莲花混淆。

莲花像大多数其他花卉一样，在某个层面上表现了视觉上的对称美，其花瓣均匀地展开，呈现出这种植物在遗传上对鸟类、昆虫或其他过路者富有吸引力的景象。莲花的栖息地是浑浊不堪的泥水，但却好像是被施了魔法般地长出洁净的花朵，这引起了人们丰富的想象。《薄伽梵歌》是印度教最神圣的经文，莲花被用来展示人们为实现内在完美应如何努力：

弃夫执滞而为兮，献梵天以行业；罪愆莫彼或染兮，如水不沾莲叶。……[1]

在他开悟后不久，乔达摩·悉达多，即佛陀，向前来听他讲道的听众展示了一朵莲花。他所做的只是举起莲花面向人群。拈花不语，就像被人们记得的那样，他没有说一句话。人群中唯有一名男子对着佛陀微笑，显示出他理解所展示的信息的力量。摩诃迦叶后来成了佛陀门徒中最受尊敬的一位，而拈花一笑作为一种超越文字达到内在完美的方式，现在被认为是禅宗这一佛教分支的诞生之源。

在东方文化中通往人类完美的高尚道路就是

1　节选自《薄伽梵歌》第五章第10节，上海三联书店，徐梵澄译。

使思想平静，摆脱欲望、焦虑、烦恼和罪恶感。佛说，“一念一清净，心如莲花开”，就是保持内心平静的关键。这与苏格拉底和他的学生柏拉图创建的古希腊哲学传统形成了鲜明对比，后者通过激烈的争论、华丽的辞藻和辩论来寻求人类社会的完美，西方社会文化正是扎根于此。

西藏僧侣完美的曼荼罗由五颜六色的沙子组成，中心是一朵莲花。

如今，藏传佛教僧侣通过曼荼罗（佛教坛场，图案以圆形或方形为主）的对称性延续着佛教的传统，用以帮助他们冥想。用管子和刮刀将彩色的沙子从漏斗中漏出，形成线条和形状，进而形成几何图形，其中央是一个完美的莲花形。与此同时，古代印度教为了保持人类精神健康的传统集中在人体的七个脉轮（chakra），这种莲花形旋涡被认为可以引导和循环体内和周围的宇宙生命力量，即普拉那（prana）[1]。

在东方文化中以莲花的形式被崇尚了数千年的自然之镜，最近开始为西方科学家在追求物质世界的完美的过程中所领会。仿生学是一门相对较新的科学分支，旨在复制自然界解决问题的方式，并将其以可持续发展的方式应用于人类世界之中。

20 世纪 70 年代初，德国植物学家威廉·巴斯洛特（Wilhelm Barthlott）揭示了一个神秘的现象，尽管莲花生长在地球上最泥泞、最潮湿的栖息地，但它们仍然能保持一尘不染。在通过电子显微镜仔细观察这种植物的叶片后，他发现它们表面覆盖着叫作乳突的微小突起。这种设计确保了水珠落在叶片上时，其表面张力保持不变，这就使水滴可以在叶子的表面滚动，并在该过程中收集表面的尘土或其他多余的颗粒，然后从植株上掉落，甚至是黏稠的蜂蜜和胶水也无法附着在疏水的莲叶上。这种简单、自然的自我清洁系统保护了植物免受细菌、真菌孢子和其他有害病原体的侵袭。

仿生学将那些对自然体系的研究成果应用于人工材料科学的世界之中。在类似于莲叶的粗糙微观表面覆上防污自洁涂层，利用这项技术可以制造包括表面油漆、新型塑料瓦和防水的衣服、鞋子等产品。

如今，东方和西方文化都十分欣赏圣洁的莲花。无论是追求内心的平静还是物质的完美，数以百万计的人们不断地寻找莲花作为自然灵感的来源。

1 即能量，生命素。

辣椒

科：茄科（Solanaceae）
种：辣椒（*Capsicum annuum*）
排名：92

一种颜色鲜艳、易于种植、适应性强的植物，
由于能为食物增加风味而风靡世界。

当飞机驾驶舱中突然亮起警示灯时，是否意味着飞机系统真的出现了故障？抑或仅仅是因为传感器故障？同样的问题可能会发生在一个不小心咬了一口生辣椒的人身上。口腔中的灼痛感是否真的会对身体造成伤害？抑或只是这种植物触发了强烈的虚假警报？

辣椒是南美洲的本土物种，由葡萄牙殖民者运输到印度，并在那里成为至今依然非常受欢迎的食物。

考古学家认为，辣椒是最早被生活在美洲的人们种植的农作物之一。最近在厄瓜多尔西南部发现的用于烹饪食物的辣椒粒，可以追溯至公元前 4000 年前。人们在延伸到秘鲁的自然栖息地的安第斯山脉另一边的发现表明，对于喜欢吃辣椒的早期农民来说，辣椒是极具价值并可以广泛交易的补品。

为何人们这么喜欢吃辣椒是一个谜。这些植物的演化本来是为了迎合鸟类的口味，而不是哺乳动物的味蕾。辣椒果实产生的活性化学物质辣椒素，是为了防御真菌和食草哺乳动物而演化出来的，而非为了刺激 5 种标准口味中的任何一种。这种化合物与哺乳动物口腔中对高温或组织损伤有反应的受体结合在一起，激发一种灼热和疼痛的感觉，使哺乳动物的大脑相信嘴被很烫的东西撕裂了。对辛辣咖喱情有独钟的人都知道，其结果是心跳加快和大汗淋漓。

然而，这种感觉完全是一种错觉，即一种自然的虚假警报。吞掉一个火辣辣的辣椒，口腔中的温度与第一口吃下去之前并没有什么不同。鸟类对这种化学物质并不敏感，因此它们吃下生辣椒种子并不会感到不适。而哺乳动物却会因疼痛而避之不及。

简单的演化现象可以解释这一切。当食草动物吃下辣椒种子后，它们的臼齿会磨碎种子；而鸟类吃下这些种子后，种子则会安然无恙地通过消化道，从而通过鸟类的粪便排出并顺利地传播。因此，在数百万年的时间里，自然选择产生了明亮的黄色和红色的成熟辣椒以吸引鸟类，而火辣、令人窒息的化学物质辣椒素可以阻挡植食性哺乳动物。那么，为何早期美洲农民会开始培育这些令人讨厌的植物并

将其作为食物呢?

原因之一可能与辣椒素的副作用有关。这种物质在人类体内会引发内啡肽（一种能减轻压力、缓解抑郁和提神的化学物质）的释放。而且，人类与其他哺乳动物的不同之处在于学会了如何烹饪，滋滋作响的辣椒与其他食物混合在一起，可以减淡辣味，也能增强其效果。第三个因素可能就是心理上的。众所周知，人类喜欢挑战自身的极限，就像坐过山车以寻求刺激一样。一些专家认为，在不伤害身体的情况下经历疼痛具有类似的吸引力。

直到 15 世纪后期，随着哥伦布等欧洲探险家的一同到来，辣椒才开始有机会传播到其美洲本土起源地之外的地方。西班牙人和葡萄牙人成为辣椒的忠实拥护者，他们因其有类似于胡椒的辛辣味道而称之为辣“胡椒”。黑胡椒具有的平衡人体体液的药用价值，这些也都适用于辣椒，西班牙的一位医生在 16 世纪 70 年代的著作中这么解释道：“它能抚慰身心，缓解呼吸，并对乳房有益，可以治疗和安慰肤色偏冷者，增强主要器官的功能……”

西班牙人开始在烹饪中使用辣椒，而不是传统上昂贵且难以获得的黑胡椒。与此同时，葡萄牙探险者在达·伽马的开创性航行后不久就定居在印度西海岸。到 16 世纪 30 年代，他们建立了印度的第一个辣椒种植园，而辣椒种子可能是从巴西经由里斯本带到印度的。在印度西部种植黑胡椒的传统区域，辣椒一经种植就立刻成了受欢迎的食物，对大米的清淡口味来说是一种完美的解药。

印度香料种植户将这些新的烹饪美食晒干并碾碎，将辣椒变为易于运输的粉末。到 16 世纪晚期，商人将生长在印度西海岸的辣椒沿着中世纪香料路线带到波斯和黑海一带进行交易，辣椒很快就融入了中东和土耳其的美食烹饪，那里离中欧只有一小段路程，于是这一香料的全球之旅完成了。1529 年土耳其入侵匈牙利后，磨碎的红辣椒粉成为欧洲人的新宠，为从意大利香肠到匈牙利红烩牛肉汤等各种食物带来了新的颜色和风味。

即便是如今不喜欢传统辣椒辛辣味道的欧洲和美国消费者，也能享受普通的钟形辣椒，它含有少量或者几乎不含会产生痛感的辣椒素。

从温和不辣到辛辣，有多达 30 个辣椒品种可以满足各种口味的需求。只要人类仍然是全球演化的主导力量，辣椒便会出现在各国不同的菜肴之中，确保它们可以持续地广泛传播。戏剧性的是，正是这种植物在野外用于应对哺乳动物的防御机制取得了这样的结果。

禾草

科：禾本科（Poaceae）

种：草地早熟禾 · 黑麦草 · 匍茎剪股颖 · 紫羊茅

（*Poa pratensis · Lolium perenne · Agrostis stolonifera · Festuca rubra*）

排名：24

好似绿色的天鹅绒地毯，人类为了观赏和缓和秋天的气息而在自己脚下种植。

判断生物影响力的一个方法就是想象当世界上没有它们的时候会是什么样子，这便是英国科幻作家约翰·克里斯多夫（John Christopher）在其 20 世纪 50 年代的经典小说《草之死》（*The Death of Grass*）中讲述的。这个故事讲述了一种逐渐席卷全球的致命病毒摧毁了禾本科中的所有物种，由于没有有效的解药，可以预见，人类的命运将是灾难性的。

现代人类要依靠禾草才能生存。这些生命力旺盛的植物包含的物种数量在有花植物（被子植物）中位居第三，仅次于兰花类和菊类植物。有几种出现在了本书 100 种生物的前几位（小麦、大米、甘蔗、玉米和竹子）。然而，还有其他更广泛种植的禾草物种，并不是因为它们好吃或可以用作建材，而是因为它们对我们的视觉和触觉极具吸引力。

花园、草坪、城市公园、足球场和高尔夫球场只是无数园艺作品中的一小部分，它们都是以人工种植的草坪为主。美国国家航空航天局科学家克里斯蒂娜·米莱西（Cristina Milesi）的最新研究称，据卫星图片显示，美国草坪的面积是灌溉玉米面积的 3 倍。据估计，草地（包括高尔夫球场和体育场）覆盖的总面积超过了 12.8 万平方千米。

园艺和有记录的历史一样古老。古代中国的记载显示了嫘祖是如何在花园中发现蚕的，而根据犹太记录官在大约公元前 500 年所写的《摩西五经》所述，上帝在花园中警告亚当和夏娃不要食用禁果。

但最初培植以柔软的草坪为主的花园可以追溯到 18 世纪英国流行的贵族风尚。兰斯洛特·布朗（Lancelot 'Capability' Brown，1716—1783）是一位园艺大师，他设计了超过 170 座花园，其中许多都位于大英帝国最好的乡间别墅周围。布朗酷爱将大量被修剪整齐的、起伏的草铺成赏心悦目的天鹅绒般的柔软地毯，从而将参观者的视线吸引到位于中心的园艺杰作上。新种植的绿草成为贵族地位、财富和威望的象征，因为要维持如此大面积的草坪需要一支名副其实的“园艺大军”，并配备一套包括升降器、修枝剪和长柄大镰刀在内的专业切割工具。

随着欧洲社会理想传播到刚刚独立的美国，经过精心修剪的草坪成为这个新国家的人们战胜自然的最有力象征。

乔治·华盛顿总统非常珍惜弗农山庄中的草坪，这象征着他的国家在不断征服一片贫瘠、充满敌意的土地，并将之变成精耕细作的文明大陆。在 1785 年的日记中，他为自己的草坪感到骄傲："我将英国草种播种在平整的地方；一旦顶部变干不会黏在（割草机的）滚轴上，我就会交叉地滚动它。"

华盛顿希望他的草坪纵横交错并被压成条纹状，以满足对自然界中几何透视和对称的追求。还有什么比一片精心培养、修剪良好的草坪能更好地展示遗传适应性的优势呢？对一个企图在自然和社会上显示权威的统治者来说，这是最完美的装饰。包围着美国总统官邸白宫的一大片修剪整齐的草坪，灵感即来自华盛顿的弗农山庄。

美国园林设计师安德鲁·杰克逊·唐宁（Andrew Jackson Downing，1815—1852）向大众展示了华盛顿对细心修剪草坪的喜爱。唐宁在其关于景观园艺的理论和实践的诸多著作中，对最适合做完美草坪的草类提出了具体建议，他说应该用一把剃刀般锋利的英国镰刀来进行切割："没有比保养完好的草坪更值得投入的观赏性园艺了，这是获得赞誉的通用手段。"

杰克逊死后不久，由于机械割草机的发明，人们开始疯狂追求修剪完美的草坪。1870 年，印第安纳州的美国发明家埃尔伍德·麦圭尔（Elwood McGuire）发明了第一台人力机器。如今，任何人都可以在他们理想家园的周围修剪出没有杂草、具有完美条纹的草坪，以此炫耀其开化自然的能力。

归功于机械切割设备和更松软、更柔软的草坪新品种的强大组合，高尔夫球、板球、草地网球、槌球、足球和橄榄球等运动在 19 世纪末兴起了。新品种的草坪不仅视觉效果好，还可以在各种体育项目中提供完美的缓冲——从弹起的高尔夫球到美式足球中因时机欠佳的阻截而摔倒的运动员。事实上，欧美运动场地表面使用的草坪十分理想，以至于到 20 世纪早期，以培育、繁殖、种植和保护禾草的农艺学成为一个独立的科学分支，并使得美国农学会于 1907 年在芝加哥建立。21 年后，美国农业部、美国高尔夫联合会和美国园艺俱乐部建立了一个不太可能的联盟，该联盟首创了种植多达 500 种不同禾草的草地，以寻求一种组合可以始终提供最好的地面覆盖物，以满足人类的需求和享受。

一台 18 世纪的割草机，配备滚轴，以确保产生条纹状的匀称草坪。

这样的研究证实，培育完美草种的尝试是徒劳的。更好的方式其实是将多种作物混合播种，其中一些品种耐旱，而另一些则足够坚韧，不容易被球或脚碾烂。因此，自 20 世纪以来，来自四个禾本科的混合禾草品种被广泛应用于现代社会的人工草坪、公园、运动场、高尔夫球场和草

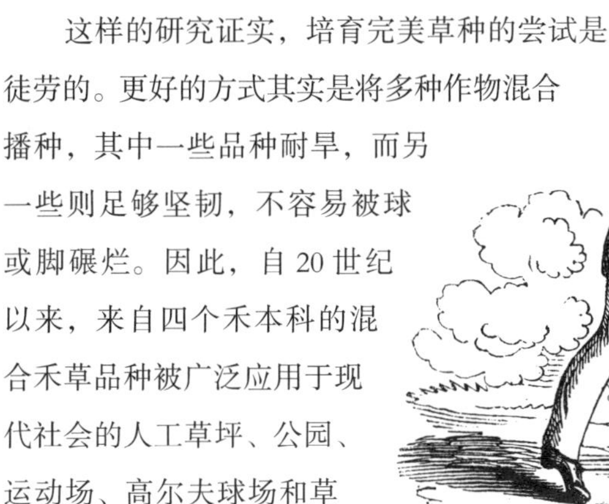

地之中。早熟禾非常适合阴凉、低温的环境，而黑麦草则适合较为干燥的环境。其他诸如匍茎剪股颖和紫羊茅这样的草则提供了优良、柔软的质地，非常适用于滚木球草坪和高尔夫果岭的草坪。

在 1947—1964 年间，美国每年平均建造超过 125 万座新房子，每一座都建有自己的花园，根据社会惯例，房子周围要有草坪包围。从 1963 年开始，由瑞典工程师卡尔·达尔曼（Karl Dahlman）发明的气垫式剪草机让女性也可以轻松地修剪草坪，因为它工作时候更安静也更稳定。与此同时，对理想美国郊区住宅的需求促使涌现出庞大的产业。自动洒水器、草籽、肥料、杀虫和保养草的机器都有助于推进价值数十亿美元新兴产业的迅猛发展。在英国，战后的建筑热潮也同样引人注目——到 1989 年，估计共有 1 600 万片草坪投入使用。

枯萎的褐色草坪看起来就像是业主的失败作品，所以人们倾向于坚持大量浇水来保持他们的草坪健康常绿。美国国家航空航天局的米莱西计算得出，每人每天需要多达 900 升的新鲜饮用水以保持美国草坪的长青。她说，这是北美东部大西洋沿岸水位迅速下降的重要原因之一。

如果没有灌溉或人工化肥，美国的大部分草坪就会消失。在没有人类协助的情况下，美国唯一可以种植草坪的地方就是东北部和大平原[1]的几个地区。想象一下，没有草坪的世界看起来会有多大不同。如果人类失去了这个最显著的权威印记，那么今天的人类与自然的关系会有所不同吗？如果没有这种可以自然恢复活力的柔软坚韧的大地表面，高尔夫球、足球等竞技运动能大规模普及吗？如果人类完全失去其天鹅绒般的绿地，他们还能忍受生活城市的环境吗？

约翰·克里斯多夫的虚幻世界因为病毒消灭了所有草类而分崩离析。如果没有现代人类脚下和房子周围广泛种植的柔软草坪，那么我们今天世界的许多地方在面貌和感觉上确会有很大不同。

1　The Great Plains，指北美中西部的平原和河谷地区。

柑橘类

科：芸香科（Rutaceae）
种：甜橙（*Citrus sinensis*）
排名：95

一种风靡全球、颜色鲜艳的浆果，
可以帮助人类弥补古老的遗传缺陷。

来自英国康沃尔郡的家庭主妇埃博特·米切尔（Ebot Mitchell）在18世纪早期写了一本非常棒的书，最近在格洛斯特郡一户人家的阁楼被发现。这本书详细列出了100多个家庭食谱，其中一个食谱包含了被认为是可以治愈至少从古希腊时期起就折磨着人类的疾病的最早治疗方法。

甜橙原产于中国，但在16世纪时盛行于欧洲，并由此风靡世界。

坏血病（维生素C缺乏病）是过去远航的水手常会感染的一种极其令人厌恶的疾病。其症状包括大出血、牙齿和头发脱落、骨骼变形、产生幻觉、失明，最终导致死亡。米切尔的书描述了已知最早的有效治疗方法，比通常认为的一位名叫詹姆斯·利德（James Lind）的苏格兰海军军官发现的治疗方法早近50年。她的治疗方法像利德一样，非常简单：经常食用大量的柑橘类水果，比如橙子。因为它们富含维生素C。

维生素天然分布于各种水果和蔬菜之中，但维生素C在柑橘类的水果亚属中含量甚高。迄今为止，最受欢迎的柑橘类水果是橙子。从美国佛罗里达州到西班牙，从美国加利福尼亚州到中国，从澳大利亚到南非开普敦，世界各地的大型果园中都种植着一种被称为甜橙的橙子品种。其他柑橘作物同样重要但种植密度要低得多，包括橘子、柠檬、青柠和葡萄柚。

人类饮食中需要富含维生素C的新鲜水果，着实是一种演化怪癖。大多数动物都具有自动合成维生素C以保持身体健康的酶，就像人类只需利用阳光在皮肤中制造身体所需的维生素D一样。但因为某些古老的演化原因，灵长类动物（包括人类）失去了制造维生素C的能力，因此，寻找天然的外部资源来补充维生素C对它们的健康至关重要。

但这并不是人类历史的大部分时期里都存在的问题。以狩猎采集为生的人们食用野果，因此确保石器时代不会出现维生素C缺乏的现象。只有在人类社会建立之后，坏血病才开始出现，而且只有在人们没有食用足够的水果和蔬菜时才会发生。从16世纪开始，欧洲航海探险家在世界各地进行史诗般的航行时，这种疾病带来的问题变得尤为严重。由于没有意识到他们必须补充维生素C，许多水手死于这种叫作坏血病的神秘疾病。

几乎所有的人类历史均记载了埃博特·米切尔提出的坏血病疗法。甜橙最早出现在中国，因此它们的植物学名是“*Citrus sinensis*”。如今在世界各地广泛种植的这些甜橙，

是葡萄柚大小的柚（*Citrus maxima*）和柑橘（*Citrus reticulata*）的杂交品种。

目前尚不清楚到底是什么人在什么时候将橙子从亚洲带到欧洲的。犹太律法中没有明显提到柑橘类水果，尽管无花果、橄榄和枣子贯穿其历史始终。但很明显的是，在罗马帝国后期，地中海周边地区开始种植各种柑橘了。它们大多被认为是有异域风情的、奢华的装饰性水果，因为这些品种比如今普遍种植的甜橙苦涩得多。同样的酸味品种也随着8世纪伊斯兰教的征服活动而被阿拉伯人传播开来，例如阿维森纳这位药剂师将其用于制作一种名为alkadare的药用糖浆。因此，这种水果通过埃及和北非传播到西班牙、撒丁尼亚和西西里。

直到16世纪葡萄牙航海探险家将生长在中国的甜橙杂交品种的种子带回去时，这种水果才开始被生活在中东、欧洲和北非的人们所重视并食用。到1646年，甜橙树从葡萄牙传入意大利（但最初是从中国进口的）。一位备受尊敬的意大利植物学家乔瓦尼·法拉利（Giovanni Ferrari，1584—1655），几乎无法抑制他看到和品尝甜橙时的兴奋之情：

> 就在最近，有人从里斯本把一棵结有金色果实的美丽树木运到了罗马。这种水果外形浑圆，果皮呈亮黄色，果肉具有甜味和最令人愉快的香味……它是金黄的，人们甚至可能会认为它是用黄金熔化而成的汁液……这种果实香甜可口，适合所有人的口味。

这种杂交品种有大而多汁的好看果实，在视觉上非常吸引人，甚至它的名字也被用来描述一种日常的颜色。这种甜橙的外观、对称性、气味和味道为它在这个以人为中心的联系日益紧密的世界里提供了良好的生长前景。

哥伦布和其他欧洲殖民者携带甜橙种子，作为他们海外生存装备的一部分。1493年哥伦布在伊斯帕尼奥拉岛（现在的海地和多米尼加共和国）建立了他的第一个殖民地，甜橙便被种植于此。然后西班牙殖民者在1513年到1565年间将这种水果带到了佛罗里达，当时他们的第一个殖民地在圣奥古斯丁附近建立。一经引入，这些水果相当适应这种炎热的美洲亚热带气候，野生柑橘和其他柑橘类水果林也在佛罗里达的许多湖泊周围拔地而起。

与此同时，为了能够使美味的甜橙能在北方地区运输和销售，这些水果开始被制成蜜饯和果酱。18世纪开始，橙子果酱成为英国和法国早餐桌上的最爱。1799年，一个专门制作果酱的工厂在苏格兰东海岸开张，该工厂专门负责把甜甜的塞维利亚橙子变为美味的邓迪果酱（Dundee marmalade）。大约在同一时期，被称为“橙园”的温室开始为优雅的贵族庄园增光添彩，因为在寒冷的气候条件下，甜橙由于其诱人的金黄色果实成了一种时尚的栽培品种。

得益于19世纪的教育、运输和冷藏三部曲，甜橙从具有异国情调的贵族风尚变成我们今天所知的大众消费品。正如米切尔和利德所写的那样，食用柑橘类水果有益健康的知识始于治疗坏血病，其后19世纪中期的铁路革命使其得到了更广泛的传播。到1869年，新鲜采摘的橙子在美国加利福尼亚（于淘金热期间种植）等阳光充足的气候下生长，并通过铁路快速运输到纽约。随后的20年内，火车进行了冷藏技术的升级，可以保持水果的新鲜度。1892年，首批装载着橙子的蒸汽机船驶往伦敦，据说维多利亚女王尝了一口橙子后，便觉得它们“非常可口”。

“维生素C的重要来源”，展现了20世纪50年代美国广告商如何说服消费者养成食用这种多汁新水果品种的习惯。

在“一战”之后不久出现了先进的机械加工技术，该技术可以自动将新鲜的橙子转变为易于运输的浓缩果汁，并可以在消费地重新调制。这种创新方式意味着，在过去的60年里，随着人口的激增，人类的遗传缺陷被无所不在的维生素C（主要是由甜橙提供）所弥补。

当今世界每年生产超过6 000万吨的橙子，其中三分之二被制成了果汁，其中巴西、美国、墨西哥、印度和中国是世界上最大的橙子生产国。因此，这些漂亮、香甜、富含维生素的水果从最初在中国种植的奢侈品变为了现代世界最主要的健康饮品。

香蕉

科：芭蕉科（Musaceae）
种：小果野蕉（*Musa acuminata*，亲本种）
排名：98

世界上最受欢迎的热带水果，在现代商业兴起之前鲜为人知，
现在却面临着大规模灭绝的风险。

世界上最高的草本植物，不喜霜冻，而这对基于运输发展的公司来说再好不过了。

提问：哪个镇曾经举办过一年一度的水果节，可以消耗掉一吨的香蕉布丁，并且举办选美比赛选出世界上唯一的香蕉公主？也许是巴布亚新几内亚的某个地方，香蕉在那里的野外自然生长，而人类早在公元前1000年就开始在那里种植这种水果了？也许是中美洲的一个国家或是加勒比海的一个岛屿，那里有许多20世纪所谓的“香蕉共和国”，这些国家的经济由长而弯曲的手指状黄色水果的生长和出口支撑？

都不是。这场独特的狂欢是美国肯塔基州一个名为富尔顿的铁路小镇的骄傲和快乐源泉。如今有超过2 000人居住在这个美国中东部小镇，但在1930至1980年的50年时间里，富尔顿一直被称为“世界香蕉之都”，并因其古怪的国际节日而闻名。

富尔顿的成名与这种柔软的黄色香蕉是如何成为世界上食用最广泛的水果之一的故事有关。如今美国人每年吃的香蕉比苹果和橙子加起来还要多，平均每人超过75根。香蕉几乎不可能在美国本土生长（除了夏威夷），而橙子和苹果作为维生素的来源却可以在从加利福尼亚州到佛罗里达州的全国各地种植，这是怎么回事呢？

香蕉之所以在今天如此受欢迎，是因为在大约120年前，它们被美国航运巨头视为在世界范围内运输以获取利润的理想作物，它们的成功在于可以以足够低的价格种植并大量出售给大型市场。

直到1880年，除了亚洲人和非洲人之外，几乎没有人吃过香蕉。香蕉最初在印尼种植，在公元7世纪伊斯兰教诞生时传到了非洲。随后，穆斯林战士又将这些营养丰富的水果传播到近东地区、埃及、西班牙和西非海岸，1482年，葡萄牙商人在西非发现了它们。16世纪早期，欧洲探险者把它们种植在加那利群岛并带到美洲，播种在伊斯帕尼奥拉岛上。人们发现，香蕉在巴拿马和墨西哥等中美洲热带气候国家以及整个加勒比群岛上生长得尤其好。

香蕉是世界上最高的草本植物，有时可达10米高。其茎内的木质部不发达，意味着它们完全不耐霜冻，因而只能生长在热带地区。这种植物需要14到23个月的无霜期以及足够湿润的条件才会结出果

实，果实成束生长，就像黄色的、长长的向上翘起的手指。banana（香蕉）这个名字本身就源自阿拉伯语“*banan*”，意思是“手指”。

尽管香蕉已经实现了全球化，但直到1900年，它们似乎还没有改变世界。欧洲人和美洲人都不知道怎么处理这种看起来像男性生殖器的水果，因为任何一位有自尊心的女士都不可能在公共场合剥皮吃香蕉，除非先用刀叉把它切成小块。到20世纪初，大多数人仍然将其视为稀有和奇特的。1899年，《科学美国人》（*Scientific American*）杂志中一篇关于香蕉的文章甚至还包括了一份它的食用指南：“香蕉需要纵向剥开果皮，然后用手旋转剥另一边……”

10年后，香蕉的命运发生了翻天覆地的变化。美国航运业的企业家们开创了一种新的商业模式，他们鼓励在南美洲和中美洲的种植园中种植香蕉，并将其用冷藏蒸汽船运往新奥尔良等港口。它们从那里被装上了冷藏火车，其中有70%会经过肯塔基州的富尔顿铁路小镇，在那里铁路分为5条支线，分别通往美国北部的不同地区。富尔顿的人们一直忙于为蒸汽火车提供服务，及时补充车厢里的冰块，以保持水果的低温，防止其过早成熟。对富尔顿的人来说，香蕉贸易十分重要，于是他们每年都会举行“香蕉节”，第一届香蕉节是在1963年11月举办的，为了庆祝北美、中美和南美文化的融合。

由波士顿的船长洛伦佐·贝克（Lorenzo Baker）创立的联合水果公司以及总部位于路易斯安那州新奥尔良市的标准水果轮船公司，都发现香蕉非常适合作为基本食物销售。尤其重要的是，在运输过程中冷藏可以推迟其成熟过程，然后在销售点的室内升温重新激活。研究发现，乙烯（一种水果自然产生的气体）可以加速这一过程，将绿色的香蕉变成更具视觉吸引力的黄色。

美国的香蕉营销公司成功使大众相信不吃香蕉的生活是不完整的。关于香蕉的一切都以使香蕉看起来不错和感觉良好的方式呈现：它们厚厚的果皮被宣传为抵御细菌的天然屏障；果实被认为是重要的维生素来源；其便利性以餐间零食的方式得到了强调；它们柔软的质地使其易于捣碎并成为喂食幼儿的理想食物。最重要的是，香蕉是百分之百安全的，因为人工种植的香蕉品种没有任何容易噎到的种子。

但人们依赖一种被称为“大麦克”的无籽香蕉的大规模生产，几乎终结了资本主义对这种“金手指”水果的迷恋。一种被称为巴拿马病的真菌枯萎病首次出现在20世纪早期的亚洲。到了20世纪50年代，它随风传播到了美洲，摧毁了维持世界香蕉出口的种植园。果农的生意一落千丈（另见葡萄、土豆和苹果），即便是将作物浸没在波尔多液中也只能提供有限的保护。

到20世纪60年代，“大麦克”香蕉已经灭绝。多亏在越南发现了一种新的抗病品种，香蕉的大规模生产才得以恢复。卡文迪什香蕉使果农替换了他们腐烂的库存，到20世纪70年代中期，人们再次依靠种植和运输这种热带水果获利，这些水果也运送给了非热带地区的消费者。

到目前为止，由市场效应所推动的新技术使蒸汽火车变得多余，而电力制冷技术也已经取代了向火车车厢补充冰块的传统方式。曾经以香蕉节闻名于世的肯塔基小镇富尔顿也不再是香蕉贸易的枢纽，因为货车很少需要停在这里。这一节日断断续续地维持到20世纪90年代初，之后就销声匿迹了。

今天在世界各地商店和超市出售的香蕉几乎都是卡文迪什香蕉。行家说它们的味道吃起来不如曾经无处不在的“大麦克”香蕉，贸易商也一致认为卡文迪什香蕉更容易在运输途中腐坏。但这些瑕疵不足以掩盖具有天然抗病性的香蕉的优势。

但是大约10年前，正如施瓦辛格的电影里终结者的回归一样，一种毁灭性的新型变异真菌开始在亚洲感染卡文迪什香蕉。专家们预测，它在20年内将会不可避免地到达中美洲和南美洲的香蕉生产国，而且目前还没有治愈这种病菌的方法。长期缺乏遗传多样性意味着寻找另一种抗病替代品的机会非常渺茫。正如苹果的火疫病一样，基因工程可能是人类延续与香蕉“爱情”的唯一途径。与此同时，世界各地每年大约要消费7 000万吨卡文迪什香蕉。这些廉价、实惠、数量充足的水果的地位还能维持多久，将取决于在自然界和人类世界之间的斗争中哪一方能占据上风……

轮船和火车将85 000根香蕉从加勒比海运送到加拿大温哥华。

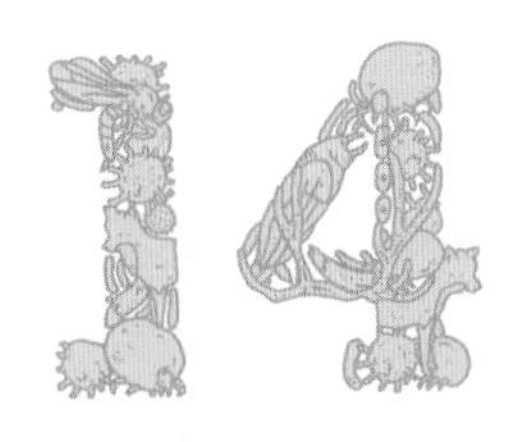

竞争对抗

尽管人们常常试图阻止某些物种的发展，
但它们仍随着人类文明的崛起而繁荣。

托马斯·米奇利（Thomas Midgley）是世界上最不幸的发明家之一。这个美国人于 1889 年出生在宾夕法尼亚州的比弗福尔斯，在化学和机械工程领域颇有名气。20 世纪 20 年代，米奇利提出一种方法，通过在汽油中添加一种被称为四乙基铅（tetraethyl lead，简称 TEL）的化学物质使汽油发动机平稳运行。这种有毒的铅化合物对人类健康和环境带来了巨大的损害，造成了无法预料的后果，导致后来人们花费了 50 多年的时间才得以纠正。

在他职业生涯的后期，米奇利发现了一种使用名为氟利昂（一种氯氟烃［chlorofluorocarbon，简称 CFC］）的人造化学物质来进行电力制冷的新方法。到了 20 世纪 80 年代早期，人们发现氟利昂会在高层大气与氧气发生反应，破坏地球上保护所有生命免受太阳紫外线辐射伤害的臭氧层。世界上第一个全球环境条约《蒙特利尔议定书》（the Montreal Protocol）于 1989 年 1 月生效，其中禁止使用此类化学物质，试图通过此方法修复被米奇利创造出来的氯氟烃无意中造成的臭氧层空洞。

意外后果

人类历史充满了意想不到的后果。许多物种被无意引入其他地区，从而对当地的生态系统造成严重破坏。

人类历史上最致命的例子就是现代人类自身的发展。虽然人类起源于非洲，但由于智人对火的掌控和对工具的使用，使得我们这个物种能够成功迁移到地球上除南极洲以外的每块大陆。农业人口从欧洲向美洲的扩散导致了一个意想不到的后果：天花病毒的传播，在 16 世纪使得大量的美洲原住民死亡。

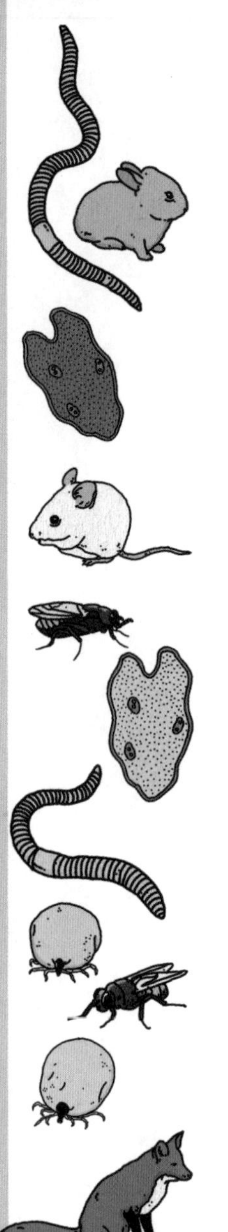

20世纪50年代早期，原产于澳大利亚、印度尼西亚和巴布亚新几内亚的棕树蛇（*Boiga irregularis*）搭上了一架美国军用飞机的起落架，降落到了太平洋的关岛上。由于那里没有天敌，棕树蛇的数量激增，每英亩土地多达1.3万条，并导致了该岛上18种本地鸟类中的12种灭绝。最近这种蛇被发现出现在美国和西班牙，它们通过搭乘各种交通工具到达世界各地，现在被列为世界上最具威胁性的入侵物种之一。

类似的不可预见的后果还包括地中海的一种被称为杉叶蕨藻（*Caulerpa taxifolia*）的藻类暴发。1984年，摩纳哥一家水族馆清洗鱼缸时，将这种海藻排放到海里。自那以后，这种繁殖力强的海藻便占据了海底的大片区域，摧毁了海洋生物繁衍生息的栖息地，威胁了整个地中海生态系统的健康。

其他臭名昭著的事件包括在澳大利亚放生伊比利亚兔子，在亚洲和欧洲种植桉树以及欧洲蚯蚓在美洲大量繁衍，这些都是因为人类将生物从一个环境运到另一个环境，从而导致某些外来物种在不知不觉中战胜了本地物种。现在，由于人类的干预，缺乏捕食者（而不是生物适应性）才是物种取得生物学意义上成功的关键所在。

依赖人类

人口增长的直接结果是某些物种的繁荣，这些物种从存在于人体内最小的复制基因到从人类废弃物中获益的鸟类和哺乳动物。

生活在哺乳动物消化系统中的益生菌（如乳酸菌），由于人口数量激增而蓬勃发展。数以万计的这些细菌以我们肠道中的糖类为食，它们降低了人体内的胆固醇含量，提高免疫力并降低肠癌的易感性。人类更加健康的身体状况增加了厌氧环境的数量，使得这些细菌可以在这里茁壮成长。

其他微生物则不那么有益。伯氏疏螺旋体（*Borrelia burgdorferi*）是一种由鹿蜱传播的螺旋形细菌，它会引发莱姆病，其症状包括极端疲劳和关节炎。目前，这种细菌不受控制地在北半球的人口中扩散着。其他感染，尽管可以治疗，但由于在野外缺乏有效的疫苗而肆虐，包括：导致疟疾的恶性疟原虫、导致神经系统非洲锥虫病的布氏锥虫，以及刚地弓形虫（*Toxoplasma gondii*），这是一种可以在家猫粪便中传播的原虫，会引发肺炎，但在全球多达40亿人体内的大多数情况下是良性的。

体外寄生虫是生活在动物和人体表面的生物。头虱、体虱、跳蚤、苍蝇、螨虫、臭虫和扁虱等随着人口激增获得了相当大的成功。

一些较大的野生物种也生存得很好。在过去的数千年里，老鼠的数量迅速增加，它们以人类农业的残羹剩饭为食，搭乘独木舟、手推车、拖网渔船和火车等交通工具散布到世界各地。它们得益于和人类喜爱的食物相同，人类丢弃可食用垃圾的现代习惯很适合它们。大量啮齿类动物的存在对乌鸦和喜鹊等以腐肉为食的鸟类来说也是个好消息。

一些体形更大、更喜爱独居的生物由于擅长“捉迷藏”而得以繁盛，这种技能是经过数代在野外自然选择中磨炼出来的。鹿和赤狐证明了它们坚韧的生命力，尽管随时随地都在面临人类无情的捕杀，这些动物的栖息地遍及北美、欧洲、亚洲、北非和澳大利亚。就像老鼠和松鼠一样，城市中的狐狸也适应了以人类世界大量的残

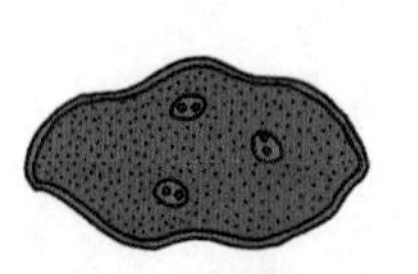

羹剩饭为食的生活。

临界点

至少在过去的 12 000 年里，像米奇利一样，人类擅长将他们高于生物平均大小的大脑的理性、集中、解决问题的技能，运用在改善他们物种的生存前景和物质享受的方法上。

迄今为止，以几乎任何标准衡量人类都是成功的。如今，人口数量接近 70 亿，每天全世界新增人口达 21.1 万。在世界上许多地方，人类寿命也有所延长，今天欧洲人的平均寿命已经接近 80 岁，而在公元 1350 年的低谷时期，欧洲人的平均寿命只有 17 岁。

现在，需要近乎超人类的力量来确保自然世界的资源能够满足人类的需求。

19 世纪中期，有机化学的诞生给予人类制造化合物的能力，人工肥料用于刺激动植物的生长，自 1916 年开始量产。如今，世界上多达 40% 的人口依赖这种非自然物质生活。农林 10 号和 IR8 水稻都是基因改造的“神奇作物”，其产量是天然产量的 10 倍。但这些作物都需要不断浇水、施肥和持续防止感染才能生存。

当破坏气候环境的化石燃料增加了大气中二氧化碳的含量时，美国修剪整齐的高尔夫球场、肯尼亚玫瑰种植业、俄罗斯棉花种植业和印度等地的桉树种植园，所有这些对自动灌溉系统的无限制使用也使淡水水位逐渐下降。随着人们变得更加富裕，很多人开始食用更多的肉类，这就导致集约化养殖的牛、羊、鸡和猪的数量不断增加，而所有这些动物都需要更多的作物来喂养，这些都导致了世界上的二氧化碳总量不断上升。

人与自然

人类之所以会有这些行为，是因为人类与大自然陷入了一场争夺生命控制权的斗争之中。12 000 万年前，人类首次完成对生物的驯化，而在过去的 1 000 年中，随着作物全球化（始于穆斯林贸易商并由欧洲航海者完成）和西方医学及科学方法的创新，该驯化过程急剧加速。

在这两个对立系统之间发生了激烈的角逐。人工选择驯化自然物种以适应人类，而自然选择则倡导尽可能多的生物多样性作为防止生态灭绝的保障。这种角逐已经成为我们这个时代的标志，这个时代被地质学家定义为“人类世”（anthropocene）。

建立在有性生殖和遗传基础上的自然选择，对任何物种的生存都不会“感情用事”。多样性是衡量成功的终极标准，其简单之处在于自我组织和自我校正的对称性可以无限适应且非常强大。

人工选择是由理性、集中、解决问题的人类思维形成的，充满着不可避免的各种意外后果。现代文明厌恶生物多样性。提高人类福祉的物种得到了大力鼓励，而威胁到人类的物种则遭到暴力摧毁。那些看起来对称、美味且能提供庇护、温暖、运输功能或其他好处的生物被培育为适合为人类服务的单一物种。克隆、嫁接和选择性繁育为基因库提供了必要的生殖途径，以确保存活的个体并不是适应性最强的，而是那些对人类最有用的。

科学家、医生、遗传学家和农学家都是人类的战士。现代人类的命运完全取决于他们保护随处可见的珍贵单一作物和精心饲养动物的能力，因为这些动物无法在野外生存。

与之相对应的是在自然选择的自组织

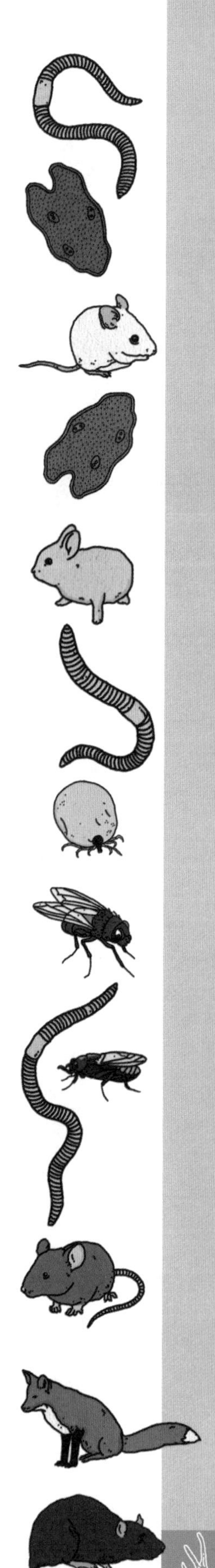

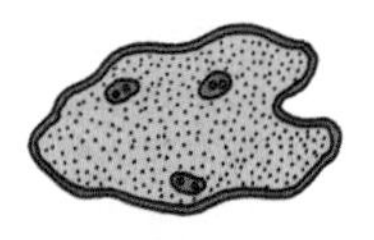

法则运作下快速繁殖的微生物，它们通过有性繁殖的方式迅速适应环境，从而避开了人类的转基因作物与抗病品种。

自然选择永远不会停止。艾滋病、禽流感、疱疹等疾病威胁着人类的生命，而其他疾病则持续侵害农作物。例如，马铃薯再次受到致病疫霉的威胁，而尖孢镰刀菌几乎不可避免地会摧毁卡文迪什香蕉品种。

保持平衡

人们很容易忘记，在现代世界中我们认为理所当然的大多数人类行为都是与自然选择不断斗争的一部分。试想一下，将除草剂用于花园的草坪中，买一束肯尼亚的玫瑰，喝一杯由来自阳光普照的南美种植园的咖啡豆磨成的咖啡，医生开一疗程用来缓解喉咙痛的抗生素，这些看起来是多么普通。而这都是人类与自然作斗争的例子。

人们清醒地认识到，正如托马斯·米奇利生动地展示的那样，无意识的后果定律可能也适用于传统的人类英雄。亚历山大·弗莱明、诺曼·布劳格和弗里茨·哈伯分别发明了抗生素、高产小麦品种和人工化肥，这些发明有助于防止大规模的饥荒和疾病造成的死亡，但这些都会产生意想不到的副作用——造成了前所未有的人口激增，在不到80年的时间里，人口增长了两倍多。

我们该做些什么呢？人类可以运用自己的理性思维去减少地球上的人口数量吗？如果是这样，或许有一种方法可以让人工选择和自然选择这两种对立的方式在某种演化稳定的状态中共存？

野生生物的世界与人工栽培的世界必须有清晰的界限。也许每种生物都能从共生中获益，这是一种相互协作，正如复杂细胞生命的开端一样（见共生生物），共同对抗气候变化的敌人以及破坏多样性的“自私”基因。

不幸的是，如今关于管理人口问题的讨论大多还是禁忌。谁敢站出来说：人类在短短的200年内就从不到10亿增长到近70亿，正在激化自然和人类运作方式之间的冲突，以致生命的基础在不断破裂？当世界各地的人们都希望活得更长，都希望拥有无限的个人权利，想要多少孩子就生多少孩子的时候，哪个民族、政治家和宗教领袖会设法降低人口数量呢？

联合国目前的预测显示，至少在未来的50年里，这一数字还会继续上升，达到90亿至120亿，然后趋于平稳。到那时，为了支撑这样一个拥挤的地球，人类与自然的战争将会有多激烈呢？

不过，还是有希望的。中国从1979年开始实施计划生育政策，积极管理人口数量，将人口增长率由1970年的每五年15%降低到2005年的每五年5%。高福利的西方国家政府也发现，如果人们在以后的生活中可以拿到养老金，他们也倾向于少生孩子，从而减少了依赖子女收入和养老的需要。欧洲国家很好地建立了福利制度与人口稳定之间的联系，其人口在1995—2000年间甚至略有下降，从727 361人降至726 586人。[1]

科林·塔奇（Colin Tudge）在他的著作《生命的多样性》（*The Variety of Life*,

---

1 此处存疑。

2002）中提出，可以在世界人口增长迅速的不富裕地区扩大福利制度的普及范围，以此鼓励人们不要生育超过两个孩子。他认为，如果管理得当，这可以在大约 1 000 年内将人口稳定在目前的水平，甚至可以看到人口数量在接下来的几个世纪里下降到 20 亿。

可能在全球的政治和经济上建立这样的体系吗？或许它可以成为一项同样具有挑战性的气候变化倡议的一部分，而该倡议不仅限定各个国家的碳排放目标，还要设定降低人口数量的目标。在人口数量降低的世界中，生活水平不必降低，因为其现有资源可以在更少的人之间分享。这是否是我们摆脱如今贫困、饥荒、不平等和生态灾难恶性循环的一个可行途径呢？

大自然的有性生殖、生物多样性和自然选择的自我组织系统成功演化了 37 亿年。在此期间，它甚至经受住了最严重的环境灾难，比如地球上 96% 海洋生物的灭绝。另一方面，人类在最后一次冰河时代结束后不久就开始了创造演化的过程，然后在过去的 200 年中，人类变得非常熟练地操控演化，如果以 24 小时为单位来衡量的话，在地球的历史上，这只不过“距离午夜不到百分之一秒”的时间。

无论我们采用什么方式，谦卑都是关键。在人工选择的世界里，人类的生存在某种程度上总是依赖于自然；相反，在自然选择的世界里，大自然绝对不需要依赖人类。

人口出生率

在世界上的不同地区，人口出生率差异极大，从中国澳门特别行政区的 0.9 到西非马里的 7.34 不等。

鹿

科：鹿科（Cervidae）
种：马鹿（*Cervus elaphus*）
排名：55

一种奔跑迅速、既受尊敬又被捕杀的食草动物，
在自然选择的持续压力下取得了成功。

在有着近 70 亿人口的世界里，有种非常特殊的大型哺乳动物能在野外茁壮成长。少数的几个物种（见赤狐）之所以能获得成功，完全是由于它们通过自然选择而获得了某些特别强大的属性。鹿是一种隐秘的食草动物，目前在除了南极洲和撒哈拉以南非洲地区之外的每个大陆上，都拥有健康的种群。它们目前成功的秘诀是数百万年之前在野外发展起来的。

现代鹿的种类是在大约 1 200 万年前从一个共同祖先演化而来的。那时的世界充满了野生食肉动物，包括狮子、猞猁、熊和狼等。偶蹄类动物（如骆驼、猪、长颈鹿、绵羊、山羊和牛）的最佳生存策略就是速度和敏捷性。在这样的环境中，跑得慢的最有可能被饥饿的捕食者抓住，因此，跑得最快、适应性最强的个体才能够生存并繁殖后代。随着时间的流逝，自然选择使鹿的基因得到了“磨炼”，使这一物种成为自然界最优秀的长跑冠军之一，它们能够以每小时超过 80 千米的速度奔跑，攀爬高度超过 2 米。

另一个生存秘密是一套独特的一次性鹿角，这是属于雄性欧洲马鹿（通常被称为牡鹿）的特征。一个高度多配偶的社群以暴力的发情期对抗为基础，确保只有最强壮、适应性最强的个体才有权与多达 20 只不同的雌性交配。这种野外行为模式也把鹿的基因库集中在体形和力量上。每年，雄性都会长出一对新的鹿角以展示出它们当前的生物适应水平。在交配季节，雄性会相互比较它们在体形和鹿角大小的差别，以此确定谁有权进

进入发情期：两只雄性马鹿正在为争夺交配权而进行决斗。

行交配。如果它们无法决定，就会放低自己的鹿角并诉诸激烈的决斗来决定交配权，这个方法总能挑选出最适合的雄鹿。经过数千代，这种仪式造就了强壮迅猛生物的超级竞赛。

一只母鹿带领法兰克人穿越维耶纳河，获得了胜利。

雄鹿的速度和力量被奉为神话和传说，用来描述最近几千年中这些野生动物和人类之间的关系特征。对鹿拥有神的神秘力量的联想渗透入许多文化之中。在古希腊神话中，雄鹿是狩猎女神阿尔忒弥斯的圣物，而赫拉克勒斯被指派捕获有着金角铜蹄的刻律涅牝鹿（*Ceryneian Hind*），这是其12项“不可能完成”任务当中的第3项。据说这一神兽的速度可以超越一支射出的箭。在欧洲北部，一个装饰华丽、纹样复杂的凯尔特银锅，其历史可以追溯到公元前1世纪，描绘了一只雄鹿正看着一个双腿交叉而坐、头上长有鹿角的神。1891年，人们在丹麦的一个泥炭沼泽中发现了这个被称为甘德斯特鲁普（Gundestrup）大锅的容器，学者们至今仍在争论它的起源和用途，但他们一致认为这个长鹿角的人物形象代表了凯尔特狩猎之神和冥界之神塞努诺斯。

法兰克人的奠基者克洛维一世（466—511）由于无法找到带领军队渡过维耶纳河的方法而向神祈祷，神则派了一只母鹿。法国应该感谢这只母鹿的魔力，据说这头巨大的母鹿进入河流，向克洛维和他的士兵指明了渡河的最佳路径。因此，法兰克军队得以在507年的武耶之战（the Battle of Vouillé）中击败西哥特人以及他们的领袖阿拉里克二世，最终克洛维占领了法国西南部（包括当时的西哥特首都图卢兹）。

到中世纪时，鹿角已经被乡绅视为象征着人类战胜自然的战利品。它们被挂在欧洲许多富丽堂皇的住宅和宫殿里，装点着大厅、餐厅和台球室。这些不只是西方人的爱好。本多忠胜（1548—1610）是一名日本武将，在55场战争中从未受过伤，因他那顶饰有鹿角的幸运头盔而闻名。本多的头盔可能也反映了远东地区相信雄鹿角具有壮阳功效这一传统观点。来自正在生长的雄鹿角上天鹅绒般柔软的鹿茸以及压碎鹿角制成的粉末，至今仍被中医用来治疗阳痿。

麝（*Moschus moschiferus*）原产于中国、朝鲜半岛和西伯利亚地区，也具有性暗示的意味。至少从6世纪开始，人们开始猎杀这种鹿以获取其生殖器和肚脐之间的一个小腺体。

世界上最昂贵的香水即来自这些腺体，将腺体在阳光下晾干后研磨成粉末，再将生成的麝香颗粒溶解在酒精中制成香水。到19世纪初期，西藏的麝身上的麝香价值是同等重量黄金的两倍以上。尽管现今主要使用麝香的合成替代品并且在全世界范围内禁止捕杀麝，但由于过度捕猎，这些物种已经濒危。1987年，日本截获了一艘运载了700千克麝香的船只，这表示已经猎杀了10万多只麝。

同属于鹿科的麝的近亲则不存在这样的问题。这些生物不仅得益于它们天生的速度和体形，而且其遍布世界各地的神话也抓住了人类的想象力，对于它们来说是巨大的优势。梅花鹿（*Cervus nippon*）是一个来自亚洲东部的物种，与马鹿的关系密切，而马鹿已经运往世界各地，栖息在国王和贵族们的鹿园里。正是由于它们无与伦比的跳跃技巧，广泛建立了其野生种群。因此，从英国到新西兰，从摩洛哥到美国，这个物种现在几乎遍布世界各地。

马鹿、麋鹿、北美驯鹿、驼鹿和驯鹿等本地种群都属于鹿科，它们如今能够不断繁衍，得益于人类消灭了它们大多数的野外捕食者。对人类构成威胁的攻击性食肉动物，狼、豺、熊和大型猫科动物要么被消灭，要么被驯化或被边缘化，以至于野生、适应性良好的鹿几乎没有天敌，这也使得它们的数量持续增加。

大多数鹿都不适合运输，但萨米人和涅涅茨人半驯化的北极驯鹿群除外，否则圣诞老人怎么能进行他一年一度的全球旅行呢？与此同时，一些国家仍然在猎杀鹿类以获取它们的肉。在瑞典，每年超过15万头鹿被猎杀。在其他地方，鹿群被土地所有者作为收入来源而引入。如今，在美国消费的鹿肉大部分都来自在新西兰圈养的鹿。

然而，绝大多数的鹿生活在野外，同时面临着自然竞争的选择力量与人类现代世界的危险。如今，鹿类“捕食者”大多行动迅速果断，对所有相关动物造成了可怕的后果。据报道，在美国，每年有150多万起汽车与鹿的相撞事故，导致超过10亿美元的损失，150人因此丧生。此外，自2000年以来，估计有13 000头驼鹿在与挪威火车的相撞中丧生。在其他国家，比如阿根廷，由于幼鹿数量的激增和对庄稼的贪食，鹿被列为高度入侵物种。

鹿与人类有着漫长而矛盾的历史，它们的地位也从半人半神和观赏性的奇迹转变为猎物和有害动物。因为人和鹿这两种生命都没有任何自然限制，所以人鹿关系像是一个潜在的爆发点，在这里，人与自然在演化与生态力量之间持续的冲突可能会在未来找到解决方案。

赤狐

科：犬科（Canidae）
种：赤狐（*Vulpes vulpes*）
排名：65

一种适应性很强的食肉动物，渗透到世界各地的人类文化中，
在人类的威胁下持续繁盛。

吃刺猬的最佳方法是什么？假设在面对一个严密蜷缩成球且向外伸出利刺的生物时，大多数的捕食者都会在享受美味前三思而后行，但狐狸却没有，其野外生存策略在地球上鲜有生物可与之匹敌。它们会冷静地抬起腿，对刺猬喷射出一股浓缩的尿液，当刺猬受到惊吓后撤时，其脆弱的腹部就会暂时暴露出来，让狐狸有机可乘。

狐狸是种很特殊的生物。在过去的 2 500 年里，狐狸通过不断地适应、逃避、欺骗和操纵它们的繁殖方式，面对人类的入侵依旧能坚守阵地。这些生物对人类文化产生了如此大的影响，以至于狐狸已经成了从欧洲到美国、中国、朝鲜半岛和日本的民俗、神话和传说中的全球性标志。

每个地方的狐狸都被刻画成狡猾的性格。在中国，狐狸精是指用年轻漂亮的女性身体引诱已婚男子的妖精。在公元 794 年，有最早记录的日本狐仙也是人形的，“Kitsunetsuki”（日语，狐付き）字面上的意思是被狐仙附身的状态，一般是通过年轻女性的

《狐狸的婚礼》，来自橘岷江（Tachibana Minko，约 1770 年）的系列作品。

指甲或胸部进入其身体的。这种狐仙会使被附身者陷入近乎疯狂的精神状态，赤身裸体地奔跑，在大街上大喊大叫，还会口吐白沫或食用大量豆腐。甚至到20世纪早期，狐仙附身在日本都被视作常见的精神疾病。九尾狐是中国神话中的生物，也流传到朝鲜半岛，相传它会把自己变为婚礼上新娘的样子，没有人能发现这一变化，直到新婚之夜，当她脱下衣服时……

狐狸与欺骗和狡诈的联系也渗透到了西方文化中，这些可以在本·琼森（Ben Jonson）的《狐坡尼》（*Volpone*）和乔尔·钱德勒·哈里斯（Joel Chandler Harris）的《狡猾的狐狸兄弟》（*Tales of the Wily Brer Fox*）的故事中看出。前者讲述一个人欺骗他的朋友和亲戚们，让他们以为他快要死了，这样就会给他昂贵的礼物。现在，称某人“狡猾”（foxy）或“泼妇”（vixen）暗示其狡诈或难以调教。事实上，狐狸之所以有这种独特的名声，是因为过去的2 000年中，它在没有人类刻意激励的情况下蓬勃繁衍，而其他类似物种要么变得依赖人类（如家犬），要么濒临灭绝（如欧洲猞猁和灰狼）。

到目前为止，种群数量最大的狐狸品种（真正的狐狸品种总共有12种）是赤狐。这些生物是世界上分布最广的犬科动物，据估计，其分布范围约有7 000万平方千米，几乎是地球陆地面积的一半。除了格陵兰岛和爱尔兰，在北半球和东半球的所有栖息地它们都能茁壮成长。在欧洲，赤狐的数量达到了100万，在英国就有25万（几乎）都生活于野外。

赤狐在现代的成功是自然选择的胜利。这种动物不需要像宠物一样被驯服，也不需要作为人类的食物被饲养，它们非常有效地适应了由人类主导的世界，而无须屈尊俯就地按照人类的规则来生活。或许这种反抗的精神有助于解释近1 000年来人类一直试图使用经过特殊培育且训练有素的家养猎狗和马匹来猎杀狐狸。

当征服者威廉入侵英国时，带去了欧洲人用狗猎杀野生动物的习惯。到16世纪，狐狸成为最常见的猎杀目标（而不是鹿或狼）。面对种种困难（至少被30只一群的猎犬追赶），狐狸依靠自己的智慧战胜了对手，并以庞大的种群数量存活至今。为了迷惑猎犬，它们会沿原路返回，潜入水中以模糊它们的气味痕迹，并以每小时30多英里的速度长距离奔跑，这些特点决定了它们可以在野外独立生存。

第一次世界大战后，人类开始在市郊绿地建造城镇和城市，狐狸没有屈服于这些不可避免的事实，而是逃进林地，它们适应了白天躲藏和夜晚以城市里人类丢弃的废弃物为食的生活。在英国，有多达3.3万只城市狐狸（约占其总数的15%），它们是从传统林地迁徙而来，现在生活于树木茂密的郊区，在池塘捕鱼，到垃圾桶里觅食，到鸟类的“餐桌”上搜寻可以吃的种子。因此，灵活的饮食习惯让这些生物可以食用任何有生命或曾经有生命的东西，从喂养幼崽的蚯蚓，到蛇、啮齿类、兔子、鸡蛋、浆果……当然，还有鸡。

像猫和人类一样，狐狸也被普遍认为以杀戮为乐。当狐狸袭击鸡舍时，没有一只鸡可以幸免，尽管它们的疯狂杀戮会导致死掉的猎物比它们能吃掉的多得多。然而，人类以为狐狸是出于好玩而猎杀，其实这更可能是其野性本能，它们杀死任何可能获得的动物以防止日后食物匮乏。它们将鸡一个接一个地叼在嘴里，并掩埋在不同地点（一种称为分散存储的生存技术），以最大程度地减少另一种生物发现一个食物大宝藏的机会。鸡的主人发现他们死去的鸡明显是被狐狸丢弃的，就打断了狐狸的这一过程，因此人们普遍认为，狐狸和人一样，是为了刺激而杀戮。

或许狐狸在不牺牲其野性的情况下能够适应由人类主导的世界，是因为它们大多是独居动物。与狗或狼成群捕猎不同，每只狐狸都习惯于自己觅食。多发性黏液瘤在1953年袭击英国，致使兔子数量锐减，于是狐狸改变了饮食习惯，转而捕食田鼠。在瞬息万变的环境中，灵活、足智多谋和独立思考都是自然选择所青睐的特征，每一代都变得比上一代更聪明一些。

即便在猎狐行动合法的情况下（在2002年的苏格兰、2005年的英格兰和威尔士被列为违法），英国人也仅成功捕杀了25%的野生狐狸。因此，尽管受到迫害，狐狸仍然成功地保持了自己的种群数量，英国贵族还将这些动物出口到了美洲和澳大利亚，以使其在野外有足够强大的对手，这样他们就可以在海外继续其猎狐的传统（另见兔子）。美国总统乔治·华盛顿和托马斯·杰斐逊（Thomas Jefferson）都拥有一群猎狐犬。从那以后，美洲狐就被欧洲赤狐取代了。与此同时，由于澳大利亚缺乏天然的狐狸捕食者，他们最近建立了专门的狐狸消灭计划，试图将多达31个本地物种从濒临灭绝的边缘拯救回来。

狐狸适应了人类对其自然栖息地的侵扰，但它们在全世界的捕食者都受到了影响。欧洲猞猁由于其对兔子（多数感染了多发性黏液瘤病）的偏爱而数量锐减，野狼也由于缺乏可以成群捕猎的开放空间而被边缘化，并且被人类刻意改造成在外貌和本能上都与其祖先大相径庭的亚种（见狗）。如今，金雕是英国狐狸面临的主要自然威胁，但这些巨型鸟类仅生存在苏格兰高地。

然而，还有一个新的“捕食者”，即便是狐狸也找不到躲避的方式。在英国，汽车每年杀死多达10万只狐狸，多发生在夜间。自然选择还没有教会狐狸交通法规。尽管这些新危险的到来并没有危及整个物种，但这仍然是现代汽车控制狐狸数量有效的、不可预见的结果，而这在过去是由猎犬完成的。关于自然和人为演化体系之间的灾难性冲突，没有什么有比目睹血淋淋的赤狐四肢张开躺在乡村道路上而机械杀手却在黑暗中疾驰而去更能说明问题了。

乌鸦

科：鸦科（Corvidae）
种：短嘴鸦（*Corvus brachyrynchos*）
排名：64

最近在城镇定居的全球幸存者，将来可能接管这个地球。

有朝一日，其他动物会比人类更聪明吗？根据自然选择系统，这一逻辑并不难理解。能够在一个有70亿人口的世界里生存下来的野生动物将会是具有最高级智慧的大脑和巧妙计谋的物种，能够把当今快速变化的环境变为自身优势。而人类大约花费了200万年的时间才发展成拥有自己的艺术、语言和文化的智慧生物，如今与人类一同生活所面临的挑战可能意味着其他生物会更快地发展出类似的生活方式。狐狸代表了陆地上的此类物种，而乌鸦这样的鸟类就引领了会飞的物种。

人类和乌鸦在远古时代是一同演化的。来自狩猎采集时代的圣人萨满在与灵界接触的洞穴中描绘了乌鸦的形象。其中一些形象可以追溯到3万年前，现在仍然保存在法国南部的拉斯科。大乌鸦是乌鸦家族中体形较大的独居成员，根据《吉尔伽美什史诗》（*Epic of Gilgamesh*）和《犹太律法》这些古籍的记载，人类用它们的导航能力来探寻土地；当诺亚释放一只没有返回方舟的乌鸦时，它知道陆地在哪个方向；同样，据说11世纪的海上维京人就是这样发现了冰岛；后来的罗马帝国将乌鸦与智慧联系在一起。古希腊著名作家伊索最著名的寓言故事之一，讲述了一只乌鸦发现自己无法喝到罐子里的水，它将小石子一个接一个扔进罐子里，当水位上升后它就喝到了水。这个故事的寓意是，用智慧而不是蛮力，有时才是最可靠的生存手段。

自从罗马帝国灭亡以来，自然栖息地的急剧变化并没有令这些生物担忧。相反，像狐狸一样，乌鸦已经适应了人口的增长，并因此繁衍壮大。中世纪之前，它们吃腐肉的嗜好在世界各地的文化中一直备受尊崇，从欧洲和美洲到远东和澳大利亚，在这些地方经常用乌鸦作为图腾，以示对它们的敬意。“天葬”是指将人类遗骸留在野外，供鸟类和其他食腐动物食用的行为。乌鸦和秃鹰会啄食人的尸体，而这被欧洲和近东地区的新石器时代牧民们认为是与精神世界沟通的媒介，是大自然生死轮回的一部分。直到20世纪50年代，西藏的传统都是将亲人剖开的遗体放在一个为乌鸦准备的祭坛上，供乌鸦进食以让其将逝者带入下一世。

然而到了中世纪，人们普遍将乌鸦与疾病的传播、巫术和可怕的死亡联系在了一起。伊斯兰教和基督教文明为了争夺宝贵的陆路贸易通道而陷入混战，导致在欧洲和地中海周边地区的许多人成了战争的受害者，他们的尸体腐烂后被乌鸦贪婪地吞食。鼠疫和饥

荒从 14 世纪到 19 世纪一直折磨着欧洲。人们强化了这些生物与霉运之间的联系，在威廉·莎士比亚伟大的悲剧《麦克白》中，乌鸦是女巫的出场中不可或缺的一部分。

乌鸦家族中大约有 40 个成员，包括较大的大乌鸦和秃鼻乌鸦以及体形较小的寒鸦，它们被认为是从大约 500 万年前亚洲的一个共同祖先演化而来的。正如查尔斯·达尔文探访加拉帕戈斯群岛时推测的那样，相同的生物分布在相互隔离的不同栖息地时，会在解剖学结构和本能方面产生差异，并最终导致具有亲缘关系但基因上不同的物种诞生。人们认为，在约 200 万年前，当白令海峡还是一大片针叶林时，乌鸦已经迁徙到了美洲大陆，而且从那时起，就成了那片大陆上最成功的鸟类之一。

美洲本土乌鸦之所以能够生存，是因为其适应了从食肉到吃谷物的饮食习惯转变，以应对农民将大片荒地开垦为耕地和牧场的局面。在过去的 2 000 年里，乌鸦像狐狸一样，学会了食用几乎各种东西。最近的一项调查发现，在 2 118 只乌鸦的胃中存在多达 650 种不同类型的食物，它们的食谱包括鸡蛋、蛇、蠕虫、面条、薯条，甚至是亮黄色的奶酪泡芙。

人类驱赶乌鸦的尝试都以失败而告终，从相对温和的稻草人到更为恶毒的俄克拉荷马州的乌鸦猎人，后者在 1934 年到 1943 年间用炸药炸毁了 127 个秃鼻乌鸦的窝，导致约 370 万只乌鸦死亡。尽管存在这样屠杀乌鸦的行为，但其种群数量和对农业的损害并没有出现明显的减少。

由于 19 世纪晚期和 20 世纪的城市化，乌鸦适应了从烟囱到广告牌顶部几乎所有地方的生活。如今，在世界上的大部分地区沿着街道散步时，除了一些观赏性的树木以及一小片草地外，唯一能看见的自然景观便是乌鸦了。这些鸟类已经学会了靠人类生活中大量产生的副产品——城市垃圾为食。

繁殖的成功、灵活的饮食习惯和对栖息地的适应性都有助于野生动物在现代社会中

繁衍生息。但乌鸦成功的因素还不止这些。博物学家长时间观察乌鸦的生活习性后发现，与鲸、大象或老鼠这样的哺乳动物相比，鸟类被认为是沉默的本能动物的传统看法正在发生重大转变。人们发现，鸟类的大脑可能与哺乳动物存在很大不同，但一些种类在智力水平、交流能力和文化方面至少是同等的。乌鸦的大脑相对于其身体而言是动物界中最大的，其比例与黑猩猩相当，如今，一些专家甚至称乌鸦为“飞猴”。

最近观察到的乌鸦的行为显然也支持了这种观点。乌鸦像人类和一些灵长类动物一样，会习惯性地制造工具来让取食变得更加容易。美洲乌鸦曾被观察到用木头制作夹板，将昆虫嵌在缝里。一个研究室为新喀里多尼亚乌鸦设置了一个关于解决问题的挑战，人们发现它们能够将电线弯曲做成钩子来钩取一小桶食物。此外，美国缅因州的一只乌鸦逐一解开了 10 根不同的电线，打开了一个防松鼠的喂食器。

一些鸟类学家认为，乌鸦通过获得和传授知识来展示自己独特的文化，而这样的技能一般仅限于人类。最近，在日本北部仙台地区观察到生活在那里的乌鸦滑稽的进食行为生动地说明了这一点。这些乌鸦等着汽车停在交通灯前，把坚果放在车轮前，等汽车开走碾碎壳后再回来吃果仁。在过去的几年里，类似的行为模式在几英里的范围内扩散开来，反映了这些乌鸦可以通过文化交流来传递知识。

乌鸦把汽车视为胡桃夹子，是否能作为生活在人类主导的现代世界中发展出的高级智力物种的例子呢？也许自然选择现在正作用于乌鸦、狐狸和其他非人类物种，以提高它们的智力水平，磨炼它们的生存技能，使它们的智力有朝一日可以与人类相匹敌。在研究“人类灭绝之后”世界可能发生的演化过程的动物学中，将乌鸦列为证据：“……像人类一样的高智商可能再次演化出现……毕竟，在哺乳动物统治世界之前，已经在恐龙的脚下四处乱窜上亿年了……”

鸟类像哺乳动物一样，在恐龙灭绝的灾难中幸存了下来。谁知道呢？曾经被人类崇敬的乌鸦，现在又被大多数人认为是难以清除的麻烦。如果再次发生外星袭击，乌鸦可能会成为人类的智力继承者。

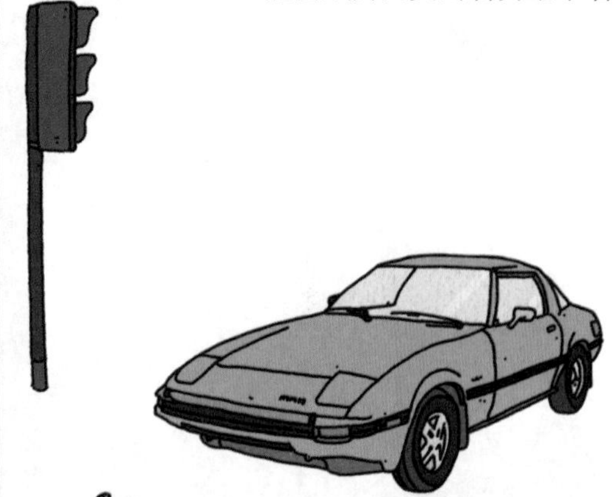

果蝇

目：双翅目（Diptera）

种：黑腹果蝇（*Drosophila melanogaster*）

排名：15

这是一种古老的生命形式，随着人类和农业的兴起而繁荣，并改变了人类的历史。

如果诺贝尔医学奖可以颁给一个非人类物种的话，那么一个有力的竞争者将会是普通的果蝇。诺贝尔奖美国得主托马斯·摩尔根（Thomas Morgan）之所以能够验证19世纪修道士格里格·孟德尔（Gregor Mendel）有关基因和遗传的理论，还要感谢在1910年发现一只眼睛变异为白色的果蝇。

1900年，紧随着孟德尔在豌豆植物方面开创性工作的重要发现，一场始于欧洲和美国科学家之间的竞赛开始了，这场竞赛旨在发现生物的生理（和行为）特征是如何由一代传到下一代的精确机制。早在1859年查尔斯·达尔文提出自然选择演化理论之前，遗传机制就使生物学家着迷了。

摩尔根是哥伦比亚大学实验动物学的教授，他选择了果蝇作为其研究的基础模型。这种果蝇具有多种特征，使得它成为遗传学的理想研究对象。它繁殖迅速、孵化快速、易于观察、大小合适，最重要的是雌性体形要比雄性大得多，其性别很容易区分，这是开展选择性育种计划的重要因素。

从1908年开始，摩尔根开始在他顶层的“果蝇房”使用牛奶瓶作为实验辅助工具。摩尔根的学生研究团队试图用某些可观察的突变来区分不同的果蝇个体，他们希望通过让一只突变型果蝇与一只明显正常的伴侣交配，来观察这种突变是如何在未来几代果蝇表现出来的。1910年，摩尔根发现了基因学家的“黄金宝藏”——一只具有白色眼睛的突变雄性果蝇……

瓶子里装着这只珍贵的生物，相伴的是一只具有典型红色眼睛的雌性果蝇。一旦自然选择了这个演化的路线，摩尔根就能在这个突变体的族谱中追踪到白色眼睛的演化模式，因为这个基因已经遗传了好几代。不久之后，摩尔根和他的学生开始追踪各种不同的突变基因，这些基因使果蝇有淡黄色的身体、卷卷的刚毛或短小的翅膀，每次都证实了孟德尔遗传规律。摩尔根在1915年出版的著作《孟德尔遗传机制》（*The Mechanism of Mendelian Heredity*）一书解释了负责不同生理特征的基因是如何被置于性转移染色体的固定位置上的。生物学家终于产生了一个具体的遗传体系来支撑达尔文的理论。此外，摩尔根的果蝇使他在1933年获得了诺贝尔生理学及医学奖，因为他通过研究发现染色体是基因遗传的载体。

托马斯·摩尔根正在他美国实验室用显微镜研究果蝇。

摩尔根对果蝇的研究还带来了其他后果。这样的基因研究导致了人类选择性繁育概念的复兴（曾在古代斯巴达有过实践），使其拥有了坚实的科学基础。越来越多的美国政治家、科学家和评论家开始呼吁用优生学项目来净化人类自身的“突变”基因。在纳粹德国实施的这个项目里，果蝇是否应该因此而受到指责值得商榷，但这是摩尔根理性研究的意外结果。

另一位美国科学家西摩·本泽尔（Seymour Benzer）继续从事了摩尔根的研究工作，利用果蝇来追踪如睡眠模式、认知能力和求偶活动等行为的遗传性。他的“白眼契机”发生在 1971 年，当时他发现一种睡眠不规律的果蝇，并通过选择性繁育在果蝇的基因库中追溯到一个特定的突变基因。在 20 世纪 80 年代末，类似研究发现了果蝇的一种长期记忆基因。

那又如何？科学家们能够在果蝇身上发现导致眼睛变白、腿部出现斑纹、失眠或过目不忘的基因，这有什么了不起的呢？当人们发现人类和果蝇拥有许多相同基因后，其真正意义才显现出来，这些基因包括负责胚胎发育设计的关键基因以及许多导致遗传疾病的基因。多达 75% 的已知致病基因与在果蝇中发现的基因是类似或相同的，因此科学家们可以通过在果蝇身上做实验，来探索治疗人类如阿尔茨海默病、亨廷顿式舞蹈症和帕金森综合征等疾病的潜在方法。归功于他们对易于繁殖的果蝇的研究，更多的科学家获得了诺贝尔奖。

如果果蝇听起来不像是治疗疾病的线索来源，那么蛆（蝇幼虫）作为抗击耐甲氧西林金黄色葡萄球菌等耐药菌的方式，听起来可能更加牵强。然而，在 20 世纪 40 年代中期抗生素发展之前，治疗外伤感染最成功的手段之一就是将蛆虫放置在坏死的腐肉上。

蛆虫生物疗法最初是由澳大利亚原住民和墨西哥的玛雅人使用的，但直到拿破仑时代才在西方被重新发现，并在后来的美国内战中使用。南方联盟的医生 J.F. 扎卡赖亚斯（J.

F. Zacharias）曾撰写了关于蛆虫神奇治疗能力的文章：“（蛆虫）一天内能够把伤口清理干净，比药剂的效果好多了……”在第一次世界大战期间，人们发现，如果士兵的伤口处滋生了蛆虫，他们的伤口则不会感染，且通常会在 6 周内痊愈。

活蛆通过分泌自身的抗生素来杀死细菌。它们只以死亡组织为食，留下健康完好的肉。这些蛆虫在杀死细菌方面非常有效，以至于绿蝇属的丝光铜绿蝇（*Phaenicia sericata*）幼虫现在取代了青霉素和其他抗生素来对抗现代的耐药菌株（如耐甲氧西林金黄色葡萄球菌）。现在有多达 20 个国家使用蛆虫疗法，最近在 2004 年获得了美国和英国医疗机构的批准，以作为抗生素的替代品。带有蛆虫的敷料药剂尽管对病人来说有点痒，但与抗生素药物相比具有另一个主要优势：它们不会产生耐抗生素的突变菌株。

不管是过去还是现在，日常生活中果蝇的积极影响都与人类正常的情感相违背。自《圣经》时代以来，各种文化都将果蝇视为躲避型的昆虫，它们只聚集于粪便和腐肉周围且通常被描绘为死亡和魔鬼的化身。在 17 世纪法国天主教猎巫者描绘的地狱中，苍蝇王别西卜与路西法和利维坦并列在撒旦身旁。

步入 20 世纪后不久，许多人心中的神话预兆很快变成了残酷的现实。在西班牙—墨西哥战争期间（1898），美国政府的报告证实，果蝇是伤寒杆菌最可能的传播途径，这是在长达 4 个月的战争中导致美国士兵死亡的主要原因。如今，已知有 100 多种疾病是通过果蝇传播给人类的。它们的蛆虫在动物粪便中产卵孵化，而动物粪便本身就携带致病菌、病毒、原生动物和其他致病因素。这些蛆化蛹后变成成虫，当它们爬过或叮咬人类的食物时，这些病菌就有可能传染给人类。

厩腐蝇（*Muscina stabulans*）用其触角来探测被埋的尸体（人类或动物）并在上面产卵。一旦孵化，其幼虫就会本能地挖洞，入侵尸体，并以腐肉为食。法医学家有时也会使用这些蛆虫的存在（或不存在）来判断死亡的时间和地点。

人口的激增，土地转化为农场，农场里动物的粪土确保了日常生活中的蝇（据说约有 24 万种）得以在世界各地繁衍生息。它们自恐龙时代（在三叠纪中期就发现了含有蝇的琥珀化石）出现以来，到现在有增无减。尽管蚊子和舌蝇等吸血动物都带来了自己特有的影响，但被研究人员在他们专门的房间里收养的“诺贝尔奖得主”果蝇，与那些极大地改变了世界的物种相比，赢得了其应有的地位。果蝇之所以有资格“获奖”，不仅因为它提供的基因信息，更是因为它们拥有人类疾病传播者和治愈者的双重身份。

蜱 虫

科：硬蜱科（Ixodidae）
种：肩突硬蜱（*Ixodes scapularis*）
排名：45

曾以恐龙血液为食并由于气候变化而在今天蓬勃发展的传播疾病的小型节肢动物。

人们很容易认为，全球变暖最严重的影响仍然离我们有一段距离，至少在人类的时间尺度上是这样。或许在某一时刻，极地冰盖将不可避免地消失，海平面将上升 5 至 25 米。但大多数科学家预测，这种情况最早要到 21 世纪末才会真正发生。一些极端事件，例如威尔金斯冰架即将融化、一块面积如牙买加国家大小的冰架正在脱离南极等，尽管听起来很夸张，但并不会真正影响海平面，因为大部分冰块已经漂浮在水中了。

不幸的是，还有另一个更为紧迫的原因使全球变暖成为当今的重要话题。称为蜱虫的小型吸血节肢动物对大气温度变化极为敏感。由于全球变暖，全世界的冬季都变得越来越暖和，蜱虫的数量正在迅速增长，它们的活动范围也在向北扩张。这些昆虫携带有大量危险疾病的病菌，其导致的流行病席卷了北美、欧洲和亚洲。

许多人对于蜱虫叮咬的危害一无所知。直到最近，瑞士出生的美国科学家威利·伯格多费（Willy Burgdorfer）首次发现了导致莱姆病的细菌类型，这种疾病是由蜱虫传染给人类的。这种病原体发现于 1982 年，并被命名为伯氏疏螺旋体以纪念其发现者，这是一种导弹形的螺旋体，由一圈扭曲的尾状鞭毛推动，在血液中游动。这些原核生物与最早的活细胞有关，通过在多细胞生物体内寻找庇护来躲避充满氧气的环境，这些多细胞生物包括爬行动物、鸟类、哺乳动物、人类，或者是蜱虫。

自伯格多费的发现以来，一系列反复出现的症状，如发烧、头痛、疲劳、抑郁和关节炎等，被诊断为莱姆病。如果不进行治疗，螺旋体就会在软组织中繁殖，有时还会对眼睛、心脏和大脑造成不可逆的伤害。虽然很少有人死于这种疾病，但许多患者的生活质量严重受损。在北美和欧洲，每年都诊断出成千上万的莱姆病新病例，这使得莱姆病成为全世界发展最快的新兴疾病之一。

蜱虫属于蛛形纲，是一种演化了 1 亿多年的节肢动物，最初以恐龙血液为食。在过去的 5 000 万年里，伴随着大量食草哺乳动物的出现，世界上的草越来越多，蜱虫也日渐繁盛。不同的蜱虫有不同的动物宿主，现在最常见的是鹿和绵羊。在吸食数日动物血液后，蜱虫离开宿主并落入高高的草丛上，雌虫可在那里产多达 1 万枚卵。这些将在春季孵化的卵正等待着毫不知情的动物路过，这样蜱虫幼虫就可以扒住它们并大快朵颐。导致疾病的病原体通过蜱虫的唾液进入宿主的血液。

莱姆病并不是因硬体节肢动物（比如肩突硬蜱）的传播而对人类健康造成的唯一潜在威胁。其他类型的细菌、病毒和原生动物同样也很好地利用了这些微小的吸血媒介。落基山斑疹热是一种由蜱虫传播的疾病，传播范围从秘鲁、美国到加拿大。众所周知，这一疾病难以诊断，如果不及时治疗，会导致多达 5% 的病例死亡。一种攻击性的细菌立克次氏体（*Rickettsia rickettsii*）生活在雄性蜱虫的精液中，并在交配过程中传递给雌虫，然后这种细菌会感染卵。这些卵一旦孵化，被蜱虫幼虫叮咬的任何生物都可能感染，蜱虫种群成为持续存在的细菌“蓄水池”。

蜱传脑炎（tick–born encephalitis，简称 TBE）是由一种攻击中枢神经系统的病毒病原体引发的疾病。尽管蜱传脑炎可以通过接种疫苗预防，但它对未受保护的人群会造成严重的神经损伤。多达 20% 的感染者会留下伴随终生的并发症，有时甚至会丧失行走能力。每年欧洲和俄罗斯报告的病例多达 1.2 万例。

这些难以诊治、难以治疗的疾病的影响才刚刚开始显现。蜱虫会在严寒的冬季中死亡，但由于连续的暖冬，它们的活动范围还在扩大，尤其是在人口稠密的北半球。在瑞典东海岸 22 万个岛屿居住或度假的人们不得不忍受世界上蜱虫最猖狂的环境之一。自从 2004 年开始记录病毒性蜱媒传染病以来，尽管疫苗越来越普及，在短短 4 年时间内，病例数仍从 224 例增加到 584 例。最近的研究表明，这些感染正在向瑞典的西部蔓延。

“轮船诊所”为这些岛屿上的居民提供免费的蜱传脑炎疫苗，度假者则被告知比起晒伤要更加注意蜱虫叮咬所产生的危害。与此同时，三分之一的瑞典蜱虫也携带了莱姆病菌（虽然可以治疗，但是没有疫苗），每年导致多达 1 万人感染，对于仅有 900 万人口的国家，这是一个很大的数字。

我的大女儿在她 5 岁时患上了莱姆病。蜱虫肯定是从我们花园尽头的草爬到她身上的。当时我们对蜱虫的叮咬一无所知，但当“牛眼”皮疹出现时，很明显她可能是感染了螺旋体。随后我们做了一些血液检查，确诊了这一感染。幸运的是，尽早发现意味着 8 周的抗生素疗程可以阻止这些螺旋状细菌的继续繁衍。

当地医生都感到震惊，因为在英格兰东南部出现莱姆病几乎闻所未闻。但现在，这种病出现了。这种微型吸血动物的生存栖息地不断地向北延伸，居住在世界各地的从未患过“热带病”的人们不得不重新评估走在看似无害的乡村或林地的风险。受疾病感染的蜱虫的到来，是迥异世界即将到来的早期预警信号之一。

乳酸菌

纲：芽孢杆菌纲（Bacilli）
属：乳酸菌（*Lactobacillus*）
排名：5

一种勇敢的细菌，用微小的身体极大地增加了人类财富。

天文学家喜欢“宏观” 思考。人们认为在可观测到的宇宙中，大约有 1 000 亿个星系，而在银河系中，恒星(比如太阳) 的数量至少是这个数字的两倍。实际上，那些喜欢“大” 数字的人应该多向内而不是向外看。以人体中活细胞的平均数量为例，大约就有 10 万亿个。更令人惊叹的是，生活在人类肠道中的细菌数量是人体细胞数的 10 倍……就离散的生命成分而言，你和我的细菌数是人类总数的 10 倍。所以，应该充分了解这些生物的历史贡献才合理。

或许是路易・巴斯德（Louis Pasteur）揭示了细菌在疾病中的作用所带来的副产物，又或许是亚历山大・弗莱明发明抗生素所带来的副产物，如今大多数人会将细菌和对人类的负面影响联系在一起，但这是不公平的——看看生产氧气的蓝细菌或通过吸收空气中的氮来滋养植物的根瘤菌。实际上，所有高级生命形式的演化，本质上都是细菌作用的副产物。我们的肠胃里日夜都在发生着同样的事情。

在过去的 2 000 年中，人口的大幅增长，以及数十亿的绵羊、牛、猪和其他农场动物，为只能在无氧环境中生存的细菌提供了巨大的动力。人类（ 和动物 ）是这种细菌的绝佳宿主。我们的肠道不仅为它们提供了一个安全、无氧的环境，还能提供丰富的食物。因此，许多以人和动物为家的细菌也在设法改善收养它们的主人的健康也就不足为奇了。

这就是俄罗斯微生物学家伊拉・伊里奇・梅契尼科夫（Ilya Ilyich Mechnikov，1845—1916）的观点，他最著名的研究是发现了人类免疫系统中的吞噬过程，并因此获得 1908 年的诺贝尔奖。研究中，他推测肠道里的细菌应该与人类的健康长寿密切相关。他对一种叫作乳酸菌的细菌特别感兴趣，这种细菌可以将乳糖（ 乳制品中的糖 ）转化为乳酸。

直到生命的尽头，梅契尼科夫仍然相信这些微生物是健康生活的关键，所以他写了一本关于它的书，叫作《长寿说：乐观主义研究》（*The Prolongation of Life: Optimistic Studies*）。

日本科学家代田稔（Minoru Shirota，1899—1982）在梅契尼科夫逝世的几年后重拾了他的研究。在 20 世纪 30 年代，他通过将一种新型乳酸菌与脱脂牛奶混合，制成一种益生菌饮料，他称之为养乐多（Yakult）。他的目的是刺激肠道内部产生健康的细菌来防止感染并增强免疫系统，对当时日本儿童避免营养不良和预防疾病

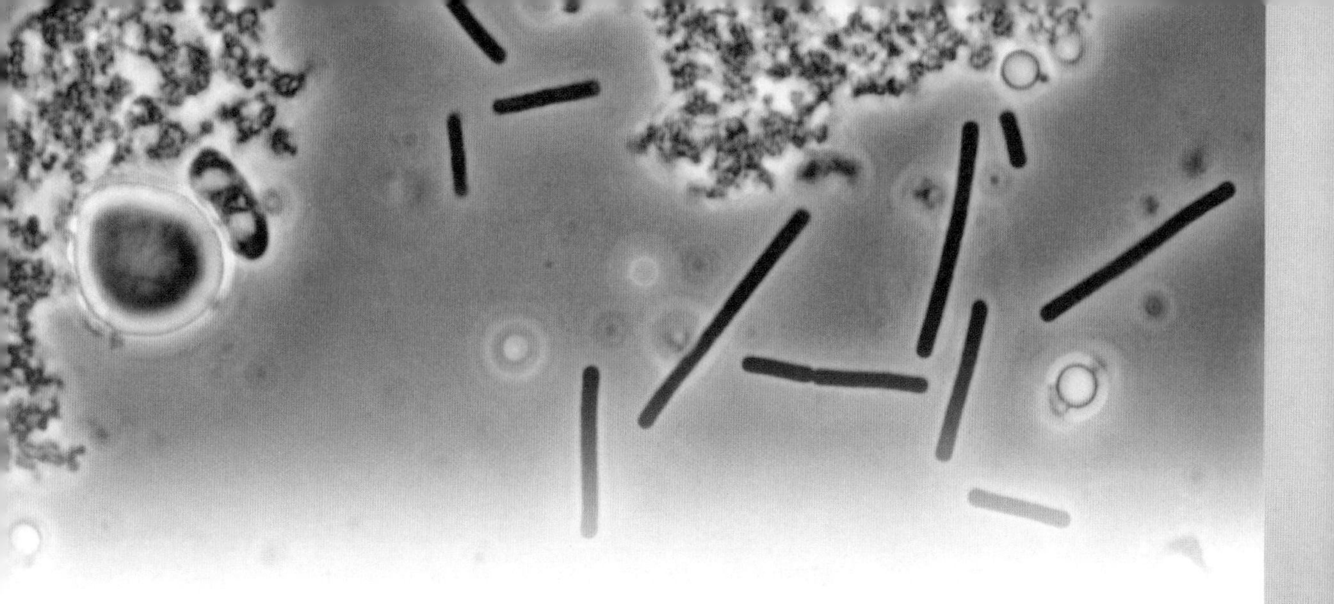

发挥了重要的作用。当养乐多在 1935 年进入市场时，这种饮料便迅速走红，尤其是在日本和中国台湾。如今它仍然在 30 多个国家和地区销售。

生活在结肠中的乳酸菌至少有两种功能，在整个历史中对人类都大有裨益。首先，它们有助于改善乳糖不耐症，这是许多人都具有的遗传缺陷。乳酸菌负责在发酵过程中将牛奶变成奶酪，将牛奶中的糖（乳糖）分解为可消化的乳酸。这个过程在人类肠道中持续进行，帮助人类耐受以牛奶为基础的饮食。随着时间的推移，这种共生协助已经被纳入了有饮用牛奶文化的很多人的基因组之中。

乳酸菌的第二个好处是，产生乳酸的过程可以防止对人体有害的细菌和其他微生物病原体（病毒、原生动物或真菌）在酸性环境中大量繁殖。因此，产生乳酸的乳酸菌是人体抵御通过肠道传播传染病的病原体的一种防御手段。这也是防止发酵奶酪迅速变质的原因。实际上，如果不是因为一种自然存在于植物和水果中的细菌——植物乳杆菌（*Lactobacillus plantarum*）的天然防腐作用，橄榄在阳光下就会变酸，那么古希腊商人就不可能在地中海附近交易他们珍贵的橄榄作物。

很遗憾，细菌对人类历史的影响缺乏记载，尤其是关于这些健康的细菌。由其他类型的细菌所引发的疾病（比如斑疹伤寒）留下了比益生菌有益健康的治疗效果更为明显的证据，而提高免疫力以及提高酸度、改善乳糖耐受性、延长食物存储时间都是令人印象深刻的益处。讽刺的是，这些细菌可能与亚历山大·弗莱明发现的能消灭细菌的青霉素一样，对人口的大量增长起到了推波助澜的作用。

棒状的保加利亚乳杆菌（*Lactobacillus bulgaricus*），是在益生菌中发现的菌株，可以分泌乳酸并抑制病原体生长。

疱疹病毒

科：疱疹病毒科（Herpesviridae）
种：单纯疱疹病毒（*Herpes simplex virus*）
排名：47

一种极具传染性的遗传因子，造成了大部分人感染，
如今仍然是一个难以捉摸的持久威胁。

正如解码人类基因组所展示的那样，病毒对地球上的生命历史和人类自身产生了根本性的却鲜为人知的影响。尽管根除了天花，目前也遏制了禽流感的暴发，病毒性疾病仍在不断重塑着无数个人生活、国家和文化。

因此，用一个从过去到现在的人类历史中无处不在的病毒来结束我们 100 种生物的研究再合适不过了。“疱疹”（herpes）来自希腊语“*erpis*”，意思是“爬行”，这个名称源于欧洲医学之父希波克拉底，它很好地形容了这个疾病，因为唇疱疹就是这样在被感染的人身体表面蔓延。

8 种疱疹病毒会感染人类，包括水痘 – 带状疱疹病毒和埃 – 巴二氏病毒（引发腺热）。其中最重要的两种就是密切相关的单纯疱疹病毒（HSV）HSV–1 和 HSV–2。HSV–1 生活在口腔中，会在嘴周引起唇疱疹；而 HSV–2 则会在腰以下至生殖器以上的区域引发起类似的水疱。这两种病毒并不限于某一特定地区、种族或性别。据估计，全球超过 40 亿人口中，有 70% 的人携带会感染口唇的 HSV–1 型病毒。

虽然不是所有的感染者都会出现症状，但每个感染者都是携带者。正如携带艾滋病毒一样，感染疱疹的人会终身携带这一病毒。通常情况下，症状会在几周后消失，病毒会退到耳朵周围组织的感觉性神经节中，处于潜伏状态，不被人体免疫系统检测到。有时（原因尚不明确）它会复活，劫持细胞复制自己的遗传物质，并通过唾液、黏液或脓液传播。

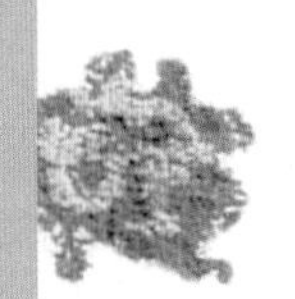

虽然大多数人身上潜伏着疱疹病毒，但这种感染通常不会致命（除非在某些人身上，它会攻击中枢神经系统，从而导致脑炎）。然而，如果人类疱疹病毒跨越物种屏障感染了其他生物，例如长臂猿，那么它几乎是致命的。同样，如果猕猴身上常见的猴 B 疱疹病毒感染人类，人类则会有 70% 的死亡概率。

疱疹是病毒与其宿主物种建立演化平衡的典型例子。但如果宿主发生了改变，对其他物种的演化而言，后果是灾难性的。甚至有一些专家认为，导致尼安德特人种灭绝的一个原因是疱疹病毒跨越了从智人到尼安德特人的物种屏障，这就可以解释为何尼安德特人会灭绝而智人却安然无恙。这个理论得到了事实证据的支持：在智人和尼安德

特人的基因组之间几乎没有杂交的证据。

尽管目前尚不认为口腔或生殖器疱疹在整个人群中的传播是主要的健康威胁，但有不利的迹象表明，这种无法清除、无法治愈的病毒可能会在未来刺痛我们。最近的研究表明，阿尔茨海默病的指数增长可能是由于 HSV-1 和 HSV-2 攻击免疫力低下的老年人。当病毒苏醒后，正如它平时的做法一样，它可以穿过中枢神经系统进入大脑。

它会严重破坏脑细胞，导致情绪波动、记忆丧失、沟通能力崩溃、迷失方向并最终死亡。阿尔茨海默病（由德国精神病学家爱罗斯·阿尔茨海默于 1906 年首次发现）是目前发达国家治疗费用最昂贵的疾病。据估计，仅在美国每年的护理费用就高达 1 000 亿美元。全球大约有 2 600 万人患上了这种疾病。由于世界人口老龄化，预计到 2050 年，这一数字将大幅上升。

单纯疱疹病毒正准备附着在即将被感染的细胞表面。

目前还没有针对疱疹病毒和 HIV 病毒这些持续性病毒的疫苗接种策略。这些病毒展现了人类为了自身利益而奋力争夺演化过程控制权所处的真正前线，不论是粮食生产、物质财富、寿命和休养、陪伴或对美的追求。

另一种描述这场生命竞赛的方式是：绕一圈，回到生命本身的起点。所有的生命，从大约 40 亿年前的诞生开始，就可以看作一场在松散的遗传密码（病毒）与细胞形式的生命（细菌）之间进行争夺演化霸主地位的斗争。从植物的叶片组织到生物的血肉身体，所有生命都通过进化成更高级的生命形式追求永生。作为斗争的一部分，精心制定的生存策略演化发展，比如有性生殖的生物多样性或是基因组逆转录病毒所精通的基因剪接方法。

在过去的 12 000 年里，人类为了达到自己的目的而努力地改造自然，但却艰难地进行这一古老的斗争。因此，接触病毒可能对人类及其不平衡的人为建构造成最大的威胁。1950 年，多发性黏液瘤病毒的出现证明，一种病毒可以系统地消灭一个物种（兔子），而对另一个几乎同等的遗传路线（人）却毫发无损。

如果这样的事件袭击人类呢？一个没有人的世界将会返回 400 万年前第一批南方古猿刚刚开始用两足直立行走前的自然状态吗？或者其他形式的智慧生命会不会最终演化出来，并同样尝试将自己的理性思维方式融入自然的自组织体系？谁知道接下来地球上会发生什么呢？

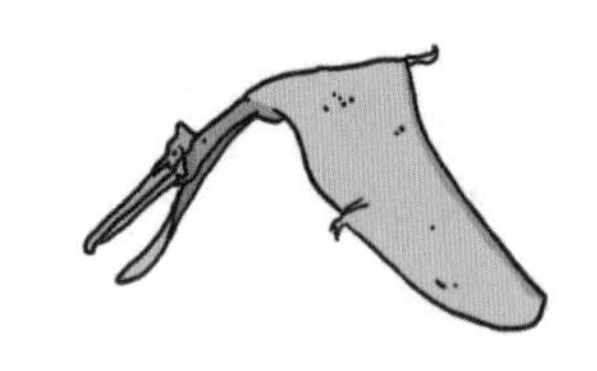

生命的阶梯

根据整体影响而进行排名的 100 种生物

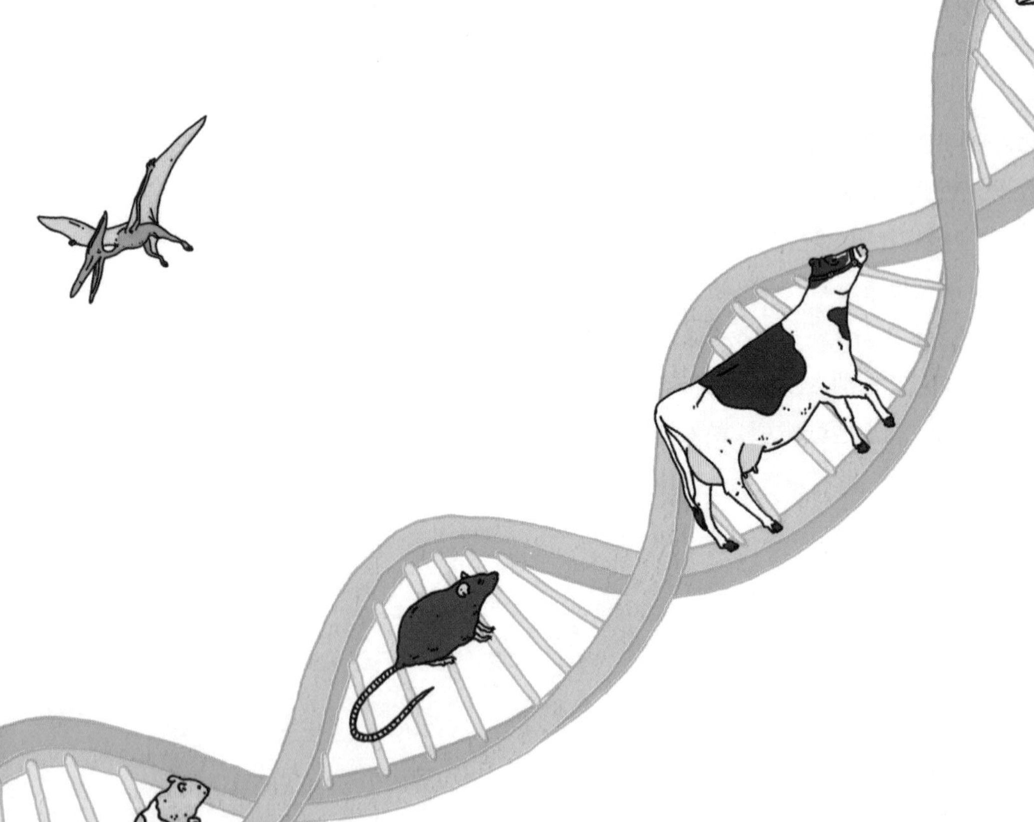

在我们所调查的100种生物中，哪一种生物对世界产生了最大的影响？下面的表格给出了解释。5个简单（但完全任意）的标准，每一个满分都是100分，用以评估每个物种的影响。

对演化的影响

符合这一标准的最佳物种例子之一是蓝细菌，它将氧气释放到地球大气中，毒害了许多其他细菌，但引发了更高等生命形式的出现。现代人类由于运用了人工选择，也产生了很重要的演化影响。海中的珊瑚和陆地上的橡树提供了促进生物多样性的栖息地。同时，被认为是有羽飞行动物先驱的始祖鸟，正是演化创新的一个重要例子。

对人类历史的影响

符合这一标准的包括乳酸菌，这种细菌在哺乳动物胃的厌氧环境中繁殖。驯化动物（马、狗、绵羊）和农作物（棉花、玉米、稻和土豆）也很符合这一标准。不太符合标准的包括那些在人类诞生之前就灭绝的物种（比如提塔利克鱼）或从未被驯化的物种（比如黏菌和蜻蜓）。

对环境的影响

评估了生物对陆地、海洋和天空的影响。比较符合这条标准的物种包括根瘤菌（肥沃土壤的固氮菌）、藻类（吸收二氧化碳并释放氧气）、牛（释放甲烷）和棉花（导致咸海干涸）。没有做出多少贡献的物种包括蝙蝠、橄榄、莱尼蕨、HIV病毒和马铃薯Y病毒。

地理分布

这个分数是由物种的分布范围决定的。得到高分的是主导了陆地（比如水龙兽、天花病毒、蚯蚓）、空中（风神翼龙）或海洋（抹香鲸）的物种。得到低分的是局域性生物，如榴梿和香草。

存在时间

即使如鳞木属这样已经灭绝的物种也可以得到高分（1.5亿年的存在时间远久于智人存在的16万年），而最近演化出现的物种，尤其是那些被驯化成依靠人类生存的物种则得分很低。

榜首

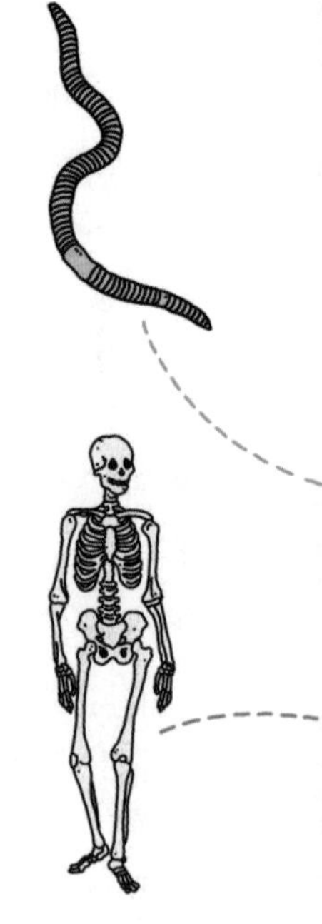

不起眼的蚯蚓以431分（满分500分）高居前100名的第1位，即便它在任何单项中都没有获得第一。它是名副其实的胜利者，正如查尔斯·达尔文以令人印象深刻的措辞所描述的：“对于是否还有许多其他动物也在世界历史中扮演了像这些卑微生物一样重要的角色，还尚未可知。”如果没有这些在地下蠕动的生物不断促进土地循环，以农业为基础的人类文明就永远不可能出现，它们也在自然界最强壮、最持久和对环境最有益的生物排行榜上名列前茅。

人类处于什么位置?

我们智人种位居第6位，这也是前10名中唯一的哺乳动物。我们主要是由于短暂的演化历史丢了分。人类祖先也因大脑体积的增大（直立人）和学会两足直立行走（南方古猿）这样的重要演化创新获得了成功。如果没有这些，人工选择的平台可能永远无法建立，而人工选择将智人物种推至高处。

“前10名”

前10名中的其他生物可分为两组。第一组是很早就出现在地球生命的演化中并对地球环境贡献显著的生物，比如蓝细菌、藻类、根瘤菌和石珊瑚；第二组是对人类历史产生了深远影响的生物，比如青霉菌、酵母、乳酸菌和流行性感冒病毒。

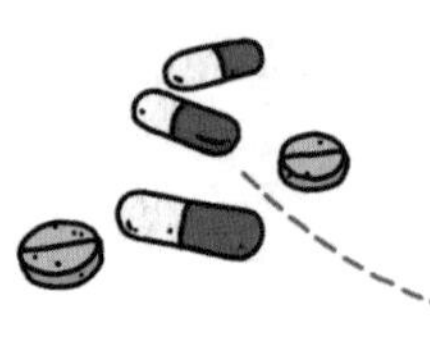

其他高分获得者

由于具有5个不同的标准，物种灭绝不会成为成功的障碍，例如石炭纪的先驱植物鳞木属为人类子孙后代留下了丰富的优质煤炭。与此同时，桉树的生存技能及其最近在全球范围内的广泛传播、对人类的实用性以及对其他物种的破坏，都在其地位的提升上得到了体现。正如牛所造成的环境变化，主要体现在提高人口数量和成为温室气体排放的主要来源上。

群体选择

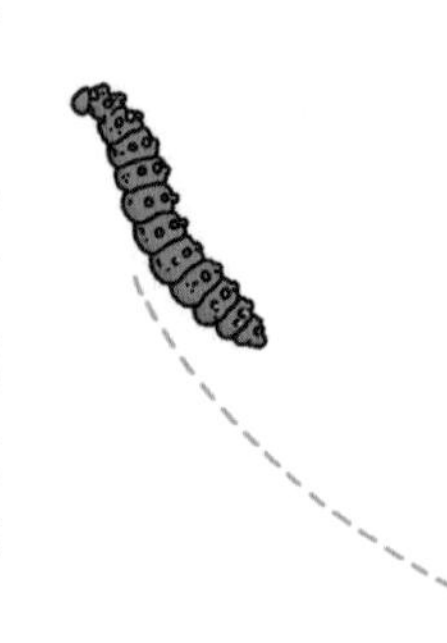

这个表格中的生物被分成了12类：病毒、细菌、真菌、原生生物、无脊椎动物、鱼类、非有花植物、有花植物、两栖动物、爬行动物、鸟类和哺乳动物。根据这项分析，迄今为止地球上最主要且最具影响力的演化力量正是有花植物（占32个条目，以下均只显示数字），紧接着是哺乳动物（17），无脊椎动物（16）、鱼类（6）、病毒（5）、非有花植物（5）、细菌（5）、真菌（4）、爬行动物（4）、鸟类（3）、原生生物（2）和两栖动物（1）。尽管有花植物在前100名中占据了主导地位，但在前10名中却没有它们，这意味着有花植物虽然是最具优势的生命力量，但它们更多的是演化变革中的步兵，而不是先驱者。

前 100 种生物中的第 1—25 位

对演化的影响　　地理分布

对人类历史的影响　　存在时间

对环境的影响

总排名	物种	分数	排名	分数	排名	分数	排名	分数	排名	分数	排名	总分	类群	页码
1	蚯蚓	87	17	93	8	95	4	82	11	74	16	431	无脊椎动物	91
2	藻类	95	3	41	68	89	7	100	2	95	2	420	非有花植物	48
3	蓝细菌	100	1	13	83	100	1	90	6	100	1	403	细菌	28
4	根瘤菌	65	28	85	25	87	8	74	36	85	5	396	细菌	34
5	乳酸菌	74	24	89	17	56	22	100	1	76	13	395	细菌	380
6	智人	98	2	100	1	98	2	83	10	14	78	393	哺乳动物	176
7	石珊瑚	91	13	74	40	85	10	63	56	78	11	391	鱼类	60
8	酵母	69	27	92	11	32	42	100	3	82	7	375	真菌	287
9	流行性感冒病毒	42	55	90	16	34	35	100	4	85	6	351	病毒	10
10	青霉菌	93	8	95	3	13	65	60	60	75	15	336	真菌	308
11	鳞木	65	29	74	41	68	14	80	17	45	32	332	非有花植物	84
12	海鞘	91	14	11	100	76	12	72	37	80	8	330	鱼类	70
13	直立人	84	19	92	12	67	16	66	47	20	74	329	哺乳动物	173
14	蚊子	85	18	82	29	23	54	72	38	66	22	328	无脊椎动物	128
15	果蝇	62	34	89	18	23	55	82	12	68	20	324	无脊椎动物	375
16	桉树	45	50	73	44	87	9	76	28	42	36	323	有花植物	258
17	牛	40	56	89	19	98	3	78	24	7	86	312	哺乳动物	216
18	跳蚤	78	22	82	30	13	66	76	29	62	26	311	无脊椎动物	131
19	小麦	60	36	92	13	59	21	70	41	24	67	305	有花植物	193
20	线虫	80	21	13	84	35	34	95	5	80	9	303	无脊椎动物	62
21	橡树	72	25	84	26	30	47	66	48	45	33	297	有花植物	137
22	挪威云杉	28	70	69	49	64	20	68	43	68	21	297	非有花植物	89
23	南方古猿	93	9	94	4	54	25	32	79	23	71	296	哺乳动物	170
24	禾草	35	63	67	52	67	17	85	9	37	41	291	有花植物	352
25	蚂蚁	55	40	43	65	45	28	82	13	66	23	291	无脊椎动物	148

驯化成功

如果一个物种的基因对人工选择的要求做出了强烈反应，那么它进入前 50 名的机会要大得多。因此，绵羊、稻、甘蔗、玉米、棉花、狗、土豆、猫和猪成为少数主宰地球生命的超级物种的全球参与者。

灭绝仍然没有障碍

尽管在 2.5 亿年前灭绝了，但三叶虫（排名 31 位）曾一度占据统治的地位，是当今世界上最常见的化石之一。它们开创性的捕食系统（水下视觉）很可能正是引发这种非凡成功的关键。霸王龙仅落后三位，居于第 34 位，它代表了一种终极兽脚亚目的食肉恐龙，这个谱系从 2.3 亿年前恐龙首次出现一直延续到 1.7 亿年后恐龙灭亡。始祖鸟（第 41 位）这样的鸟类是兽脚亚目的分支，因此霸王龙的基因设计仍然存在于世界上最受欢迎的食物——鸡的身上，尽管其外形大幅缩小和修改。风神翼龙刚刚进入前 50 名，代表了第一批会飞的脊椎动物——能够环游世界的翼龙。

顶级王牌

为什么大象排名如此靠前？毕竟，这些生物的生活范围有限（非洲和亚洲），而且相比于其他动物（比如运输工具马 [第 58 位] 或骆驼 [第 87 位]），它们对人类历史的影响小得多。然而再三考虑，正是它们的生态贡献推动了这种伟大的生物登上了这一"宝座"。在约 12 000 年前，新石器时代的农耕活动出现之前，大象是自然界的主要伐木者，它们与野火一同负责清理森林，让重要的新植物得以生长。天平的另一端是它们的粪便，为白蚁巢穴提供了重要的栖息地，而白蚁是分解木材过程中必不可少的生物。马和骆驼都是人类驯化的受益者，但它们对环境的影响也更为有限。

最大的失败者？

必然是排名第 50 位的蜻蜓。如果这个表格反映了 3 亿年前地球上的生命，那么毫无疑问，这些好斗的食肉动物将跻身前 10 名。它们排名的下降反映在其较小的体形及其所处的生态位上。然而，它们仍然是成功的，与那个时代的许多生物不同，比如两栖动物的先驱者蚓螈已经在亿万年前灭绝了，因此并没有进入前 100 名。

前 100 种生物中的第 26—50 位

对演化的影响
地理分布
对人类历史的影响
存在时间
对环境的影响

总排名	物种	分数	排名	分数	排名	分数	排名	分数	排名	分数	排名	总分	类群	页码
26	绵羊	40	57	94	5	68	15	78	25	8	84	288	哺乳动物	212
27	稻	50	46	93	9	65	19	64	55	7	87	279	有花植物	224
28	兔子	35	64	64	54	77	11	68	44	33	53	277	哺乳动物	324
29	甘蔗	55	41	93	10	55	24	62	58	4	95	269	有花植物	196
30	水霉	25	71	87	23	44	31	71	40	40	38	267	原生生物	45
31	三叶虫	94	5	13	85	13	67	78	26	69	19	267	无脊椎动物	64
32	鼠	46	49	82	31	24	50	80	18	33	54	265	哺乳动物	166
33	蜜蜂	60	37	91	14	25	49	42	71	44	34	262	无脊椎动物	146
34	霸王龙	70	26	13	86	33	40	82	14	61	29	259	爬行动物	119
35	玉米	50	47	88	21	48	26	66	49	6	91	258	有花植物	228
36	金合欢	65	30	62	56	32	43	57	63	42	37	258	有花植物	140
37	舌蝇	65	31	74	42	19	63	34	76	65	24	257	无脊椎动物	134
38	鲨鱼	75	23	27	77	13	68	65	51	76	14	256	鱼类	72
39	棉花	30	69	86	24	92	5	42	72	5	93	255	有花植物	246
40	竹子	89	15	68	50	21	61	34	77	39	40	251	有花植物	144
41	始祖鸟	92	11	13	87	45	29	80	19	21	73	251	鸟类	116
42	狗	40	58	96	2	24	51	80	20	9	82	249	哺乳动物	317
43	土豆	50	48	89	20	21	62	62	59	24	68	246	有花植物	200
44	大象	20	77	76	34	76	13	42	73	32	57	246	哺乳动物	162
45	蝗虫	60	38	65	53	13	69	45	67	62	27	245	无脊椎动物	378
46	猫	45	51	88	22	24	52	79	23	8	85	244	哺乳动物	321
47	疱疹病毒	56	39	84	27	13	70	78	27	12	81	243	病毒	382
48	猪	35	65	77	33	56	23	68	45	7	88	243	哺乳动物	209
49	风神翼龙	45	52	13	88	30	48	90	7	63	25	241	爬行动物	114
50	蜻蜓	65	32	13	89	13	71	76	30	72	17	239	无脊椎动物	97

刚刚跌出前 50 名

如果把肉鳍鱼看成已灭绝的生物，那么它可能会获得更高的排名。然而，有少数肉鳍鱼幸存了下来（例如美丽的蓝色腔棘鱼，它是在 1933 年被南非渔民抓获而被“重新发现”的），它们如今存在于海洋生态系统的边缘，很难反映出它们在演化上的重要意义，尽管在演化过程中，鱼类学会在陆地上生活所需的大部分器官都是由它们演化而来的。

为何马没有取得更高的名次?

想必马的排名可以比 58 名更靠前吧？毕竟，在过去的 4 000 年里，它们主宰了人类的历史，既是人类杰出的武器系统，也成为最普遍的交通工具。然而，尽管对人类（排名第 6 位）历史产生了影响，但驯养的马对环境的影响还是相对较小。马一般不会用于食用，这使得牛（提供肉类和运输）和羊（羊毛和肉类的来源）的种群数量在以人类为中心的世界里大大增加。最终，随着汽油发动机的发展，马作为首要战斗系统的时代结束了，这些生物成了逐渐衰落的群体。

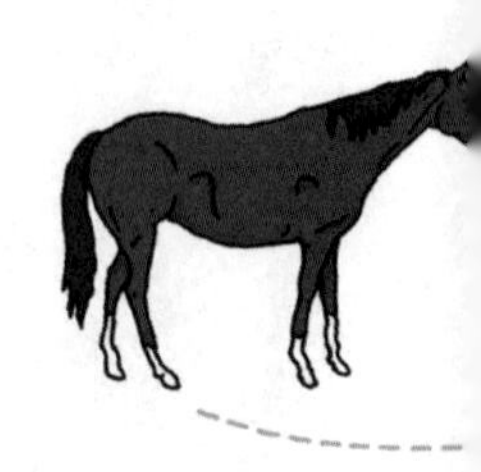

两个相反的故事

你找不到比水龙兽（一种已经灭绝的早期哺乳动物）和烟草（一种有花植物）更截然不同的物种了，然而它们却在表格中位于 66 位和 67 位这两个紧邻的位置。前者是 2.52 亿年前二叠纪大灭绝的幸存者，陆生脊椎动物演化为哺乳动物这一谱系的命脉；后者是一种植物，自 15 世纪晚期欧洲探险家“发现”美洲以来，它已经造成了数亿甚至数十亿人的死亡。两者都对现在的生命产生了重大影响，但原因却完全不同。

听觉探测

世界上唯一会飞的哺乳动物蝙蝠能够跻身前 75 名，多亏了它们在黑暗中使用超声波探测东西的非凡能力。与这种生存优势相匹配的是它们无与伦比的多样性（有超过 1 000 个种，占所有哺乳动物物种的 20%），这意味着如果出现某种病毒或环境灾难，它们也为未来的动荡做好了充分准备。我打赌，在将来的表格中，蝙蝠的名次可能会上升得更高。

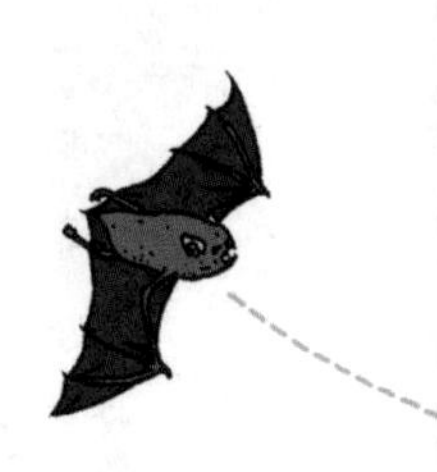

前 100 种生物中的第 51—75 位

对演化的影响

对人类历史的影响

对环境的影响

地理分布

存在时间

总排名	物种	分数（对演化的影响）	排名（对演化的影响）	分数（对人类历史的影响）	排名（对人类历史的影响）	分数（对环境的影响）	排名（对环境的影响）	分数（地理分布）	排名（地理分布）	分数（存在时间）	排名（存在时间）	总分	类群	页码
51	肉鳍鱼	94	6	13	90	34	36	23	91	72	18	236	鱼类	106
52	原杉藻	94	7	13	91	34	37	70	42	24	69	235	真菌	80
53	苹果	22	76	76	35	33	41	72	39	31	58	234	有花植物	338
54	大麻	45	53	64	55	13	72	75	35	37	42	234	有花植物	280
55	鹿	52	44	45	63	34	38	76	31	25	65	232	哺乳动物	366
56	天鹅绒虫	95	4	13	92	13	73	31	82	80	10	232	无脊椎动物	66
57	鳕鱼	35	66	68	51	42	33	65	52	20	75	230	鱼类	206
58	马	38	61	94	6	13	74	76	32	7	89	228	哺乳动物	236
59	抹香鲸	20	78	57	60	23	56	87	8	40	39	227	哺乳动物	159
60	满江红	13	88	18	80	90	6	44	68	61	30	226	非有花植物	87
61	鸡	35	67	75	38	32	44	76	33	6	92	224	鸟类	220
62	玫瑰	20	79	58	58	45	30	63	57	37	43	223	有花植物	335
63	天花病毒	19	87	94	7	18	64	80	21	9	83	220	病毒	18
64	乌鸦	55	42	27	78	23	57	80	22	31	59	216	鸟类	372
65	赤狐	45	54	42	67	23	58	81	16	25	66	216	哺乳动物	369
66	水龙兽	84	20	13	93	24	53	82	15	13	79	216	爬行动物	112
67	烟草	20	80	91	15	32	45	32	80	31	60	206	有花植物	283
68	蜣螂	13	89	43	66	32	46	54	65	62	28	204	无脊椎动物	94
69	麦角菌	34	68	54	61	13	75	65	53	37	44	203	真菌	298
70	炭疽杆菌	13	90	18	81	13	76	66	50	90	3	200	细菌	30
71	茶	13	91	76	36	44	32	29	84	37	45	199	有花植物	276
72	海绵	20	81	15	82	13	77	60	61	90	4	198	无脊椎动物	52
73	葡萄	13	92	84	28	13	78	58	62	28	61	196	有花植物	290
74	黏菌	65	33	13	94	13	79	27	86	78	12	196	原生生物	43
75	蝙蝠	55	43	26	79	13	80	65	54	35	51	194	哺乳动物	157

花朵的力量

在前 100 种生物中排名靠后的是有花植物，它们改变了人类历史，也改变了与之相关的地球和其他生命。来自橡胶树的物质财富；来自金鸡纳树的健康物质；来自罂粟和古柯的精神麻痹物质；来自橄榄、可可、柑橘类和香蕉的可口美食；来自莲花和薰衣草代表的对称美和芬芳的香味。演化的独创性和遗传的可塑性在这些扎根于泥土的物种里达到了最佳状态，或许是因为它们在演化出一系列化学防御手段以防止被吃掉的同时，还依赖其他物种提供的服务，比如授粉和传播种子。

最迅速的上升者

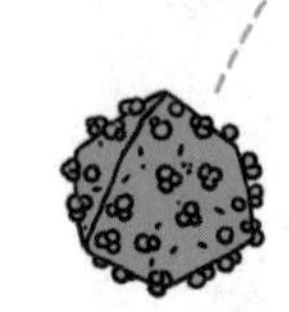

如果在 30 多年前进行这项调查，就不会发现人类免疫缺陷病毒，因为至少在人类的意识中，它根本就不存在。然而，现在它排到了前 100 名的第 77 位。目前仍然没有针对这一逆转录酶病毒的治疗方法，尽管用抗病毒药物可以延缓该病毒的致命影响。更糟糕的是，全世界的人类感染率和程度可能被大大低估了，并且这种潜在的改变物种的疾病对人类可能造成的长期影响还尚未显现。

未来前景

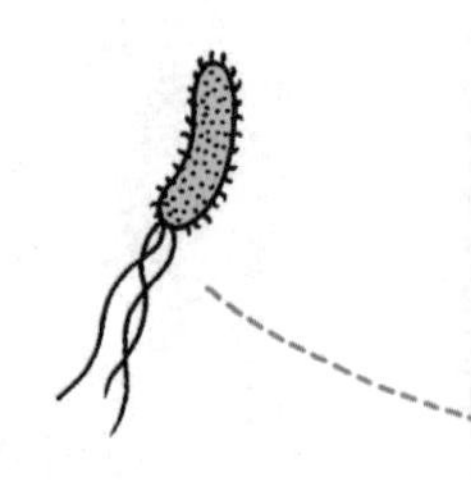

在前 100 名的所有生物中，只有一种因为其潜在影响而赢得了一席之地：假单胞菌因为具有制造可生物降解塑料来解决塑料污染问题的能力而进入了榜单。这种“炼金术”能以多快的速度解决污染海洋的不可降解塑料垃圾这一巨大问题，既取决于人类，也取决于细菌。但是，有机解决方案满足人类物质需求的潜力相当大，以至于这个物种只要有可能，就可以在环境影响方面得分很高。

末位

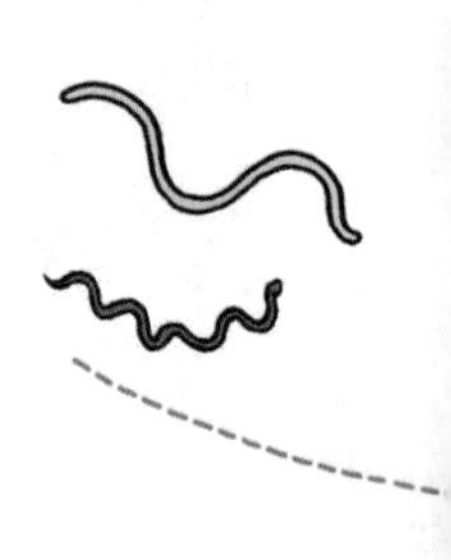

位于前 100 位是很重要的，但在任何一个排名表中，总有最末位。在引发了现代历史中第一次金融危机之后，马铃薯 Y 病毒才得以跻身榜单，而在这个过程中，它的宿主郁金香在人类主宰的世界中脱颖而出。没有其他显著的成就，这种病毒的排名就会跌出前 100 名，如果在未来（或对手）的调查中它彻底消失了，我也不会感到惊讶。

前100种生物中的第76—100位

对演化的影响

对人类历史的影响

对环境的影响

地理分布

存在时间

总排名	物种	分数	排名	分数	排名	分数	排名	分数	排名	分数	排名	总分	类群	页码
76	橡胶树	25	72	72	45	34	39	27	87	34	52	192	有花植物	250
77	人类免疫缺陷病毒	20	82	76	37	13	81	67	46	13	80	189	病毒	12
78	海蝎	52	45	13	95	23	59	55	64	44	35	187	无脊椎动物	68
79	罂粟	20	83	72	46	13	82	46	66	33	55	184	有花植物	302
80	橄榄	40	59	72	47	13	83	27	88	28	62	180	有花植物	203
81	可可	25	73	71	48	23	60	34	78	27	64	180	有花植物	268
82	长棘龙	89	16	13	96	13	84	35	74	23	72	173	爬行动物	110
83	莱尼蕨	92	12	13	97	13	85	35	75	20	76	173	非有花植物	82
84	金鸡纳	24	75	78	32	13	86	26	90	28	63	169	有花植物	310
85	咖啡	13	93	54	62	48	27	28	85	24	70	167	有花植物	272
86	蚕	20	84	75	39	13	87	43	70	7	90	158	无脊椎动物	254
87	骆驼	36	62	74	43	13	88	27	89	5	94	155	哺乳动物	242
88	提塔利克鱼	93	10	13	98	13	89	13	95	18	77	150	两栖类	108
89	榴梿	62	35	13	99	13	90	13	96	48	31	149	有花植物	142
90	仓鼠	20	85	34	71	13	91	76	34	1	100	144	哺乳动物	328
91	黑胡椒	13	94	62	57	13	92	19	92	37	46	144	有花植物	345
92	辣椒	39	60	29	76	13	93	13	97	37	47	131	有花植物	350
93	薰衣草	13	95	32	72	13	94	32	81	37	48	127	有花植物	342
94	假单胞菌	13	96	31	75	66	18	13	98	3	97	126	细菌	32
95	柑橘类	25	74	39	69	13	95	44	69	4	96	125	有花植物	355
96	古柯	13	97	32	73	13	96	18	94	37	49	113	有花植物	294
97	香草	13	98	36	70	13	97	13	99	37	50	112	有花植物	340
98	香蕉	20	86	44	64	13	98	31	83	3	98	111	有花植物	358
99	莲花	13	99	32	74	13	99	19	93	33	56	110	有花植物	348
100	马铃薯Y病毒	13	100	58	59	13	100	13	100	2	99	99	病毒	16

附 录

30 种几乎要跻身前 100 名的生物！

有关前 100 种生物究竟要包括或排除哪些物种，我们不可避免地需要做出这样痛苦的决定。在这里，我用一份精选出来的列表来安慰自己，但由于重叠、重复或担心列出来的物种不足以代表地球上物种的多样性，所以我没有将它们写在排名里。请在 www.whatonearthevolved.com 留言，发表评论，同意或反对我的观点。

	俗名	物种名（或属、目名）	总结
1	颗石藻	赫氏颗石藻（*Emiliania huxleyi*）	海洋中分布最广的单细胞微生物之一，它被认为对地球生物圈产生了显著影响。
2	苏铁类	苏铁目	首批产生种子以保护其胚胎的植物。
3	蜘蛛	温室拟肥腹蛛（*Parasteatoda tepidariorum*）	在大约 3.8 亿年前，从一种状似螃蟹和蝎子的祖先演化而来，现存的蜘蛛种类有大约 40 000 种。这种蜘蛛在美国极为常见。
4	基龙	传教士基龙（*Edaphosaurus boanerges*）	与长棘龙同属盘龙目，但是作为第一批（如果不是第一个）食草动物而闻名。
5	鱼龙	短头鱼龙（*Ichthyosaurusbreviceps*）	一种已经灭绝的海生爬行动物，是最早的胎生动物。
6	鳄鱼	美洲鳄（*Crocodylus acutus*）	6 550 万年前，在导致非鸟类恐龙灭绝的事件中幸存下来的一种大型半水生爬行动物。
7	雏菊	雏菊（*Bellis perennis*）	因其亮丽的颜色和完美的对称性受到人们赞赏的为数不多的非培育性花朵（杂草）。
8	白蚁	达尔文澳白蚁（*Mastotermes darwiniensis*）	蟑螂的后代，这些高度社会性、以木头为食的小型昆虫建立了巨大的巢穴，有时比房子还要高，通常可以包含数百万只个体。
9	尼安德特人	尼安德特人（*Homo neanderthalensis*）	在 50 万年前演化出现的人种，现已灭绝，最后的个体在大约 2.5 万年前在欧洲灭绝。
10	金雕	金雕（*Aquila hrysaetos*）	一种著名的猛禽，在控制昆虫、哺乳动物、老鼠、大鼠和蛇等爬行动物的种群数方面起到重要作用。
11	蛇	塞雷洪泰坦蟒（*Titanoboa cerrejonensis*）	由蜥蜴演化而来的失去了腿的食肉类爬行动物，它们在树上和草丛中蜿蜒前进，适应陆地生活。泰坦蟒最长达 13 米。

12	灰狼	狼（*Canis lupus*）	狼可以生存于几乎所有的环境中，包括森林、沙漠、山区和城市。
13	大猩猩	大猩猩（*Gorilla gorilla*）	仅幸存下来两个非洲种之一、用指关节行走的素食性灵长类，但与人类有着极为密切的遗传关系。
14	甜菜	甜菜（*Beta vulgaris*）	甜菜现在占据了世界产糖量的 30%，尽管是甘蔗的“小弟”，但它在现代农业中扮演了重要的角色。
15	山羊	野山羊（*Capra aegagrus*）	西南亚和东欧地区首批被驯化的动物之一。由于是绵羊的近亲而被排除在了前 100 名之外。
16	鼠	小家鼠（*Mus musculus domesticus*）	作为最常见的实验室动物，小家鼠是寻找治疗人类疾病方法的关键。
17	大豆	大豆（*Glycine max*）	这一作物对现代人类历史所带来的重要影响差一点就将它送进了前 100 名，它被排除在外主要是因为它的全球地位是近期才上升的。
18	亚麻	亚麻（*Linumusitatissimum*）	一种用途极为广泛的农作物，自古以来，人类就在地中海沿岸和中东地区种植，以获得其种子、纤维和油。今天，亚麻的种植量并不大，这是它没能上榜的原因。
19	青蛙	无尾目（*Anura*）	蛙是两栖动物中最古老和多样的一类(已知大约 5 000 种，化石可以追溯到 2.5 亿年前），已经适应了从热带到亚北极圈的生活。
20	可乐果	可乐属（*Cola*）	世界上“最受欢迎饮料”中的其他主要成分。
21	疟原虫	恶性疟原虫（*Plasmodium falciparum*）	这些导致疟疾的微小寄生型原生动物已经在蚊子和金鸡纳的故事里进行了叙述。
22	伤寒杆菌	伤寒杆菌（*Salmonella typhi*）	通过受污染的食物和水，或由飞虫（见果蝇）的腿携带而传播的一种致病细菌，并可以在免疫系统的吞噬作用中幸存下来（见黏菌）。
23	霍乱弧菌	霍乱弧菌（*Vibrio cholerae*）	从历史角度来看，这种细菌是人类的一大杀手，会导致急性腹泻从而引起脱水死亡。如果不加以治疗，死亡率可以高达 60%。
24	结核杆菌	结核分枝杆菌（*Mycobacterium tuberculosis*）	侵袭肺部和身体其他部分的细菌性疾病。患者占世界人口的三分之一，其中大部分是在亚洲和非洲，尽管只有少数人发展到完全阶段。
25	脊髓灰质炎病毒	脊髓灰质炎病毒（*Poliovirus*）	导致小儿麻痹症的病毒，会使得肢体瘦弱、瘫痪甚至死亡。1952 年，美国病毒学家乔纳斯·索尔克（Jonas Salk）研制出了一种疫苗，并在 5 年后开始实施大规模疫苗接种计划。

26	向日葵	向日葵（*Helianthus annuus*）	另一种菊科植物（见雏菊）但具有更大的头状花序，种子可以被转变成有价值的营养来源，比如食用油、人造黄油以及生物柴油。
27	锈病菌	叶锈菌（*Puccinia triticina*）	对诸如小麦和黑麦等作物产生经济损害的一种寄生菌。
28	柠檬	柠檬（*Citrus limon*）	与橙子在基因上极为相似，所以将它放在前 100 位就显得对柑橘属太过偏爱了。
29	番茄	番茄（*Solanum lycopersicum*）	黄番茄原产于南美洲，是最早被驯化的品种（约公元前 500 年）。它们从 17 世纪开始在西班牙、意大利和英国被种植。如今每年番茄的收获量超过 1 亿吨。
30	蛲虫	蛲虫（*Enterobius vermicularis*）	随着人口的增长而蓬勃发展的一种蛔虫，估计在全世界感染了 2 亿人。

延伸阅读

如果你想阅读本书的尾注，可以在 www.whatonearthevolved.com 上找到。

全书

- *On the Origin of Species* by Charles Darwin (John Murray, 1859)
- *The Descent of Man* by Charles Darwin (John Murray, 1871)
- *Principles of Geology* by Charles Lyell (John Murray, 1872)
- *Genome* by Matt Ridley (Fourth Estate, 1999)
- *Diversity of Life* by Lynn Margulis, Karlene Schwartz and Michael Dolan (Jones and Bartlett, 1999)
- *The Selfish Gene* by Richard Dawkins (Oxford University Press, 1976)
- *The Crucible of Creation* by Simon Conway Morris (Oxford University Press, 1998)
- *The Variety of Life* by Colin Tudge (Oxford University Press, 2002)
- *The Rise of Life* by John Reader (Collins, 1986)
- *The Complete Guide to Prehistoric Life* by Tim Haines and Paul Chambers (BBC Books, 2003)
- *The Ancestor's Tale* by Richard Dawkins (Houghton Mifflin, 2004)
- *A Natural History of Domesticated Animals* by Juliet Clutton–Brock (Cambridge University Press, 1999)

1. 病毒

- *Viruses and the Evolution of Life* by Luis Villarreal (ASM, 2005)
- *Princes & Peasants* by Donald Hopkins (University of Chicago Press, 1983)
- *The Life & Death of Smallpox* by Ian and Jennifer Glynn (Profile, 2004)
- *The Tulip* by Anna Pavord (Bloomsbury, 1999)

2. 单细胞生物

- *The Origins of Life* by John Maynard Smith and Eörs Szathmáry (Oxford University Press, 2000)
- *Enriching the Earth* by Vaclac Smil (MIT Press, 2004)
- *Oxygen: The Molecule that Made the World* by Nick Lane (Oxford University Press, 2002)
- *The Ages of Gaia* by James Lovelock (Oxford University Press, 1988)
- *Acquiring Genomes: A Theory of the Origins of Species* by Lynn Margulis and Dorion Sagan (Basic Books, 2002)
- *The World Without Us* by Alan Wiseman (Viking, 2007)

3. 共生生物

- *Emergence, Connected Lives of Ants, Brains, Cities & Software* by Steve Johnson (Allen Lane, 2001)
- *The Red Queen* by Matt Ridley (Viking, 1993)
- *Propitious Esculent* by John Reader (Heinemann, 2008)

4. 海洋生命

- *Trilobite!* by Richard Fortey (Flamingo, 2001)
- *The Theory of Evolution* by J. M. Smith (Cassell, 1962)
- *Acquiring Genomes* by Lynn Margulis and Dorion Sagan (Basic Books, 2002)
- *In the Blink of an Eye: How Vision Kick–started the Big Bang of Evolution* by Andrew Parker (Free Press, 2004)
- *Old Fourlegs* by J. L. B. Smith (Longman, 1938)
- *Endless Forms Most Beautiful* by Sean Carroll (Weidenfeld & Nicolson, 2006)

5. 陆地先驱

- *Why Size Matters* by John Bonner (Princeton University Press, 2006)
- *The Secret Lives of Plants* by David Attenborough (BBC Books, 1995)
- *The Earth Moved* by Amy Stewart (Frances Lincoln, 2004)
- *Fungi* by Roy Watling (Natural History Museum, 2003)
- *Amber* by Andrew Ross (Natural History Museum, 1998)
- *Evolution of Insects* by David Grimaldi and Michael Engels (Cambridge University Press, 2005)
- *Fossil Plants* by Paul Kenrick and Paul Davis (Natural History Museum, 2004)

6. 鱼类登陆

- *Your Inner Fish* by Neil Shubin (Allen Lane, 2008)
- *The Emerald Planet* by David Beerling (Oxford University Press, 2007)
- *Extinctions in the History of Life edited* by Paul Taylor (Cambridge University Press, 2004)

7. 生物多样性

- *The Insect Societies* by E. O. Wilson (Harvard University Press, 1974)
- *Fleas, Flukes & Cuckoos* by Miriam Rothschild (Collins, 1952)
- *The Diversity of Life* by E. O. Wilson (Allen Lane, 1993)

8. 理智的崛起

- *The Origins of Virtue* by Matt Ridley (Viking, 1996)
- *Bats in Question* by D. E. Wilson (Smithsonian Institution Press,1997)
- *The Mating Mind* by Geoffrey Miller

(Heinemann, 2000)
- *Leviathan: The History of Whaling in America* by Eric Dolin (Norton, 2007)
- *Coming of Age with Elephants* by Joyce Poole (Hodder & Stoughton, 1996)
- *The Elephant's Secret Sense* by Caitlin O'Connell (Free Press, 2007)
- *The Story of Rats* by S. Anthony Barnett (Allen & Unwin, 2001)
- *After Man: A Zoology of the Future* by Dougal Dixon (Granada, 1981)

9. 农业

- *Food,A History* by Felipe Fernández–Armesto (Macmillan, 2001)
- *Plants, Man & Life* by Edgar Anderson (Andrew Melrose, 1954)
- *Sugar: The Grass that Changed the World* by Sanjida O'Connell (Virgin, 2004)
- *The Potato* by Larry Zuckerman (Macmillan, 1999)
- *A History of the British Pig* by Julian Wiseman (Duckworth, 1986)
- *Sheep* by Alan Butler (O Books, 2006)
- *Cattle* by Valeria Porter (The Crowood Press, 2007)
- *China: Land of Discovery and Invention* by Robert Temple (Patrick Stephens, 1986)
- *People, Plants & Genes* by Denis Murphy (Oxford University Press, 2007)
- *Planet Chicken* by Hattie Ellis (Sceptre, 2007)
- *Cod: A Biography of the Fish that Changed the World* by Mark Kurlansky (Jonathan Cape, 1998)

10. 物质财富

- *War Horse* by Louis Dimarco (Westholme Yardley, 2008)
- *Inside Your Horse's Mind* by Lesley Skipper (J. A. Allen, 1999)
- *The Behaviour of Horses* by Marthe Kiley–Worthington (J. A. Allen, 1987)
- *The Camel and the Wheel* by Richard Bulliet (Harvard University Press, 1975)
- *The Camel in Australia* by Tom McKnight (Melbourne University Press, 1969)
- *The Fibre that Changed the World edited* by Douglas Farnie (Oxford University Press, 2004)
- *Tears of the Tree* by John Loadman (Oxford University Press, 2005)
- *Jacquard's Web* by James Essinger (Oxford University Press, 2004)

11. 药物

- *On Drugs* by David Lenson (University of Minnesota Press, 1995)
- *Tastes of Paradise* by Wolfgang Schivelbusch (Vintage, 1992)
- *Matters of Substance* by Griffin Edwards (Allen Lane, 2004)
- *Consuming Habits edited* by Jordan Goodman, Paul E. Lovejoy and Andrew Sherratt (Routledge, 1995)
- *The Pursuit of Pleasure* by Rudi Matthee (Princeton University Press, 2005)
- *Forces of Habit* by David Courtwright (Harvard University Press, 2001)
- *Fungi* by Brian Spooner and Peter Roberts (Collins, 2005)
- *A Short History of Wine* by Rod Phillips (Allen Lane, 2000)
- *Phylloxera: How Wine was Saved for the World* by Christy Campbell (HarperPerennial, 2004)
- *Narcotic Culture: A History of Drugs in China* by Frank Dikötter et al (Hurst & Company, 2004)
- *The Alchemy of Culture* by Richard Rudgeley (British Museum Press, 1998)

12. 伴侣动物

- *Man and the Natural World* by Keith Thomas (Allen Lane, 1983)
- *Dog* by Susan McHugh (Reaktion Books, 2004)
- *Cat* by Katherine Rogers (Reaktion Books, 2006)
- *Rabbits and their History* by John Sheail (David & Charles, 1971)
- *Hamsters & Guinea Pigs* by David le Roi (Nicholas Vane, 1955)

13. 美丽生灵

- *A History of the Fragrant Rose* by Allen Patterson (Little Books, 2007)
- *The Botany of Desire* by Michael Pollan (Bloomsbury, 2002)
- *Vanilla* by Tim Ecott (Penguin, 2004)
- *Lavender (The Genus Lavandula)* by Maria Lis–Balchin (CRC Press, 2002)
- *Out of the East* by Paul Freedman (Yale University Press, 2008)
- *The Encyclopaedia of Grasses* by Rick Drake (Timber Press, 2007)
- *The Grass is Greener* by Tom Fort (HarperCollins, 2000)
- *The Citrus Industry* by Herbert John Webber et al (University of California, 1967)
- *Curry* by Lizzie Collingham (Chatto & Windus, 2005)
- *Bananas: An American History* by Virginia Scott Jenkins (Smithsonian Institution Press, 2000)

14. 竞争对抗

- *Something New Under the Sun* by J. R. McNeill (Allen Lane, 2000)
- *Canids* by Claudio Sillero–Zubiri, Michael Hoffmann and David W. Macdonald (Union Internationale pour la Conservation de la Nature et de ses Ressources, 2004)
- *In the Company of Crows & Ravens* by John Marzluff and Tony Angell (Yale University, 2005)
- *After Man: A Zoology of the Future* by Dougal Dixon (Granada, 1981)
- *Time, Love, Memory* by Jonathan Weiner (Faber & Faber, 1999)
- *Fly* by Steve Connor (Reaktion Books, 2006)
- *Maggots, Murder and Men* by Zakaria Erzinclioglu (Colchester Books, 2000)
- *Deer of the World* by G. Kenneth Whitehard (Constable, 1972)

致 谢

我在写这本书的过程中遇到的每一个生物，都有研究、解释和描述它们的一种独特乐趣。它们带来了多么不同寻常的故事啊！多亏了大自然深不可测的遗传多样性，才让这样的物种调查成为可能。

然而，如果没有成千上万学者的学术研究，我将这些故事进行挖掘、组织、形成相互关联的叙述是完全不可能的。他们的许多书籍、文章和对话，是我试图把一堆散乱的信息组织成一个有意义、信息丰富、相互关联的作品以及对地球上的生命故事和人类在其中的位置进行阐述的过程中不可或缺的一部分。

许多人不知疲倦地工作，才有了这样好看的一本插图书。理查德·阿特金森（Richard Atkinson），最棒的委托编辑，自始至终都是我的支持者和灵感来源。《究竟是什么……？》（*What on Earth ... ?*）系列丛书主编纳塔利·亨特（Natalie Hunt）以无限的专业精神工作，通常一周工作七天以确保我们的项目能够顺利地完成，尽管我们面临着最后期限。与此同时，插图天才安迪·福肖（Andy Forshaw）在几乎每一页上都绘制了美丽图片，而设计师威尔·韦勃（Will Webb）则用全部的技巧和爱美化了每一页。还要感谢理查德·爱默生（Richard Emerson），他审读了文本，提出了许多有用的意见和建议，并进行了修改。还要感谢我的著作代理人安德鲁·洛尼（Andrew Lownie），他不断地给予我建议、鼓励和支持。

我把这本书献给我了不起的妻子金斯（Gins）、我们的两个可爱的女儿玛蒂尔达（Matilda）和维里蒂（Verity）还有我们的小狗弗洛西，她当之无愧地成了颁奖台上的第一名（见第12章插图）。多亏了你们不断的鼓励、爱、耐心、陪伴和支持，才让我有可能完成这本有关地球、生命和人类的书。

出版后记

自然界中有无数种生物，我们是否思考过生命起源于何时何地，又是如何起源的？哪些生物对地球生命史和现在的人类社会造成了巨大的影响，而其中影响最大的又是哪个物种呢？翻开本书，也许会获得答案。

本书按照一套多角度的标准选出了影响地球的前100种生物，通过对这100种生物的描述追溯生命在“自然选择”下的演化史以及人类出现之后对演化产生的影响，是一部从生物角度撰写的世界史，也可以看作一部从人类历史进程的角度撰写的生物演化史。总的来说，这是一本“简单”的书，条目简明，语言平实，插图生动，以不同的主题构成14章，以对每种生物的介绍构成一节，一共100节；同时，这也是一本复杂的书，包罗万象，包含了历史学、生物学、地质学、经济学等各种知识。

通过阅读本书，你可以打破一些以往的传统观念，重新认识和理解我们所处的人类社会和自然世界。比如，病毒一直因其恶劣的影响而臭名昭著，但生命却很有可能是从病毒开始的，没有顽强地追求永生的病毒，人类的历史很有可能就不会出现。还有，关于我们所熟悉的生物演化规律——自然选择，事实上，偶然事件与自然选择之下的生存竞争同样重要，比如地质历史时期的几次生物大灭绝事件。此外，“郁金香泡沫”与马铃薯Y病毒有关，棉花的种植与经济的全球化以及俄罗斯的一些现代生态问题密切相关，乔治·奥威尔曾经杀死了一头大象……这些新的知识可以带领我们从多种角度认识世界。

当代社会的生存竞争日趋激烈，丝毫不亚于生物史上的“军备竞赛”，希望这本书在帮助你认识生物多样性和世界多样性的同时，也能给你带来一些启发，以更好地应对这复杂多变的世界。

服务热线：133-6631-2326 188-1142-1266

服务信箱：reader@hinabook.com

后浪出版公司

2021年7月

图书在版编目（CIP）数据

影响地球的100种生物：跨越40亿年的生命阶梯 /（英）克里斯托弗·劳埃德著；雷倩萍，刘青译. -- 北京：中国友谊出版公司，2022.3

书名原文：The Story of the World in 100 Species

ISBN 978-7-5057-5248-1

Ⅰ. ①影… Ⅱ. ①克… ②雷… ③刘… Ⅲ. ①生物－普及读物 Ⅳ. ① Q1-49

中国版本图书馆 CIP 数据核字 (2021) 第 121731 号

著作权合同登记号 图字：01-2021-1717

审图号：GS（2021）2327 号

书名 影响地球的100种生物：跨越40亿年的生命阶梯
作者 [英]克里斯托弗·劳埃德
译者 雷倩萍 刘青
出版 中国友谊出版公司
发行 中国友谊出版公司
经销 新华书店
印刷 嘉业印刷（天津）有限公司
规格 787×1092 毫米 16开
25.5 印张 520 千字
版次 2022年3月第1版
印次 2022年3月第1次印刷
书号 ISBN 978-7-5057-5248-1
定价 142.00元
地址 北京市朝阳区西坝河南里17号楼
邮编 100028
电话 （010）64678009